重金属冶金技术

主　编　徐迎春
副主编　李亮星　何启贤　吴文明

中南大學出版社
www.csupress.com.cn

图书在版编目(CIP)数据

重金属冶金技术/徐迎春主编. —长沙:中南大学出版社,2011
ISBN 978-7-5487-0362-4

Ⅰ.重...　Ⅱ.徐...　Ⅲ.重金属冶金　Ⅳ.TF81

中国版本图书馆 CIP 数据核字(2011)第 157184 号

重金属冶金技术

主编　徐迎春

□责任编辑　史海燕
□责任印制　文桂武
□出版发行　中南大学出版社
社址:长沙市麓山南路　邮编:410083
发行科电话:0731-88876770　传真:0731-88710482
□印　　装　国防科技大学印刷厂

□开　　本　787×1092 1/16　□印张 16.25　□字数 400 千字
□版　　次　2011 年 8 月第 1 版　□2011 年 8 月第 1 次印刷
□书　　号　**ISBN 978-7-5487-0362-4**
□定　　价　**35.00 元**

前　言

进入21世纪，我国重有色金属工业迅速发展，一大批新技术、新工艺、新设备在冶金企业广泛应用，冶金工业面貌焕然一新。为适应当前冶金工业发展需要和人才培养要求，结合高等院校教学改革的情况，按照“厚基础、宽专业”及精简课时的原则，根据《重金属冶金技术》课程教学大纲编写了本书。该书选取了重金属中有代表性的五种金属铜、铅、锌、镍、锡进行介绍。内容主要是重金属冶金过程的基本原理、工艺设备及生产实践，同时考虑到教材的时效性，对当今较为先进的工艺如闪速熔炼、闪速吹炼、PC电解、奥斯麦特技术等也作了介绍。

为了精简内容，本书的基本理论强调够用为度，力争浅显易懂。考虑到教材的整体性，书中相同的冶金过程只在某一金属中重点叙述，如闪速熔炼放在铜冶金、电炉熔炼放在镍冶金，流态化焙烧放在锌冶金、奥斯麦特技术放在锡冶金等，教学过程中注意引导。

本书第1章由江西理工大学徐迎春、李亮星、金隆铜业公司吴文明共同编写，第2章由江西理工大学李亮星和梁勇共同编写，第3章由广西现代职业技术学院何启贤编写，第4章由徐迎春编写，第5章由徐迎春和梁勇共同编写。全书最后由徐迎春统编定稿，担任主编。

本书可作为本科少学时[如冶金工程(非有色方向)、软件工程(冶金方向)]和高职高专的教材，也可作为冶金企业的培训和工程技术人员的参考书。

由于水平有限，书中难免存在不少缺点和错误，恳请读者批评指正。

编　者

2011年5月于南昌

目　录

第 1 章　铜冶金

1.1　铜冶金的一般知识

1.1.1　铜及其主要化合物的性质和用途

1.1.1.1　金属铜

(1) 物理性质

铜的元素符号 Cu，是元素周期表第一副族金属元素，原子序数 29，相对原子质量 63.57，熔点 1083℃，沸点 2310℃，密度 20℃时 8.89 g/cm^3；比热(25℃)384.3 J/(kg·K)；电阻率(20℃)1.673×10^{-8} Ω/m；铜是一种紫红色、柔软、具有展性的金属，易于锻造和压延。在导电性和导热性方面，铜仅次于银而居第二位，由于导热率高，铜的局部不易加热至高温，所以铜的焊接比较困难。熔点时铜的蒸气压很小，仅为 0.012 mmHg①，因而在冶金过程温度下，铜实际上不会挥发。液体铜能溶解某些气体，如 H_2、O_2、SO_2、CO_2、CO 和水蒸气等。气体的溶解不仅包括物理溶解，也包括气体与铜及铜中杂质发生化学作用。溶解的气体对铜的机械性质和电工性质均有影响，当铜液凝固时，溶解的气体又能从铜中逸出，造成铜铸件的多孔性结构。

(2) 化学性质

铜的标准电位 +0.34 V，具有两个价电子，可形成一价和二价铜的化合物。铜在干燥空气中不起变化，但在含有 CO_2 的潮湿空气中，表面氧化而生成一薄层碱式碳酸铜(铜绿)，这种薄膜能保护铜不再被腐蚀。

铜绿有毒，因而纯铜不宜用作食具。当使用铜制器皿时必须镀锡。

铜在空气中加热至 185℃即开始与氧作用，表面生成一层暗红色的铜氧化物；当温度高于 350℃时，铜的颜色逐渐从紫红色变成黄铜色，最后变为黑色。黑色层为 CuO，中间层为 Cu_2O，内层为金属铜。

铜的电位次序位于氢的后面，属正电性元素，不能从酸中置换出氢，因此不能溶解于盐酸和没有溶解氧的硫酸中，只有在具有氧化作用的酸中铜才能溶解，例如，铜能溶于硝酸和有氧化剂存在的硫酸中。铜能溶于氨水中。铜能与氧、硫、卤素等元素直接化合。

表 1-1 所列为我国铜分类的国家标准。

---

① 1 mmHg = 133.3 Pa。

表 1-1 铜分类的国家标准(GB 466—64)

牌号	代号	化学成分(%)		用途
		铜不小于	杂质总和不大于	
一号铜	Cu-1	99.95	0.05	导电器材
二号铜	Cu-2	99.90	0.10	高级铜合金
三号铜	Cu-3	99.70	0.30	铜基合金
四号铜	Cu-4	99.50	0.50	普通铜合金

代号	杂质含量(%)不大于										
	铋	锑	砷	铁	镍	铅	锡	硫	氧	锌	磷
Cu-1	0.002	0.002	0.002	0.005	0.002	0.005	0.002	0.005	0.02	0.005	0.001
Cu-2	0.002	0.002	0.002	0.005	0.002	0.005	0.002	0.005	0.06	0.005	0.001
Cu-3	0.002	0.005	0.01	0.05	0.20	0.01	0.05	0.01	0.10		
Cu-4	0.003	0.05	0.05	0.05	0.20	0.05	0.05	0.01	0.10		

1.1.1.2 铜的主要化合物及其性质

(1) 氧化铜(CuO)

在自然界中呈黑铜矿的矿物形态存在，黑色无光泽。氧化铜是不稳定的化合物，加热时依下式离解：

$$4CuO \xlongequal{\triangle} 2Cu_2O + O_2$$

氧化铜易被 H_2、C、CO、C_xH_y 等还原为金属。在冶金过程中，CuO 还可被其他硫化物和较负电性的金属如锌、铁、镍等还原。

氧化铜不溶于水，但溶于 $FeCl_2$、$FeCl_3$、$Fe_2(SO_4)_3$、NH_4OH 及 $(NH_4)_2CO_3$ 中，且易与各种稀酸起作用。

(2) 氧化亚铜(Cu_2O)

在自然界中呈赤铜矿的矿物形态存在。氧化亚铜依晶粒大小不同，呈现的颜色也各异。组织致密的 Cu_2O 呈樱红色，并有金属光泽，粉末状的 Cu_2O 则为洋红色。

氧化亚铜的相对分子量为 143.5，固体密度为 6.11 g/cm^3，熔点为 1235℃，生成热为 179.83 kJ/mol。Cu_2O 只有在空气中加热高于 1060℃时才稳定，低于这个温度时，部分氧化成 CuO，当在 800℃和长时间加热时可以使 Cu_2O 几乎全部变成 CuO。

Cu_2O 也像 CuO 一样容易被 H_2、CO、C_xH_y 和 C 等还原成金属，其他如铁、锌或对氧亲和力强的元素，在赤热时也可使 Cu_2O 还原成金属。

当 Cu_2O 和 Cu_2S 共热时发生以下反应：

$$2Cu_2O + Cu_2S = 6Cu + SO_2$$

该反应于 450℃开始，1100℃完成，这是铜锍吹炼成粗铜的基本反应。

Cu_2O 与 FeS 共热时发生以下反应：

$$Cu_2O + FeS = Cu_2S + FeO$$

据研究，FeS 把 Cu_2O 硫化的能力很强，所以该反应向右进行的趋势很大。

与 CuO 一样，Cu_2O 不溶于水，能溶于 HCl、H_2SO_4、$FeCl_2$、$FeCl_3$、$Fe_2(SO_4)_3$、NH_4OH 等溶剂之中。这些反应在铜湿法冶金中很重要。

(3) 铜的铁酸盐

铜的铁酸盐有两种，即铁酸铜($CuO \cdot Fe_2O_3$)和铁酸亚铜($Cu_2O \cdot Fe_2O_3$)。铁酸铜在低温下稳定，而铁酸亚铜则在 1100℃以上稳定。

在湿法冶金过程中，铜的铁酸盐不易溶解于水、氨水及一般溶剂。但在火法冶金过程中，它们易被强碱性氧化物如 FeO、CaO 等及硫化物所分解，也易于被 SO_2所还原。铜的铁酸盐属于易还原的化合物。

(4) 铜的碳酸盐

在自然界中呈孔雀石[$CuCO_3 \cdot Cu(OH)_2$]和蓝铜矿[$2CuCO_3 \cdot Cu(OH)_2$]的矿物形态存在。这两种化合物在高温下不稳定，加热至 220℃以上时完全分解为 CuO、CO_2和 H_2O。

在湿法冶金过程中，铜的碳酸盐与各种溶剂发生类似于铜的氧化物与各种溶剂所发生的反应，不过有 CO_2放出。

(5) 铜的硅酸盐

在自然界中呈硅孔雀石($CuSiO_3 \cdot 2H_2O$)和透视石($CuSiO_3 \cdot H_2O$)的矿物形态存在。这些矿物在高温时分解放出水分和氧，形成在高温下稳定的硅酸亚铜($2Cu_2O \cdot SiO_2$)。

碎块的硅酸亚铜为绿黑色，呈结晶形；粉状的则为褐红色或浅褐色。硅酸亚铜是脆性物质。硅酸亚铜的生成温度为 600 ~ 700℃，900℃时烧结，1100 ~ 1200℃时熔化。硅酸亚铜容易被 H_2、CO 及 C 还原，也易被较强碱性的氧化物如 FeO、CaO 等及铁和铜的硫化物所分解。硅酸亚铜可溶于浓 HNO_3及稀 CH_3COOH 中，微溶于 H_2SO_4及易溶于 HCl 中。

(6) 硫化铜(CuS)

为绿黑色或棕黑色无定形物，在自然界中呈铜蓝的矿物形态存在。CuS 是不稳定的化合物，在中性或还原性气氛中加热时，依下式离解：$4CuS = 2Cu_2S + S_2$

当该反应在 400℃时，硫的蒸气压约为 1 mmHg，而在 500℃时即达 500 mmHg 以上，所以在熔炼过程中 CuS 只是一种过渡产物，在熔化以前即已分解。CuS 不溶于水，溶于热硝酸和 KCN 溶液中。稀 H_2SO_4和苛性钠对硫化铜不发生作用。

(7) 硫化亚铜(Cu_2S)

是蓝黑色无定形或结晶形物质，在自然界中呈辉铜矿的矿物形态存在。Cu_2S 的分子量为 159.2，固体下的密度为 5.76 g/cm³，熔点 1135℃。Cu_2S 的离解反应如下：

$$2Cu_2S = 4Cu + S_2$$

该反应的离解压很低，所以它在高温下是相当稳定的。常温时 Cu_2S 不被空气氧化，加热到 430 ~ 680℃时氧化而放出 SO_2，氧化温度的高低依颗粒大小而定。在高温下，使空气通过熔融 Cu_2S 时，Cu_2S 依下式氧化：

$$Cu_2S + O_2 = 2Cu + SO_2$$

由于铜对硫的亲和力大，在有足够硫存在的情况下，铜均以 Cu_2S 形态存在。在铜锍吹炼过程中正是利用这一特性使铁先氧化造渣，然后再把 Cu_2S 吹炼成粗铜。Cu_2S 若与 FeS 及其他金属硫化物共熔，即结合成铜锍。Cu_2S 不溶于水，而溶于 NH_4OH 和 HNO_3中。与浓 HCl 作用时，逐渐溶解放出 H_2S，与浓硫酸作用时则生成 CuS、$CuSO_4$和 SO_2，稀硫酸对 Cu_2S 几乎没有作用。在湿法冶金中，利用了 Cu_2S 与 $Fe_2(SO_4)_3$、$FeCl_3$、$CuCl_2$的溶解反应。

(8) 硫酸铜($CuSO_4$)

在自然界中呈胆矾($CuSO_4 \cdot 5H_2O$)的矿物形态存在。纯净胆矾呈天蓝色三斜晶系结晶，长久暴露于空气中，即逐渐风化，失去结晶水而变为白色粉末。

$CuSO_4 \cdot 5H_2O$ 在干燥空气中加热时，所含的结晶水逐渐减少，颜色也逐渐变化。在 27～30℃之间变为蔚蓝色的 $CuSO_4 \cdot 3H_2O$，在 93～99℃时转变成臧蓝色的 $CuSO_4 \cdot H_2O$，而于150℃时变为白色的 $CuSO_4$。当温度继续升高时，无水硫酸铜即发生下列离解反应：

$$2CuSO_4 = CuO \cdot CuSO_4 + SO_3(SO_2 + 1/2O_2) \tag{1}$$

$$CuO \cdot CuSO_4 = 2CuO + SO_3(SO_2 + 1/2O_2) \tag{2}$$

硫酸铜易溶于水，用铁和锌可从 $CuSO_4$溶液中置换出金属铜。

(9) 氯化铜($CuCl_2$)

自然界无氯化铜矿物存在。人工造的 $CuCl_2$为褐色粉末，其熔点为 498℃。$CuCl_2$很不稳定，隔绝空气加热至 340℃时依下式离解：

$$2CuCl_2 = Cu_2Cl_2 + Cl_2$$

$CuCl_2$的沸点较低，仅为 655℃，易于挥发。它易于潮解并变为绿色。

(10) 氯化亚铜(Cu_2Cl_2)

为白色粉末，受日光的作用即迅速变为暗黑色。其熔点各研究者所得数据不一，在420～440℃范围内，密度为 35.3 g/cm^3。Cu_2Cl_2在 390℃即显著挥发。Cu_2Cl_2的挥发性在氯化冶金中很有用，离析法处理难选氧化铜矿，就是利用这一特性使挥发出来的 Cu_2Cl_2被氢还原，从而与铁及其他杂质分离。

氯化亚铜几乎不溶于水，但溶于盐酸及金属氯化物的溶液中。Cu_2Cl_2的食盐溶液，可使铅、锌、镉、铁、钴、铋、锡等金属硫化物分解，形成有关金属的氯化物和 CuS。含于 Cu_2Cl_2中的铜能用铁沉淀析出，也可以直流电通过溶液，使铜在阴极上析出。

1.1.2 炼铜原料

1.1.2.1 铜的矿物

根据地球化学的研究，地壳中铜的含量仅占 0.01%，这个含量并不比分散性稀有金属在地壳中的含量多。但是，铜常成为分布较广而富集的矿床，因此，有利于人类的开采和利用。根据铜化合物的性质，铜矿物分为自然铜、硫化矿和氧化矿三种类型。不过，自然铜在自然界存在量较少，意义不大。主要是硫化矿和氧化矿，特别是硫化矿分布最广，目前世界铜产量的 90% 左右来自硫化矿。自然界分布最广的含铜矿物见表 1－2。

在硫化矿中，分布最广的铜矿物是黄铜矿，其中铜、铁、硫的含量约各占矿物质量的1/3。黄铜矿有似黄铜的黄色，有金属光泽，硬度不大，易为小刀刻伤。

分布较少的斑铜矿，与黄铜矿相比，铜的含量大得多，铁与硫的含量相对减少。颜色复杂(从铜红色至暗蓝色)是斑铜矿的特征。斑铜矿在含铜砂岩中尤为常见。

辉铜矿为铜与硫的化合物，由于它不含铁，所以铜的含量几乎占矿物质量的 4/5。某些矿石含铜量很高与辉铜矿的存在有关。辉铜矿常见于铜矿床的上部氧化带。

在氧化铜矿中，孔雀石分布最广，呈翠绿色，有时为暗绿色，大块的孔雀石可用作贵重的装饰石料。

与孔雀石成分相似，并具有鲜蓝色至暗蓝色的矿物称为蓝铜矿(石青)。蓝铜矿亦常见于铜矿床的上部氧化带。

赤铜矿为铜的氧化物，比较少见。与其他氧化铜矿物不同，赤铜矿为红色，硬度中等，具有金刚石光泽。

表1-2 铜的矿物

矿石类别	矿物名称	化学分子式	理论成分(%)				
			Cu	Fe	S	As	Sb
自然铜	自然铜	Cu	100.0	—	—	—	—
硫化矿	辉铜矿	Cu_2S	79.8	—	20.2	—	—
	铜蓝	CuS	66.4	—	33.6	—	—
	斑铜矿	Cu_3FeS_3	55.5	16.4	28.1	—	—
	黄铜矿	$CuFeS_2$	34.5	30.5	35.0	—	—
	黝铜矿	Cu_3SbS_3	46.7	—	23.5	—	29.8
	砷黝铜矿	Cu_3AsS_3	52.7	—	26.6	20.7	—
氧化矿	赤铜矿	Cu_2O	88.8	—	—	—	—
	黑铜矿	CuO	79.9	—	—	—	—
	蓝铜矿	$2CuCO_3 \cdot Cu(OH)_2$	69.2	—	—	—	—
	孔雀石	$CuSiO_3 \cdot Cu(OH)_2$	57.5	—	—	—	—
	硅孔雀石	$CuSiO_3 \cdot 2H_2O$	36.2	—	—	—	—
	胆矾	$CuSO_4 \cdot 5H_2O$	25.5	—	—	—	—
	水胆矾	$CuSO_4 \cdot 3Cu(OH)_2$	56.2	—	—	—	—
	氯铜矿	$CuCl_2 \cdot 3Cu(OH)_2$	59.5	—	—	—	—

1.1.2.2 铜精矿

由铜矿床开采出来的铜矿石，在送入炼铜厂以前需预先进行浮选富集，以分离各种矿物，并使铜富集成精矿。经选矿所得的铜精矿粒度很小，一般小于0.074 mm的占90%，含铜为10%~30%。

1.1.3 铜的生产方法

由铜矿石或精矿提取铜，有火法冶金和湿法冶金两种方法。采用哪一种方法决定于矿石的化学成分和矿物组成、矿石中铜的含量、当地的条件(燃料、水、电力、耐火材料等的价格)等因素。目前，对硫化铜矿主要是用火法冶金，这种方法适应性较强。当前世界上以火法冶金获得的铜占大多数，湿法冶金获得的铜只有15%左右。

图1-1所示为火法炼铜的主要流程。

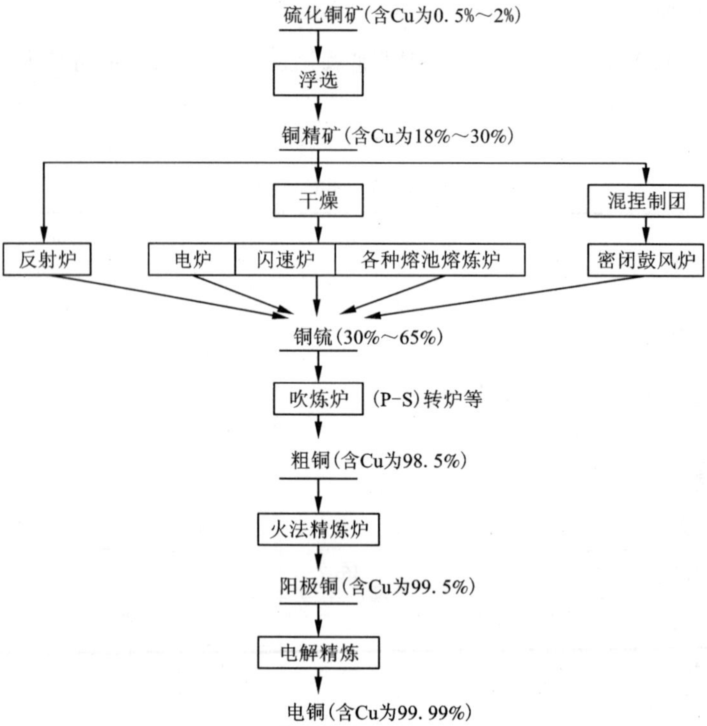

图1-1　火法炼铜主要流程

在处理硫化铜矿石和精矿的实践中，一般采用鼓风炉熔炼、反射炉熔炼、电炉熔炼和闪速熔炼四种熔炼方法。此外，也有采用连续炼铜的。

从火法处理硫化矿的历史不难看出，冶金方法逐步向节能、高效、少污染发展。20世纪30年代前，鼓风炉熔炼是主要的炼铜方法；30年代后，反射炉熔炼取代了鼓风炉熔炼；70年代，闪速熔炼迅速发展，成为当前能替代反射炉的成熟方法。近年来，连续炼铜的三菱法和诺兰达法已实现工业生产。在一些电力便宜的地区和国家也可采用电炉熔炼。电炉熔炼将在镍冶金中详细叙述。

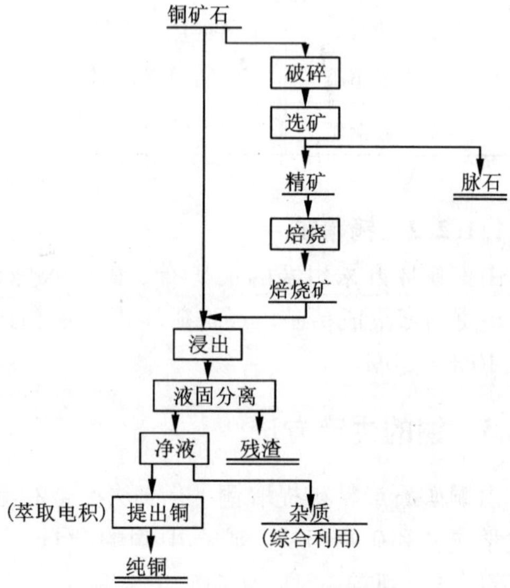

图1-2　湿法炼铜主要流程

图1-2所示为湿法炼铜的主要流程。

湿法冶金是从处理氧化矿、选矿尾矿和铜矿山废矿石发展起来的。此法是用硫酸、氨的水溶液以及其他溶剂来浸出矿石，铜进入溶液中，并在下一步以金属、氧化物或硫酸铜(胆矾)的形式从溶液中析出。目前，湿法冶金已发展到处理硫化精矿、复合矿等，直接处理硫化精矿是湿法的一个主要发展方向。目前，火法处理硫化矿仍然是现代铜冶金的主流。湿法处理硫化矿在效率和能耗方面尚不如闪速熔炼和三菱连续炼铜等火法优越。从今后铜资源变化情况来看，铜矿日益贫化，低品位硫化矿、氧化矿、复合矿及尾矿将成为主要来源，同时，湿法不产出 SO_2，无大气污染问题，故湿法将是今后处理这些原料的好方法。

1.2　铜锍熔炼

铜锍熔炼是在高温和氧化气氛条件下将硫化铜精矿熔化生成 MeS 共融体的方法，又称造锍熔炼。铜锍熔炼将精矿中的铜富集于铜锍中，而大部分铁的氧化物与加入的熔剂造渣。铜锍和炉渣由于性质差别极大而分离。

根据炉料受热方式、热源、炉料所处状态、气氛氧化程度，铜锍熔炼有鼓风炉熔炼、反射炉熔炼、电炉熔炼、闪速熔炼、白银炼铜及一步炼铜等。尽管设备不同，冶炼过程的实质是相同的，都属于氧化熔炼。铜精矿首先熔炼获得铜锍，然后将铜锍吹炼成粗铜，要获得纯度较高的精铜，可将粗铜进行精炼，即火法精炼和电解精炼。

1.2.1　铜锍熔炼的基本原理

铜锍熔炼所用炉料主要是硫化铜精矿和含铜的返料，除含有 Cu、Fe、S 等元素外，还含有一定量的脉石。如用一般冶炼方法如反射炉处理 S/Cu 比值高的精矿，得到的铜锍品位低。此时，要先进行氧化焙烧，脱去部分硫然后熔炼，才能获得要求品位的铜锍。如采用闪速炉或一步炼铜法则不受 S/Cu 比限制。硫含量大，自热能力好。

炉料中的化合物有如下几种：

(1)硫化物。熔炼生精矿以 CuS、FeS_2、FeS 为主；焙砂以 Cu_2S、FeS 为主，还有少量 ZnS、NiS、PbS 等。

(2)氧化物。Fe_2O_3、Fe_3O_4、Cu_2O、CuO、ZnO 等，如炉料为焙砂，则氧化物较多，生精矿中氧化物较少。

(3)脉石。$CaCO_3$、$MgCO_3$、SiO_2、$A1_2O_3$等。其中硫化物和氧化物数量占80%以上。熔炼过程实质上是铁和铜的化合物及脉石在高温和氧化气氛条件下进行的一系列化学反应，并生成 MeS 相和 MeO 相，即铜锍和炉渣，二者因性质和密度的不同而分离。

熔炼炉料还包括加入的熔剂如石英、石灰石等，与精矿中部分铁和脉石形成炉渣。

1.2.1.1　熔炼过程的化学反应

(1) 热分解反应

①高价硫化物的热分解

$$FeS_2 = FeS + 1/2S_2$$

$$2CuFeS_2 = Cu_2S + 2FeS + 1/2S_2$$

$$2CuS = Cu_2S + 1/2S_2$$

上述反应分解所得的 Cu_2S、FeS 高温下稳定，不再进行分解。

②高价氧化物的分解

$$2CuO = Cu_2O + 1/2O_2$$

$$3Fe_2O_3 = 2Fe_3O_4 + 1/2O_2$$

③碳酸盐的分解

$$CaCO_3 = CaO + CO_2$$

$$MgCO_3 = MgO + CO_2$$

以上分解反应产物是 Cu_2S、FeS、Cu_2O、Fe_3O_4、Fe_2O_3、CaO、MgO 等。

（2）氧化反应

精矿或焙砂的熔炼在氧化气氛中进行。虽然方法不同，氧化气氛有强弱之别，但都能使 Fe、Cu 的硫化物被氧化。

①高价硫化物的氧化

$$2CuFeS_2 + 5/2O_2 = Cu_2S + FeS + FeO + 2SO_2$$

$$2CuS + O_2 = Cu_2S + SO_2$$

$$FeS_2 + 5/2O_2 = FeO + 2SO_2$$

②低价硫化物的氧化

$$FeS + 3/2O_2 = FeO + SO_2$$

$$3FeS + 5O_2 = Fe_3O_4 + 3SO_2$$

$$ZnS + 3/2O_2 = ZnO + SO_2$$

$$PbS + 3/2O_2 = PbO + SO_2$$

$$Cu_2S + 3/2O_2 = Cu_2O + SO_2$$

熔炼过程中，低价硫化物的氧化可使 FeS 氧化成 FeO。当 p_{O_2} 气氛较强时，可生成 Fe_3O_4。

上述反应中，硫化物反应的顺序是 FeS、ZnS、PbS、Cu_2S。炉料中主要成分是 FeS 和 Cu_2S，故 FeS 优先氧化，Cu_2S 后氧化，这是铜锍熔炼的基础。

（3）交互反应

热分解和氧化反应生成的 FeS、Cu_2S、FeO、Fe_3O_4、Cu_2O、ZnO 等以及炉料中的 SiO_2 由于相互接触，将进行相互反应。

①Cu_2O - FeS 反应

高温下，由于 Cu 对硫的亲和力大于铁，而铁对氧的亲和力大于铜，故能产生如下反应：

$$Cu_2O + FeS = Cu_2S + FeO$$

此反应是铜锍熔炼的基础。1300℃、$K_p = 7300$ 时，反应进行非常彻底。

②Cu_2S - Cu_2O 反应

$$2Cu_2O + Cu_2S = 6Cu + SO_2$$

熔炼温度下，反应易进行，此反应是铜锍中有金属铜的原因。当 FeS 含量高时，首先将 Cu_2O 硫化为 Cu_2S，故铜锍品位不高时，Cu 不可能存在。

（4）铁的氧化物与脉石的造渣反应

$$2FeO + SiO_2 = 2FeO \cdot SiO_2$$

$$3Fe_3O_4 + FeS + 5SiO_2 = 5(2FeO \cdot SiO_2) + SO_2$$

（5）燃料的燃烧反应

$$C + O_2 = CO_2$$

$$2H_2 + O_2 \xlongequal{} 2H_2O$$

$$CH_4 + 2O_2 \xlongequal{} 2H_2O + CO_2$$

硫化物氧化和造渣反应是放热反应，如能很好利用这些热量，可降低熔炼过程燃料的消耗，甚至实现自热熔炼。

上述反应生成了 FeS、Cu_2S、FeO、Fe_3O_4及少量 Cu、Cu_2O 等。氧化物与熔剂中的 SiO_2、CaO、Al_2O_3作用生成炉渣，全部硫化物形成铜锍。

1.2.1.2　Fe_3O_4在熔炼过程中的行为

熔炼过程中生成的 Fe_3O_4分配于炉渣和铜锍中。在较高氧位和较低温度下，固体 Fe_3O_4便会从炉渣中析出，生成难熔结垢物，使转炉口和闪速炉上升烟道结疤，炉渣黏度增大，熔点升高，渣含铜升高等。

Fe_3O_4与 MeS 间的反应如下：

$$3Fe_3O_4 + FeS \xlongequal{} 10FeO + SO_2 \tag{1}$$

$$2Fe_3O_4 + Cu_2S \xlongequal{} 6FeO + 2Cu + SO_2 \tag{2}$$

$$3Fe_3O_4 + ZnS \xlongequal{} 9FeO + ZnO + SO_2 \tag{3}$$

反应的 $\Delta G^\ominus$和 K_p 与温度关系值见表 1－3。

表 1－3　Fe_3O_4－MeS 系反应的 $\Delta G^\ominus$和 K_p 值

温度/℃	反应(1)		反应(2)		反应(3)	
	$\Delta G^\ominus$	K_p	$\Delta G^\ominus$	K_p	$\Delta G^\ominus$	K_p
1200	21760	5.9×10^{-4}	30072	3.02×10^{-5}	27031	9.78×10^{-5}
1300	10890	3.17×10^{-3}	22965	5.9×10^{-4}	16273	5.6×10^{-3}
1400	－120	9.8×10^{-1}	15828	8.13×10^{-3}	95431	0.174
1500	－8850	123	8691	8.32×10^{-2}	－5669	5.62

可见，Fe_3O_4与 MeS 之间的反应在熔炼温度即 1300～1400℃下基本不能进行，当温度高于1400℃时才能进行。

上述反应表明，只有降低 FeO 活度及 SO_2分压，Fe_3O_4才可能被还原造渣。而 FeO 的活度一般靠加入 SiO_2来调整。当有 SiO_2存在时，一方面降低了体系反应的温度并增大 K_p值，另一方面 SiO_2与 FeO 造渣，从而减小 FeO 的活度，促进 Fe_3O_4分解。反应如下：

$$3Fe_3O_4 + FeS + 5SiO_2 \xlongequal{} 5(2FeO \cdot SiO_2) + SO_2$$

当有 SiO_2存在时，Fe_3O_4－FeS 系反应的 $\Delta G^\ominus$和 K_p 值见表 1－4。

表 1－4　SiO_2存在时 Fe_3O_4－FeS 系反应的 $\Delta G^\ominus$和 K_p 值

温度/K	1273	1373	1473	1573	1673
$\Delta G^\ominus$	2625	－1350	－6525	－15970	－27545
K_p	0.347	2.08	9.12	224	4080

可见，SiO_2的存在使 Fe_3O_4 - FeS 系反应变得容易，反应进行的温度由 1400℃ 降至 1100℃；随温度升高，反应平衡常数 K_p值增大。

Fe_3O_4熔点为 1527℃，当有较多 Fe_3O_4存在时，将分配于炉渣和铜锍中，促使炉渣熔点升高，密度增大，恶化了渣和铜锍的分离。熔炼过程中 Fe_3O_4的生成不可避免。因此，应采取必要措施促使已生成的 Fe_3O_4分解。

影响 Fe_3O_4还原的因素如下：

(1)炉渣成分，即 α_{FeO}

铜锍熔炼的炉渣主要由 FeO - SiO_2二元系组成，α_{FeO}随 SiO_2含量的增大而减小，如要保持 α_{FeO}有较低值，一般 SiO_2含量控制在 35% ~40%。

(2)铜锍品位，即 α_{FeS}

FeS 的存在是氧化熔炼中 Fe_3O_4分解的必要条件。铜锍以 Cu_2S - FeS 为主熔体，降低铜锍品位，将提高 FeS 含量，也就增大了 α_{FeS}值。

(3)温度

Fe_3O_4 - FeS 系反应是吸热反应，升高温度有利于 Fe_3O_4的分解。

(4)气氛，即 p_{SO_2}

Fe_3O_4 - FeS 系反应产生 SO_2，降低炉气中 p_{SO_2}有利于 Fe_3O_4的分解。熔炼过程中保持低的 α_{FeO}值、高的 α_{FeS}值、适当高的温度和低的 p_{SO_2}可消除或减轻 Fe_3O_4的影响。

1.2.1.3 熔炼过程中杂质的行为

铜锍熔炼所用炉料中除了铜、铁和硫以外，伴生的其他元素有钴、铅、锌、砷、锑、硒、碲、金、银及铂族元素等。铜锍是贵金属的良好捕集剂，熔炼过程中贵金属均富集在其中，最后从电解精炼阳极泥中回收。其他元素在熔炼过程中不同程度地或者被氧化进入气相，或者以氧化物形态进入炉渣。炉渣汇集了 FeS 优先氧化得到的 FeO、精矿和熔剂中的 SiO_2、Al_2O_3、CaO 以及少量杂质元素。易挥发的杂质或其氧化物富集到烟尘中，然后从中回收。

1.2.2 铜锍的形成与性质

1.2.2.1 铜锍的形成

高温下，炉料受热后形成低价稳定的化合物，随之形成低熔点共晶组分熔化析出，即形成初铜锍和初渣。其最终成分的形成是在熔池中完成的。

炉料经化学反应后形成硫化物和氧化物。通常硫化物的熔点低于氧化物，且接近共晶组分硫化物熔点较低，将优先熔化。硫化物、氧化物及其共晶组分熔点见表 1 -5。

表 1 -5 硫化物、氧化物及其共晶组分的熔点

组分	Cu_2S	FeS	Cu_2S - FeS	FeS - FeO	FeO
熔点/℃	1035	1095	995	945	1371

从表 1 -5 可看出，单独硫化物的熔点高于共晶组分。当熔炼温度升至 1000℃ 时，共晶物熔化，继续受热升高温度，溶解了其他硫化物，成分不断变化而流入熔池。

由于 FeS 在高温下能与许多金属硫化物形成铜锍，由 Cu_2S - FeS 二元系相图可知，在熔

炼温度1473K下，其均为液相，并完全互溶形成均质溶液。Cu_2S – FeS二元系相图如图1–3所示。

图1–4是FeS与硫化物形成共熔体的重叠液相线。FeS – MeS共熔的特性就是形成铜锍的依据。液态铜锍可看作是Cu_2S和FeS的均匀溶液。

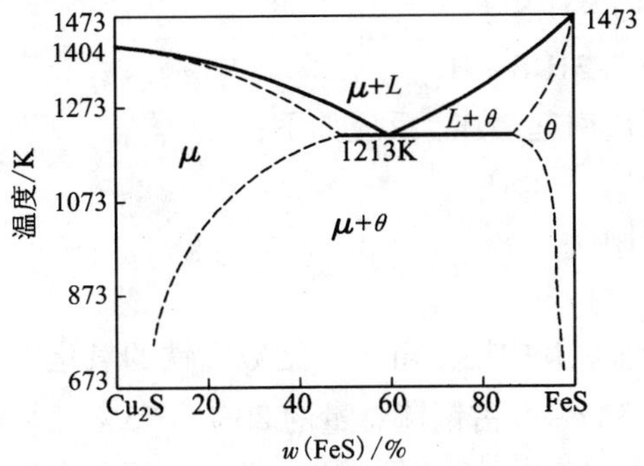

图1–3 Cu_2S – FeS二元系相图

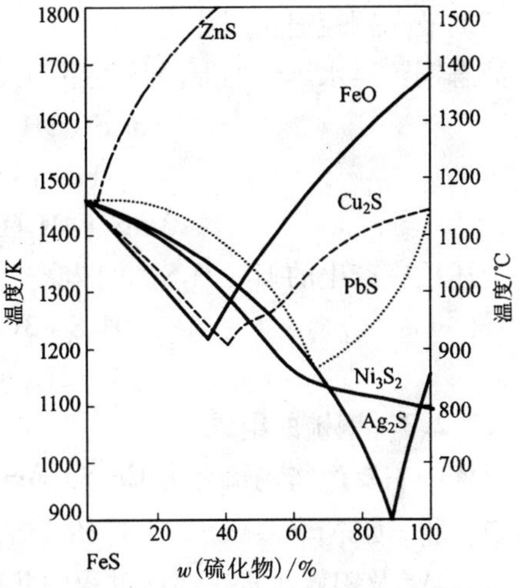

图1–4 FeS – MeS液相线

1.2.2.2 铜锍的性质

(1) 电导率

铜锍是Cu_2S – FeS共价键结构，电导率大，为炉渣的700 ~ 1000倍。电炉熔炼时，铜锍层是电阻很小的导体，尤其FeS电导率较大，接近金属导体。铜锍品位降低，电导率增大。通常在熔体温度1200℃下，铜锍的电导率为350 ~ 500 S/cm。

(2) 密度

铜锍的密度直接影响铜锍的沉降速度，密度越大，越有利于沉降。铜锍的密度随品位的提高而增大，一般为4.1 ~ 4.6 t/m^3。

(3) 黏度

铜锍黏度很小，约为1 Pa·s，为炉渣的1/50 ~ 1/100，所以，铜锍具有好的流动性。

(4) 热含量

从熔炼的热平衡可知，铜锍带走的热量所占比例较大，其随铜锍品位提高而稍有下降。

(5) 铜锍是Au、Ag等贵金属的良好捕集剂

Cu_2S、FeS、Cu、Fe能很好地溶解Au、Ag，其在铜锍中的溶解度见表1–6。

表1–6 Au、Ag在铜锍中的溶解度

MeS	Ni_3S_2	FeS	Cu_2S	$Cu_2S \cdot FeS$	铜锍
Au/($kg \cdot t^{-1}$)	47	52	74	35.6	27.1
Ag/($kg \cdot t^{-1}$)	271	213.3	20	178.1	122.7

从表1-6可看出，铜锍对贵金属的溶解度很大。精矿中贵金属含量极少，故铜锍能完全捕集炉料中的贵金属，一般回收率达99%。

(6) 铜锍溶解铁

铜锍能溶解铁，因此钢钎常被侵蚀。通常用于装运铜锍的钢包和溜槽衬耐火砖加以保护。

(7) 液态铜锍遇水爆炸

液态铜锍遇水爆炸的原因是由下列反应引起：

$$Cu_2S + 2H_2O = 2Cu + 2H_2 + SO_2$$

$$FeS + H_2O = FeO + H_2S$$

$$3FeS + 4H_2O = Fe_3O_4 + 3H_2S + H_2$$

上述反应产生的H_2、H_2S气体与空气中的氧反应引起爆炸，反应如下：

$$2H_2S + 3O_2 = 2H_2O_{(g)} + 2SO_2$$

$$2H_2 + O_2 = 2H_2O_{(g)}$$

1.2.2.3 铜锍的组成

熔炼的主要产物铜锍是由Cu_2S、FeS组成的合金，其中还溶解了一定数量铁的氧化物和其他硫化物，如Ni_3S_2、CoS、PbS、ZnS等，一般Cu+Fe+S占铜锍总量的80%~95%。炉料中的Au、Ag及铂族元素在熔炼过程中几乎全部进入铜锍中。Se、Te、As、Sb、Bi等元素也部分地溶解在铜锍中。常见铜锍成分见表1-7。

表1-7 铜锍成分/%

炉型	成分				
	Cu	Fe	S	Pb	Zn
密闭鼓风炉熔炼	25~27.5	38.5	22~23.5	0.9~2.0	1.5~2
反射炉熔炼	20~35.5	43~47	25~25.5	—	—
电炉熔炼	48~50	30	22	—	—
闪速熔炼	48.6	23.9	23.1	0.1	0.7

熔炼时，由于炉料含S高，一般不会生成金属铜，而是生成由硫化物组成的铜锍熔体。随着铜锍品位提高，含硫量减少。实际铜锍含硫量一般低于理论量，因O_2替代了S。当铜锍品位为20%~40%时，相应含硫量为25.3%~24.3%，故冶金计算取铜锍含S为25%，一般不会有太大误差。

铜锍中的氧以FeO和Fe_3O_4两种形态存在。如以FeO存在，则以$Cu_2S-FeS-FeO$三元系相图表示铜锍的相关性。$Cu_2S-FeS-FeO$三元系相图如图1-5所示。图中*NB*曲线可视为铜铁硫化物形成的铜锍溶解FeO的溶解曲线。当铜锍中Cu_2S增加时，铜锍中溶解的FeO量随之减少。当铜锍接近于纯Cu_2S时，溶解的FeO很少。这表明，铜锍溶解氧主要是FeS对FeO的溶解，而Cu_2S对FeO几乎不溶解。因此，低品位铜锍溶解氧的能力要高于高品位铜锍。

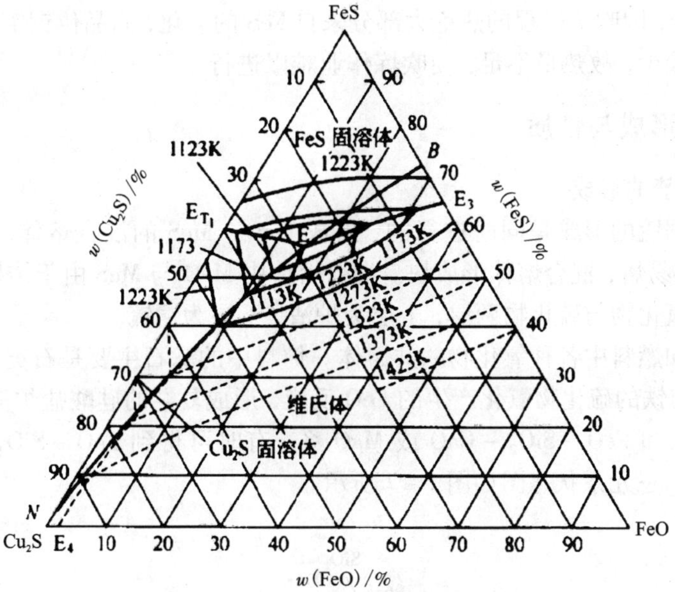

图 1-5　$Cu_2S-FeS-FeO$ 三元系相图

在熔炼条件下，除了铜锍品位对其含氧量有影响外，炉渣成分和温度对其也有影响。FeO 在 Cu_2S-FeS 系铜锍中的溶解度如图 1-6 所示。铜锍中的氧如以 Fe_3O_4 存在，由于 Fe_3O_4 溶于 FeS，氧含量随 FeS 增大而增加。Fe_3O_4 不溶于 Cu_2S。

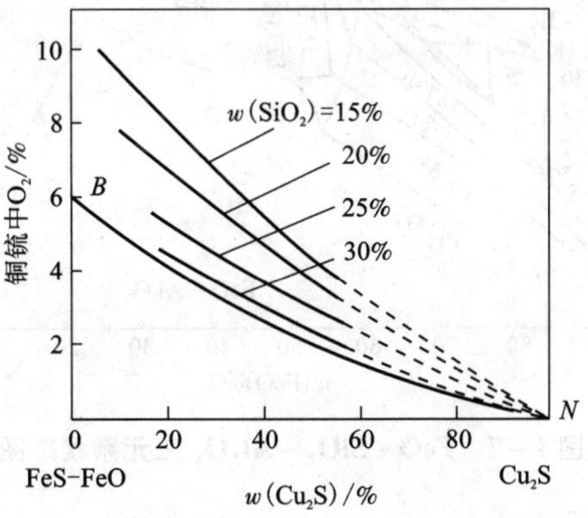

图 1-6　FeO 在 Cu_2S-FeS 系铜锍中的溶解度

实际上铜锍中有等量 FeS 被氧代替，这是铜锍含硫低于理论量的原因。

氧是铜锍中的有害成分。熔炼时应采取措施使其在铜锍中的溶解度减小。一般工厂铜锍组成为 Cu 30% ~55%，Fe 30% ~45%，S 22% ~25%，O_2 2% ~3%，熔点 950 ~1054℃。

1.2.2.4　铜锍品位的选择

熔炼生精矿时，铜锍品位不能在大范围内变动，但可用预先焙烧来调整，焙烧程度愈大，熔炼时铜锍品位愈高，反之亦然。此外，经济条件也与铜锍品位有关，铜锍含铜愈贫，吹炼所需时间愈长，吹炼时消耗愈大，但铜锍品位太高也存在一些问题，如铜在炉渣中的损失增多，吹炼比较困难，因吹炼过程的热绝大部分来自 FeS 的氧化，高品位铜锍中 FeS 含量少，其氧化产生的热量较少，故热量不足，使吹炼作业难以进行。

1.2.3 炉渣的形成与性质

1.2.3.1 炉渣的形成

初期炉渣和铜锍的形成是同时进行的，形成 MeO－MeS 的混合熔体。由于炉料混合均匀，炉温高，炉料易熔，混合熔体形成快。混合熔体中 MeO 与 MeS 由于结构和密度不同，不相混熔而分离成氧化物与硫化物两层，上层为炉渣，下层为铜锍。

炉渣是炉料和燃料中各种氧化物的共熔体。炉料中的脉石主要是石英、石灰石等，在铜锍熔炼过程中，与铁的硫化物氧化产生的 FeO 反应，形成复杂的硅酸盐炉渣。这种炉渣一般属于 $FeO-SiO_2$ 系和 $FeO-SiO_2-CaO$ 或 MgO 系，有时可得到 $FeO-SiO_2-Al_2O_3$ 系炉渣。$FeO-SiO_2-Al_2O_3$ 三元系状态图如图 1－7 所示。

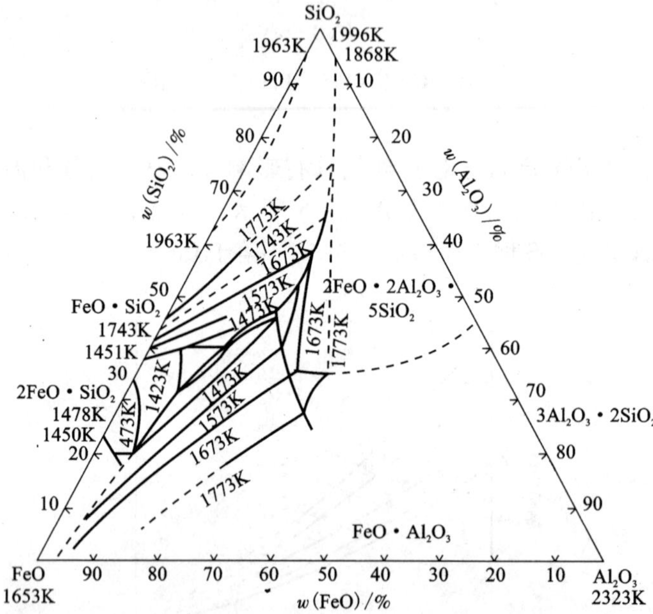

图 1－7 $FeO-SiO_2-Al_2O_3$ 三元系状态图

从图可确定某一组成炉渣的熔化温度，也可确定具有某一熔点的炉渣组成。

1.2.3.2 炉渣的性质

熔炼过程是富集过程，其目的在于使所有的脉石成分集中在炉渣中，有用金属集中到铜锍中。炉渣构成熔炼产物的基体，炉渣的性质决定熔炼过程的特征。

(1) 炉渣的性质决定熔炼过程的燃料消耗量

反射炉熔炼时，炉渣从炉子的后端放出，如炉渣的熔点高，废气将从炉中带走大量的热；另一方面，如炉渣具有大的热含量，加热炉渣到熔点所消耗的热量也增加。

（2）炉渣的性质很大程度上决定炉温的高低

鼓风炉熔炼时，炉内的温度决定于炉渣的熔点，而炉渣的熔点由其成分所决定，要改变炉温，须改变炉渣成分。

（3）炉渣的性质决定炉子的生产率

熔炼酸性炉渣时，其具有较高的熔点和黏度，炉子的生产率比熔炼碱性炉渣时小。

（4）炉渣的性质

炉渣的性质和熔炼时形成的炉渣量是决定铜回收率的一个基本因素，因熔炼时伴随于炉渣中的铜损失是熔炼过程的主要损失。炉渣的性质如下：

①炉渣成分及熔点

熔炼炉渣以FeO、SiO_2为主。精矿中一般含CaO为4%～15%，其存在使炉渣的熔点降低，因此，炉渣可看作是FeO－CaO－SiO_2系构成。炉渣成分一般为CaO 5%～10%，FeO 38%～45%，SiO_2 37%～40%，熔点为1050℃。

②黏度

炉渣的黏度是炉渣的重要性质之一，其影响炉渣和铜锍的分离及从炉内放出、热量传递等。生产上要求炉渣黏度低，流动性好，利于操作炉渣与铜锍的分离。黏度受炉渣结构、过热程度两个因素影响。一般炉渣黏度小于0.5 Pa·s，流动性良好；黏度大于1.0 Pa·s，流动性较差。

③炉渣密度

炉渣的密度影响铜锍与炉渣的分离，其密度大小与成分有关。炉渣密度与成分关系见表1－8。

表1－8 炉渣密度与成分关系

炉渣成分/%					密度/$(g\cdot cm^{-3})$
SiO_2	FeO	Fe_3O_4	CaO	Al_2O_3	
30.6	48.7	10	4.2	2.9	3.7
33.6	47.3	9	3.1	3.8	3.5
37.6	38.1	2.8	10.6	4.8	3.3
40.6	27.5	1	11.7	6.2	3.32
43.6	25	—	15.3	7.9	2.98
47.9	21.5	—	12	8	2.9

从上表可见，随渣中FeO含量增加，密度增大。固体炉渣的密度可近似由组成炉渣的氧化物密度计算。

1.2.3.3 炉渣的组成

各种熔炼方法产生的炉渣成分见表1－9。

组成炉渣的氧化物中，SiO_2对炉渣性质影响最大。炉渣中SiO_2愈高，熔融炉渣的黏度愈大，炉渣流动性愈差。炉渣中酸性氧化物如Al_2O_3等也有类似的影响。加入碱性氧化物，可使炉渣黏度降低。

表1-9 各种炉渣成分

熔炼方法	炉渣成分/%							
	Cu	Fe	Fe_3O_4	SiO_2	S	Al_2O_3	CaO	MgO
密闭鼓风炉	0.2	29.0	—	38.0	—	7.5	12.0	3.0
生精矿反射炉	0.51	33.2	7.0	36.5	1.4	7.2	5.2	1.5
焙烧矿反射炉	0.37	35.1	11.0	38.1	1.3	6.5	1.1	—
闪速炉	0.62	39.0	10.8	37.1	1.1	4.7	1.7	1.6
白银炉	0.45	35.0	3.15	35.0	0.70	3.3	8.0	1.4

在炉渣组成一定时，炉渣黏度随温度升高而降低。但温度对碱性炉渣和酸性炉渣黏度的影响有显著区别，碱性炉渣影响不明显，酸性炉渣黏度逐渐降低。

1.2.3.4 渣型的选择

生产实践中，为尽可能降低渣含铜，须选择合理的渣型，选择要求如下：

(1)炉渣有适当的熔点，一般为1050～1100℃。太低不能保证熔炼温度，太高则增加燃料的消耗。

(2)炉渣黏度应小，流动性好，易于铜锍分离。

(3)炉渣密度不应太大，以保证铜锍与其密度差在1～2之间。

(4)炉渣的表面张力应大，使铜锍颗粒易合并长大，以减少其悬浮。

(5)炉渣对铜锍溶解度应小。

(6)尽量减少炉渣配入的溶剂量。溶剂量增加使成本和炉渣量增加。

1.2.4 铜锍与炉渣的分离及渣含铜

1.2.4.1 铜锍与炉渣的分离条件

铜锍和炉渣的主要组分是FeS和FeO，当没有SiO_2存在时，二者是高度混溶的。SiO_2会使混溶的FeO和FeS分成两个不相混溶的液相，上层为密度较小的MeO即渣相，下层为MeS即铜锍相。随着SiO_2浓度的提高，两液相差异越明显。SiO_2饱和时，成分相差最大，可完全分离。另外CaO、Al_2O_3的存在，也可改善炉渣和铜锍的分离。炉渣和铜锍的分离条件如下：

(1)炉渣黏度小，表面张力大，较高的炉温以保证炉渣过热100～200℃，有足够的澄清时间以及保持分层区的相对平静状态。

(2)合理的炉渣成分，SiO_2含量接近饱和，即为35%～40%，以保证最大的分离程度。少量CaO和Al_2O_3存在能降低炉渣对MeS的溶解度。

1.2.4.2 渣含铜及铜在渣中的损失

铜锍熔炼炉料中含有大量脉石及FeS，均为氧化造渣部分，因此渣率很大。熔炼产出的炉渣一般不再处理直接废弃，所以，应尽可能降低炉渣含铜造成的损失。一般铜的损失随炉料含铜而不同。炉渣中造成的铜损失占1%～3%，通常炉渣含Cu在0.2%～0.6%之间。渣含铜与铜锍品位有关，铜锍品位越高，渣率越大，其损失也增大。根据铜在渣中的存在形态，其损失分为三种。

(1)机械夹杂损失

机械夹杂损失是指铜锍与炉渣分离不完全，铜锍颗粒夹杂在炉渣中引起的铜损失。由于炉渣黏度大，表面张力小，使铜锍与炉渣分离不完全。以细粒形态进入炉渣的铜锍，由于粒度过小而沉降速度慢，悬浮于渣中，造成机械夹杂，这部分损失占30%～50%。

(2)物理损失

物理损失是指铜的硫化物溶于炉渣后与铜的氧化物、熔剂或脉石发生造渣反应引起的铜损失。由于铜锍能溶解于渣中，FeO量愈高，SiO_2量愈低，硫化物溶解量愈大。所以，高铁炉渣铜以物理溶解损失最大，占20%～50%。

(3)化学损失

化学损失指铜以$Cu_2O·SiO_2$的形态造渣进入渣中的损失。一般情况下，铜以造渣形态的损失很小。如炉料中有足量的硫和硫化物，Cu_2O将按下式反应生成Cu_2S：

$$FeS + Cu_2O = Cu_2S + FeO$$

只要炉料中有FeS存在，铜的氧化物即Cu_2O就会转变成Cu_2S进入铜锍。这说明，以Cu_2O形态进入炉渣的铜量很少。只要体系内有FeS存在，铜的氧化物在熔炼过程中几乎都能被硫化成Cu_2S而进入铜锍。这部分损失一般占10%～40%。

影响渣中铜损失的因素很多，主要有炉渣组成、铜锍品位和炉渣的温度等。减少铜在渣中损失的途径如下：①选择成分适当的炉渣；②减少造渣量，使铜在渣中的绝对损失减少；③尽可能过热熔炼产物；④增加澄清分离时间；控制铜锍面在规定范围内；⑤稳定铜锍品位在合格范围内，不得过高或过低。

渣中铜的形态主要是Cu_2S颗粒，其次为铜的氧化物，即铜的硅酸盐、亚铁酸盐，还有少量金属铜。

1.3 铜精矿的闪速炉熔炼

1.3.1 概述

浮选精矿是细磨的炉料，颗粒直径约有90%小于0.074 mm，其具有很大的单位表面积，化学和物理过程能以极快的速度在这种表面上进行。有的熔炼方法没有充分利用被处理炉料的巨大活性表面积，如鼓风炉熔炼必须把铜精矿烧结成块或加水混捏成糊状；电炉熔炼要求把铜精矿预先制成粒状。这两种熔炼方法，细粒铜精矿不仅无助于过程的强化，反而阻碍熔炼过程的顺利进行。又如，在适于处理粉状炉料的反射炉内，炉料成堆放置，料坡表面只是全部颗粒表面积微不足道的部分，炉内气体仅与传热条件极为不良的料坡表面接触，这样大大限制了炉子的生产能力。

闪速熔炼克服了上述缺点，其特点是把焙烧、熔炼和部分吹炼合并在一个设备中进行。闪速熔炼是将预热空气和干燥精矿以一定比例加入反应塔顶部的精矿喷嘴中，在喷嘴内空气和精矿发生强烈的混合，并以很大的速度呈悬浮状态垂直喷入反应塔内，布满整个反应塔截面，当炉料进入炽热的反应塔后，立即燃烧。

由于放热反应，使塔内温度升高到熔炼所需的温度。因此，闪速熔炼把强化扩散和强化热交换这两个因素配合起来，大大强化了熔炼过程，使炉子的生产能力显著提高，并降低燃料率、缩小熔炼设备的尺寸。

硫化铜精矿和粉碎以后的熔剂，先经干燥、高度脱水后送闪速炉熔炼。形成的铜锍与炉渣汇集在炉内沉淀池中分离，分别放出。铜锍送去吹炼，炉渣含铜较高，须经贫化处理后方能弃去。

闪速熔炼具有的特点：①燃料消耗低；②炉气质量好，硫的利用率高；③床能率高；④脱硫率高达70%以上，适合处理高硫原料，并能产出高品位铜锍。但闪速熔炼炉渣含铜高，一般为1%～1.5%，须处理将渣含铜降到0.4%～0.6%以下；闪速炉烟尘率较高，一般为8%～10%，须返回闪速炉处理。

1.3.2 闪速炉熔炼的基本原理

经过高度脱水后的炉料（即精矿和熔剂）、辅助燃料（即重油）、煤气或粉煤与热风一道用特制的喷嘴以较高速度喷入闪速炉的反应塔中。由于精矿粉与空气接触良好，在高温作用下，在反应塔的空间，迅速完成熔炼过程。形成的铜锍与炉渣，降落到沉淀池中进行分离。高温、高 SO_2 浓度的炉气，经余热锅炉、收尘器后，送去制酸。

由于热风温度高，辅助燃料的燃烧、硫化物的氧化和造渣反应进行非常激烈，反应塔内瞬时间积聚大量的热，温度高达1300℃，局部达1400～1500℃。固体炉料在反应塔空间只飘悬数秒即熔化，熔炼反应随之完成。

炉料中高价硫化物、碳酸盐的离解是吸热反应，硫化物和单体硫的氧化、造渣等都是放热反应。放出的热量，远远超过吸收的热量。

反应塔内主要放热反应有：

$$2FeS_2 + 5O_2 + SiO_2 = 2FeO \cdot SiO_2 + 4SO_2$$

$$4CuFeS_2 + 5O_2 = 2(Cu_2S \cdot FeS) + 2FeO + 4SO_2$$

闪速熔炼适宜处理含硫高的精矿，如精矿含硫不足，须提高热风温度并增加辅助燃料。精矿中 $Cu/S = 0.65 \sim 0.7$ 时，熔炼效果最好；当 $Cu/S = 1$ 时，需要消耗较多的辅助燃料。

闪速熔炼的热平衡与选定的铜锍品位、热风温度及过剩空气量等有关。一般铜锍品位高，热平衡好；反之，则不好。因是同种炉料，所以产出高品位铜锍时有较多的硫、铁氧化，造渣放出更多的热。

从热平衡的角度看，应生产高品位铜锍，但品位过高的铜锍含硫太低，不利于吹炼，故一般控制为50%左右。

炉料与热风、辅助燃料一起由喷嘴喷入反应塔内，在塔中迅速飘悬下降。据测定，炉料在塔内停留时间为2～3 s，有时甚至只有1.4～1.7 s。在极其短暂的时间内，要使炉料完成高价硫化物和碳酸盐的离解、硫和硫化物的燃烧、造渣、造铜锍等整个熔炼过程，炉料须是具有巨大反应表面的粉状炉料，并经过高度干燥，使含水不超过0.5%，否则，稍粗的炉料，使反应不完全；稍多的水分，使颗粒表面生成蒸汽薄膜，阻碍反应的进行。

炉料喷进反应塔后，在离喷嘴0.7 m处，气相中 SO_2 浓度显著增加，氧的分压急剧下降，SO_2 浓度可达到80%～85%，游离氧几乎不存在。氧化反应如此迅速，是因为固体颗粒强烈吸附氧，硫化物颗粒由表及里激烈氧化，放出大量的热，起到颗粒“本身加热”的作用，使颗粒温度高于周围火焰温度。其他熔炼方法，固体炉料均有一个受热过程，故闪速熔炼只要反应塔的温度不低于1250℃则可进行。

硫化物的氧化程度影响到炉气中SO_2的浓度和铜锍品位，而硫化物的氧化程度受炉料量和空气量比例的约束。因此，可通过调节风量和炉料量比例即风料比迅速改变炉气中SO_2的浓度和铜锍品位，这是闪速熔炼的一个特点。

反应塔内强烈的氧化气氛，使闪速熔炼具有很高的脱硫率。炉料中的铁不仅氧化成FeO，而且有一部分继续氧化成Fe_3O_4，这是渣含铜较高的主要原因之一，也是沉淀池容易结瘤的根源。

实践表明，闪速熔炼可持续产出含铜约80%的铜锍，而渣中的铜含量不增大。其方法是将还原剂如轻质挥发性油喷入部分氧化的精矿悬浮物中，使反应塔下部造成弱还原性气氛。轻质挥发性油既可消耗掉过量的氧，又使渣中的Fe_3O_4含量降低，同时使渣含铜降低。

闪速炉只宜处理固体炉料，液态转炉渣不宜返回闪速炉处理，这点不同于其他方法。

闪速炉因炉温较高，炉渣得到充分过热，因此，配渣不必严格进行，甚至可处理自熔炉料。

一些伴生元素在闪速熔炼时的行为如下：

(1)镍和钴

镍和钴均易被氧化，随着铜锍品位的提高，其造渣也增多。钴在渣中的活度较小，熔炼时造渣较多，当接近白铜锍时，几乎全部转入渣中，而进入渣中的镍比钴少。镍和钴及其化合物不挥发，烟尘中含有少量镍和钴是由于机械带入。

(2)锌

锌在硫化铜精矿中呈ZnS形态存在。闪速熔炼时，锌可能集中在炉渣或挥发物中，锌如此分布的原因是由于ZnS在反应塔条件下，按下列反应氧化：

$$ZnS + 3/2O_2 = ZnO + SO_2$$

反应所得ZnO易形成硅酸盐。当铜锍品位稍高时，ZnO的氧化增加，使炉料中的锌大部分进入渣中。渣中的ZnO与进入铜锍中的ZnS相互反应生成锌蒸气挥发。

$$ZnS + 2ZnO = 3Zn + SO_2$$

但由于铜锍中溶解的ZnS很少，上述反应的进行是有限的。当温度为1150℃时，ZnS开始显著地挥发，在反应塔条件下挥发很强烈，反应如下：

$$ZnS_{(固体)} = ZnS_{(蒸气)}$$

被挥发的ZnS在气流中氧化变成ZnO粉，在收尘装置内收集。

(3)铅

铅在精矿中以方铅矿PbS的矿物形态存在。中性气氛熔炼时，PbS几乎完全从固体转入气相中。在1300℃时，游离PbS的蒸气压$p_{PbS} > 101.3$ kPa。

氧化气氛中，除PbS氧化成PbO外，还进行PbS与PbO之间的相互反应，同时析出金属铅。1300℃时，PbO的蒸气压是PbS的1/10。因此，一部分铅可能转入炉渣中，但渣中的铅易被铜锍中的FeS硫化，故只有在熔炼高品位铜锍时，铅才会大量造渣。

铅及其化合物的蒸气压很大，均易挥发。

(4)硒和碲

硒和碲在精矿中主要以重金属的硒化物和碲化物形态存在。它们是不易挥发并难于离解的化合物，如将硒化铜在真空中加热到1000℃时，其质量损失仅有1%～3%。因此，在中性或还原性气氛中熔炼低硫原料时，硒和碲主要进入铜锍。

硒和碲的氧化物具有很大的蒸气压，SeO_2沸点为309℃，TeO_2为1100℃，在氧化气氛中能从炉渣表面蒸发。

(5)铼

ReS_2在加热时既挥发也离解。其离解压随温度的升高比蒸气压升高更迅速，故在还原性或中性气氛中熔炼时，铼主要进入铜锍中。

在氧化气氛中熔炼时，除了生成易挥发的Re_2O_7之外，还生成ReO_2，其中一部分转入炉渣中。实践表明，闪速熔炼时，铼主要以氧化物的形态转入气相。

1.3.3 闪速炉的熔炼工艺实践

1.3.3.1 闪速炉的构造

闪速炉由反应塔、沉淀池和上升烟道三部分组成。奥托昆普闪速炉剖视图如图1－8所示，贵溪冶炼厂闪速炉主要尺寸如图1－9所示。

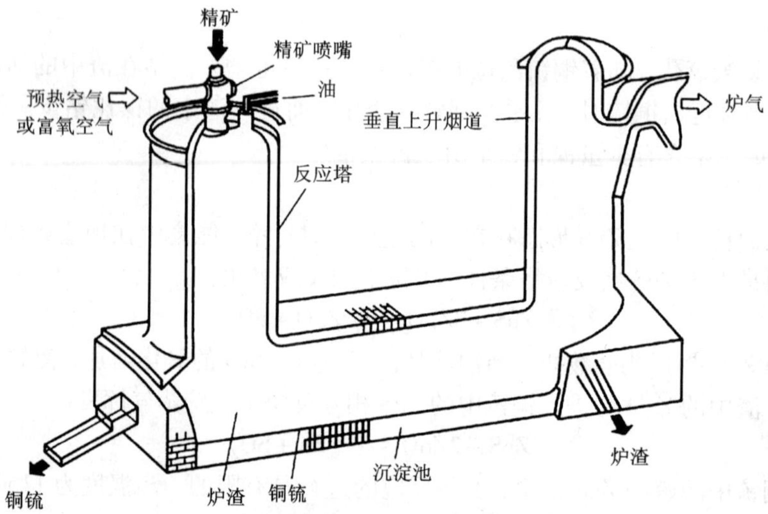

图1－8 奥托昆普闪速炉剖视图

(1)反应塔

反应塔为圆筒形，用铬镁砖砌筑，除塔顶外均用钢板焊成，塔的直径和高度根据反应塔内炉气速度及炉气通过的时间确定，反应塔内炉气速度一般为3 m/s。热风温度愈高，送风中氧的浓度愈大，反应速度愈快。采用高温富氧热风可缩短反应时间，降低反应塔高度。高度降低，能满足反应时间的要求，并减少反应塔的热损失，节省燃料，且在一定程度上避免了塔顶烧油过多使炉衬损坏。

反应塔上部由于氧的分压较高，温度较低，在塔壁上形成一层磁性氧化铁保护层。但在反应塔下部，由于受局部高温和熔融反应产物沿着炉衬表面流动等作用，炉衬磨损快。故反应塔顶部1.5～2 m以下的塔壁用电铸铬镁砖砌筑，炉体外部实行强化冷却，设置数圈铜水套。

反应塔及上升烟道与沉淀池相连接的地方，是闪速炉最易损坏的两个部位，其连接部位

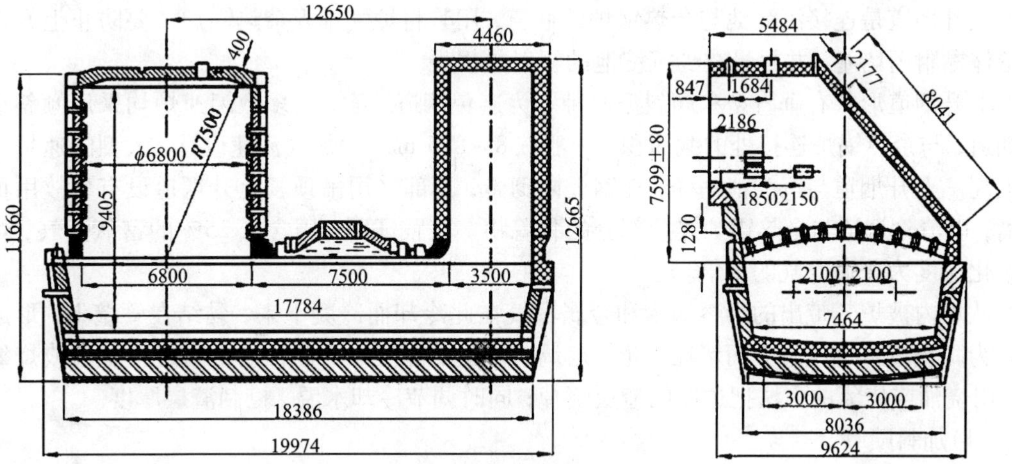

图1-9　贵溪冶炼厂闪速炉主要尺寸

均为垂直相交，受高温气流冲刷，容易损坏。为加强连接部位结构，用带翅片的水冷铜管为骨架，根据铜管的热负荷大小，将铜管按适当的间距排列，中间和周围充填不定型耐火材料形成坚固的结构，其结构简图如图1-10所示。

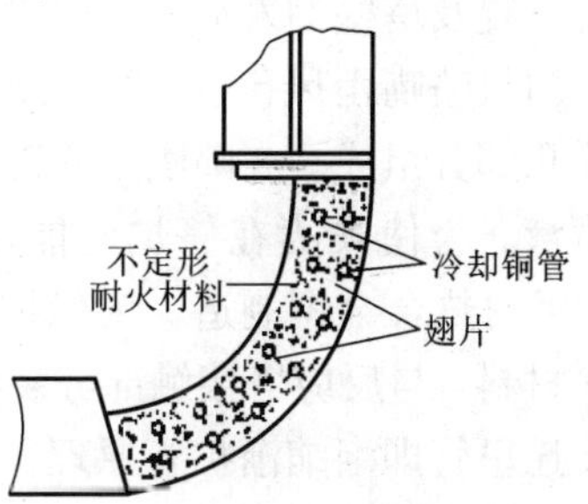

图1-10　冷却铜管配置

(2)沉淀池

沉淀池的作用是贮存并分离铜锍和炉渣。沉淀池是一个容纳由反应塔沉降下来的熔体的矩形熔池；也是由反应塔产生的大量炉气流往直升烟道的过道。沉淀池像一个小型反射炉。

沉淀池的大小根据铜锍量及炉气流速、炉气通过时间来确定。烟尘率、渣含铜均与沉淀池的大小及形状有关。沉淀池除顶部外用钢板焊成，大型闪速炉有2~3个出渣口，一般设于上升烟道一端，4~5个铜锍口，设于侧墙，为使沉淀池内熔体流动，铜锍口交替使用，由间距的2~3个铜锍口同时放铜锍，端墙及侧墙设有约10个重油喷嘴，补偿沉淀池的热损失。

沉淀池底部砌成反拱形，可防止熔炼时炉底砖砌体上浮。由于熔渣导热性差，熔池的全部附加热须通过渣层热传导，当池底温度低时，Fe_3O_4可能在炉底析出，故沉淀池底部须具有良好的绝热性能。池底最上层耐火砖常与熔体接触，用铬镁砖砌筑，该层下面为数层绝热砖。铬镁砖的热导率一般比绝热砖大10倍，故绝热层以上池底温度较高。由于铜锍熔点显著低于炉渣熔点，铜锍始终处于过热状态。

沉淀池在渣线水平的炉墙易受熔渣侵蚀，故用电铸铬镁砖砌筑，并在砖体外设置冷却铜水套以保护内衬，池墙其余部分均为铬镁砖砌筑。

为防止沉淀池顶耐火材料砌体变形、脱落，并延长其寿命，采用在耐火材料中间配置带有特殊加强构造的冷却管结构，以防止砌体的变形。

(3)上升烟道

上升烟道是连接沉淀池与余热锅炉的通道，用其将炉气排入余热锅炉。要防止上升烟道被熔体黏附而堵塞，并尽量减少沉淀池的辐射热损失。

上升烟道形状有垂直型和倾斜型两种。为避免烟道结瘤，大多数闪速炉均采用倾斜型上升烟道，与余热锅炉连接处的截面积，一般按 8～8.5 m/s 的炉气流速设计，大型闪速炉可适当提高。上升烟道与沉淀池一样，在钢板内砌砖，顶部采用吊顶。上升烟道设有事故用重油喷嘴，以清除烟道与余热锅炉连接部分的黏着物。实践证明，用含氧 25% 的富氧空气，炉瘤的熔化速度为普通空气的 2 倍。

从炉内被炉气带出的半熔烟尘和金属蒸气在此冷却而冷凝下来，黏结在管壁上，形成渣幕。为防止渣幕过厚过大而堵死通道，须调节渣层的厚度。为此在渣幕附近设烧油或烧氧装置，用烧油或烧氧的方法把过厚的渣层烧掉；同时调节冷却水温，控制渣层厚度。

(4)加料喷嘴

加料喷嘴是闪速炉的一个极其重要的部件。它是精矿、热风、辅助燃料的入口。喷嘴的设计与精矿在反应塔内停留的时间、反应塔的高度、反应焦点的位置及塔壁的寿命均有很大关系。

加料喷嘴由风包、下料管及空气炉料混合喷射器等几部分组成。在喷嘴中心部位插入一支辅助燃料喷管。为使喷嘴在停炉时能承受反应塔的辐射热，用耐热合金钢制造。为保护喷嘴，其内壁衬以耐火材料，与反应塔接触部分装有冷却水管。喷嘴用文丘里管即渐缩渐扩管原理，使炉料与空气均匀混合。管内气流速度和出口速度须严格控制。第一段文丘里管风速约为 60 m/s，第二段为 150～180 m/s，出口速度为 22～26 m/s 或 30～38 m/s。出口速度过小，炉料与空气混合不完全，不能强化熔炼过程；速度过大，使烟尘率升高。从喷嘴喷出的气流与反应塔中垂线成一定角度，通常称扩张角，其逐渐扩大，并在反应塔下部与塔壁相交。扩张角取决于反应塔尺寸。加料喷嘴如图 1－11 所示。反应塔一般装设 1～4 个加料喷嘴。

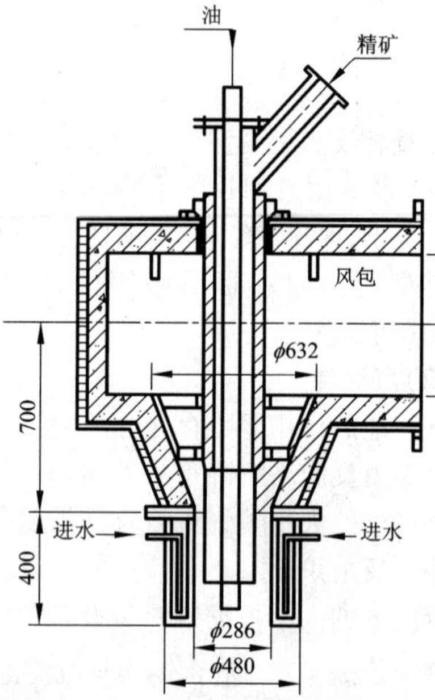

图 1－11 加料喷嘴

1.3.3.2 闪速炉的配套设备

(1)余热锅炉

①余热锅炉的特点

闪速熔炼的炉气由于具有不同于其他熔炼的特殊性质，使余热锅炉结构不同于普通锅炉，其特点如下：

a. 无隔墙单通道式的余热锅炉　由于炉气中含有大量半熔融状态的烟尘，在其炉气道上不设置隔墙，使炉气从入口到出口尽可能呈水平直线状态流动。隔墙式锅炉在气流改变方向的部位，由于偏流及涡流等作用，易发生局部烟尘堆积，堵塞道路。

b. 全水冷式大型辐射室　闪速炉炉气用有辐射段和对流段的余热锅炉冷却。辐射段的作用是使炉气冷却到足以使其中的熔融尘粒固化，在进入对流段之前，温度降低到熔点以下。这样，撞击对流管的尘粒呈固体状而不黏在管上。大容量余热锅炉，在辐射段设置数组水冷壁以提高冷却效果。辐射冷却段是侧壁为水冷壁的空室，而对流段除侧壁外，内部也配有水管。

c.水冷壁的结构　辐射传热面采用特殊的翅片结构。水冷壁内面平滑，不易黏结烟尘，且易于清洗。

d.水管的板状布置　对烟尘挡板及过热器等高温区接触传热面，将水管按板状组合，且宽方向间距大。

e. 立体膨胀方式的采用　整体翅片式水冷壁结构能起密封作用，避免炉气泄漏或冷空气进入，并使锅炉的热膨胀呈立体膨胀，避免由于耐火砖热膨胀使水管弯曲及耐火砖体龟裂造成炉气泄漏等问题。

f.吹灰器的设置　短杆吹灰器用于清理水冷壁的烟尘；长杆吹灰器清除隔板及对流段水管上的烟尘。

g.锤式振打装置　为避免在锅炉中采用空气或蒸汽喷射以防止降低炉气浓度，而所黏结的烟尘又比较疏松时，可对低温段采用锤式振打装置清除烟尘。

锤式振打装置在炉子外面靠自动操作的振锤，清除由水管束构成的炉板上的烟尘。

h.锅炉的水循环　余热锅炉水循环方式分自然循环、强制循环及二者组合循环三种类型。

自然循环，锅炉水量大，炉气量波动时，气泡水位变动较小，发生突然停电时危险性也小；水冷壁等的水管构造简单，不用循环泵，锅炉易于管理。

强制循环由于锅炉的水循环压力依靠泵的压力，故水冷壁及锅炉水管的配置可自由选定。强制循环锅炉中，一般可用最小直径的管子。

②余热锅炉的构造

余热锅炉产生的饱和蒸汽经单独的过热炉过热到385℃后，大部分送去发电，小部分减压后送到电解、制酸等车间作生产用气。为平衡供电量，另设置一台燃烧重油的辅助锅炉，平时辅助锅炉与余热锅炉同时运行发电，当余热锅炉停炉时单独供气。

锅炉水冷壁的结构是在两根管间焊一条矩形断面的钢条，使整个水冷壁形成一个整体。这种结构由于翅片较厚可减少积尘。锅炉有两排钢架，整个锅炉悬吊在钢架横梁上，允许自由热膨胀。

为防止低熔点成分烟尘黏附在管壁上，将旋涡收尘后的炉气部分返回锅炉入口，以降低锅炉入口温度差。

锅炉对流烟道的宽度只有辐射室内宽的一半，如此可提高对流段炉气流速。在两条对流烟道的隔墙上装有炉气温度调节阀，锅炉启动或闪速炉炉气量减少时，将调节阀打开，使炉气短路，减少对流受热面，以保证出口炉气温度不低于露点。正常运行时调节阀关闭。

锅炉清灰以吹灰器为主，机械振打为辅。吹灰器可有一百多台，吹灰介质为高压空气或氧气。吹灰器在吹扫时间自动伸进炉内，不吹灰时自动缩回炉墙中，避免烧坏和堵塞。

余热锅炉中各通道的热负荷、烟尘浓度、炉气温度、烟尘性质各不相同。要根据各炉气条件预先编制清扫程序，按此程序自动清扫。

余热锅炉产生的饱和蒸汽，一般用来发电和生产。发电用的蒸汽须过热，故设过热器，闪速炉的过热器单独设置在余热锅炉外边。

(2)空气预热器

①蒸汽空气预热器

闪速熔炼采用中温鼓风时，所需热风一般用蒸汽预热。

蒸汽管路有三个系统，从锅炉来的蒸汽，经过第一段蒸汽管路，温度由430℃降到300℃，然后返回锅炉再加热。加热后的蒸汽温度为460℃，进入空气预热器的第二段管路，从其出口出来后温度降至290℃，一部分进入第三段蒸汽管路，温度下降至243℃，汽水分离后，进入空气进口的预热段，出口蒸汽温度为152℃；另一部分蒸汽与锅炉输出蒸汽汇合，送去发电。

②蓄热式热风炉

采用蓄热式热风炉，热风温度可提高到800～1000℃，甚至1200℃，使用高温热风，炉内反应速度快，反应塔高度可缩短。

蓄热式热风炉通过重油燃烧提高温度，因此，须考虑燃烧室的热负荷及燃烧灰分和燃烧炉气中SO_2对耐火材料的腐蚀。可选用合适的耐火材料，采用燃烧室与蓄热室分开的外燃式结构，使排烟温度高于炉气露点。

所有的操作控制如燃烧、风温、圆拱顶温度和阀门的变换均自动化。由于重油燃烧产生的废气含SO_2，如排气温度过低，会产生酸雾腐蚀设备，须控制排气温度在150℃以上，一般控制在150～380℃范围内。

1.3.3.3 闪速熔炼工艺

(1) 炉料的配料与干燥

①炉料的配料

闪速炉要求炉料均匀且稳定，故配料极为重要。贮矿仓大小根据处理量和运输条件而定，一般应有0.7～1个月的贮矿量。设计配料系统时，应考虑所需的操作人员少、炉料搬运少、炉料混合均匀、混合矿成分波动范围小等。

配料方法有仓式和堆式两种。仓式配料时每种矿占一个仓，每个仓都设有可调速的皮带给矿机和电子皮带秤；堆式配料由不同精矿层层堆积起来，用耙料机向堆床取料，堆式配料适用于精矿品种多、成分波动大的情况。两种配料方法各有特点。仓式配料可随时改变配料，灵活性大。堆式配料占地面积大，但一天的料一次配完，节省人力。

闪速熔炼时，由于原料成分不同，石英用量变化大，为确保熔剂配料准确，用单独的定量配料装置将石英送往主皮带上，和精矿进行配料。

②炉料的干燥

闪速熔炼在反应塔空间很短时间内进行，因此，对炉料干燥过程要求比较严格，要求如下：

a. 干燥后的炉料含水须小于0.3%。如含水大于0.5%，熔炼过程中，炉料颗粒表面生成一层水蒸气薄膜，阻碍反应进行。

b. 炉料干燥时，须控制其脱硫率。因此干燥温度不宜过高，脱硫应控制在0.3%以下。如炉料在干燥过程中大量脱硫，使反应塔的热源减少，须外加较多的辅助燃料，既增加燃料消耗，又降低炉气中SO_2的浓度，不利于制酸。

c. 干燥后的炉料不结块，保持松散状态，以便有大的反应表面。

炉料干燥系统由短窑、鼠笼破碎机和气流管组成，即所谓三段干燥。气流干燥系统如图1－12所示。

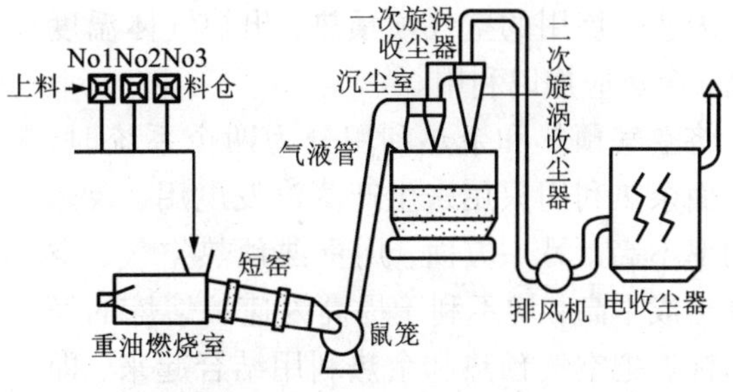

图1－12 气流干燥系统

(2) 熔炼

①加料

闪速熔炼是将干燥后的炉料与热风及辅助燃料充分混合后，喷入闪速炉内，借助炉料中硫和铁的氧化反应热，在反应塔内进行熔炼的过程，得到的铜锍与炉渣在沉淀池内分离。

闪速熔炼的基础是熔炼过程的热平衡。热平衡与选定的铜锍品位、热风温度及过剩空气量有关。

实践表明，当选定铜锍品位为60%时，热平衡最好，对热风温度要求较低，但铜锍吹炼困难；当选定铜锍品位为40%时，热平衡最差，要求空气预热温度较高，但铜锍吹炼容易；当选定铜锍品位为50%时，热风温度为500℃左右，过剩空气为5%左右。改变空气量，或在一定空气量下改变给料量，可迅速改变铜锍品位，这是闪速熔炼的特点之一。

熔炼所得铜锍与炉渣在沉淀池内澄清分离，所有出铜锍与出渣均间断操作。铜锍送转炉吹炼，炉渣含铜较高，为1%～1.5%，须贫化处理或选矿。

闪速炉渣含铜较高的原因如下：

a. 闪速熔炼脱硫率高，产出高品位铜锍。

b. 闪速炉多以高硫高铁精矿作为炉料，且配加的硅质熔剂少，一般不加石灰熔剂，故产出碱性高铁炉渣，其密度大，对硫化物有较大的溶解能力。

c. 反应塔具有强烈的氧化气氛，原料中的铁被氧化成FeO，有一部分继续氧化成Fe_3O_4，使炉渣的性质恶化。

d. 熔炼时产生大量烟尘，落在沉淀池熔池上面。

闪速熔炼所得炉气SO_2浓度高，上升烟道处一般为8%～15%。上升烟道出口炉气温度为1300℃，为了回收其热量，炉气先经过余热锅炉，后经旋涡收尘器和电收尘器，最后送去制酸。

②反应塔供风

闪速熔炼的鼓风制度有中温鼓风即400～500℃、高温鼓风即800℃以上、低温富氧鼓风即200℃并含氧35%～40%三种。

鼓风制度的选择，应根据精矿成分和具体条件决定。

③炉气的处理

闪速熔炼的炉气温度高达1300℃，含尘100～150 g/m^3(标态)，部分烟尘呈半熔状态。因此炉气先进余热锅炉，使40%左右的烟尘沉降，并回收余热，然后进电收尘器。由于炉气中SO_2浓度较高，冷却和除尘后可作为制酸原料，此过程中一部分SO_2转化成SO_3。

炉气在锅炉中冷却时，吸收了炉气中的水蒸气形成稀硫酸，对水管及炉壁产生腐蚀。

闪速熔炼时，由于炉气含尘量很高，且接近熔融状态，如锅炉构造不适当，烟尘将黏结在水冷壁上，形成硬的结壳，降低传热效果，堵塞炉气通道，使锅炉无法运行。

④利用余热预热空气

闪速熔炼用的空气须预热，出炉气体温度很高，余热应加以利用。

将空气预热和余热利用分为两个系统时，一方面余热利用只用来生产蒸汽发电用，余热利用率不高；另一方面，用重油预热空气，空气预热成本高，均不利于提高闪速炉熔炼的经济指标。把空气预热和余热利用结合起来，即利用余热来预热空气。利用余热预热空气系统如图1－13所示。余热锅炉以闪速炉的炉气作为热源，闪速炉出炉炉气温度达1300℃左右，直接进入余热锅炉，冷却后炉气温度降到350℃左右。锅炉给水经过水管及过热管加热生成温度为550℃的过热蒸汽，将其送空气预热器与空气进行热交换，空气温度升高，蒸汽冷却。冷却形成的饱和蒸汽，又回到余热锅炉，再次受热生成过热蒸汽。将其又送空气预热器进行冷却，再形成的饱和蒸汽，一部分到空气预热器的低温区冷凝成水，送锅炉循环使用；另一部分送去发电或他用。空气预热器中，鼓风机送来的冷空气被加热成500℃左右的热风。

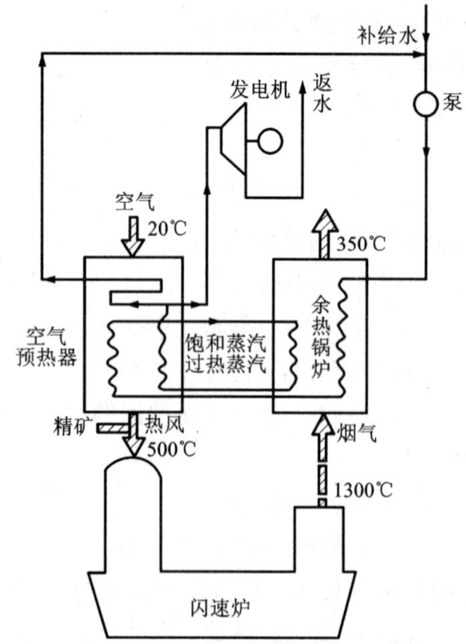

图1－13　预热空气系统示意图

另外，可把闪速炉的高温炉气直接引入余热锅炉，冷却后其温度仍高达1123K左右，再把此炉气引进空气预热器，使空气加热到773K左右。此种用炉气直接预热空气的方法，预热设备易被炉气中的SO_2侵蚀，易被烟尘堵塞且设备十分庞杂。

1.3.3.4　闪速熔炼的产物及主要技术经济指标

(1) 闪速熔炼的产物

闪速熔炼的产物有铜锍、炉渣、烟尘和炉气。

①铜锍

闪速炉可产出高品位铜锍，一般为50%～65%，甚至白铜锍，为78%。闪速炉的铜锍，仍用转炉吹炼生产粗铜，考虑到转炉吹炼热源的需要，控制品位为50%。其发展方向是在闪速炉内直接产出粗铜，这样铜锍品位可尽量提高。

②炉渣

闪速熔炼属氧化熔炼，脱硫率高，导致铜锍品位高，炉渣中Fe_3O_4含量多，因此渣含铜高，一般为1%～3%，比鼓风炉、反射炉渣含铜高得多。

③烟尘

闪速炉熔炼处理的是粉末状炉料，且熔炼过程是在漂浮状态下进行，不仅有未及熔化的颗粒被炉气带走，还有一些已熔化的炉料也被炉气带走，离炉后温度降低凝固成烟尘。因此，闪速熔炼的烟尘率较高，一般为6%～9%，甚至更高。收回的烟尘与干燥后的炉料，重返闪速炉处理。

④炉气

闪速炉熔炼的出炉炉气含 SO_2 12% ~14%，收尘净化后，为6% ~7%，符合制酸要求，故送去制酸。

（2）闪速熔炼的主要技术经济指标

①闪速炉的单位处理能力

闪速熔炼以反应塔单位容积处理能力来表示，单位为 $t/(m^3 \cdot h)$。闪速炉的生产能力主要取决于反应塔的热强度和热的有效利用率。实际生产中，闪速炉的处理能力可在较大范围内调节。

②燃料率

闪速熔炼属自热熔炼类型，不足的热由辅助燃料供给。辅助燃料一般用重油，也可用天然气或粉煤。

③铜的回收率

闪速炉的回收率，从精矿到粗铜一般为97% ~98.5%。精矿品位较高，炉渣采用选矿法处理时，回收率可达上限。

④硫回收率

闪速炉熔炼的优点之一是硫的回收率较高。当熔炼、吹炼的炉气都制酸时，硫的回收率可达85% ~96%。

1.3.3.5　闪速炉渣的处理

闪速炉渣属 $FeO-SiO_2$ 二元系，含 Fe 38% ~40%，SiO_2 32% ~34%。为充分利用铁和硫的氧化热，闪速炉一般需要产出高品位铜锍，因此，渣含铜比较高，平均高达1% ~1.5%。闪速炉渣常用的处理方法有两种，即电炉贫化法和选矿法。

（1）电炉贫化法

电炉贫化有两种形式，一种是单独贫化电炉处理，另一种是将贫化电炉与沉淀池合并，即将电极插在沉淀池内。

贫化的原理是往贫化炉的熔渣中添加硫磺或黄铁矿、熔剂等，使炉渣中的铜硫化成 Cu_2S，部分 Fe_3O_4 硫化成 FeS。二者形成铜锍，从炉渣中分离出来。炉渣贫化电炉示意图如图1-14所示。

当铜锍品位为50%以上时，贫化渣中铜的浓度为0.6% ~0.75%；当铜锍品位为28% ~34%时，渣含铜为0.55%；当铜锍品位为12%时，渣含铜为0.25%。

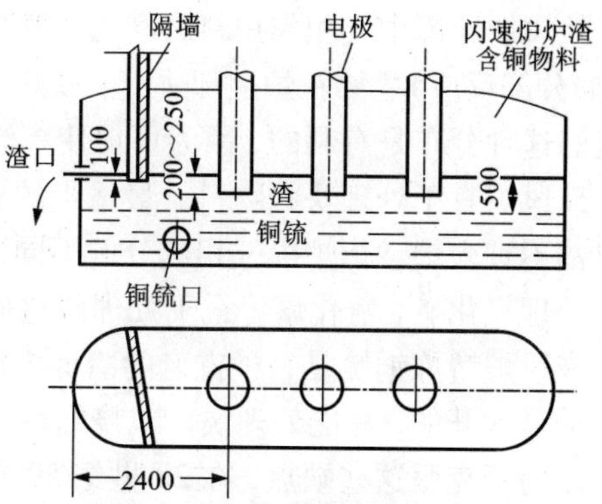

图1-14　炉渣贫化电炉示意图

（2）选矿法

在熔融炉渣中，如含有足量的硫生成硫化物，则炉渣在充分的缓慢冷却过程中，将从炉渣中析出铜的硫化物结晶和金属铜粒，这是炉渣浮选的基础。

如闪速炉渣进行水淬，形成含有分散得很细的铁橄榄石即 $2FeO \cdot SiO_2$ 和铁尖晶石即 $FeO \cdot Fe_2O_3$ 的玻璃状基体，硫化物在玻璃体中呈极细细粒存在。

细磨后使硫化物及金属与其他结晶分离。破碎时，硫化物优先沿不同性结晶的接触处，而不是沿同性结晶物本体分裂。因此，炉渣的缓慢冷却和细磨是提高浮选回收率的关键。

在处理炉渣时，闪速炉渣和转炉渣用吊车送到渣车上，再运到冷却场地，缓慢冷却约8 h后，再洒水以加快冷却速度。然后用铲斗装载机松散，运至炉渣处理车间。炉渣分三段破碎，先在颚式破碎机中粗碎，再在圆锥破碎机中破碎，最后用研磨机细磨至90%通过270 目。然后在浮选槽中浮选细磨炉渣中的铜和硫化铜。浮选所得精矿返回闪速熔炼配料。

选矿法处理炉渣的主要优点是回收率高，尾矿含铜低，耗电量少。但其建设费用高于贫化电炉，且占地面积大。

炉渣处理方案，应根据具体条件，进行综合比较来决定。

1.4 铜精矿熔炼的其他方法

1.4.1 密闭鼓风炉熔炼

鼓风炉是一种具有垂直作业空间的冶金设备，熔炼过程按逆流原理进行，也就是炉料与燃料从炉子上部加入，垂直向下往本床移动，并从本床放出熔炼产物。鼓入炉内的空气及燃料燃烧所形成的气体，从下面通过炉内的炉料与燃料的空隙而上升。由于炉料与炉气的对流运动，固体燃料与炉料之间相互紧密接触，燃料燃烧在炉料内部发生，这就造成了良好的热交换条件，保证了炉内高的热利用率(达70%以上)。

鼓风炉中的最高温度是在焦炭或硫化物激烈燃烧的区域，也就是风口稍上的所谓炉焦点区。焦点区的最高温度可达1450℃。但此最高温度取决于炉渣的熔点及其一定的过热，以及焦点区的热平衡，当炉渣成分一定时，强化燃料的燃烧，只能增加炉料的熔炼量，而不能提高焦点区温度。

鼓风炉熔炼中气相与炉料之间的化学反应具有重要的意义。鼓风炉内的反应有：吸热反应(如分解反应)主要在炉上部进行；放热反应(如燃烧反应、造渣反应)主要在炉下部进行。反应的这种分布是有利的，因为可促使高温区集中。

鼓风炉宜于处理块状物料。最适当的块度是30～60 mm，<5 mm的碎料和 >100 mm的块料都不宜入炉。依炉内气相成分的不同，鼓风炉熔炼分为还原熔炼和氧化熔炼。还原熔炼适于处理氧化矿，氧化熔炼适于处理硫化矿。

鼓风炉熔炼铜锍是一种古老的冶炼方法，这种方法的床能率大，热效率高。传统的鼓风炉炉顶是敞开的，只能处理块矿或烧结块，烟气含 SO_2 浓度低(0.5%)，不易有效回收，造成烟害。为了克服这些缺点，在20世纪50年代中期，出现了密闭鼓风炉熔炼铜精矿法(百田法)，精矿只要加水混捏后即可直接加入炉内。

1.4.1.1 铜精矿密闭鼓风炉熔炼的基本原理

铜精矿密闭鼓风炉熔炼是半自热熔炼的一种类型。炉气中含有较多的游离氧，属氧化性气氛。熔炼过程所需的热量由焦炭燃烧和过程本身的放热反应所供给。图1－15为密闭鼓风炉熔炼的示意图。

密闭鼓风炉的炉料组成包括混捏铜精矿、熔剂(石灰石、石英石)和转炉渣。为了保证熔炼过程的顺利进行，炉内料柱应具有良好的透气性，为此，块料的容积比(包括焦炭)应在50%以上。

熔炼时，焦炭和炉料经由加料斗加入炉内，形成严密的料封。由于炉内炉料分布得不均匀，就造成了炉气沿炉子水平断面分布不均匀的现象。这种炉料与炉气的分布状况，正是有效地利用料柱压力和高温作用，使混捏铜精矿发生固结和烧结过程，为在鼓风炉内直接熔炼铜精矿创造了有利条件。根据密闭鼓风炉内所发生的各种过程的特点，炉子可按高度分成三个区域。

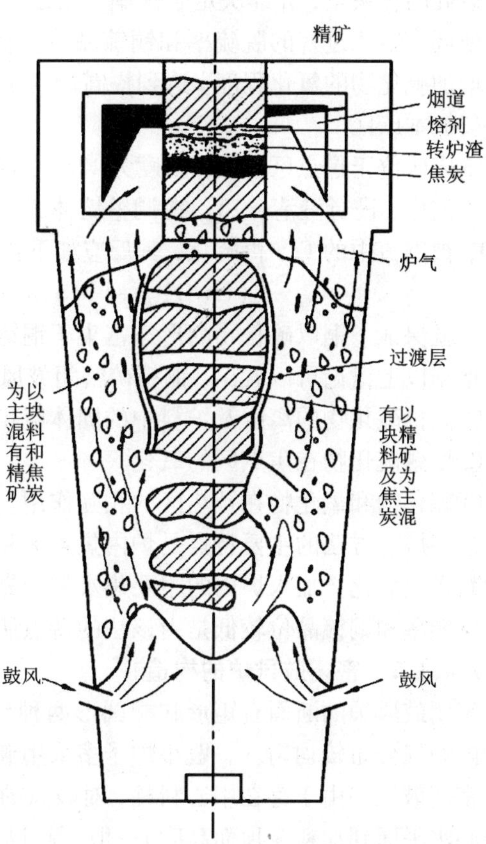

图1-15　密闭鼓风炉熔炼

(1) 预热区

预热区位于炉子上部，温度为250～600℃到1000～1100℃，在这一区域中进行炉料的干燥和预热。铁和铜的高价硫化物发生离解。预热区的气氛属于氧化性，部分硫化物被氧化。于预热区下部，在温度较高的中间精矿柱的交界面上，发生烧结作用。在料柱里面则受到两侧上升炉气的间接加热和较重的料柱压力，而发生固结作用，形成具有一定强度的精矿块。据研究，在同样气氛下加热，炉料受压愈大，愈好，块强度也愈大。

(2) 焦点区

焦点区的温度最高为1250～1300℃，这一区域的气氛是强氧化性的，进行半自热熔炼的主要反应。在焦点区内，主要被氧化的硫化物是FeS，其氧化产物随即与炉料中的SiO_2造渣，总反应如下：

$$2FeS + 3O_2 + SiO_2 = 2FeO \cdot SiO_2 + 2SO_2$$

此外，在有SiO_2存在的条件下，转炉渣中的Fe_3O_4及在预热区形成的Fe_3O_4，对FeS将起着固体氧化剂的作用，反应如下：

$$3Fe_3O_4 + FeS + 5SiO_2 = 5(2FeO \cdot SiO_2) + SO_2$$

由于炉料各组分之间的接触不良，Fe_3O_4不能完全被还原，而溶解于炉渣和铜锍中。在铜精矿密闭鼓风炉熔炼时，几乎所有的焦炭都是在焦点区依靠鼓风中的氧燃烧：

$$C + O_2 = CO_2 + 405.85\ \text{kJ}$$

由于液体硫化物在焦点区内停留的时间很短，当有焦炭存在时，液体FeS几乎不被氧化，所以FeS主要是在固相时氧化。因此，熔融硫化物在焦点区被氧化的程度，在较大范围内取决于该处的焦炭量，亦即决定于焦率。所以工厂利用这个规律，采用调整焦率的方法，比较有效地调节熔炼过程的脱硫率和铜锍品位。在熔炼热平衡允许的条件下，应力求降低焦率，以便增加硫化物的氧化程度，达到提高烟气中SO_2的浓度和获得较高品位铜锍的目的。

（3）本床区

本床区位于焦点区下面，温度为1200～1250℃，在该区域中，液体熔炼产物汇集并连续地流入前床，进行澄清分离。在调整熔体成分过程中，最主要的反应是溶解在炉渣中的少量Cu_2O，被铜锍中的FeS再硫化，其反应如下：

$$(Cu_2O)_{渣}+[FeS]_{锍}=(FeO)_{渣}+[Cu_2S]_{锍}$$

这就保证了铜以硫化物的形态富集于铜锍中，而铁则以氧化物的形态集中于炉渣中。

根据以上讨论可以看出，铜精矿密闭鼓风炉熔炼的脱硫作用依下列各主要因素发生：

①高价硫化物的离解及炉料中的固体硫化物在预热区的氧化。

②熔融硫化物在焦点区的氧化。

③硫化物和氧化物在预热区的相互作用。

这种熔炼方法的主要特点是炉内焦点区和预热区都是氧化性气氛，熔炼时固体和液体硫化物都发生氧化。加入炉内的主要焦炭量依靠鼓风中的氧来燃烧，因而阻碍了大量FeS的氧化。床能率和铜锍品位较低是由该法的特点所决定的。

1.4.1.2 密闭鼓风炉的构造

密闭鼓风炉的断面有矩形和椭圆形两种。椭圆形炉子的端部水套为半圆形，不易加工，但炉内炉气分布较均匀。一般小炉子多采用椭圆形炉，大炉子均采用矩形炉。

密闭鼓风炉由于存在中心料柱，对鼓风的阻力较大，料柱高度有限，炉子有效高度（从风口中心水平面到加料斗顶面高度）一般不超过4～4.4 m，因此，加大炉子时，不能增加高度，只能增大横断面积。鼓风炉风口区的宽度一般固定在1.1～1.2 m，宽度再大需要增加鼓风压力。因此，炉子风口区的断面积只取决于长度，炉子的长度主要取决于要求的生产量。原则上，密闭鼓风炉的长度没有什么限制，但炉子太长不便于照应，所以目前鼓风炉的长度多采用2～9 m。密闭鼓风炉的构造如图1－16所示。

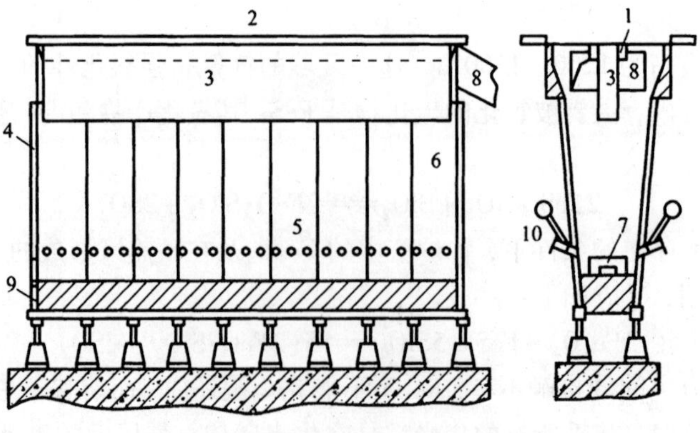

图1－16 密闭鼓风炉的构造

1—水套梁；2—顶水套；3—加料斗；4—端水套；5—风口；6—侧水套；7—山型；8—烟道；9—咽喉；10—风管

炉子的基础位于坚实混凝土上面的矮柱或千斤顶上。从风口中心水平线以下至床底称为本床。本床底砌耐火砖，四壁或围以水套或全砌耐火砖。熔炼产物连续地从放出口沿放出流槽流入前床，炉渣与铜锍在此分离。前床用砖砌成。前床的容积与炉的生产率及熔炼产物的数量和成分有关，前床深度一般为1.2～1.5 m，内部宽2.5～4.8 m。

1.4.1.3 密闭鼓风炉熔炼的主要技术经济指标

鼓风炉的主要技术经济指标有床能率、焦率和铜的回收率。

鼓风炉的床能率以一昼夜内在风口区1 m^2 横断面积上所熔炼的炉料量来表示。鼓风炉的床能率主要决定于鼓风量、炉料的透气性和炉渣成分。

熔炼时鼓入炉内的空气主要消耗于焦炭的燃烧，因此增加鼓风量可加速燃烧过程，增加熔炼速度，因而也就提高了炉子的床能率。炉料中所含的块率太低时，会降低床能率。炉渣的熔点高和含热量大，需要增多焦炭的消耗，也会降低炉子的熔炼量。黏度大的炉渣，甚至在焦点区温度相当高时也不易从炉内流出，因此也影响炉子的床能率。

鼓风炉熔炼的金属回收率与原料中的金属含量、熔炼前炉料的准备、炉渣成分及其过热程度以及液体熔炼产物的澄清条件有关。

表1－10所列是我国某些工厂的主要技术经济指标。

表1－10 密闭鼓风炉熔炼主要技术经济指标

项　目	单位	一厂	二厂	三厂
混捏料含铜	%	12.84	17～19	—
混捏料含硫	%	24.28	22～25	—
铜锍品位	%	23.92	31～35	23～38
渣含Cu	%	0.222	0.32	0.19～0.22
渣含 SiO_2	%	38.27	36～38	34～36
渣含Fe	%	26.54	24～26	27～31
渣含CaO	%	10.32	13～15	13～16
渣含MgO	%	3.88	—	1
床　能　率	t/(m^2·日)	52.992	24.43	42～47
原　矿　率	%	59.10	—	—
焦　　　率	%	10.88	11.76	11～13

1.4.2 反射炉熔炼

炼铜的主要原料是浮选精矿，这种颗粒很细的精矿适合在反射炉内处理，因而随着浮选法的发展，反射炉得到了广泛的应用。

反射炉熔炼铜锍有两种方法，一是生精矿熔炼，二是焙砂熔炼。

反射炉用耐火砖衬里，一端有加热用的燃烧器，另一端有排出炉气的烟道，由精矿或焙砂、返料、熔剂等组成的混合炉料通过炉顶两侧的加料口加入，在炉中形成料坡，料坡浸入熔池中，并紧靠在炉墙和炉底的内表面上，燃料在炉内炉料的表面燃烧，从而使炉料加热、熔化、造渣和形成铜锍。

反射炉熔炼铜锍由下列几个过程组成：

(1)燃料的燃烧。

(2)气体的流动。

(3)气体与炉墙、炉料、炉顶、熔池熔体表面之间进行热交换。

(4)炉料的加热、熔化和物理化学变化。

(5)熔体产物的运动与澄清分离。

上述过程既紧密联系又互相制约，最重要过程的规律决定反射炉的熔炼性质和各项指标。

自从第一台熔炼铜锍反射炉于1899年建成投产以后，逐步取代了鼓风炉在火法炼铜中的地位，而成为主要的炼铜方法，此后在较长时期中反射炉处于统治火法炼铜的地位。这种局面之所以形成，是因为反射炉基本上能适应生产发展的需要。

反射炉的优点是结实可靠，寿命长，作业率高，易于操作，对燃料和原料的适应性大。缺点是反射炉利用燃料燃烧产生的高温火焰的辐射热进行熔炼，热效率低，燃料消耗高，烟气量大，烟气含 SO_2浓度低，约1%，不能经济地回收，排入大气造成环境污染；此外，反射炉占地面积大，建设费用高等。

1.4.2.1 反射炉熔炼的基本原理

(1) 炉料的加热和熔化

反射炉熔炼过程中，主要是在料坡上进行的吸热反应，其次还有生成炉渣的放热反应。熔炼过程的总热平衡中，生成炉渣所放出的热不超过熔炼过程所需热量的6% ~8%，如果鼓入的风不预热，反射炉熔炼时所需总热量的85% ~90%来自燃料的燃烧。而燃料燃烧产生的热只有小部分消耗于炉料的熔化，大部分随炉气带走和补偿损失。熔炼过程中燃料的实际消耗量，一般为理论需要量的2 ~3 倍。

反射炉熔炼的主要热源是碳质燃料，其在由炉顶、炉墙、料坡和熔池表面组成的炉子空间中燃烧。燃料燃烧产生的大量高温气体，作为主要的载热体把热传给炉顶、炉墙、料坡和熔池表面。燃料连续燃烧，产生的气体不断从炉子的加热端流向炉子的尾部，在流动过程中，气体、炉料、炉墙、炉顶和熔池之间发生热交换。传热的主要方法是辐射和对流，辐射起主导作用。炉料和熔池表面既从气流获得热，也从高温炉顶和上部炉墙获得辐射热。由于炉料的导热性小，向料层深处传热慢，故料层表面被迅速加热到熔点。熔化后的表层炉料沿料坡流入熔池，露出下面的料层，其也从气流、炉顶和上部炉墙获得热，熔化后流入熔池中。因此，反射炉内炉料的熔化过程是在相当薄的料坡表层中进行的，薄层物料不断地依次熔化并流入熔池中。具体过程见图1 -17。

(2) 炉料在熔炼过程中的物理化学变化

反射炉的炉料包括铜精矿或焙砂、烟尘、熔剂和返料等，主要有以下几类化合物：

①硫化物，如 Cu_2S、FeS_2、$CuFeS_2$、FeS、ZnS、NiS 等。

②氧化物，如 Fe_2O_3、Fe_3O_4、Cu_2O、ZnO、SiO_2、Al_2O_3、MnO_2、MgO 等。

③硫酸盐，如 $CuSO_4$、$ZnSO_4$、$BaSO_4$等。

④碳酸盐，如 $CaCO_3$、$MgCO_3$、$BaCO_3$等。

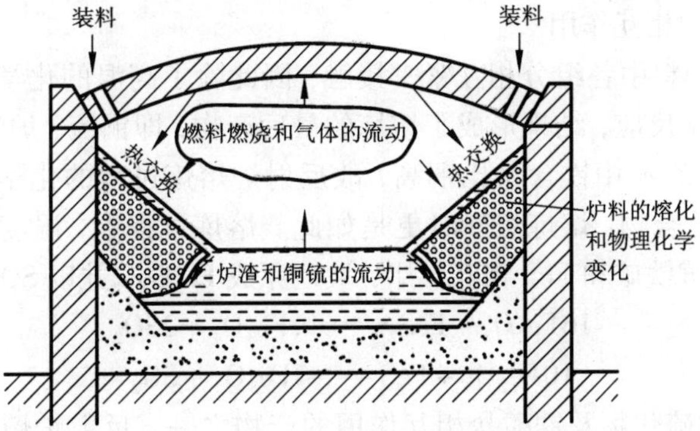

图1-17 反射炉内熔炼过程简图

⑤硅酸盐，主要是钙、镁和铁的盐。

另外还有少量其他化合物。炉料中硫化物和氧化物含量最多，一般占炉料重量的90%以上。因此，它们决定熔炼的物理化学过程。

炉料的化学成分和矿物组成不同，熔炼过程中发生的主要化学变化也不同。熔炼生精矿时，炉料中含较多高价硫化物和碳酸盐，在高温作用下，其分解为低价化合物，而相互化学作用仅占次要地位。当熔炼焙砂时，固体与液体组成物之间的相互作用对过程产生主要影响，而高温分解作用占次要地位。

反射炉炉料中的各种化合物，在熔炼时发生两种作用。第一，高温作用，使各种化合物发生单独的热分解；第二，高温作用下各种化合物之间发生相互化学作用，如固体组成物之间、固体与液体组成物之间及液体组成物之间的相互作用，这种作用生成新的化合物和熔体。反射炉炉气含氧低，炉气属微氧化性或中性气氛，气体与炉料之间的化学作用很微弱。

①高价硫化物的热分解

a. 高价硫化物反射炉熔炼时，水分蒸发和炉料熔化的同时，各种高价硫化物分解为简单的化合物，反应如下：

$$FeS_2 = FeS + 1/2S_2$$
$$2CuFeS_2 = Cu_2S + 2FeS + 1/2S_2$$
$$2CuS = Cu_2S + 1/2S_2$$
$$2Cu_3FeS_3 = 3Cu_2S + 2FeS + 1/2S_2$$

热分解反应主要在料坡上进行，生成的低价硫化物成为初铜锍的基础，硫蒸气在炉气系统中燃烧成为SO_2。由于高价硫化物是精矿的主要组成部分，因此，上述分解反应对精矿熔炼时的脱硫作用具有重要的意义。

b. 高价氧化物、碳酸盐和硫酸盐反射炉熔炼时，进行热分解的还有高价氧化物、碳酸盐和硫酸盐等，反应如下：

$$2CuO = Cu_2O + 1/2O_2$$
$$CaCO_3 = CaO + CO_2$$
$$MgCO_3 = MgO + CO_2$$
$$MeSO_4 = MeO + SO_2 + 1/2O_2$$

Me 代表金属元素，反应生成的气体进入炉气中，所生成的 MeO 参与造渣和造铜锍。

②各种化合物间的相互作用

反射炉熔炼时，炉料中各组分相互紧密接触，因此除了高温的化学作用外，还发生炉料组分之间的一系列化学反应，结果形成了熔炼的最后产物，即铜锍、炉渣和炉气。

a. 铁的化合物　精矿中铁含量比铜高，故反射炉熔炼过程的化学反应，一般决定于铁的化合物，而不是铜化合物，熔炼焙砂时更是如此。熔炼过程中，温度为 500 ~ 600℃时，高价氧化铁就激烈地与黄铁矿和 FeS 相互作用，被还原成 Fe_3O_4，并以 SO_2 的形态放出硫。

$$16Fe_2O_3 + FeS_2 = 11Fe_3O_4 + 2SO_2$$

$$10Fe_2O_3 + FeS = 7Fe_3O_4 + SO_2$$

Fe_3O_4 是氧化铁和硫化物及铁酸盐相互作用的产物之一。反射炉熔炼炉料如为焙砂及液态转炉渣，则 Fe_3O_4 是炉料主要成分之一。

总之，反射炉熔炼时，铁的硫化物与氧化物相互反应的最终产物是 Fe_3O_4，未发生反应的 FeS 与 Cu_2S 等形成铜锍；反应生成的 FeO 与 SiO_2 造渣；未被还原的 Fe_3O_4 分配于炉渣和铜锍中。当炉温降低或总液面高度减小时，部分 Fe_3O_4 可能沉于炉底形成炉结。

b. 铜的化合物　熔炼过程中得到的 Cu_2S 是由铜的高价硫化物热分解及黄铜矿和斑铜矿形态的铜与铁的复合硫化物热分解时形成的。

Cu_2S 也可由炉料如焙砂中铜的氧化物与铁的硫化物之间的相互作用生成，反应如下：

$$Cu_2O + FeS = Cu_2S + FeO$$

实践证明，当炉料中含有足量的 FeS 时，Cu_2O 的硫化很完全。反射炉炉渣的分析也指出，其中含有非常少的 Cu_2O。FeS 及炉料中其他硫化物均可作为 Cu_2O 的硫化剂。当炉料中含有黄铁矿时，在料坡上进行如下反应：

$$2Cu_2O + 3FeS_2 = 2Cu_2S + 3FeS + SO_2$$

Cu_2O 与 Fe_2O_3 接触时，生成称为铁酸盐的铜化合物，在反射炉熔炼条件下，铁酸盐易被硫化物硫化。

铁酸铜和硫化物之间的相互作用在 600 ~ 800℃ 时开始、1000 ~ 1150℃ 时结束，反应如下：

$$3(CuO \cdot Fe_2O_3) + 2Cu_2S = 7Cu + 2Fe_3O_4 + 2SO_2$$

$$5(CuO \cdot Fe_2O_3) + 2FeS = 5Cu + 4Fe_3O_4 + 2SO_2$$

$$9(CuO \cdot Fe_2O_3) + 4ZnS = 9Cu + 6Fe_3O_4 + 4ZnO + 4SO_2$$

综上所述，反射炉熔炼时，大部分铜以 Cu_2S 形态与 FeS 及其他硫化物一起形成铜锍，少量 Cu_2S 与 Cu_2O 进入炉渣。

c. 锌的化合物　反射炉熔炼过程中，锌在铜锍与炉渣间的分配取决于原料，熔炼精矿时，总锌量的 70% 进入铜锍；熔炼焙砂，锌进入铜锍中的量不同，焙烧程度也不同，50% ~ 80% 进入炉渣；总锌量的 8% ~10% 挥发进入炉气。

$$ZnS + 9Fe_2O_3 = ZnO + 6Fe_3O_4 + SO_2$$

$$ZnS + 3Fe_3O_4 = 9FeO + ZnO + SO_2$$

$$ZnS + 2ZnO = SO_2 + 3Zn$$

上述反应生成的 ZnO 以硅酸锌、亚铁酸锌的形态进入炉渣，锌蒸气挥发进入炉气。大部分 ZnS 保持不变进入铜锍和炉渣中。

铜锍和炉渣对 ZnS 的溶解度很小，大部分是机械夹杂在其中，可能在铜锍与炉渣间形成一层难熔的隔膜，其主要由 ZnS 和少量 FeS 与 Cu_2S 组成，严重阻碍了铜锍与炉渣的分离，使渣中铜损失增加。放铜锍时，夹杂在其中的 ZnS 析出，沉积在炉底，或沉积在铜锍放出道中，使铜锍放出困难。一般炉料中含锌量不超过 5% ~6%。

ZnO 的危害比 ZnS 小，但同样是难熔化合物。在反射炉熔炼温度下，ZnO 作为弱碱性物质与 SiO_2 形成 $2ZnO·SiO_2$，其可被 CaO 分解析出游离的 ZnO。ZnO 在渣中的溶解度达到极限时，其余以固体粒子状态机械地夹在渣中，提高了渣的黏度。

铁酸锌是较稳定的化合物，也可与硫化物相互作用。焙砂中所含的铁酸锌一部分被破坏；一部分进入炉渣中；其余沉积在炉底。

d. 铅的化合物　反射炉炉料中，铅一般以硫化物和氧化物的形态存在。PbS 与 PbO 比相应的锌化合物具有较低的沸点，但熔炼时挥发性并不高。

PbS 与 Cu_2S、FeS 形成易熔共晶，当炉料加热时，其很快熔化，从而减少铅的挥发。

PbO 的熔点为 883℃，在 800℃时挥发已显著，当 950℃时大量挥发。有 SiO_2、Al_2O_3 及其他杂质存在时，能减少其挥发。熔炼时大部分 PbO 进入炉渣，其余挥发。

铅在熔炼产物中的分配，取决于它在炉料中存在的形态。熔炼焙砂，大部分铅进入炉渣，少部分进入铜锍，随炉气挥发损失为炉料总含铅量的 20%。熔炼精矿，则大部分进入铜锍中。

e. 砷和锑的化合物　砷和锑在炉料中以硫化物和氧化物的形态存在，少数以砷化物和锑化物的形态存在。

常见的砷硫化物是毒砂即 FeAsS，焙烧和熔炼时的变化与黄铁矿相似，其中大部分砷以 As_2O_3 形态挥发。硫化锑即 Sb_2S，在焙烧与熔炼时的变化与方铅矿相似，但挥发更多。

砷和锑的氧化物一般是 $3MeO·As_2O_3$ 和 $3MeO·Sb_2O_5$，十分稳定，熔炼时不完全挥发，部分进入炉渣中。

熔炼焙砂时，50% ~60% 的砷和锑进入炉渣，10% ~20% 随炉气损失。

f. 硒和碲的化合物　硒和碲在铜矿石中的含量很少，主要与黄铁矿共生。

精矿中，硒和碲以近似于硫化物性质的硒化物和碲化物形态存在。熔炼时，硒化物和碲化物如同硫化物一样进入铜锍，少部分进入炉渣和炉气。

精矿中大部分硒在焙烧时，以 SeO_2 形态挥发，碲基本上留于焙砂中。熔炼焙砂时，近一半硒、碲进入铜锍，其余进入炉渣和炉气。

炉料中其他化合物，如镍，熔炼时主要以 Ni_3S_2 形态进入铜锍；金、银主要以金属状态溶于铜锍中。

反射炉熔炼过程中，炉料的脱硫作用，主要取决于炉料的成分，炉气对炉料的脱硫没有明显影响。

熔炼焙砂，脱硫作用主要是炉料各组分之间的相互作用，尤其是铁的高价氧化物与各种硫化物之间的相互作用。脱硫率取决于物料的焙烧程度，焙烧程度中等时，脱硫率一般为 20% ~30%，平均为 25%。熔炼精矿，脱硫作用主要是高价硫化物的热分解，炉料的脱硫率最高，一般为 30% ~50%。

(3) 转炉渣在反射炉内的脱铜

转炉渣一般含 SiO_2 20% ~28%，$FeO+Fe_3O_4$ 60% ~70%，Cu 1.5% ~3%，S 1% ~2%。

转炉渣的特点是铁的氧化物含量高，其中 Fe_3O_4 的含量一般为整个炉渣重量的15%～20%，有时更高。此外，转炉渣中还含有一定的铜，其主要以机械夹杂的 Cu_2S 存在，还有一部分为 Cu_2O 形态。因此，将液态转炉渣注入反射炉中有两个目的：脱铜，将铜从转炉渣中提出；用转炉渣作为含铁熔剂，得到所需成分的反射炉炉渣。

液态转炉渣在反射炉内进行如下变化：

①转炉渣被过热并发生澄清作用

注入反射炉的转炉渣温度一般为1150～1170℃，在反射炉中，转炉渣被过热100～200℃，其中的铜锍被澄清出来，与从料坡上流下的大量熔融铜锍，不断地通过熔池内的渣层，将机械带入渣中的分散硫化物颗粒聚集起来，进入熔池下层的铜锍中。

②有 SiO_2 存在时，转炉渣中的 Fe_3O_4 被还原

由于反射炉的长度较长、炉温高、炉内是中性气氛并有大量硫化物和 SiO_2 存在，为 Fe_3O_4 还原创造了条件。转炉渣中的 Fe_3O_4 在反射炉内可还原70%～80%。

③转炉渣中呈造渣形态的 Cu_2O 按下列反应分解：

$$2Cu_2O \cdot SiO_2 + 2FeS = 2Cu_2S + 2FeO \cdot SiO_2$$

分解得到的 Cu_2S 进入铜锍中。

④转炉渣与反射炉渣可部分地相互溶解

转炉渣由于在反射炉内过热而溶解炉料中的造渣成分，并与反射炉渣相混合，两种炉渣相互溶解或混合愈完全，转炉渣的脱铜就愈好。

1.4.2.2 反射炉构造

反射炉的尺寸用炉长、炉宽和气流空间高度表示。熔炼空间的大小、熔池的体积及气流的断面决定于这三个尺寸。

反射炉的尺寸较大，熔炼量增大，并使铜在渣中的损失减小。大多数反射炉长30～36 m，宽7.5～10 m，炉膛高3.5～4 m。

熔炼不同的炉料时反射炉的宽度有差异。熔炼精矿，料坡的倾角较大，一般为60°左右，如只增加炉宽而不增加炉高，炉料受炉气加热的有效表面积并没有增加，但热损失增加了。熔炼焙砂，料坡较倾斜，约30°，如炉的宽度较窄，两个对面的料坡会相连，堵塞熔池，使熔炼过程复杂化。因此，熔炼焙砂时，应增大炉宽，使炉料的有效加热表面积增大，从而提高反射炉的生产率。

反射炉气流空间高度根据炉气的平均速度来选择。炉气平均速度一般在5～8 m/s，大于此范围，会使炉气带走的烟尘量增加。反射炉气流空间的高度一般为3～4 m。

炼铜反射炉的构造如图1－18所示。

反射炉本体由炉基、炉底、炉墙、炉顶及加固支架等组成。还包括转炉渣注入口、铜锍放出口、放渣口、排烟道等。

(1)炉基

反射炉是一个沉重的建筑物，仅筑炉材料总重量就达1500～3000 t。地面的负荷很大，须有良好的炉基，使负荷均匀地传到地面，否则可能发生炉子局部下沉，使砖砌体产生裂缝。

炉基应比炉子宽和长，便于有扩建的可能。

(2)炉底

炉底长期处于高温作用下，承受巨大压力，不断受到熔体的冲刷和化学侵蚀。因此，应

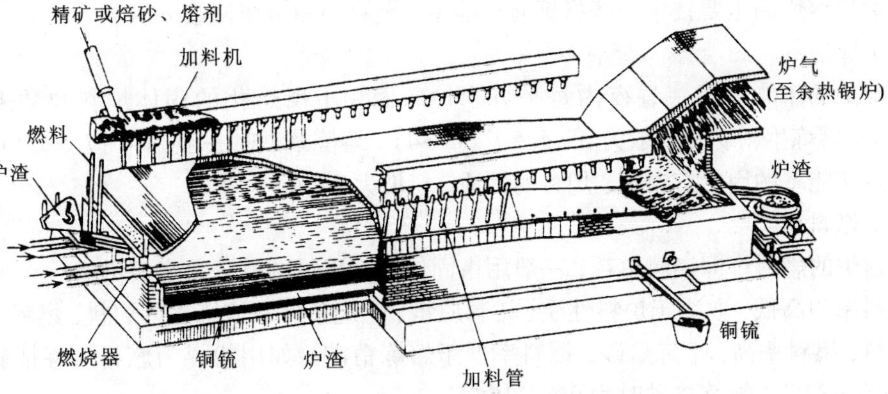

图1-18　炼铜反射炉的构造

选择适当的耐火材料构筑炉底以延长炉子寿命，提高生产力。

炉底通常用石英烧结，即用磨碎的石英石或天然河沙砌筑，其粒度不大于2 mm，SiO_2含量不小于92% ~96%。

(3)炉墙

炉墙直接砌筑在炉基上，一般用硅砖砌成，由于硅砖易受炉渣的侵蚀，故渣线以下的炉墙内侧用镁砖、铬镁砖或镁铝砖衬里，砌黏土砖或硅砖。炉子前墙设有安装燃烧器的矩形道，炉尾侧墙中部设铜锍放出道，放渣道设于炉尾端墙或炉尾侧墙，转炉渣注入道设在炉头端墙或侧墙。

(4)炉顶

反射炉的炉顶有拱式顶和吊式顶两种。

拱式顶一般由3~7 m长的几个拱段构成，靠近炉头的拱段因处于高温区，较短且厚，炉子尾部拱段较头部拱段长，各拱段间留有50~70 mm的膨胀缝。拱式顶一般用硅砖砌成。硅砖炉顶重量较轻，成本较镁砖低。但硅砖易受碱性料尘的侵蚀，故限制了炉子的宽度。

吊式顶在4~8块砖之间嵌入2~3 mm厚的铁板连接成一个砖组，炉顶受热时，铁板熔化，使各块砖彼此黏结。砖组用重量较大、耐火度高的镁砖、铬镁砖或镁铝砖，所有砖组独立挂在横铁架上，炉的宽度较拱式顶宽。

(5)加固支架

炉子的加固支架由立在炉子四周的支柱和横贯于炉顶上方及炉子以下的拉杆组成。用工字钢或槽钢支柱成对组合，炉子加热时，及时旋转拉杆上的螺帽调节拉力，以免支柱和砖砌体变形。支柱与炉墙之间通常留25 mm的缝隙，供砖砌体受热膨胀之用。

(6)排烟道

排烟道设于炉尾，有直升烟道和斜烟道两种形式。后者对气流的阻力较小，烟尘能在此沉降，减少烟尘率。烟道的侧壁用耐火砖砌成，顶部也有用吊顶的。为减少烟道故障，通常将烟道建得宽而短，为调节气流，烟道中设有闸门。

1.4.2.3 反射炉主要技术经济指标

反射炉熔炼的主要技术经济指标有床能率、燃料率和金属回收率等。

(1) 床能率

反射炉的床能率用一昼夜内每平方米炉床面积上所熔化的固体炉料吨数来表示，即 $t/(m^2 \cdot d)$。熔炼生精矿时一般为 2 ~4.5 $t/(m^2 \cdot d)$，熔炼焙砂时一般为 4 ~7.5 $t/(m^2 \cdot d)$。影响反射炉床能率的因素有温度、炉料的性质、料坡大小等。

(2) 燃料率

反射炉的燃料率即燃料单耗，一般用占固体炉料重量的百分数来表示。

燃料率的高低，取决于炉料性质、燃料质量、燃烧条件。熔炼易熔炉料，燃料率低；熔炼难熔炉料，燃料率高；熔炼焙砂，燃料率低于熔炼精矿。如用粉煤为燃料熔炼精矿时，燃料率为 15% ~22%，熔炼焙砂时为 9% ~16%。

(3) 金属回收率

反射炉熔炼的金属回收率可按下式计算：

$$K = (AN - BN_1 - CN_2 + DN_2 - X)/[100(AN + DN_2)]$$

式中：A 为每昼夜炉子处理的炉料量，t/d；B 为每昼夜产渣量，t/d；C 为每昼夜产烟尘量，t/d；D 为每昼夜返回烟尘量，t/d；N 为炉料含 Cu，%；N_1 为渣含 Cu，%；N_2 为烟尘含 Cu，%；X 为无名损失铜量，t/d。

金属的回收率主要决定于渣率和渣含铜、随炉气带出的烟尘成分和数量、原料中金属含量及铜锍品位等。一般进入铜锍的铜约 97%。铜主要损失于炉渣中，渣含铜损失约占熔炼损失的 60%，而反射炉渣又是废弃产物。因此，有必要采取措施将渣含铜降低到最低限度。反射炉熔炼铜锍的主要技术经济指标见表 1 - 11。

表 1 - 11 反射炉熔炼铜锍的主要技术经济指标

厂别	炉子尺寸 /m	炉料	燃料	床能率 /$(t \cdot m^{-2} \cdot d^{-1})$	燃料率 /%	铜锍品位 /%	铜的回收率 /%	渣含铜 /%
1	8.1 ×30	干精矿	粉煤	4.22	18.75	20.68	96.23	0.3 ~0.37
2	8.9 ×31.3	焙砂	粉煤	4 ~5	16	19 ~21	96 ~97	0.4 ~0.6

1.4.3 熔池熔炼

熔炼反应主要发生在熔池内的熔炼方式称为熔池熔炼。熔池熔炼是把精矿加入熔池，熔池内吹入氧气或空气搅动，使硫化物在熔池中进行氧化和熔化，形成铜锍和炉渣。1979 年第一座熔池熔炼装置在诺里乐斯克矿冶联合企业投入工业使用。图 1 - 19 为熔池熔炼示意图。

1.4.3.1 熔池熔炼理论

熔池熔炼与闪速熔炼完全不同。后者是精矿颗粒在富氧气流中间瞬间氧化后落入熔池完成冶金过程。熔池熔炼则是在气体 - 流体 - 固体三相形成的卷流运动中进行化学反应和熔化过程。

液 - 气流卷流运动裹携着从熔池面浸没下来的炉料，形成了液 - 气 - 固三相流，在三相流内发生剧烈的氧化脱硫与造渣反应，使三相流区成为热量集中的高温区域，高温与反应产生的气体又加剧了三相流形成与搅动。依靠三相卷流，实现熔池内的传质、传热与物理化学过程。熔池的三相卷流区不但使热量集中、熔体混合能量很大，而且是一个气泡充分发展和滞留的区域。这个区域为炉料的物理化学变化、热量与质量传递创造了非常良好的条件。由于熔池中鼓入气体带进的高混合能，造成了气体－铜锍－炉渣液体之间的巨大反应表面积，因而产生非常高的反应速率。

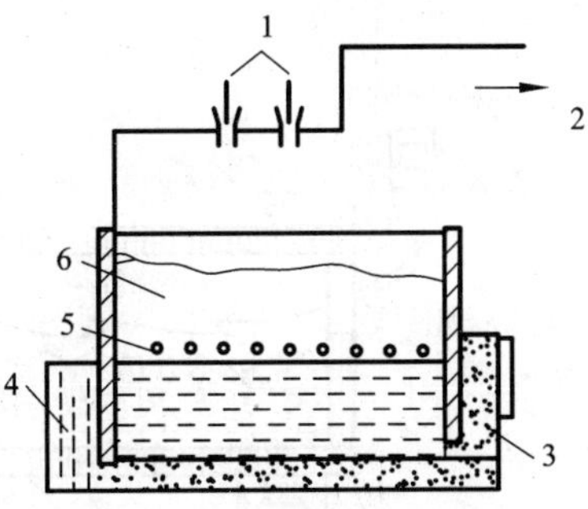

图1－19 熔池熔炼示意图

1—加料；2—烟道；3—放渣；4—放铜锍；5—风口；6—鼓泡带

在相对静止的熔池内，当精矿或其他炉料加到熔池熔炼炉内的熔体表面上时，在冷炉料的周围首先生成一层硬壳或外皮，它们在颗粒上逐渐变大，并很快达到最大的厚度。当从熔体到硬壳的对流给热比颗粒内传导出的热大时，颗粒就开始熔化。在通过风口鼓入富氧空气使熔池得到激烈搅动的情况下，固体颗粒的传热率比自然对流时的传热率大4倍。粗略的计算表明，当气体鼓入反应炉熔池内，5 cm的颗粒将在约90 s内完成熔化，2 cm的颗粒将仅仅在35 s内熔化，而10 cm的颗粒在210 s内熔化。实际生产条件下，对生产率限制的因素还有其他的因素，如卷流条件下的熔炼烟气流量及其带出粉尘的能力，炉子内衬的冲刷与腐蚀等。

在熔池熔炼时，完成强化传热与强化传质的条件是要建立起一个良好与合理的三相流动区。这个区域的形成条件主要是：气体与熔体之间的界面面积。决定气－液界面积的因素有单位熔体鼓风量、气泡在熔体内的停留时间、气泡直径以及熔体温度等。

1.4.3.2 熔池熔炼工艺

(1)诺兰达法

诺兰达法是加拿大诺兰达矿业公司发明的一种熔池熔炼法，1973年在加拿大Noranda Horne炼铜厂投入工业生产。诺兰达炉是水平式圆筒反应器，类似转炉，可以转动48°。制粒的精矿和熔剂加到一座圆筒形回转炉内，熔炼成高品位铜锍，将焙烧、熔炼和吹炼三个过程同时在一个设备中完成。所产炉渣含铜较高，须经浮选选出铜精矿返回炉内处理。熔炼过程中温度维持在1473K左右。诺兰达炉的特点是采用低SiO_2炉渣。这是为了减少渣量，有利于下一步炉渣的处理。虽然渣中Fe_3O_4的质量分数高达25%～30%，但由于熔体的强烈搅动，故仍能顺利操作。

诺兰达熔炼炉的物料处理量大，按精矿量计为9～10 t/(m^3·d)；热强度高，为970～1100 MJ/(m^3·h)，炉体能够转动，灵活便捷，是熔池熔炼炉中颇具特点的炉型。

诺兰达反应炉是一个卧式圆筒形可转动的炉子，钢壳内衬镁铬质高级耐火材料。炉体支承在托轮上，驱动装置使炉体可在一定范围内正、反向转动。图1－20为诺兰达炉示意图。

诺兰达熔炼对物料粒度和含水要求不严(含水一般为7%～9%)，不必深度干燥。来源不同的各种铜精矿，与返回的烟尘和炉渣浮选所得渣精矿用抓斗进行初步配料。在炉前设有的多个料仓内精细配料，以保证入炉的混合炉料能满足反应炉顺利生产的要求。为了补充熔炼过程热量的不足，在炉料中加入了少量的固体燃料。

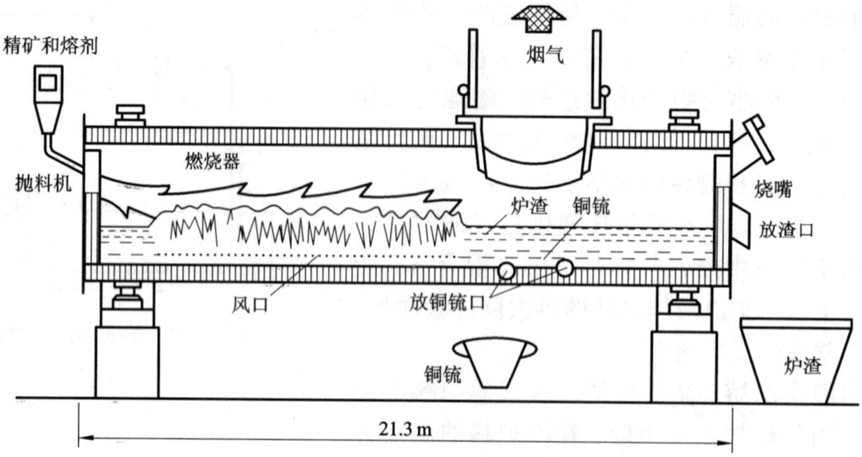

图 1－20 诺兰达炉示意图

(2) 瓦纽科夫法

瓦纽科夫法是前苏联冶金学家 A·B·瓦纽科夫发明的一种熔炼方法。自 1982 年投入生产以来，有了很大发展。到 1987 年在巴尔喀什、诺里尔斯克和乌拉尔炼铜厂分别建成了48 m^2的瓦纽科夫炉。瓦纽科夫法与其他熔炼方法的最大差别是将富氧空气吹入渣层，从而保证炉料在渣层中迅速熔化，而且为炉渣与铜锍的分离创造了良好的条件。

(3) 白银法

白银法是 1972 年由白银有色金属公司选冶厂研究开发的强化熔炼方法。1979 年命名为白银法，1980 年正式投入工业生产。图 1－21 为白银炉示意图。

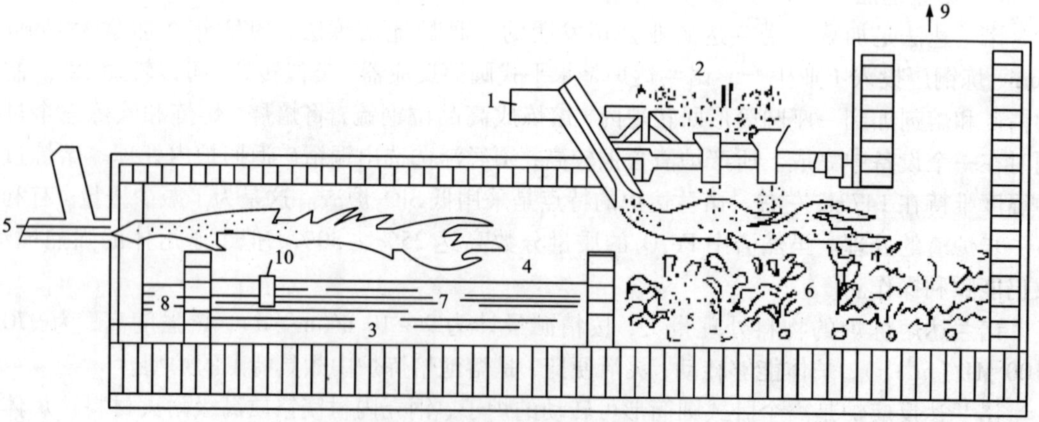

图 1－21 白银炉炉体示意图

1—燃烧器；2—炉料；3—铜锍；4—渣；5—风口；6—熔炼区

7—沉淀区；8—铜锍区；9—烟气；10—出渣口

白银法的特点是白银炉内熔池中有两道隔墙，将炉子分隔为三个作业区，即熔炼区、沉淀区和铜锍区。每道墙下部有通道，使三个作业区既分开又互相连通。熔炼区在炉尾，在此区两侧炉墙上设有若干风口往熔池鼓风，由精矿、熔剂烟尘组成的炉料从加料口投入到熔池表面，和搅动的熔体作用，发生激烈的物理化学反应，放出大量的热，同时形成铜锍和炉渣。在熔炼区域形成的铜锍和炉渣，通过隔墙下面的孔道流入炉子的沉淀区进行分离，上层为炉渣，下层为铜锍。炉渣由沉淀区渣口放出，铜锍由隔墙通道流入铜锍区，并经虹吸口放出。

为了补充热量，在炉前和炉顶上均安装燃烧器，用粉煤作燃料。炉气和熔体逆向流动，以保证铜锍和炉渣过热分离，同时又可以处理转炉渣。

由上述可知，白银炼铜法的特点是热利用好、燃料消耗少，补加的热量仅为传统反射炉熔炼的50%；原料中的硫利用率可达50%以上，产出的炉气含二氧化硫浓度达8%～9%，能满足制酸要求。

(4)奥斯麦特法

奥斯麦特/艾萨法与其他熔池熔炼一样，都是使熔池内熔体－炉料－气体之间造成强烈的搅拌与混合，大大强化热量传递、质量传递和化学反应的速率。奥斯麦特法是澳大利亚芒特－艾萨矿业公司和联邦科学与工程研究组织共同开发的一项冶金新技术，也称浸没喷吹熔炼技术，喷枪结构较为特殊；炉子尺寸比较紧凑，整体设备简单；工艺流程和操作不复杂；投资与操作费用相对低。20世纪80年代初，澳大利亚奥斯麦特(Ausmelt)公司将其应用于硫化矿熔炼，提取铜、铅、镍、锡等金属以及用于处理含砷、锑、铋的铜精矿的处理上。

该方法的核心技术是喷枪(内径ϕ100～150 mm)。它是喷送物料和空气或富氧空气的装置。其内部装有螺旋片，将混合的燃料和空气或富氧空气喷射进熔池，使熔体搅动。具体将在锡冶金中进一步叙述。

(5)三菱法

三菱法是日本三菱金属公司发明的多炉连续炼铜法。目前日本的直岛冶炼厂和加拿大的梯明斯冶炼厂采用此法生产粗铜。该法属于熔池熔炼，但它采用的是顶吹，吹炼渣采用铁酸钙渣系。熔炼过程是在连续的三个炉子内完成的，将硫化铜精矿和熔剂喷入熔炼炉的熔体内，熔炼成铜锍和炉渣，而后流至贫化炉产出弃渣，铜锍再流至吹炼炉产出粗铜。产生的SO_2烟气浓度为15%～16%。它是由三个炉子按梯度用溜槽互相连接而成。熔炼炉和吹炼炉均用喷枪吹入富氧空气和炉料。喷枪由夹层铁管组成，内管给料，夹层中间喷富氧空气或空气，给料速度逐渐增加，这样可以减少内管磨损，同时又可保证物料被熔体吸收。图1－22为三菱法工艺示意图。

三座炉子都是连续操作，熔炼和吹炼炉气含SO_2烟气浓度12%，用于制酸。

三菱法连续炼铜的优点是环境保护和工作条件好，炉气可利用，可直接产出粗铜；设备投资少，燃料消耗少。缺点是溜槽须外部加热，粗铜含杂质高。

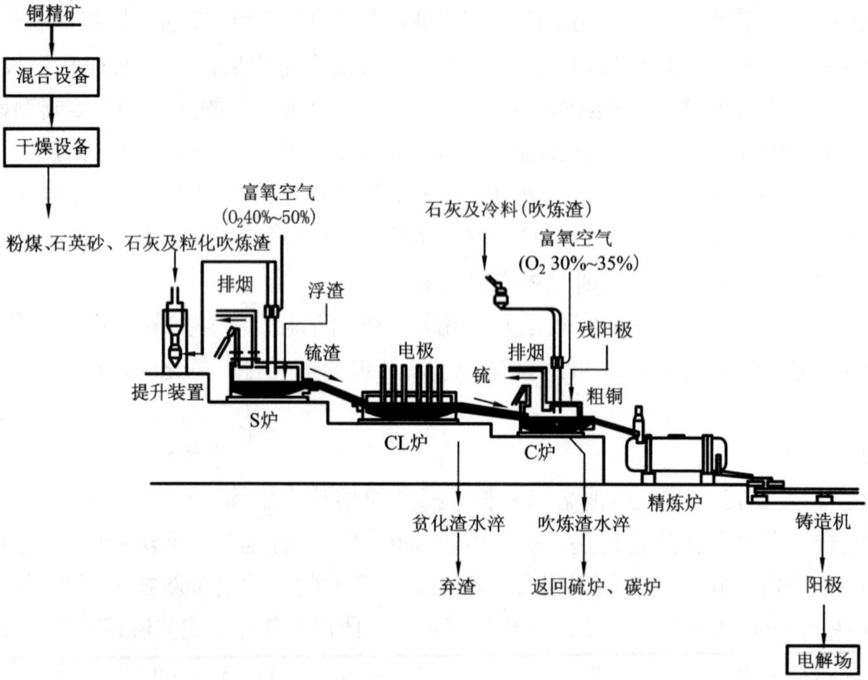

图1-22 三菱法工艺示意图

1.5 铜锍的吹炼

铜锍吹炼的主要原料为熔炼产出的铜锍。铜锍吹炼的实质是在一定压力下将空气送到液体铜锍中，使铜锍中的 FeS 氧化变成 FeO 与加入的石英熔剂造渣，而 Cu_2S 则经过氧化与 Cu_2S 相互反应变成粗铜。铜锍(铜锍)吹炼的目的是利用空气中的氧，将铜锍中的铁和硫几乎全部氧化除去，同时除去部分杂质，以得到粗铜。铜锍是贵金属的良好捕集剂。在吹炼过程中，金、银及铂族元素等贵金属几乎全部富集于粗铜中。

1.5.1 铜锍吹炼的基本原理

1.5.1.1 吹炼过程中的主要物理化学变化

铜锍的铜品位通常在30% ~65%，其主要成分是 FeS 和 Cu_2S。此外，还含有其他金属硫化物和铁的氧化物。在吹炼过程中硫化物的氧化反应可用下列通式表示：

$$MeS + 2O_2 = MeSO_4$$

$$MeS + 3/2O_2 = MeO + SO_2$$

$$MeS + O_2 = Me + SO_2$$

$MeSO_4$在吹炼温度下(1150 ~ 1300℃)不能稳定存在，即硫化物不会按 $MeS + 2O_2 = MeSO_4$反应。而 $MeS + O_2 = Me + SO_2$是一个总反应，实际上，它是分两步进行的，即：

第一步： $$MeS + 3/2O_2 = MeO + SO_2$$

第二步：　　　　　　　　　$2MeO + MeS \longequal 3Me + SO_2$

从热力学得知，凡金属对氧的亲和力小于硫对氧的亲和力时，硫化物氧化得金属，反之得金属氧化物。

(1) 铜锍吹炼时 FeS、Cu_2S 的氧化

从图 1－23 硫化物氧化反应的 $\Delta G^\ominus$ 可以看出，FeS 氧化反应的标准吉布斯自由能 $\Delta G^\ominus$ 最负，所以在铜锍吹炼的初期，它优先于 Cu_2S 氧化。随着 FeS 的氧化造渣，它在锍中的浓度降低，而 Cu_2S 的浓度提高，二者同时氧化的趋势增长。

在 FeS 浓度未降到某一值时，即使 Cu_2S 能氧化成 Cu_2O，它也只能是氧的传递者，按下列反应进行着循环：

$$[Cu_2S] + 3/2O_2 = (Cu_2O) + SO_2$$

$$(Cu_2O) + [FeS] = [Cu_2S] + (FeO)$$

从图 1－24 硫化物与氧化物反应的 $\Delta G^\ominus - T$ 可知，在吹炼温度下，$2FeO + FeS = 3Fe + SO_2$，反应的 $\Delta G^\ominus$ 是正值。因而在吹炼过程中铁的化合物不会按此反应生成金属铁。

吹炼进入造铜期后，发生 Cu_2S 与 Cu_2O 的反应：

$$Cu_2S + 2Cu_2O = 6Cu + SO_2$$

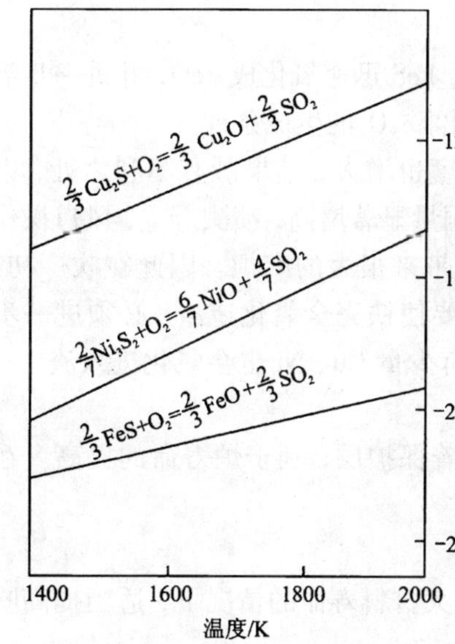

图 1－23　硫化物氧化反应的 $\Delta G^\ominus - T$ 关系图

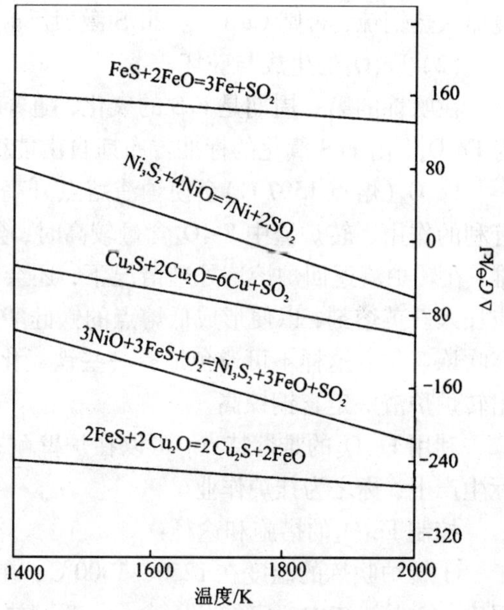

图 1－24　硫化物与氧化物反应的 $\Delta G^\ominus - T$ 关系图

生成金属铜，但并不是立即出现金属铜相，该过程可以用 Cu－Cu_2S 体系状态图 1－25 说明。

图中 L_1 为溶解有少量 Cu_2S 的铜相，L_2 为溶解有少量铜的 Cu_2S 相。Cu_2S 可溶解少量金属铜(约为 10%)，吹炼过程中随着 Cu_2S 的氧化，熔体中含铜量逐渐增加，当熔体中含铜量增加到 82% 以上时(相当于 Cu_2S 中溶解 10% 的金属铜)，熔体即分两层，上层是溶解有少量铜的 Cu_2S，下层是溶解有少量 Cu_2S(接近 9%)的铜。上层和下层的组成依温度溶解曲线变化。

继续吹炼时，下层的金属铜量逐渐增加，上层 Cu_2S 逐渐减少。这时应转动炉子，缩小风口浸入熔体的深度，使空气送入上层 Cu_2S 熔体。当熔体中 Cu_2S 含量降低到溶解度曲线 C 点的组成时，上层 Cu_2S 消失，熔体成为溶解有少量 Cu_2S 的均一金属铜相。继续吹炼时溶解在金属铜中的 Cu_2S 氧化。这时炉口烟量显著减少，送风压力增加，很快到达第二周期终点，即全部 Cu_2S 氧化成粗铜。实践中，粗铜含硫可降至0.003%。

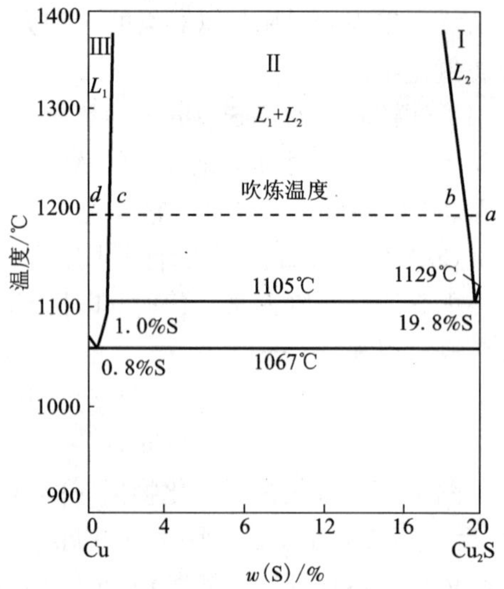

图 1-25 Cu-Cu_2S 系状态

吹炼第二周期中，当有 Cu_2S 存在时，Cu_2O 是不稳定的。但 Cu_2S 接近被完全氧化时，即第二周期终点时，如果继续鼓风，将使铜氧化成 Cu_2O，造成所谓过吹，铜品位降低，因此要防止过吹。如已发生过吹，可缓慢加入少许热铜锍，使 Cu_2O 还原成金属铜。必须缓慢加入热铜锍，否则 Cu_2O 与 Cu_2S 激烈反应可能引起爆炸事故。

(2) Fe_3O_4的生成与破坏

在吹炼的第一周期是 FeS 的氧化，随着吹炼的进行，FeS 迅速氧化成 FeO，并进一步氧化为 Fe_3O_4，由 FeS 氧化的标准吉布斯自由能变化可以得出 Fe_3O_4的生成条件。

Fe_3O_4(熔点 1597℃)会使炉渣熔点升高、黏度和密度也增大，结果既有不利之处，也有有利的作用。转炉渣中 Fe_3O_4含量较高时，会导致渣含铜量显著增高，喷溅严重，风口操作困难，在转炉渣返回炉熔炼处理情况下，还会给熔炼过程带来很大的麻烦。因此在吹炼初期，应加入石英熔剂，以便形成低熔点的铁硅酸盐转炉渣。要使铁完全氧化造渣，必须进一步提高吹炼氧位。这样不可避免地有一些铁氧化成 Fe_3O_4，有少量 Cu、Ni 也会氧化进入渣中，产出转炉炉渣一定含铜镍高。

利用 Fe_3O_4的难熔特点，可以在炉壁耐火材料上附着保护层，利于炉寿命的提高。在实际生产上，称之为挂炉作业。

控制 Fe_3O_4的措施和途径：

①转炉吹炼的温度在 1250～1300℃，在兼顾炉子耐火材料寿命的情况下，适当提高吹炼温度；②保持渣中一定的 SiO_2含量；③勤放渣。

总结以上分析，得出在吹炼温度下，Cu 和 Fe 硫化物的氧化反应是：

造渣期：

$$FeS + 3/2O_2 = FeO + SO_2$$

$$2FeO + SiO_2 = 2FeO \cdot SiO_2$$

造铜期：

$$Cu_2S + 3/2O_2 = Cu_2O + SO_2$$

$$2Cu_2O + Cu_2S = 6Cu + SO_2$$

因为以上反应的存在，得以实现通过吹炼的方法将锍中的 Fe 与 Cu 分离，实现粗铜制取的过程。

1.5.1.2 吹炼过程杂质元素的行为

一般铜锍中主要杂质有 Ni、Pb、Zn、Bi 及贵金属。它们吹炼过程中的行为如下：

(1) Ni_3S_2在吹炼过程中的变化

Ni_3S_2是高温下稳定的镍的硫化物。当熔体中有 FeS 存在时，NiO 能被 FeS 硫化成 Ni_3S_2：

$$3NiO_{(s)} + 3FeS_{(l)} + O_2 = Ni_3S_{2(l)} + 3FeO_{(l)} + SO_2$$

只有在 FeS 浓度降低到很小时，Ni_3S_2才按下式被氧化：

$$Ni_3S_2 + 7/2O_2 = 3NiO + 2SO_2$$

在造铜期，当熔体内有大量铜和 Cu_2O 时，少量 Ni_3S_2可按下式反应生成金属镍：

$$Ni_3S_2 + 4Cu = 3Ni + 2Cu_2S$$

$$Ni_3S_2 + 4Cu_2O = 8Cu + 3Ni + 2SO_2$$

在铜锍的吹炼中，难于将镍大量除去，粗铜中 Ni 含量仍有 0.5% ~0.7%。

(2) CoS 在吹炼过程中的变化

CoS 只在造渣末期，即在 FeS 含量较低时才按下式被氧化成 CoO：

$$CoS + 3/2O_2 = CoO + SO_2$$

生成的 CoO 与 SiO_2结合成硅酸盐进入转炉渣。当硫化物熔体中含铁约 10% 或稍低于此值时，CoS 开始剧烈氧化造渣。在处理含钴的物料时，后期转炉渣含钴可达 0.4% ~0.5% 或者更高一些。因此常把它作为提钴的原料。

(3) ZnS 在吹炼过程中的变化

在铜锍吹炼过程中，锌以金属 Zn、ZnS 和 ZnO 三种形态分别进入烟尘和炉渣中。

以 ZnO 形态进入吹炼渣：

$$ZnS + 3/2O_2 = ZnO + SO_2$$

$$ZnO + 2SiO_2 = ZnO \cdot 2SiO_2$$

$$ZnO + SiO_2 = ZnO \cdot SiO_2$$

在铜锍吹炼的造渣末期、造铜初期，由于熔体内有金属铜生成，将发生下面的反应：

$$ZnS + 2Cu = Cu_2S + Zn$$

由于转炉中锌蒸气的分压很小，所以金属 Cu 与 ZnS 的反应能顺利地向生成锌蒸气的方向进行。

生产实践表明，锍中的锌有 70% ~80% 进入转炉渣，20% ~30% 进入烟尘。

(4) PbS 在吹炼过程中的变化

在锍吹炼的造渣期，熔体中 PbS 的 25% ~30% 被氧化造渣，40% ~50% 直接挥发进入烟气，25% ~30% 进入白铜锍中。

PbS 的氧化反应在 FeS 之后、Cu_2S 之前进行，即在造渣末期，大量 FeS 被氧化造渣之后，PbS 才被氧化，并与 SiO_2造渣。

$$PbS + 3/2O_2 = PbO + SO_2$$

$$2PbO + SiO_2 = 2PbO \cdot SiO_2$$

由于 PbS 沸点低(1280℃)，在吹炼温度下，有相当数量的 PbS 直接从熔体中挥发进入炉气中。

(5) Bi_2S_3在吹炼过程中的变化

Bi_2S_3在吹炼时被氧化成Bi_2O_3：

$$2Bi_2S_3 + 9O_2 \xlongequal{} 2Bi_2O_3 + 6SO_2$$

生成的$2Bi_2O_3$与Bi_2S_3反应生成金属铋：

$$2Bi_2O_3 + Bi_2S_3 \xlongequal{} 6Bi + 3SO_2$$

在吹炼温度下铋显著挥发，大约有90%以上进入烟尘，只有少量留在粗铜中。

(6)砷、锑化合物在吹炼过程中的变化

在吹炼过程中砷和锑的硫化物大部分被氧化成As_2O_3、Sb_2O_3挥发，少量被氧化成As_2O_5、Sb_2O_5进入炉渣。只有少量砷和锑以铜的砷化物和锑化物形态留在粗铜中。

(7)贵金属在吹炼过程中的变化

在吹炼过程中金、银等贵金属基本上以金属形态进入粗铜中，只有少量随铜进入转炉渣中。

1.5.2 转炉吹炼工艺

铜锍的吹炼多在卧式转炉中进行。卧式侧吹转炉吹炼其过程是间歇式的周期性作业，倒入铜锍、吹炼、倒出吹炼产物，这三个操作过程的循环。将造锍熔炼产出的铜锍(1100℃)倒入，通入压缩空气进行氧化反应，反应非常迅速，氧的利用率可达到50%～70%，反应放出的热量可以维持1200℃的高温进行自热熔炼。吹炼的温度在1150℃～1300℃。在大量铁优先氧化时，一般加入石英熔炼造渣，必须进一步回收处理其中的铜、镍等有价金属。在整个吹炼过程中产出的烟气含SO_2浓度为5%～15%，可以送去制酸。

(1) 侧吹卧式转炉结构

转炉炉壳是由厚20～25 mm的锅炉钢板焊接成的圆筒。圆筒的两端分为平板形(图1－26)和球形两种。前者与圆筒焊接为一体，后者由弹簧拉杆工字钢固定。

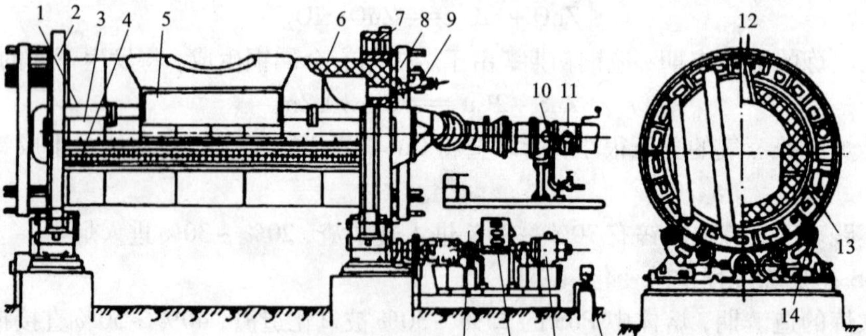

图1－26 平板盖的转炉结构

1—炉壳；2—滚圈；3—U形风管；4—集风管；5—挡板；6—隔热板；7—冠状齿轮；8—活动盖；9—石英枪
10—填料盒；11—闸板；12—炉口；13—风口；14—托轮；15—油泵；16—电动机；17—变速箱；18—电磁制动器

在炉壳两端不远处各有一个滚圈。在一个滚圈的外侧，还有一个大齿轮，它是转炉回转机构的从动轮，与传动系统的小齿轮啮合。当传动系统电机转动时，小齿轮带动大齿轮使转炉作回转运动。中小型转炉的大齿轮一般是整圈的，转炉可以转动360°。大型转炉的大齿轮一般只是炉壳的周长的3/4，转炉只能转动270°。

（2）吹炉吹炼实践

①作业过程

在吹炼操作时，把炉子转到停风位置，装入第一批铜锍，边旋转边吹风，吹炼数分钟后加石英熔剂。

再吹炼一段时间，当炉渣造好后，旋转炉子，当风口离开液面后停风倒出炉渣。之后再加铜锍。依此类推，反复进行进料、吹炼、放渣，直到炉内熔体所含铜量满足造铜期要求时为止。这时开始筛炉，即最后一次除去熔体内残留的 FeS，倒出最后一批渣。

在造铜时期，随着 Cu_2S 的氧化，炉内熔体的体积逐渐减小，到造铜期终点出铜。出铜后迅速捅风眼，清除结块。然后装入铜锍，开始下一炉次的吹炼。

②炉料

吹炼低品位铜锍，热量充足，为了维持一定的炉温，需要添加冷料来调节。吹出高品位铜锍时，热量不足，可适当添加一些燃料（如焦炭、煤块等）补充热量。

铜锍吹炼过程中，为了使 FeO 造渣，需要添加石英石。由于转炉炉衬为碱性耐火材料，熔剂含 SiO_2 较高时，对炉衬腐蚀加快，降低炉寿命。通常熔剂的 SiO_2 含量宜控制在 75% 以下。

铜锍转炉吹炼可以得到粗铜和转炉渣产物。许多元素主要挥发进入烟气中，富集在电收尘的烟尘中。Ge、Bi、Hg、Pb、Cd、As、Sb、Sn 等在吹炼时大都挥发富集在烟尘中，这些烟尘往往是生产铋的原料。Au、Ag、Pt 等贵金属元素富集于粗铜中，在精炼时回收。

1.5.3　闪速炉吹炼工艺

1995 年世界上第一个闪速熔炼－闪速吹炼的炼铜厂美国犹他冶炼厂顺利投产后，将固态铜锍粉喷入闪速炉反应塔进行闪速吹炼，改变了传统的铜锍的液态吹炼方式。犹他冶炼厂采用这一新工艺后，引起了冶金工作者的高度重视，认为该厂是世界上最清洁的冶炼厂。全厂硫的捕收率达 99.9%；吨铜 SO_2 的逸散率小于 2.0 kg/t；只要铜锍品位适中，吹炼过程可以实现自热；耗水量减少 3/4。闪速吹炼的工艺流程如图 1－27。

1.5.3.1　闪速炉吹炼的原理及工艺

从熔炼炉放出的铜锍（含 Cu 68%～70%）首先进行高压水淬，然后经干燥与细磨（$100\times10^{-6}\sim150\times10^{-6}$ m，粒度小于 0.15 mm 的锍粉不应少于 80%），经风力输送到闪速吹炼炉的料仓，然后与需要加入的石灰熔剂和返回的烟尘一道，用含氧 75%～85% 的富氧空气或工业氧气将其喷入反应塔内，经反应后从闪速吹炼炉的沉淀池放出含硫量仅为 0.2%～0.4% 的粗铜；用石灰代替常规的 SiO_2 作熔剂，产出含铜约 16%、含 CaO 为 18% 左右的吹炼渣，吹炼渣返回熔炼炉处理，产出的烟气含 SO_2 高达 35%～45%，经余热锅炉与电收尘冷却净化后送去制酸，收下的烟尘可返回闪速吹炼炉或闪速熔炼炉处理。

进入闪速吹炼炉中的铜锍，经反应后其中的硫几乎全被氧化掉，只有很少量的硫分散在炉渣与粗铜中。在闪速反应塔中反应产生的金属铜是不多的，约占所产金属铜的 10%，大部分的铜锍粉在反应塔中有的被过氧化为 Cu_2O，有的欠氧化仍为 Cu_2S。当它们落于沉淀池的熔体中后，继续发生造铜反应：

$$Cu_2S+2(Cu_2O)=\!=\!=6Cu+SO_2$$

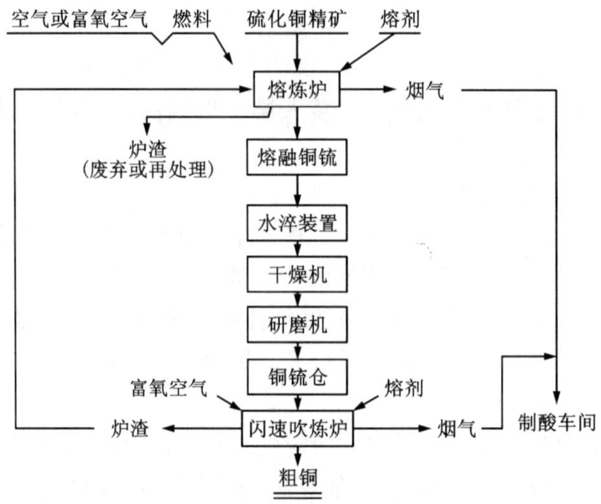

图 1-27 闪速吹炼的流程图

$$Cu_2S + 2(Fe_3O_4) = 2Cu + 6(FeO) + SO_2$$

根据造锍熔炼过程的热力学分析，要在吹炼过程中得到金属锍，一定要维持在较高的氧势下进行，这样便会发生过氧化反应，闪速吹炼过程亦然，也会产生许多 Cu_2O 与 Fe_3O_4，给吹炼过程的顺利进行带来许多麻烦，所以在闪速吹炼过程中选用了铁酸钙渣型，以石灰代石英作熔剂，使产出的含 Fe_3O_4高的吹炼渣不会析出固相 Fe_3O_4而保持均匀的液相。

犹他冶炼厂所产铜锍的成分和吹炼所产粗铜成分列于表 1-12。

表 1-12 犹他冶炼厂的铜锍与粗铜的成分(%)

名称	Cu	Fe	S	Pb	As	Sb	Bi	Zn
铜锍	71	5.3	21.4	0.7	0.3	0.035	0.015	
粗铜	—	—	0.3	0.016~0.067	0.24~0.35	0.018~0.027	0.009~0.015	0.004~0.011

1.5.3.2 闪速工艺的未来设想

闪速熔炼与闪速吹炼的工业应用，开辟了铜冶金技术的新纪元，但是用一台闪速炉直接生产粗铜的工艺才是最经济、最理想的方法，因此，一种更大胆的设想出现了。①一台闪速炉有两个反应塔，一个用来将精矿熔炼成铜锍，另一个用来把铜锍和高品位的铜精矿熔炼成粗铜。由于含 SO_2烟气的循环，熔炼过程使用工业氧。反应塔的直径和高度变小了，所需的耐火材料和冷却设备也少了，热的损失也少了。料仓建在平地上，其他建筑物的高度也低很多。所以，投资费用和运行费用减少了；②从闪速炉排出的铜锍不断被粒化和磨碎。炉子另一端的炉渣被贫化，渣含铜减少，并以弃渣形式不断排走；③含有少量烟尘的烟气经过喷雾冷却除尘设施进入电收尘器或布袋收尘器。不用对高浓度的 SO_2烟气进行空气稀释，直接进入新型硫酸厂，产出硫酸或硫磺与硫酸。收下的尘既可以用火法处理，也可以用湿法处理，达到综合利用的目的。处理后的残渣返回到闪速炉的反应塔。

上述设想的工艺流程见图1－28。

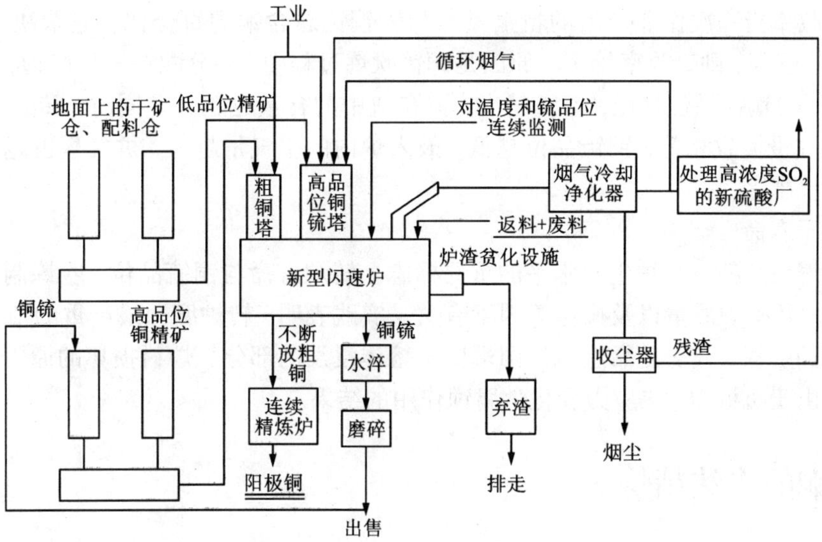

图1－28 未来闪速炼铜工艺流程

1.5.4 转炉吹炼的主要技术经济指标

转炉吹炼的主要技术经济指标有送风时率、生产率、铜的直收率和炉子寿命。

（1）送风时率

送风时率指转炉一次作业实际送风时数与一次作业时数之比，即转炉鼓风吹炼时间与整个吹炼过程所需总时间之比。如一次作业时数为16 h，实际送风时数为12 h，则送风时率为75%。送风时率一般不应低于75%，有时达90%。

铜锍吹炼作业是间断进行，即先倒入铜锍，鼓风，加入熔剂和冷料，停止鼓风，倒出炉渣，再注入铜锍等。停风期间，转炉不进行任何氧化除去硫和铁的反应，且会降温，影响下一步操作，故应尽量缩短停风时间。

（2）生产率

转炉生产率指每炉日产粗铜量，单位为t/d。

转炉的生产率与炉子尺寸、铜锍品位、单位时间内鼓入炉内的空气量、送风时率和操作条件等有关。吹炼高品位铜锍，由于造渣时间短，炉子生产率大。生产实践证明，铜锍品位提高1%，产量可提高4%。

铜锍吹炼过程是利用鼓入炉内空气中的氧，氧化铜锍中的硫和铁的过程，因此鼓风量大小和送风时率直接影响转炉生产率，转炉生产率可用下式表示：

$$生产率=24QK\eta/q$$

式中：Q为鼓风量，$m^3/$(标态)；K为送风时率，%；η为空气利用率，%；q为吹炼1 t粗铜消耗空气量，m^3/h(标态)。

从式中可看出，生产率与鼓风量及送风时率成正比，即鼓风量及送风时率越大，生产率越高。

(3) 铜的直收率

铜的直收率指一次作业产出的粗铜量与加入铜锍总含铜的百分比。它取决于铜锍的品位，铜锍品位越高，则直收率越大。原因是铜锍吹炼过程中，铜分配在三种产物，即粗铜、转炉渣及烟尘中，铜锍品位越低，渣量越大，铜在渣中的含量也越大。同时，转炉炉气量与鼓入炉内的空气量大致相等，铜锍品位越低，鼓入炉内的空气量越大，炉气量也越大，从熔体中带走的铜也越多。

(4) 炉子寿命

转炉的寿命是衡量转炉生产水平的重要标志。转炉寿命与铜锍品位、吹炼制度、耐火材料质量、烘炉及砌炉质量以及操作等因素有关。实践表明，转炉腐蚀最严重的地方是风口区和风口以上的炉衬，其次是靠近风口两端壁被熔体浸没的部分。炉衬损坏的原因很多，概括起来主要是由于机械力、热应力和化学腐蚀作用的结果。

1.6 粗铜的火法精炼

1.6.1 概述

转炉产出的粗铜，铜含量一般为98.5% ~99.5%，其余为杂质。这些杂质存在于铜中，对铜的性质产生各种不同的影响，降低了铜的使用价值。为了满足铜的各种用途要求，需要将粗铜精炼提纯。精炼有两个目的：除去铜中的杂质，提高纯度，使铜含量在99.5%以上；从铜中分离回收有价值的元素，提高资源综合利用率，从铜精炼的副产品中回收金、银，是贵金属的重要生产途径。

目前使用的精炼方法有两种：

(1)铜火法精炼，直接生产含铜99.5%以上的精铜。该法仅适用于金、银和杂质含量较低的粗铜，所产精铜仅用于对纯度要求不高的场合。

(2)粗铜先经过火法精炼除去部分杂质，浇铸成阳极，再进行电解精炼。产出含铜99.95%以上的精铜，这是铜产生的主要流程。

1.6.2 粗铜火法精炼的基本原理

粗铜含有各种杂质和金银等贵金属，其含量为0.25% ~2%。这些杂质不仅影响铜的物理化学性质和用途，而且有必要把一些有价值的金属提取出来。火法精炼的目的是将粗铜中的这些杂质尽量除去，为下一步的电解精炼提供合格的铜阳极板。火法精炼是在液体铜中供入空气，使铜里的杂质氧化而除去，然后将还原剂加入铜里除氧，最后得到化学成分和物理规格符合电解精炼要求的阳极铜。

1.6.2.1 氧化过程

氧化精炼的基本原理：铜中多数杂质对氧的亲和力大于铜对氧的亲和力，而且杂质氧化物在铜水中的溶解度很小。而由于粗铜中主要是铜，杂质浓度低，根据质量作用定律，首先氧化的是铜。粗铜中杂质被氧直接氧化的程度是非常小的，主要是通过铜液中的Cu_2O来氧化的：

$$4[Cu]+O_2 \xlongequal{} 2[Cu_2O]$$

生成铜的Cu_2O立即溶于铜液中，并与杂质接触的情况下氧化金属杂质Me。

$$[Cu_2O]+[Me] \xlongequal{} 2[Cu]+(MeO)$$

由于铜液中铜的浓度很大，故认为铜的活度为1，则上式平衡常数为：

$$K=\alpha_{(MeO)}/(\alpha_{[Cu_2O]}\cdot\alpha_{[Me]})$$

$\alpha_{[Me]}=\gamma_{[Me]}\cdot N_{[Me]}$（$\gamma_{[Me]}$为杂质[Me]的活度系数）

$$K=\alpha_{(MeO)}/(\alpha_{[Cu_2O]}\cdot\gamma_{[Me]}\cdot N_{[Me]})$$

杂质在铜液中的极限浓度为：

$$N_{[Me]}=\alpha_{(MeO)}/(\alpha_{[Cu_2O]}\cdot K\gamma_{[Me]})$$

由此可见，铜液中Cu_2O活度和K值越大，杂质在铜液中的极限浓度越低。杂质氧化反应是放热反应，随温度的升高K值变小，所以氧化阶段温度不宜太高，一般在1150～1170℃。

在实际生产中，当温度为1150～1180℃时，杂质已经充分氧化。因此，铜液中的含量应该根据杂质的含量来进行合理的控制，以避免因含量过高，延长后来的还原时间，增加还原剂的消耗，对生产反而不利。

粗铜中主要的氧化趋势由小到大排列为：

$$As \rightarrow Sb \rightarrow Bi \rightarrow Pb \rightarrow Cd \rightarrow Ni \rightarrow In \rightarrow Co \rightarrow Zn \rightarrow Fe$$

按氧化除去难易可将杂质分为三类。

(1) 易氧化除去的铁、锌、锡、铅、硫等杂质

①硫

硫在粗铜中，主要以Cu_2S形式存在。精炼初期氧化缓慢，到氧化快结束时，开始激烈反应。氧化是按下式进行反应：

$$[Cu_2S]+2[Cu_2O] \xlongequal{} 6[Cu]+SO_2\uparrow$$

氧化反应进行十分激烈，生成的SO_2使铜水沸腾，有小铜液喷射出来，形成所谓“铜雨”。在1100℃以上时，p_{SO_2}达到0.7～0.8 MPa。所生成的SO_2，一部分进入炉气，一部分溶解于铜炉中，SO_2在铜中的溶解反应：

$$SO_{2(g)} \xlongequal{} [S]+2[O]$$

②锌

锌沸点为906℃，当杂铜加入炉内融化时，就开始挥发，若含锌量高，需要进行蒸锌作业。即在熔体表面盖一层炭粉，或含硫极少的焦炭或煤粒，以避免氧化锌结壳，使锌顺利以蒸气形式排出，在炉气中被氧化成ZnO。由收尘设备回收，少量的锌氧化成ZnO后，会与SiO_2或Fe_2O_3造渣，生成$2ZnO\cdot SiO_2$或$ZnO\cdot Fe_2O_3$。锌是易脱杂质，大部分以锌蒸气形式挥发，其余氧化成ZnO造渣除去，可以降低10 ppm(0.001%)以下。

③铁

炉料中的铁多是冷料或工具带入，铁能溶于铜中，在1090℃，铁的溶解量是3.9%在铜液中铁易被氧化FeO，浮于液面与SiO_2造渣生成$2FeO\cdot SiO_2$。FeO被游离氧进一步氧化，生Fe_2O_3，并与Cu_2O或其他杂质氧化物生成碳酸盐造渣。铁是易除去金属，铁对氧的亲和力大，FeO造渣好，精炼时可以降至10 ppm(0.001)%以下。

④锡

锡能与铜互溶，氧化时生成SnO和SnO_2。SnO为碱性，有一定挥发性，可与SiO_2造渣。

SnO_2为酸性，与碱性氧化物如 Na_2O 或 CaO 等造渣，所以除锡时加入苏打石或石灰石造渣。

⑤铅

在液态时，铜与铅形成均匀的合金，铅易氧化成 PbO。PbO 密度为 9.2 g/cm^3，单独存在时，沉于池下部。铅与砷、锑等氧化物，生成砷酸或锑酸铅，在砷、锑、铋、铅四种氧化物共存时，生成化合物$(Pb、Bi)_2(As、Sb)_4O_{12}$，并溶解于铜液中。PbO 与 SiO_2造渣，生成熔点低(700～800℃)、密度小的 $xPbO\cdot ySiO_2$，浮于熔池表面。由于 PbO 密度较大，熔剂需要压缩风吹入熔池内部，或在进料前将石英砂加在炉底，以利于造渣，用磷盐和硼酸盐形式除去更有效。

(2) 难除去的 Ni、As 和 Sb 等杂质

①镍

镍与铜能生成一系列固溶体，镍与砷、锑、锌、铋、锡能生成化合物。NiO 与 Fe_2O_3反应造渣。

$$NiO + Fe_2O_3 = NiO\cdot Fe_2O_3$$

NiO 可与砷、锑氧化物生成镍云母($6Cu_2O\cdot 8NiO\cdot As_2O_5$及 $6Cu_2O\cdot 8NiO\cdot Sb_2O_5$)，这是这些杂质难以除去的主要原因。NiO 溶解于铜液中，溶解度随温度的升高而增加。

一般铜矿产出的粗铜含镍都在 0.1% 以下，火法精炼不除镍，以便在后面的电解过程中以 $NiSO_4$形式回收。在处理铜镍矿时，粗铜含镍多为 0.5% ～1.0%。为了不除去镍，而又要使阳极铜中的镍含量达到要求，于是采取了调铜保镍的做法。配料时用各种铜料搭配，以控制阳极铜中含镍量为 0.5% ～0.6%。在无法配料时，才进行除镍作业。

镍是较难除净的金属，火法除镍有两种方法。

a. 熔析法：利用 Ni 在铜中的溶解度随温度升高而增加的特性，采用高温氧化铜液，使镍氧化成 NiO 而溶解于铜液中，随后再加冷料降温，NiO 析出浮在熔池面上，扒净 NiO 渣。如此重复 1～2 次，铜液含 Ni 可降至 0.35% ～0.47%。

b. 加溶剂造渣法：铜液氧化后，加入 Fe_2O_3或石英砂造渣，生成 $NiO\cdot Fe_2O_3$或 $2NiO\cdot SiO_2$炉渣，根据计算，铜液含 Ni 可降至 0.25%，生产实践可降至 0.3% ～0.4%。

②砷、锑

砷、锑与铜在液态时互溶，与铜生成化合物(Cu_3As、Cu_3Sb)及固体，与铁、镍、钴、锡生成化合物。在铜中以砷化铜、锑化铜、砷酸盐及锑酸盐形式存在。砷与 Cu_2O 反应：

$$2Cu_3As + 3Cu_2O = As_2O_3 + 12Cu$$

$$2Cu_3Sb + 3Cu_2O = Sb_2O_3 + 12Cu$$

生成的三价砷和三价锑的氧化物，一部分挥发，一部分被氧化成五价氧化物。

$$As_2O_3 + 2Cu_2O = As_2O_5 + 4Cu$$

$$Sb_2O_3 + 2Cu_2O = Sb_2O_5 + 4Cu$$

As_2O_5和 Sb_2O_5不挥发，与 Cu_2O、NiO、PbO 等氧化物和 Bi_2O_3，生成各种不同组分的化合物。如砷酸铜($Cu_2O\cdot As_2O_5$)，镍云母，砷、铅、铋化合物[$(Pb、Bi)_2(As、Sb)_4O_{12}$]等，这些化合物都溶于铜液中，增加了脱除的难度。

常用的除砷、锑方法有两种。

a. 挥发法：As_2O_3和 Sb_2O_3沸点较低(As_2O_3在 465℃为 0.1MPa)，利用这个特性，在生产中，采用氧化→还原→氧化→还原重复作业除砷、锑。

b. 加熔剂法：采用碱性溶剂苏打与石灰除砷、锑的历史已有半个多世纪，被认为是较有效的方法。Na_2CO_3与As、Sb的化学反应式为：

$$2As + 5/2O_2 + 3Na_2CO_3 = 3NaO \cdot As_2O_5 + 3CO_2$$

$$2Sb + 5/2\ O_2 + 3Na_2CO_3 = 3Na_2O \cdot Sb_2O_5 + 3CO_2$$

碳酸钠过量时，生成Na_2SbO_4；量不足时，生成Na_3SbO_3。

（3）不能除去或极少除去的Au、Ag、Se、Te和Bi等杂质

①铋

在液态时，铋与铜能互溶，铋与铜不生成化合物或固溶体，Bi对氧的亲和力与铜相差不大。据物相分析铋易氧化成Bi_2O_3，并与砷、锑、铅的氧化物生成化合物，溶解于铜液中Bi_2O_3不与二氧化硅造渣，也不与苏打造渣。Bi_2O_3在精炼温度下的蒸气压极低。火法精炼难以除铋。

②硒和碲

硒和碲能溶于铜液中，能生成化合物Cu_2Se、Cu_2Te。在氧化时有少量氧化成SeO_2、TeO_2挥发，在加苏打造渣时生成硒酸钠、碲酸钠渣。智利某铜厂对高硒粗铜作过试验，在还原末期往熔池吹入苏打和煤粉进行还原造渣脱硒、碲。其主要反应如下：

$$Na_2CO_{3(s)} + 2C_{(s)} = 2Na_{(g)} + 3CO_{(g)}$$

$$2Na_{(g)} + [Se] = [Na_2Se]$$

Na_2Se是稳定的化合物。试验脱硒率为15% ~80%。一般粗铜含硒、碲较低，不进行脱除作业，在电解时从阳极泥回收。

硒和碲少量氧化成SeO_2和TeO_2随炉气带走外，大部分留在铜中。

③金、银

贵金属在火法精炼时，不发生氧化反应，留在铜内。少部分的银会被挥发性较强的杂质化合物带走，银的损失率可达2.5%。

1.6.2.2 还原过程

还原过程是将铜中含有的Cu_2O用还原剂脱出的过程。

（1）氧化亚铜的还原

经氧化精炼后，铜液含有0.5% ~1.0%的氧，在凝固时以Cu_2O形态析出，分布于铜的晶界上，给电解精炼造成危害，需进行还原脱氧。

常用的还原剂有重油、天然气和液化石油气等。

用重油时，高温下重油中的有机物先分解为H_2、CO和甲烷等，其反应如下：

$$Cu_2O + H_2 = 2Cu + H_2O$$

$$Cu_2O + CO = 2Cu + CO_2$$

$$4Cu_2O + CH_4 = 8Cu + CO_2 + 2H_2O$$

混合气体中只要有极少的H_2，就可以去还原Cu_2O。铜水对氢的溶解能力较强。铜溶液中含氢量较多，铸成的阳极板产生气孔，对电解不利。

（2）杂质的还原

氧化精炼后，铜液中还存在这部分杂质，这些杂质，除金、银、硒、碲等外，多数是以氧化物或化合物的形式，存在于铜液中。在还原阶段，Cu_2O优先于杂质氧化物被还原。杂质氧化物能否被还原，取决于铜液的脱氧程度，即最终含氧量。只有在铜液含氧量低时，杂质才

有被还原的可能。但是，若为了避免杂质的还原，而进一步脱氧的话，将会增加还原时间和还原剂的消耗，还会造成铜液含氢量增加，致使阳极气孔率增加，质量下降。

（3）铜液中的氢

当铜液含氧较低时，除了对 O_2、SO_2 有较强的溶解外，对氢也有较强的溶解能力，在1100～1200℃时，氢的溶解量为 $4.5 \sim 7 \times 10^{-6}$。氢呈原子状态溶解，其溶解度与温度的关系为：

$$\lg[H] = -2273.3/T - 1.836 + 0.5\lg p_{H_2}$$

从上式看，氢的溶解度随温度和氢的分压 p_{H_2} 的升高而增加。氢在铜中的溶解度随氧含量的降低而增加，当[O] <0.05%后，氢溶解量迅速增加；当[O] <0.03%后，氢分解量急剧增加，形成铜液中氢的二次充气。当铜液凝固时，内部残留的氧气能抵消金属凝固时的收缩，产出平整的阳极板表面。因此，在生产中，以铜样表面“起平”，来控制还原终点。

1.6.3 粗铜火法精炼的工艺及设备

粗铜火法精炼的实质是使其中的杂质氧化成氧化物，并利用氧化物不溶于或极少溶于铜，形成炉渣浮在表面而被除去；或者借助某些杂质在精炼作业温度(1100～1200℃)下，呈气态挥发除去。

火法精炼也是周期性的作业，精炼过程在回转炉或精炼反射炉(也称阳极炉)内进行。每一精炼周期包括装料、熔化、氧化、还原和浇铸五个工段，其中氧化和还原工段是最关键工段。在1150～1200℃的温度下，首先将空气压入熔融铜中，进行杂质的氧化脱出(鼓风氧化)，而后再用碳氢物质除去铜液中的氧(重油还原)，最后进行浇铸。

用于铜火法精炼的炉型有反射炉、回转式精炼炉、倾动式精炼炉三种。

（1）反射炉是传统的火法精炼设备

是一种表面加热的膛式炉，结构简单、操作容易，可以处理冷料，也可处理热料。可以烧固体燃料、液体燃料或气体燃料。反射炉容积、炉体尺寸可大、可小，波动范围较大。处理量可以从1 t变化到400 t，适应性很强。处理冷料较多的工厂和规模较小的工厂，多采用反射炉生产阳极铜。

反射炉也存在着以下几方面的缺点：

①氧化、还原插风管，扒渣、放铜等作业全部是手工操作，劳动量和劳动强度大，劳动条件差，难以实现机械化和自动化。

②炉体气密性差，散热损失大，烟气泄漏多，车间环境差。

③耐火材料用量多，风管及辅助材料消耗大。

④炉子内铜液搅动循环差，操作效率低。

（2）回转炉精炼

回转炉是20世纪50年代后期开发的火法精炼设备，如图1－29所示。它是一个圆筒形的炉体，在炉体上配置有2～4个风管、一个炉口和一个出铜口。可作360°回转。转动炉体将风口埋入液面下，进行氧化、还原作业；回转炉体，可进行加料、放渣、出铜，操作简便、灵活。与反射炉比较有以下优点：

①炉体结构简单，机械化、自动化程度高。取消了插风管、扒渣、出铜等人工操作。在处理杂质含量低的粗铜时，可以实现程序控制。

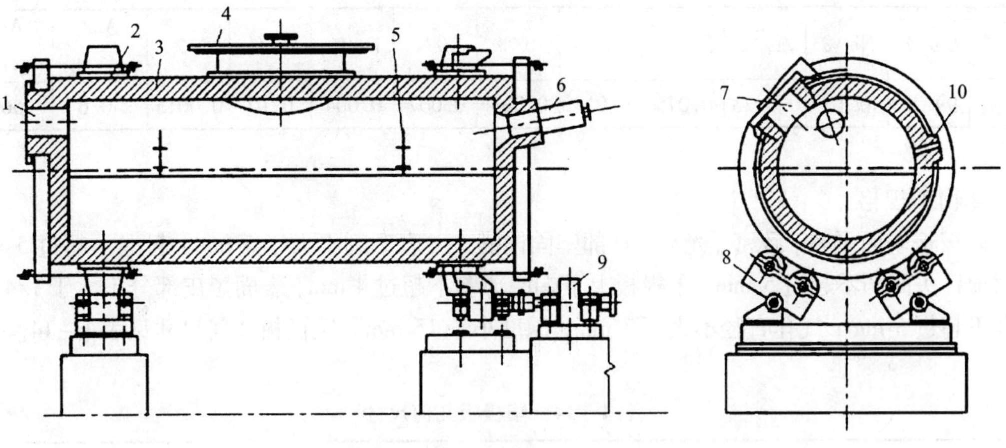

图1-29 回转式精炼炉结构

1—排烟口；2—壳体；3—砌砖体；4—炉盖；5—氧化还原口；
6—燃烧器；7—炉口；8—托辊；9—传动装置；10—出铜口

②炉子容量从100 t变化到550 t，处理能力大，技术经济指标好，劳动生产率高。

③取消了插风管扒渣等作业，辅助材料消耗少。

④回转炉密闭性好，炉体散热损失小，燃料消耗低。

⑤炉体密闭性好，用负压作业，漏烟少，减少了环境污染。

回转炉与反射炉相比，由于熔池深，受热面积小，化料慢，故适合于处理热料，不适宜处理冷料。

回转炉可以正、反转动360°，它配备有快速、慢速两套驱动装置。进料、倒渣，氧化和还原，用快速驱动装置。

(3) 倾动式精炼炉

倾动炉是一种新型的精炼炉型，它兼有回转式阳极炉机械化、可倾动及反射炉可加冷料的优点，对于再生铜的精炼是一种理想的选择，但倾动炉造价过高。

1.6.4 火法精炼的产物及主要技术经济指标

1.6.4.1 火法精炼的产物

精炼的产物有阳极板、炉渣、炉气和烟尘。

(1) 阳极板

火法精炼后的铜熔体，一般均铸成阳极板送去电解精炼。阳极的成分，就其含铜量来说，比起精炼前没有太大的提高，但其中某些杂质则大幅度下降。阳极板的化学成分及几何尺寸，根据各个工厂的原料性质和电解要求不同而有差异。

①化学成分

表1-13为某厂阳极板的化学成分。

表 1-13 阳极板的化学成分

元素	Cu/%	Ni/%	Zn/%	Sn/%	As/%	Sb/%	Bi/%	Fe/%	Se/%	S/%	Au/ $(g\cdot t^{-1})$	Ag/ $(g\cdot t^{-1})$
含量	99.26	0.10	0.0023	0.015	0.019	0.023	0.007	0.004	0.10	0.0015	30.6	560

②物理规格

阳极板表面平整、致密、光洁，耳部坚固饱满，飞边毛刺不大于 5 mm，起泡不超过 5 mm，背面顶针头凹凸不超过 5 mm，阳极板上下端厚薄差不超过 4 mm，表面黑皮部分不大于 1/4，弯曲度不超过 5 mm，气孔直径不大于 3 mm，深度小于 15 mm。阳极板几何尺寸见表 1-14。

表 1-14 阳极板几何尺寸

厂别	阳极板物理规格/mm			阳极板质量/kg
	长	宽	厚	
1	750	700	38~42	145~155
2	760	810	40	215~218
3	850	810	40	210~260
4	800	900	40	200
5	790	660	36	150

（2）炉渣

精炼炉渣成分与所处理的粗铜成分、炉衬性质及精炼方法有关。精炼炉渣含铜较高，一般为 15%~30%，有时甚至更高，有时还含有其他有用成分。渣含铜高的主要原因是扒渣时把金属铜扒出；其次是一些铜盐进入渣中，故须进行再处理。

精炼炉渣的处理有两种方法：一种是作为冷料加入转炉处理；另一种是在小型鼓风炉中进行还原熔炼产出黑铜，前一种方法比较简便经济。表 1-15 为精炼炉渣成分。

表 1-15 精炼炉渣成分/%

炉渣成分	Cu	Al_2O_3	MgO	CaO	SiO_2	Fe
一般炉渣	20~30	15~20	3~12	3~12	32~48	6~7
一厂炉渣	10~24	20~23	5.5~13	3.5~6	约 30	10~12.5
二厂炉渣	25~30	4~8		1~2	15~20	13~15.4

（3）炉气

用重油作燃料的精炼炉气体含有 10%~15% CO_2，8%~10% H_2O，0.1% SO_2，1.5%~2% O_2，77%~78% N_2。出炉气体温度为 1100~1150℃，进入余热锅炉中可回收约 40% 的热量。因炉气含 SO_2 较低，不能制酸。当炉气温度降至 300~400℃ 后经烟道排入大气中。

(4) 烟尘

精炼炉气体中烟尘量不大，一般在烟道中自行沉降收集，其中含有铜及稀贵金属，铜随气体的损失约占粗铜的0.1%。当处理杂铜或黑铜时，烟尘量大大增加，须回收其中的有价成分。

1.6.4.2 主要技术经济指标

作为铜火法精炼特征的技术经济指标主要有炉子的单位生产率、燃料单耗及还原剂单耗等。其受很多因素的影响，如原料的性质、所采用的技术条件和操作等，因此在同行业中进行比较时要根据具体情况而定。

(1) 床能率

精炼反射炉的床能率指一昼夜内每平方米炉床面积上所处理的炉料量，单位为$t/(m^2 \cdot d)$。

由于铜火法精炼周期长，加料、熔化、浇注所需时间较长，床能率较低。床能率与下列因素有关：

①单炉处理和加料方法。

②粗铜的品位和杂质的含量。

③氧化和还原的强度。

④炉料的性质，即固态或液态料。

(2) 铜的直收率

铜的直收率 = 阳极板含铜量/装入原料含铜量 × 100%

铜料杂质含量和燃料灰分含量对直收率有明显影响。如杂质和灰分含量高时，则精炼渣多，带出的铜也多。

在有转炉的铜厂中，精炼炉的铸模、中间包和溜槽的结铜直接加入转炉，故直收率较低，一般波动为93% ~96%。而只进行粗铜精炼的工厂，直收率一般波动为98% ~99%。

(3) 燃料单耗

燃料单耗指消耗的燃料量占总处理量的百分比。

燃料单耗的高低与下面因素有关。

①炉料性质

通常处理液态料比固态料燃料消耗低。用煤作燃料，液态料的燃料率为6% ~10%，固态料为10% ~15%。如用重油作燃料，液态料的重油单耗为47 kg/t Cu。

②精炼周期

精炼周期即所谓“炉时”，是影响燃料单耗的重要因素，“炉时”愈长，燃料消耗愈大。影响炉时的因素首先是加料设备的能力和效率，缩短加料时间可缩短“炉时”；其次是浇注设备的能力和效率，提高浇注效率，缩短浇注时间可缩短“炉时”；第三是原料内杂质的含量，缩短氧化和还原时间也可缩短“炉时”。

(4) 造渣率

造渣率指产出的炉渣量占总处理量的百分比。造渣率主要由铜料和燃料的性质所决定。铜料品位低，燃料灰分高，则造渣率高，反之亦然。液体燃料供热的精炼炉，造渣率通常为1.5% ~4%。

1.7　铜的电解精炼

铜的火法精炼一般能产出含铜99.0% ~99.8%的阳极铜产品，但质量仍然不能满足电气和其他工业的要求。因此，几乎所有的阳极铜都要经过电解精炼除去火法精炼难以除去的杂质。铜的电解精炼是将火法精炼的铜浇铸成阳极板，用纯铜薄片(也称始极片)或不锈钢板作为阴极，阴、阳极相间地装入电解槽中，用硫酸铜和硫酸的混合溶液作电解液，在直流电的作用下，阳极上的铜和电位较负的贱金属溶解进入溶液，而贵金属和某些金属(如硒、碲)等不溶，成为阳极泥沉于电解槽底。溶液中的铜在阴极上优先析出，而其他电位较负的贱金属不能在阴极上析出，留于电解液中，待电解液定期净化时除去。这样，阴极上析出的铜纯度很高，称为阴极铜或电解铜，简称电铜。

含有贵金属和硒、碲等稀有金属的阳极泥，作为铜电解的副产品另行处理，综合回收金、银、硒、碲等元素。在电解液中逐渐积累的贱金属杂质，当其达到一定的浓度，就会影响电解过程的正常进行，因此必须定期定量地抽出部分电解液进行净化。抽出的电解液在净化过程中，常将其中的铜、镍等有价元素以硫酸盐的形态产出，硫酸则返回电解系统重复使用。

1.7.1　铜电解精炼的基本原理

1.7.1.1　电极反应

传统的铜电解精炼是采用纯净的铜始极片作阴极，阳极铜板作阳极，电解液主要为含有游离硫酸的硫酸铜溶液。电解精炼过程如图1-30所示。

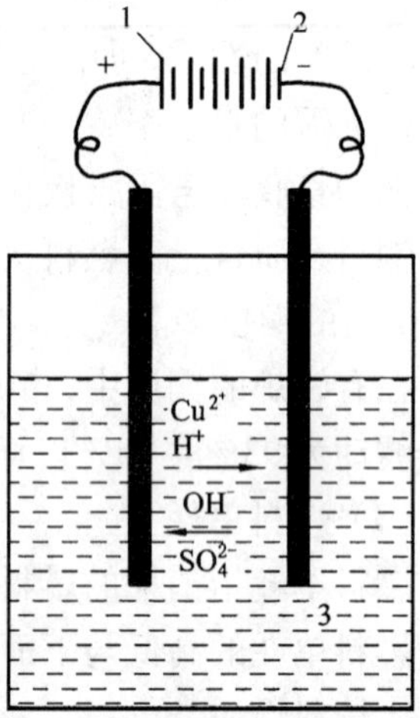

图1-30　铜电解精炼过程示意图

1—阳极；2—阴极；
3—$CuSO_4$ 及 H_2SO_4 水溶液

由于电离的缘故，电解液中的主要组分按下列反应生成离子：

$$CuSO_4 = Cu^{2+} + SO_4^{2-}$$
$$H_2SO_4 = 2H^+ + SO_4^{2-}$$
$$H_2O = 2H^+ + O^{2-}$$

在未通电时，上述反应处于动态平衡。在直流电通过电极和溶液的情况下，各种离子作定向运动，在阳极上可能发生下列反应：

$$Cu - 2e = Cu^{2+} \qquad \varphi^{\ominus}_{Cu^{2+}/Cu} = +0.34\ V$$
$$H_2O - 2e = 1/2O_2 + 2H^+ \qquad \varphi^{\ominus}_{O_2/H_2O} = +1.23\ V$$
$$SO_4^{2-} - 2e = SO_3 + 1/2O_2 \qquad \varphi^{\ominus}_{O_2/SO_4^{2-}} = +2.42\ V$$

H_2O 和 SO_4^{2-} 的标准电位代数值很大。在正常情况下它们不可能在阳极上发生放电作用。此外，氧的析出还具有相当大的超电压，因此，在铜电解精炼过程中不可能发生 H_2O 和 SO_4^{2-} 的反应，只有当铜离子的浓度达到极高或电解槽内阳极严重钝化，使槽电压升高至1.7 V以上时才可能有氧在阳极上析出。

在阴极上可能发生下列反应：

$$Cu^{2+} + 2e = Cu \qquad \varphi^{\ominus}_{Cu^{2+}/Cu} = +0.34\ V$$

$$2H^+ + 2e = H_2 \qquad \varphi^\ominus_{H^+/H_2} = +0.0\ V$$

铜的析出电位较氢为正，加之氢在铜上析出的超电压值又很大，故只有当阴极附近的电解液中铜离子浓度极低，且由于电流密度过高而发生严重的浓度极化时在阴极上才有可能析出氢气。

综上所述，铜电解精炼过程中，在两极上的主要反应是铜在阳极上的溶解和铜离子在阴极上的析出。但在实际电解时，阳极铜除了以二价铜离子(Cu^{2+})的形式溶解外，还会以一价铜离子(Cu^+)的形式溶解，即：

$$Cu - e = Cu^+ \tag{1}$$

生成的一价铜离子(Cu^+)在有金属铜存在的情况下，和二价铜离子产生下列平衡：

$$2Cu^+ \rightleftharpoons Cu^{2+} + Cu \tag{2}$$

在生产过程中，Cu 和 Cu^+之间的平衡常常不断地受到破坏，其主要原因有两个：

(1) Cu^+被氧化成 Cu^{2+}

$$Cu_2SO_4 + H_2SO_4 + 1/2O_2 = 2CuSO_4 + H_2O$$

这一反应的化学反应速度随温度的升高及与空气接触程度的增加而加快，结果消耗了溶液中的硫酸并使溶液中的 Cu^{2+}浓度增加。

(2) Cu^+歧化反应而析出铜粉

$$Cu_2SO_4 = CuSO_4 + Cu$$

析出的铜粉进入阳极泥，使阳极泥中的贵金属含量降低，并造成铜的损失。

上述两个原因都使 Cu^+的浓度往往稍低于其平衡浓度，这又促使反应式(1)和(2)向着生成 Cu^+的方向进行，使阳极的电流效率提高，阴极的电流效率降低，并导致溶液中 Cu^{2+}浓度不断增加。Cu^+分解和氧化的结果，使电解液中游离硫酸的含量减少和 $CuSO_4$的浓度增加。阳极中的铜和 Cu_2O 以及阴极铜的化学溶解(称为返溶)也会使电解液中的含铜量增加，即：

$$Cu_2O + 2H_2SO_4 + 1/2O_2 = 2CuSO4 + 2H_2O$$

$$Cu + H_2SO_4 + 1/2O_2 = CuSO_4 + H_2O$$

此外，溶液中游离硫酸浓度的降低，还可导致 Cu_2SO_4的水解，即：

$$Cu_2SO_4 + H_2O = Cu_2O + H_2SO_4$$

进一步破坏了 Cu^{2+}与 Cu^+之间的平衡，并增加阳极泥中的铜量。

假若电解过程中使用的电流密度太小时，Cu^{2+}在阴极上的放电可能变得不完全，而按下式进行还原生成 Cu^+：

$$Cu^{2+} + e = Cu^+$$

同时，Cu^+在阳极上随即按式 $Cu^+ - e = Cu^{2+}$氧化，从而导致电流效率下降。

综上所述，铜电解精炼过程，主要是在直流电的作用下，铜在阳极上失去电子后以 Cu^{2+}的形态溶解，而 Cu^{2+}在阴极上得到电子以金属铜的形态析出的过程。除此之外，还不可避免地有 Cu^+的产生，并引起一系列的副反应，使电解过程复杂化。

根据以上分析，可以认为铜电解精炼时较有利的工作条件是：电解液中含有足够高的游离硫酸和二价铜离子；电解液的温度不宜过高；采用足够高的电流密度；尽量减少电解液与空气的接触。

1.7.1.2 阳极杂质在电解过程中的行为

铜电解精炼的阳极板是一种含有多种元素的合金，在电解过程中，所有这些元素都出现强烈的化学变化和物相变化，这对阳极钝化、阴极质量、电解液净化以及从阳极泥中回收有价元素均有很大影响。

(1)比铜显负电性的元素

这类杂质主要有 Ni、Fe、Zn，其次还有 Pb 与 Sn。

锌、铁在火法精炼中很容易除去，在阳极铜中的含量通常很少。在阳极溶解时，全部进入溶液，因此对电解过程没有显著的影响。

镍是火法精炼时难以除去的杂质。阳极铜含镍量一般都小于 0.2%，个别工厂可能高达 0.6% ~0.8%，甚至大于 1%。

电解精炼时，镍与铜同时溶解，少量镍以 Cu—Ni 硫酸盐或含镍的 Cu—Ag—As—Se—S 复杂相留在阳极泥中。Ni 在阳极泥中的分配率(α_{Ni})随阳极泥中含氧量增加而上升。阳极含氧低，镍绝大部分进入溶液；阳极含氧高，则有大部分镍进入阳极泥。从铜电解生产的要求来说，不希望有大量的镍进入阳极泥，而更希望其进入电解液，进而用生产硫酸镍的方式加以回收。

在铜电解精炼实践中，若阳极铜中除镍以外的其他杂质含量都很低，也经常出现阳极“钝化”现象，阳极电位和槽电压都升高，而电流效率却降低。这是由于随着阳极铜的溶解，阳极表面形成一层由 NiO 组成的致密阳极泥外壳所引起的。即使不形成致密的 NiO 阳极泥外壳，也会由于大量的 NiO 从阳极表面脱落后，在电解液中沉降的同时，以机械形式大量地黏附在阴极铜板面，使阴极质量恶化并发生长粒子或短路现象。另外，大量的 NiO 进入阳极泥后，使阳极泥中贵金属含量降低，阳极泥率升高。阳极泥中大量的 NiO 存在也会给阳极泥的处理带来不便。

当阳极含镍同时又含有锑时，砷、锑与镍结合生成溶解于铜中的镍云母($6Cu_2O \cdot 8NiO \cdot 2Sb_2O_3$，$6Cu_2O \cdot 8NiO \cdot 2As_2O_3$)。NiO 和镍云母在阳极上生成一层不易脱落的阳极泥层，一般附着在阳极表面成为薄膜(这种现象在新阳极电解的初期比较显著)，使阳极溶解不均匀，当含量过高时就会在阳极的表面形成一层硬壳，引起阳极钝化。通常希望阳极中镍含量不高于 0.5%，而含氧量应维持在 0.2% 以下，以使阳极铜中的镍几乎全部进入溶液。

(2)比铜著显正电性的元素

银、金和铂族元素比铜具有较大的正电性，几乎全部进入阳极泥中。其中有 0.5% 左右的阳极泥被机械夹带到阴极上，造成贵金属损失。

温度对电解液和阴极铜中的含银量有显著影响。随着温度的升高，电解液中银离子浓度增大，阴极铜中的银含量也增大。随着阳极铜中银含量增加，进入阴极铜中的银含量也随之增加。为了减少贵金属的损失和提高阴极铜质量，各工厂都采取了一些有效的措施：如加入适宜的添加剂(如洗衣粉、取胜丙烯酰胺絮凝剂等)，以加速阳极泥的沉降，减少黏附；扩大极距、增加电解槽深度；加强电解液过滤，使电解液中悬浮物含量维持在 20 mg/L 以下等。

(3)电位接近于铜的元素

这类元素包括 As、Sb、Bi。砷、锑、铋是对电铜质量最有害的杂质，因其电位与铜相近，能在阴极发生如下析出反应：

$$BiO^+ + 3H^+ + 3e \rightleftharpoons Bi + H_2O \qquad \varphi^\ominus = 0.28\ V$$

$$HAsO_2 + 3H^+ + 3e \rightleftharpoons As + 2H_2O \qquad \varphi^\ominus = 0.25\ V$$

$$SbO^+ + 2H^+ + 3e \rightleftharpoons Sb + H_2O \qquad \varphi^\ominus = 0.21\ V$$

此外，它们还容易产生“飘浮阳极泥”，机械黏附在阴极上。

产生“飘浮阳极泥”的原因有很多说法，最近有学者认为这是由于生成很细的$SbAsO_4$及$BiAsO_4$絮状物质。

为避免阳极铜中的杂质砷、锑、铋进入阴极，保证电解过程能产出合格的阴极铜，主要采取控制溶液中适当的酸度和铜离子浓度，防止杂质的水解并抑制杂质离子的放电；维持电解液有足够高的温度(60～65℃)以及适当的循环速度和循环方式；加强电解液的净化。实践表明，保证电解液中漂浮阳极泥(悬浮物)含量低于20～30 mg/L，有利于高纯阴极铜的正常生产。

(4)其他杂质

这类杂质包括O、S、Se、Te等。

阳极铜中的氧通常与其他元素形成化合物而存在，其中的硫大多以Cu_2S的形态存在，这些化合物大部分是难溶于电解液的，在电解过程中它们主要进入阳极泥。NiO及镍云母、Cu_2O等均不溶解而进入阳极泥中。

阳极铜中的硒多以Cu_2Se颗粒夹杂于Cu_2O之间。一般阳极铜中碲的主要载体是一种连续的复杂夹杂物相Cu_2Se-Cu_2Te，它们存在于铜粒子的边界上。在电解过程中，硒化物、碲化物并不溶解，在阳极上形成松散外壳或从阳极表面脱落沉入电解槽底的阳极泥中。

1.7.2　铜电解精炼工艺及设备

1.7.2.1　铜电解精炼生产工艺流程

铜电解精炼通常包括始极片的生产、始极片加工制作、阳极加工、电解、净液等工序。其一般的生产工艺流程如图1－31所示。在改进的永久性阴极工艺中免去了始极片的生产及制作工序。

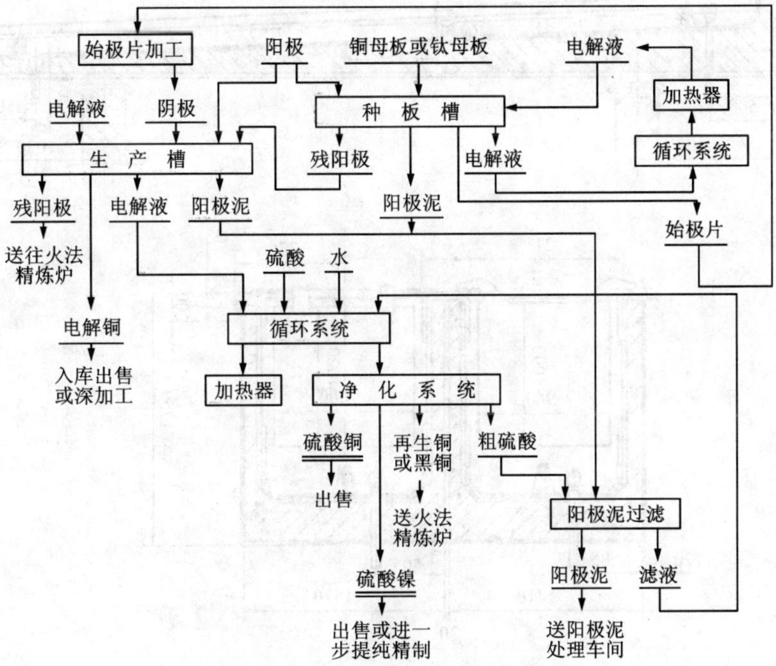

图1－31　铜电解生产工艺流程

在生产实践中，首先是在种板槽中用火法精炼产出的阳极铜作为阳极，用纯铜或钛母板（现在普遍采用钛母板）作为阴极，通以一定的电流强度的直流电，使阳极的铜化学溶解，并在母板上析出纯铜薄片（称之为始极片）。将其从母板上剥离后，经过整平、压纹、钉耳等加工后即可作为生产槽所用的阴极。然后，在生产槽中，用同样的阳极板和以始极片作阴极进行电解，产出最终产品阴极铜。电解液需要定期定量经过净液系统，使电解液中不断升高的铜离子浓度降下来，并除去积累在电解液中的杂质镍、砷、锑、铋等。

1.7.2.2 电解槽

电解槽是电解车间的主体设备，包括生产槽、种板槽与脱铜槽。电解槽为长方形的槽子，其中依次更迭吊挂着阳极和阴极。电解槽内附设有供液管、排液管（斗）、出液斗的液面调节堰板等。槽体底部常做成由一端向另一端或由两端向中央倾斜，倾斜度大约为3%，最低处开设排泥孔，较高处有清槽用的放液孔。放液排泥孔配有耐酸陶瓷或嵌有橡胶圈的用硬铅制作的塞子，防止漏液。此外，在钢筋混凝土槽体底部还开设有检漏孔，以观察内衬是否破坏。电解槽的槽体有多种材质，现在普遍采用钢筋混凝土槽体结构，典型电解槽结构如图1－32所示。

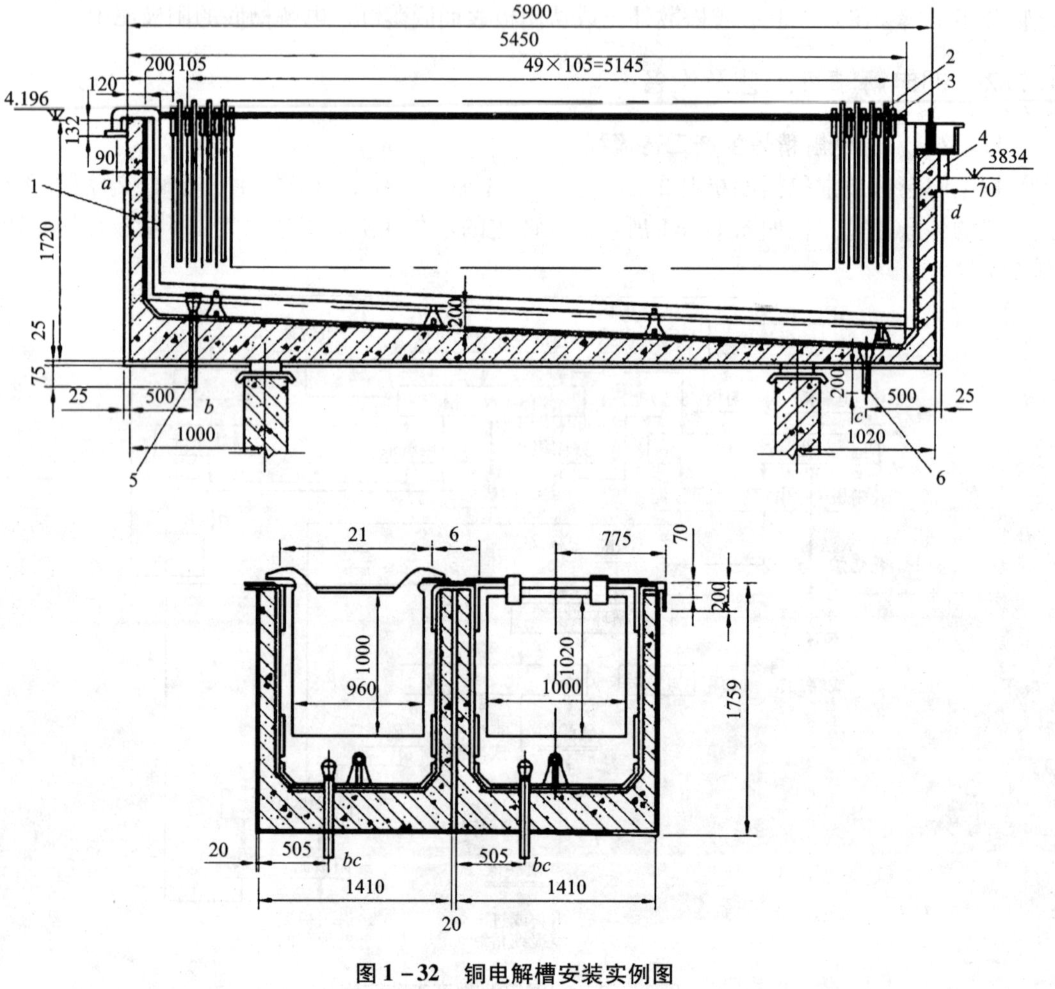

图1－32 铜电解槽安装实例图

1—进液管；2—阳极；3—阴极；4—出液管；5—放液管；6—放阳极泥管

电解槽的大小和数量依电解铜车间的生产规模而定。其设计通常由产量、选定的电解技术条件(如电流强度、电流密度、电极尺寸、极间距离以及阳极中贵金属含量等)等多个因素决定，电解精炼生产车间各电解槽以及阴阳极板之间的电路连接都采用复连法，即各电解槽之间的电路连接为串联，槽内各电极之间的电路为并联。

1.7.2.3　铜电解精炼的电解液

(1) 电解液的成分

铜电解液的组成与阳极成分、电流密度等技术条件有关，也与对阴极的质量要求有关，其主要组成是 $CuSO_4$ 和 H_2SO_4，成分控制为：

Cu　　40 ~ 55 g/L　　一般为 50 g/L 左右

H_2SO_4　150 ~ 220 g/L　一般为 200 g/L 左右

随着生产的不断进行，这些主要成分的规定值也会发生变化，同时也会积累一些如砷、锑、铋、镍、铁等杂质离子。电解液成分的变化都将影响生产过程的顺利进行，因此各工厂对电解液成分都加以严格的控制。除了控制主成分外，还控制其他杂质的浓度范围，如砷 < 7 g/L、锑 < 0.7 g/L、铋 < 0.5 g/L、镍 < 20 g/L 等。各工厂都根据各自的具体条件，对电解液中的杂质含量作了一定的限制。表 1 – 16 列举了国内外一些电解工厂所采用的电解液成分。

(2) 电解液循环

生产电解槽内的电解液循环有上进下出或下进上出两种方式。在上进下出式[见图 1 – 33(a)]电解槽中，电解液的流动方向与阳极泥的沉降方向相同，因此上进下出液循环有利于阳极泥的沉降，而且阴极铜含金、银量低。另外，上进下出对于温度分布比较有利，但漂浮阳极泥被出水挡板所阻，不易排出槽外，而且电解液上下层浓度差较大。只有用小阳极板电解的工厂采用。

表 1 – 16　国内外一些电解工厂电解液成分举例(g/L)

工厂		阳极特点	H_2SO_4	Cu	Ni	Fe	As	Sb	Bi	Cl	悬浮物	产品质量标准
国内	1	高砷	216	46		4.65	48.75	1.5		0.06		Cu – CATH – 2
	2	高铋	175	46	10.7		2.9	0.49	0.71	0.057	<0.03	Cu – CATH – 1
	3	砷略高	160 ~ 180	40 ~ 45	<13	<4	<8	<0.5	<0.3	0.04	0.03	Cu – CATH – 1
	4		185 ~ 195	48 ~ 45	<12	0.4	<5	<0.5	0.5	0.06	<0.03	Cu – CATH – 1
国外	1	高镍	150	45	21		2.1	<0.1	0.13	0.02		Cu – CATH – 1
	2	高铅	180	45	17	1	7	0.3	0.1	0.04		Cu – CATH – 1
	3	高银	192	46	11.5	1	1.3	0.5	0.3	0.04		Cu – CATH – 1

图 1 – 33(b)为下进上出循环方式，电解液从电解槽一端的进水隔板内(或直接由进液管)导入电解槽的下部，在槽内由下向上流动，从电解槽另一端上部的出水袋溢流口(或直接由溢流管)溢出。在下进上出式电解槽中，溶液温度的分布不能令人满意，并且电解液的流动方向与阳极泥的沉降方向相反，不利于阳极泥的快速沉降，但可使电解液中的漂浮阳极泥尽快排出槽外，减少其在槽中的积累，故对于高砷锑铜阳极电解特别有利。

随着电解槽的大型化、电极间距的缩小以及电流密度的提高，为维持大型电解槽内各处

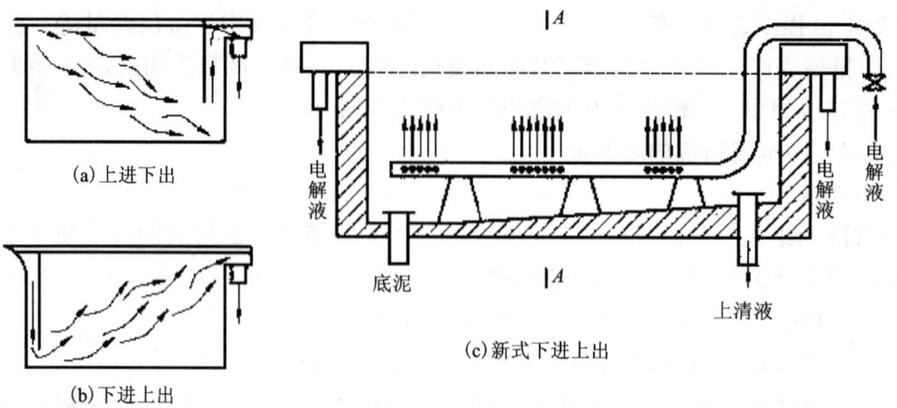

图 1-33 电解液循环方式

电解液温度和成分的均匀，一些工厂采用电解液与阴极板面平行流动的循环方式，即采用槽底中央进液、槽上两端出液的新“下进上出”循环方式[见图 1-33(c)]，它是在电解槽底中央沿着槽的长度方向设一根进液管(PVC 硬管)或在槽底两侧设两根平行的进液管，通过沿管均布的小孔(孔距与同名极距相同)给液。排液漏斗安放在槽两端壁上预留的出液口上，并与槽内衬连成整体。由于给液小孔对阴极出液，不仅有利于阴极附近离子的扩散，降低浓差极化，而且减少了对阳极泥的冲击和搅拌。此外，中间进液、两端出液，有利于电解液浓度、温度以及添加剂的均匀分布，有利于阴极质量的提高。

电解液循环速度的选择主要取决于循环方式、电流密度、电解槽容积、阳极成分等。当操作电流密度高时，应采用较大的循环速度，以减少浓差极化。

(3) 电解液温度的控制

提高电解液的温度，有利于降低电解液的黏度，使漂浮的阳极泥容易沉降，增加各种离子的扩散速度，减少电解液的电阻，从而提高电解液的导电率和降低槽电压，以减少铜电解生产的电能消耗。经实验测定，电解液在55℃时的导电率几乎为25℃时的 2.5 倍；在 50～60℃时，温度每升高 1℃，电解液的电阻约减少 0.7%。

电解液温度的提高，有利于消除阴极附近铜离子的严重贫化现象，从而使铜在阴极上能均匀地析出，并防止杂质在阴极上放电的可能性。但过高的电解液温度也会给电解生产带来不利，如加剧了铜在电解液中的化学溶解，使电解液中的含铜浓度提高，使电解液的蒸发损失增大等。目前，电解液的温度一般保持在 58～65℃。

(4) 添加剂的加入及其作用

添加剂指的是那些少量加入电解液中，能起到调节沉积物物理性质，如光泽度、平滑度、硬度或韧性等特殊作用的物质。铜电解精炼所采用的添加剂多为表面活性物质。目前，国内铜电解厂普遍采用的添加剂有胶、硫脲、干酪素、盐酸等。实践表明加入适量的添加剂是获得结构致密、表面光滑、气体和其他有害杂质含量少的优质阴极铜的有效措施之一。某些添加剂能使阴极过程产生很高的极化作用，促使阴极沉积结晶细化。

胶质添加剂包括有骨胶、明胶，是铜电解精炼过程中最主要、最基本的添加剂，尽管近年来使用的添加剂种类日益繁多，但只能部分降低胶的用量而难以完全取代胶质添加剂。

硫脲是国内外铜电解厂普遍采用的添加剂之一。硫脲的加入促使阴极极化增加，有利于获得细粒光洁的阴极铜沉积物。

添加剂是铜电解生产技术的重要环节之一，为了进一步改善阴极铜的析出质量，减轻添加剂对阴极铜的污染，降低阴极铜的杂质含量，对新型添加剂的研究与试用从未停止。

（5）电解液的净化

在铜电解精炼过程中，电解液的成分不断地发生变化，铜离子浓度不断上升，杂质在其中不断积累，而硫酸浓度则逐渐降低。为了维持电解液中的铜、酸含量及杂质浓度都在规定的范围内，就必须对电解液进行净化和调整，以保证电解过程的正常进行。

一般情况下，电解液中与其他杂质浓度的上升速度相比，铜浓度的上升速度是最快的。

因此，铜电解工厂往往同时采用下列两种净液方法：

①按上升速度最快的杂质计算，抽出一定数量的电解液送往净液工序，然后向电解液循环系统中补充相应数量的新水和硫酸，以保持电解液的体积不变。抽出的电解液，其中所含的铜、镍等有价成分必须尽可能地回收，砷、锑、铋等杂质应尽量除去。

②按抽液净化的方法，仍不能保持电解液中铜浓度的平衡时，多余部分的铜则采用在生产电解槽系统和净化系统中抽出一定数量的电解槽作为脱铜槽，槽中以铅－锑，铅－银等合金作阳极，普通始极片作阴极，进行电积脱铜。

铜电解液净化的一般流程见图1－34。

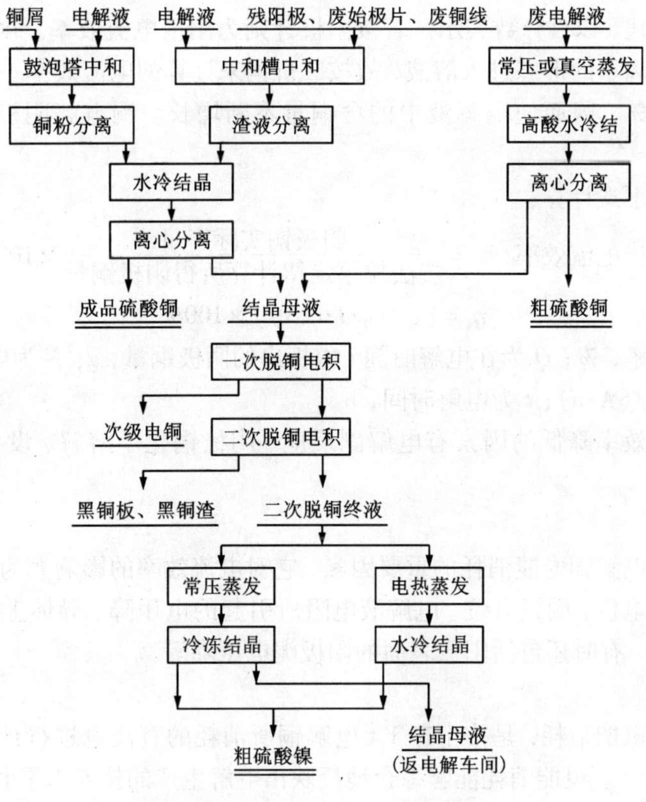

图1－34　铜电解液净化的一般流程

电解液净化的工艺流程，与阳极铜成分、所产副产品的销路、各种原料与来源、综合经济效益及环境保护等许多因素有关，各工厂视具体条件来确实。目前各工厂采用的净化流程虽各不相同，但归纳起来仍然可分为下列三大工序：

第一，用加铜中和法或直接浓缩法，使电解液中的硫酸铜浓度达到饱和状态，通过冷却结晶，使大部分的铜以结晶硫酸铜形态产生。

第二，采用不溶阳极电解沉积法，将电解液或硫酸铜结晶母液中的铜基本脱除，同时脱去溶液中大部分砷、锑、铋。

第三，采用蒸发浓缩或冷却结晶法，从脱铜电解后液中产出粗硫酸镍。

1.7.3 电解精炼的产物及主要技术经济指标

电解精炼的产物主要是电铜、阳极泥，其次是电解液净化产出的 $CuSO_4$ 和 $NiSO_4$。

电解精炼的主要技术经济指标有：

(1) 电流密度

电流密度一般是指阴极电流密度，即单位阴极板面上通过的电流强度。提高电流密度，可以提高电解槽的生产率与劳动生产率，但直流电耗和贵金属的损失增大，阴极铜的质量下降。目前铜电解的电流密度一般为 220 ~ 270 A/m^2。

(2) 电流效率

铜电解精炼的电流效率通常是指阴极电流效率，为电解铜的实际产量与按照法拉第定律计算的理论产量之比，以百分数表示。若按阳极计则为阳极电流效率。由于阳极溶解时，小部分的铜以一价铜离子的形态进入溶液，故按二价铜来计算的电流效率一般都比阴极电流效率高 0.2% ~ 1.70%，因而使电解液中的含铜量不断增长。铜电解阴极电流效率为(95 ± 3)%。

电流效率可用下式计算：

$$\text{阴极电流效率}/\% = \frac{\text{阴极铜实际产量}}{\text{按法拉第定律计算所得阴极铜量}} \times 100\%$$

$$\eta_i = [Q/(q \cdot I \cdot t \cdot N)] \times 100\%$$

式中：η_i 为电流效率，%；Q 为在电解时间 t 内析出的阴极铜量，g；N 为电解槽数；q 为铜的电化当量，1.186 g/(A·h)；t 为电解时间，h。

引起阴极电流效率降低的因素有电解副反应、阴极铜化学溶解、设备漏电以及极间短路等。

(3) 槽电压

槽电压是影响电解铜电能消耗的重要因素，它对电流效率的影响尤为显著。每个电解槽的槽电压包括阳极电位、阴极电位、电解液电阻所引起的电压降、导体上的电压降以及槽内各接触点的电压降，有时还包括阳极表面的阳极泥电压降等。

(4) 电能消耗

铜电解精炼的电能消耗，是按生产 1 t 电解铜所消耗的直流电进行计算，或是按总电能消耗(交流电耗)计算。电能消耗能够综合地反映出电解生产的技术水平和经济效果。

表 1 - 17 为几个铜电解精炼厂的技术经济指标。

表1-17 几个铜电解精炼厂的技术经济指标

指标	1厂	2厂	3厂
电解回收率(%)	99.90	99.83	99.60
直流电耗(kWh/t Cu)	260~280	231	236
蒸汽单耗(t/t电铜)	1	0.89	0.6
硫酸单耗(kg/t电铜)	3	2.39	9.9
电流效率(%)	97	97.33	97.83
槽电压(V)	0.3~0.35	0.3	0.25
残极率(%)	17	20.5	18.56

1.7.4 永久性阴极电解

永久性阴极电解是由 Permanent Cathode 翻译过来的，简称为 PC 电解。它的技术特征是使用不锈钢阴极取代传统的始极片，这一工艺包括不锈钢阴极制作与阴极铜剥离两部分。目前用永久性阴极电解技术产出的铜量占世界总产量的40%左右。

永久性阴极法电解技术最早由澳大利亚的 Mount ISA 公司的 Townsville 冶炼厂于1978年研制成功并投入生产，称为艾萨(ISA)电解法。1986年加拿大鹰桥公司的 Kidd Creek 冶炼厂开发了另一种永久性阴极法电解技术，称为 KIDD 法。PC 电解发展到现在已有4个技术分支，即 ISA 法、KIDD 法、OT 法和 EPCM 法。

四种工艺的区别在于：导电棒与不锈钢板连接方式不同，两边绝缘方式不同，所产阴极铜剥离后分合形式不同等。ISA 和 OT 工艺的阴极铜剥离后底部是不相连的两块，KIDD 和 EPCM 工艺的阴极铜剥离后底部相连。

PC 电解使用的阴极是由母板、导电棒和绝缘边三部分组成。永久阴极主体部分的母板由316L不锈钢制造，厚度为3~3.75 mm，以3.25 mm居多，表面光洁度为2B(0.45~0.6 μm)，底部有"V"形槽，以利于阴极铜的剥离。

不锈钢阴极板可以反复使用，放入电解槽前也不需要加隔离剂。它在电解槽中受到阴极保护作用，不会发生腐蚀，实践证明其使用寿命可达15年以上，即使有损伤也多为机械损伤。小的机械损伤可以修复，正常情况下年损坏率为1%。由于不锈钢表面有一层永久性的很薄的氧化膜层，可以很好地解决沉积铜的黏附性和剥离性之间的矛盾，既能使沉积的电解铜不会从阴极上掉落于电解槽内，又可以容易地从阴极上剥离下来。

永久性不锈钢阴极铜电解技术，以不锈钢阴极取代了传统电解法的始极片，并可重复使用，从而省去了生产始极片的种板电解槽系统，同时也省去了由始极片、导电棒及吊攀组装成阴极的制作工艺，使整个生产流程大为简化。

永久性不锈钢阴极铜的剥离是由专用的机组完成的。其规格为大型(500块/h)、中型(250块/h)和小型(60块/h)。阴极剥离机组的功能主要有阴极的接收、传递、热洗、曲击、剥离、取样、堆垛、打包等。

永久性阴极电解技术的优点：

(1)电流密度高、极距小。由于不锈钢阴极表面光洁、平直、悬垂度好，不容易造成短路，故可采用较小的极间距和较高的电流密度。目前采用不锈钢阴极的工厂电流密度一般为280 ~330 A/m^2，同极距为90 ~100 mm。与常规法相比，在相同规格的电解槽中阴极装入片数可增加10%，在相同电流密度下使电解槽的生产能力提高10%。

(2)阴极周期短、产品质量高。永久阴极法一般采用较短的阴极周期，特别是艾萨法，阴极周期多为6 ~8 天，是阳极周期的1/3。短周期使电解过程中电极短路和表面长粒子的情况大为改善，有利于提高阴极铜的质量。而常规法的阴极周期多为10 ~14 天。根据生产实践，常规法8 天以后的阴极周期后半期阴极铜表面长粒子的情况加剧，杂质含量相应增加。

始极片作阴极所产生的阴极铜，因有两个吊攀，在阴极洗涤过程中往往不易将吊攀铆接处清洗干净，造成阴极铜表面含有硫酸铜和硫酸，存放一定时间后表面变黑，从而影响质量。永久阴极法生产的阴极铜无吊攀，易清洗干净，产品物理规格良好。

(3)蒸汽耗量低。传统电解法每吨阴极铜的平均蒸汽消耗量为0.6 ~0.9 t，永久阴极法每吨阴极铜的平均蒸汽消耗量在0.4 t 以下。

(4)流程简单、自动化程度高、操作人员少。与传统电解法相比生产人员可以减少1/3。

(5)金属积压量少、流动资金周转快。较高的电流密度以及阴极周期缩短，减少了铜在加工过程中的积压量，压缩了流动资金占用量，此外也缩短了铜的积压时间，加快了资金周转速度。

永久性不锈钢阴极的应用，需要消耗大量的不锈钢材，建厂投资较大。

1.8 铜的湿法冶金

湿法提铜约占世界铜产量的15%。它是利用溶剂将矿石中的铜溶入溶液后，再用电积置换或氢还原等方法将溶液中的铜提取出来。湿法提铜归纳起来有下列几种方法。

1.8.1 焙烧－浸出－电积法

该法是目前世界上应用最广的一种湿法提铜方法，其流程见图1－35。

(1)焙烧

该法的首道工序是使炉料进行硫酸化焙烧，其目的是使绝大部分的铜转变为可溶于稀硫酸的 $CuSO_4$ 和 $CuO\cdot CuSO_4$，而铁全部转变为不溶的氧化物。铜和铁的硫酸盐稳定存在的温度及 SO_3 平衡分压不同，从而可使其分离。根据热力学分析，要使铜形成 $CuSO_4$ 而铁形成 Fe_2O_3，最佳的温度为677℃，在生产实践中控制硫酸化焙烧的温度为675 ~680℃。此时虽有少量的 $CuO\cdot CuSO_4$ 和 CuO 形成，但当用稀硫酸浸出时，铜都可转入溶液。

硫化铜精矿的硫酸化焙烧在沸腾炉内进行。流态化焙烧技术将在锌冶金一章中作详细的讨论。焙烧过程需要控制的主要条件是温度。在流态化焙烧的情况下，由于湍流速度很大，扩散相当迅速。当炉料达到着火温度之后，氧化反应即可顺利进行。然而，对硫酸化焙烧而言，要求料层具有较低的温度。可是温度过低会使反应速度减慢，影响炉子的生产能力。因此，应在满足硫酸化焙烧条件的前提下，尽可能地提高焙烧温度。

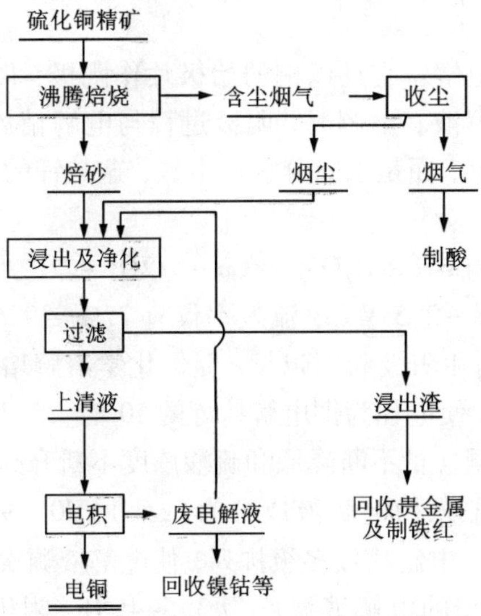

图1-35 焙烧-浸出-电积法流程图

(2)浸出和净化

经硫酸化焙烧获得的焙砂，其中铜主要以$CuSO_4$、$CuO\cdot CuSO_4$、Cu_2O、CuO形式存在，而铁主要是Fe_2O_3存在，另外还有少量的$FeSO_4$、$CuO\cdot Fe_2O_3$及未反应的Cu_2S。在用稀硫酸浸出时，铜进入溶液，但少量的$FeSO_4$也溶解，故浸出液须净化除铁。

硫酸铜可溶于水，$CuO\cdot CuSO_4$和CuO可溶于稀硫酸中：

$$3[CuO\cdot CuSO_4]+3H_2SO_4 = 6CuSO_4+3H_2O$$

$$CuO+H_2SO_4 = CuSO_4+H_2O$$

影响浸出反应速度的因素是温度、溶剂浓度和焙砂粒度。通常浸出温度为80~90℃，H_2SO_4浓度>15 g/L，焙砂粒度-0.074 mm。此时反应进行得很快，而扩散过程则比较慢。为此采取了搅拌浸出并提高浸出液的温度和硫酸浓度(最高可达60 g/L)。然而随着温度的提高，Fe_2O_3和Fe_3O_4的溶解度也增大，浸出液含铁也增加。

浸出的固液比一般为1:(1.5~2.5)，浸出时间2~3 h，每吨料耗酸60~80 kg，铜的总回收率达94%~98%。

浸出后液组成一般为(g/L)：50~110 Cu，2~18 H_2SO_4，2~4Fe^{2+}，1~4 Fe^{3+}，这部分铁在电积时反复氧化还原而消耗电能，必须净化除去，常用的除铁法为氧化水解法，即在pH=1~1.5(4~5 g/L H_2SO_4))下用MnO_2将Fe^{2+}氧化为Fe^{3+}，然后水解生成碱式硫酸铁沉淀除去，其反应为：

$$6FeSO_4+3MnO_2+H_2SO_4 = 3Fe_2O_3\cdot 4SO_3+3MnSO_4+H_2O$$

净化除铁还可用萃取等其他方法。

浸出和净化都可在带机械搅拌的耐酸(如不锈钢等)槽内进行，也可将若干个(如3~4个)槽子串联，进行连续逆搅拌浸出。浸出时可絮凝加速沉淀。浸出上清液送电积车间，浸出残渣经4~5级逆流洗涤回收其中的铜后，送去提取贵金属和生产铁红。

浸出的残渣除含有氧化物以外，还含有铜、铅、铋和全部贵金属。渣含贵金属低时可送铅冶炼处理；含贵金属高时可经重选富集后用氰化法处理。

(3)电积

铜的电积也称不溶阳极电解。它是以铜的始极片作阴极，以 Pb - Sb 合金板作阳极，上述经净化除铁的净化液作电解液。电解时，阴极过程与电解精炼一样，在始极片上析出铜，在阳极的反应则不是金属溶解，而是水的分解析出氧，这与锌的湿法冶金电积的阳极过程相同。所以铜电积的总反应可写为：

$$Cu^{2+} + H_2O = Cu + 1/2O_2 + 2H^+$$

电积的实际槽电压为1.8～2.5 V，电流效率仅有77%～92%。电解液中的铜离子浓度越低，铁含量越高，温度越高和阴极周期越长，促使化学溶解增加，电流效率也就越低。槽电压高和电流效率低的结果，使电耗为铜电解精炼的10倍。

由于电积时电解液中的铜含量不断降低和硫酸浓度不断升高，应该选定与其相应的电流密度和电解液循环速度。一般入槽电解液成分为(g/L)：70～90 Cu，20～30 H_2SO_4；出槽10～12 Cu，120～140 H_2SO_4。电解槽按多级排列，使电解液顺次流经若干个电解槽后，铜含量降至出槽要求的水平。电积的电解液温度为35～45℃，阴极周期可取7天。电流密度150～180 A/m^2，同极距离80～100 mm。所得电铜含铜为99.5%～99.95% Cu。

废电解液最好全部返回用于本流程的焙砂浸出。然而这种平衡在生产上是很难达到的，所以出现废电解液的处理问题。

废电解液处理的目的在于回收其中的有价金属和硫酸，或将硫酸中和以避免它对环境的危害。最为简便的方法是中和沉淀法，它是在逐步降低溶液酸度的情况下，使金属依次回收。根据此一原理，可首先加入石灰乳中和废电解液中的过多硫酸：

$$H_2SO_4 + Ca(OH)_2 = CaSO_4 + 2H_2O$$

其后加 MnO_2 使 Fe^{2+} 氧化成 Fe^{3+}，在 pH = 1～2 及 85～90℃下沉铁：

$$2FeSO_4 + MnO_2 + 3H_2SO_4 = Fe_2O_3 \cdot 4SO_3 + MnSO_4 + 3H_2O$$

过滤的除铁后液含0.3%～0.5% Cu的钙铁渣。除铁后液在加 Na_2CO_3 下使 pH = 5.5～6，温度为60～70℃时沉铜：

$$Na_2CO_3 + H_2SO_4 = Na_2SO_4 + CO_2 + H_2O$$

$$2CuSO_4 + 3Na_2CO_3 + 2H_2O = Cu(OH)_2 \cdot CuCO_3 + 2Na_2SO_4 + 2NaHCO_3$$

过滤的除铜后液含约25% Cu的铜渣。除铜后液再加 Na_2CO_3 使溶液 pH = 7～9，在70～80℃下使 $CoSO_4$ 全部水解沉淀：

$$2CoSO_4 + 3Na_2CO_3 + 2H_2O = Co(OH)_2 \cdot CoCO_3 + 2Na_2SO_4 + 2NaHCO_3$$

过滤的含5%～10% Co的钴渣作提钴原料。

中和法简单，但中和硫酸的碱耗大，且硫酸不能收回。此外还有用电解脱铜、阴离子交换膜分离 H_2SO_4、真空蒸发和冷凝结晶分别提取 $CuSO_4$、$CoSO_4$、H_2SO_4 等方法，但都不够完善。

1.8.2 高压氨浸法

高压氨浸在镍冶金一章将作详细叙述。采用此法处理硫化铜精矿时，是在高温度、高氧压和高氨压下以配合物的形态将铜、镍、钴等有价金属进行浸出，铁则以氢氧化物入渣：

$$2CuFeS_2 + \frac{17}{2}O_2 + 12NH_3 + (2+n)H_2O = 2Cu(NH_3)_4SO_4 + 2(NH_4)_2SO_4 + Fe_2O_3 \cdot nH_2O$$

$$Cu_2S + \frac{5}{2}O_2 + (NH_4)_2SO_4 + 6NH_3 = 2Cu(NH_3)_4SO_4 + H_2O$$

$$CuS + 2O_2 + 4NH_3 = Cu(NH_3)_4SO_4$$

$$2FeS_2 + \frac{15}{2}O_2 + 8NH_3 + (4+m)H_2O = Fe_2O_3 \cdot mH_2O + 4(NH_4)_2SO_4$$

配离子的不稳定常数是衡量配离子稳定性大小的标志，它也称配离子离解的平衡常数，此常数用 k_n 表示。温度升高时，配离子进行分步离解：

$$M(NH_3)_n^{2+} = M(NH_3)_{n-1}^{2+} + NH_3$$

$$k_n = \frac{[M(NH_3)_{n-1}^{2+}][NH_3]}{[M(NH_3)_n^{2+}]}$$

至最后一步，配离子离解为配合物 $M(H_2O)_p^{2+}$ 和 NH_3，而 $M(H_2O)_p^{2+}$ 很容易分解为氢氧化物而沉淀。

由此可见，在浸出时希望金属形成配合物而溶于溶液中，不稳定常数 K_n 应该愈小，离子在溶液中愈稳定。而当金属转入氨液后，在蒸氨提铜工艺中，为了使它们从溶液中沉淀分离出来，又希望不稳定常数 K_n 增大。几种配离子的分步不稳定常数 k 及总不稳定常数 K 值列入表1-18。表中 $K_n = \frac{[M^{2+}][NH_3]^n}{[M(NH_3)_n^{2+}]}$，$K_n = k_1k_2k_3 \cdots k_n$。

表1-18　几种配离子的分步不稳定常数 k 及总不稳定常数

NH_3 配位数	Cu^{2+}		Ni^{2+}		Co^{2+}	
	$-\lg k$	$-\lg K$	$-\lg k$	$-\lg K$	$-\lg k$	$-\lg K$
1	4.15	4.15	2.79	2.79	2.11	2.11
2	3.5	7.65	2.24	5.03	1.63	3.74
3	2.89	10.54	1.69	6.72	1.05	4.79
4	2.14	12.68	1.25	7.97	0.76	5.55
5	—	—	0.74	8.71	0.18	5.73
6	—	—	0.03	8.74	-0.62	5.11

NH_3 配位数	Co^{3+}		Zn^{2+}		Fe^{2+}	
	$-\lg k$	$-\lg K$	$-\lg k$	$-\lg K$	$-\lg k$	$-\lg K$
1	7.3	7.3	2.37	2.37	1.4	1.4
2	6.7	14	2.44	4.81	0.8	2.2
3	6.1	20.1	2.5	7.31	—	—
4	5.6	25.7	2.15	9.46	—	—
5	5.05	30.8	—	—	—	—
6	4.45	35.2	—	—	—	—

由表1－18可见，配离子的稳定顺序为：$Co(NH_3)_n^{3+}$ > $Cu(NH_3)_n^{2+}$ > $Zn(NH_3)_n^{2+}$ > $Ni(NH_3)_n^{2+}$ > $Co(NH_3)_n^{2+}$ > $Fe(NH_3)_n^{2+}$。有色金属氨配离子的稳定性较大，都能进入溶液中，因铁配离子不稳定，故离解沉淀。

影响浸出反应速度的因素有氧和氨的浓度、矿粒粒度、溶液温度、搅拌条件等。很明显，温度升高、搅拌强烈和矿粒细小能强化浸出过程。而从上述反应得知，提高溶液中氧和氨浓度，则是加速浸出反应的先决条件。在常压下提高溶液中氧和氨浓度是困难的，所以采用了高压浸出的方法。在一般情况下，高压氨浸选用了 $x(NH_3)/x(Cu) \geqslant 6.5$（分子比），氨和空气的总压为709～1013 kPa，温度80～95℃，精矿粒度0.147～0.074 mm，矿浆浓度20%固体，浸出时间约12 h。

从浸出液中提取铜可选用氢还原法。氢还原可以获得纯铜粉。控制溶液的酸度即可实现几种金属的选择还原。该过程也是在高压下进行。对铜的还原来说，氧压力须1519.9～2026.5 kPa；对镍钴则须2026.5～3546.4 kPa、温度160～200℃，还须加入晶种和催化剂，同时进行强烈的搅拌。

1.8.3 常压浸出法

该法为氨浸－萃取－电积－浮选联合流程。硫化铜精矿在高速机械搅拌(1250 r/min)、65～80℃、接近常压的密闭设备中用 O_2、NH_3 和 $(NH_4)_2SO_4$ 进行浸出3～6 h，使精矿中80%～86% Cu以 $Cu(NH_3)_4SO_4$ 形态进入溶液，浸出液含铜40～50 g/L。由于压力较低，部分铜矿物和全部黄铁矿未参与反应，所以过滤后的残渣用优先浮选得黄铁矿精矿、铜精矿和尾矿。浮选和浸出总铜回收率达96%～97%。

浸出形成的 $(NH_3)_4SO_4$ 可作肥料，亦可加CaO蒸煮分解为 $CaSO_4$ 和 NH_3。NH_3 返回浸出。

溶液中的 $Cu(NH_3)_4SO_4$ 萃取成 $CuSO_4$，然后电积得金属铜，也可将电积改为 SO_2 还原－热分解法，即在pH＝4和66℃下通 SO_2 还原沉淀产出 Cu_2SO_3。后将其在710 kPa及150℃下，在高压釜内进行热分解产出高纯铜粉。

常压浸出也可用于处理氧化铜矿，此时以 O_2、NH_4OH 和 $(NH_4)_2CO_3$ 作浸出剂，在50℃的常压密闭器内进行。反应为：

$$CuO + 2NH_4OH + (NH_4)_2CO_3 = Cu(NH_3)_4CO_3 + 3H_2O$$

$$Cu + 1/2O_2 + 2NH_4OH + (NH_4)_2CO_3 = Cu(NH_3)_4CO_3 + 3H_2O$$

浸出液蒸氨，$Cu(NH_3)_4CO_3$ 分解为 NH_3、CO_2 和氧化铜的黑色沉淀。

1.8.4 细菌浸出法

硫化矿用稀硫酸浸出的速度是缓慢的，但是细菌存在时可显著加速浸出反应。重要的湿法冶金细菌是氧化铁硫杆菌和氧化硫杆菌。这两种杆菌可以在多种金属离子存在和pH＝1.5～3.5的酸性环境中生存和繁殖。

氧化铁硫杆菌在其生命活动中产生一种酶素，这种酶素是 Fe^{2+} 和S氧化的催化剂，而氧化过程又给杆菌提供了生活和繁殖的条件。细菌的活动使反应进行。浸出过程包括以下三步：

(1)细菌活动使铁和铜的硫化物被氧氧化，氧化生成的 Fe^{2+} 进入溶液：

$$CuFeS_2 + 4O_2 \xrightarrow{\text{细菌}} CuSO_4 + FeSO_4$$

$$2FeS_2 + 7O_2 + 2H_2O \xrightarrow{\text{细菌}} 2FeSO_4 + 2H_2SO_4$$

(2)细菌使 Fe^{2+} 氧化成 Fe^{3+}：

$$2FeSO_4 + 1/2O_2 + H_2SO_4 \xrightarrow{\text{细菌}} Fe_2(SO_4)_3 + H_2O$$

(3) Fe^{3+} 作为溶剂对硫化矿和氧化矿浸出：

$$Cu_2S + Fe_2(SO_4)_3 + 2O_2 = 2CuSO_4 + 2FeSO_4$$

$$CuFeS_2 + 2Fe_2(SO_4)_3 + 3O_2 + 2H_2O = CuSO_4 + 5FeSO_4 + 2H_2SO_4$$

$$CuO_2 + Fe_2(SO_4)_3 + H_2SO_4 = 2CuSO_4 + 2FeSO_4 + H_2O$$

氧化硫杆菌可促使硫化物和硫氧化：

$$S_2O_3^{2-} + 5/2O_2 \xrightarrow{\text{细菌}} 2SO_4^{2-}$$

$$S + 3/2O_2 + H_2O \xrightarrow{\text{细菌}} H_2SO_4$$

生成的 H_2SO_4 参与 Fe^{2+} 的氧化反应。

由此可见，细菌浸出必须维持细菌有一个生存和繁殖的优良环境。这种环境是 pH = 1.5 ~ 3.5，温度 25 ~ 40℃（细菌活动最佳的温度是35℃），充足的氧和避光。

细菌浸出主要是处理低品位难选复合矿或废矿，故用就地浸出或堆浸的方法。浸出周期为数月以至数年。浸出液含铜 1 ~ 7 g/L，用废铁置换沉淀或萃取 – 电积提取其中的铜。

$$Cu^{2+} + Fe = Cu + Fe^{2+}$$

设置换温度为27℃，反应达平衡时 $\Delta G = 0$，计算得 $\alpha_{Fe^{2+}}/\alpha_{Cu^{2+}} = 10^{26}$，说明反应是能彻底进行的，置换后液含铜可降至0.01 g/L，铜回收率达95%以上。实际耗铁量为 1.5 ~ 2.5 kg/kg Cu，为理论量的 1.7 ~ 2.8 倍。影响置换速度的因素是铜离子浓度、温度、铁表面积大小和搅拌程度等。

置换沉淀的铜纯度只有85% ~ 90%，需经常规的熔炼处理。

细菌浸出液也可用萃取 – 电积法提取铜。

近年来，在铜的湿法冶金领域涌现的方法繁多。在浸出方而有直接浸出和经预处理后浸出，浸出液有选用三氯化铁、硫酸铁、氧化亚铜、含重铬酸钠氧化剂的硫酸浸出、活化浸出等。在净液方面有用铁矾法、水解沉淀法等。提铜方面除萃取、电积、氢还原等技术外，还有隔膜电解、悬浮电极电解、硫化物直接电解、海绵铁置换以及 $CuCl_2$ 冷凝结晶等工艺。然而在目前采用较广的还是硫酸浸出法、细菌浸出法、焙烧 – 浸出 – 电解法、三氯化铁浸出法和氨浸出法等。湿法炼铜的主要问题在于金银回收比较复杂，设备庞大，能耗较高，故迄今炼铜仍以火法为主。而湿法中有90%左右的铜产量是处理氧化矿获得的。可是从长远看，湿法炼铜将是很有前途的冶炼方法。

思考题

1. 简述铜及其主要化合物的物理化学性质。

2. 请用框图形式画出火法炼铜的原理流程图，并说明目前世界上铜冶炼的主要方法有哪些？

3. 何谓造锍熔炼？造锍熔炼的基本原理是什么？

4. 造锍熔炼过程中 Fe_3O_4 有何危害？生产实践中采用哪些有效措施抑制 Fe_3O_4 的形成？
5. 熔融铜锍遇水会发生爆炸，试写出其化学反应式。
6. 造锍熔炼时铜在渣中的损失有哪几种形式？并说明原因及降低渣含铜可采取的措施。
7. 试分析闪速熔炼的优缺点？
8. 闪速炉造锍熔炼对入炉铜精矿为何要预先进行干燥？
9. 闪速熔炼过程要达到自热，生产上采用哪些措施来保证？
10. 奥托昆普闪速炉主要由哪几部分组成？它还包括哪些主要辅助设备？
11. 何谓炉渣贫化？贫化方法有哪些？基本原理是什么？
12. 铜锍吹炼分几个阶段？写出各阶段的主要反应方程式。
13. 铜锍的吹炼过程为何能分为两个周期？
14. 吹炼过程中铁、硫之外的其他杂质行为如何？
15. 用 P－S 转炉吹炼铜锍存在哪些缺点？新发展的连续吹炼有哪两种方法？
16. 粗铜火法精炼的基本原理是什么？精炼过程中杂质除去的顺序是怎样的？
17. 粗铜精炼炉作业分为哪两个主要反应过程？生产上普遍采用的氧化剂和还原剂是什么？
18. 火法精炼过程中为什么镍较难除去？
19. 精炼过程中有一还原作业，目的是什么？对还原有什么不利影响？
20. 请论述电解提铜和电积提铜有哪些相同点和不同点？
21. 铜电解精炼时，阳极中的主要杂质行为如何？
22. 铜电解精炼为什么要加热、循环、净化电解液？铜电解液净化包括哪些主要工序？可回收哪些产物？
23. 铜电解精炼过程中，为什么阳极电流效率会大于阴极电流效率？
24. 某铜电解精炼车间单个电解槽电压为 0.28 V，电流 9000 A，每昼夜生产阴极铜 250 kg，求单槽的电流效率？
25. 湿法炼铜有哪些优缺点？
26. 湿法炼铜有哪些主要方法？适合用于处理哪些物料？
27. 细菌在浸出时作用是什么？影响细菌生活的条件有哪些？

第 2 章　铅冶金

2.1　铅冶金的一般知识

2.1.1　铅及其主要化合物的性质和用途

2.1.1.1　铅的重要性质

（1）物理性质

铅是蓝灰色或银灰色金属，新的断口具有灿烂的金属光泽。铅是周期表中第 IVA 族元素，原子序数为 82，相对原子质量为 207.21。铅的密度为 11.3437 g/cm^3（20℃），熔点 327.43℃，沸点 1525℃。铅水具有良好的流动性，340℃时黏度为 0.189 Pa·s。

铅是重金属中最软的，莫氏硬度为 1.5，用指甲能在其上刻划。铅的展性很好，可以压轧成铅皮或锤成铅箔，但是延性差，不能拉成丝。铅在 500～550℃时，便出现显著挥发，在不同温度下铅的蒸气压如下：

温度/℃	620	710	820	960	1130	1290	1360	1415	1525
蒸气压/kPa	1.33×10^{-4}	1.33×10^{-3}	1.33×10^{-2}	1.33×10^{-1}	1.33	6.7	13.3	38.5	101.3

在高温下铅的挥发程度很大，易导致铅的挥发损失和环境污染，所以炼铅厂必须备有完善的收尘设备，此不仅是为了保证原料中铅的回收率，而且可以防止工作人员中铅毒。

（2）化学性质

铅的化合价为 +2 价和 +4 价。常温时，铅在干燥的空气中不发生任何化学变化；但在潮湿和含有 CO_2 的空气中，则失去光泽而变成暗灰色，其表面被 PbO_2 薄膜所覆盖，此膜慢慢地转变成碱性碳酸铅[$3PbCO_3 \cdot Pb(OH)_2$]。

铅在空气中加热熔化时，最初氧化成 PbO，再升高温度时则氧化为 PbO_2，继续加热到 330～450℃形成的 PbO 则氧化为 Pb_2O_3；当温度升高至 450～470℃时，则氧化为 Pb_3O_4（$2PbO \cdot PbO_2$，俗称铅丹）。无论是 Pb_2O_3 或 Pb_3O_4 在高温下都会离解生成 PbO，即 $2Pb_3O_4 = 6PbO + O_2$，因此 PbO 是高温下唯一稳定的氧化物。

铅易溶于硝酸（HNO_3）、硼氟酸（HBF_4）、硅氟酸（H_2SiF_6）、醋酸（CH_3COOH）及 $AgNO_3$ 等；难溶于盐酸和硫酸，常温时 HCl 及 H_2SO_4 的作用仅及于铅的表面，因为生成的 $PbCl_2$ 和 $PbSO_4$ 几乎是不溶解的，附着在铅的表面，使内部的金属不受酸的影响。

2.1.1.2 主要铅化合物的性质

(1) 硫化铅(PbS)

天然产出的硫化铅称为方铅矿，色黑(结晶状态呈灰色)，具有金属光泽。硫化铅的熔点1135℃，沸点1281℃，密度7.4~7.6 g/cm^3，熔化后的流动性很好。隔绝空气加热硫化铅则挥发而不起化学变化，其蒸气压与温度的关系如下：

温度/℃	852	928	975	1074	1108	1160	1221	1281
蒸气压/kPa	1.033	0.267	1.33	7.99	13.3	26.7	53.3	101.3

在适当温度下，PbS中的Pb可被对硫亲和力大的金属所置换(各金属硫化物分子形成热的大小顺序为Mn、Cu、Fe、Sn、Zn、Pb、Ag、As、Sb)，如温度高于1000℃时，铁可置换PbS中的铅($PbS + Fe = FeS + Pb$)，这就是炼铅常见的“沉淀反应”。沉淀熔炼即基于这个原理。

在铅的熔点附近，PbS完全不溶于液体铅中；随着温度的升高，PbS在铅中的溶解度增加，到1040℃时，PbS与Pb的熔合体分为两层，上层含PbS 89.5%，Pb 10.5%；下层含PbS 19.4%，Pb 80.6%。当冷却时PbS以纯净的结晶体从Pb-PbS熔合体中析出，这是鼓风炉熔炼中炉结形成的原因之一。

PbS溶解于浓HNO_3、HCl、H_2SO_4及$FeCl_3$的水溶液。在空气中焙烧时，PbS氧化成PbO或$PbSO_4$。

(2) 氧化铅(PbO)

铅的氧化物中最重要的是PbO，其余铅的氧化都是不稳定的。PbO名密陀僧，熔点886℃，沸点1472℃，有两种同素异形体，属于正方晶系的红密陀僧和斜方晶系的黄密陀僧。熔化的密陀僧急冷时呈黄色，而缓冷时呈红色，黄密陀僧在高温下稳定。两者的相变点为450~500℃。

PbO在不同温度下的平衡蒸气压如下：

温度/℃	943	1039	1085	1222	1265	1330	1402	1472
蒸气压/kPa	0.133	0.667	1.33	7.99	13.3	26.7	53.3	101.3

PbO是两性氧化物，既可与SiO_2、Fe_2O_3结合成硅酸盐或铁酸盐；也可与CaO、MgO等形成亚铅酸盐(如$CaO \cdot PbO$)或铅酸盐(如$CaO \cdot PbO_2$)；还可与Al_2O_3结合成铝酸盐。PbO对硅砖和黏土砖的侵蚀作用很强烈。所有的铅酸盐都不稳定，在高温下离解并放出氧气。

PbO是强氧化剂，能氧化Te、S、As、Sb、Bi、Zn、Sn、Cu和Fe，所形成的氧化物或造渣或挥发。PbO是良好的助熔剂，它可与许多金属氧化物形成易熔的共晶体或化合物。在PbO过剩情况下，难熔的金属氧化物即使不形成化合物也会变成易熔物。此种作用在炼铅过程具有重要意义。

PbO属于难离解的稳定化合物，但容易被C和CO所还原。

(3) 硫酸铅($PbSO_4$)

天然的硫酸铅矿物称铅矾。硫酸铅为白色单斜方晶体，带甜味。硫酸铅($PbSO_4$)的密度为6.34 g/cm³，熔点为1170℃。

$PbSO_4$是比较稳定的化合物，800℃开始离解，到905℃以上离解进行得很快。$PbSO_4$的离解按照下式进行：

$$PbSO_4 = PbO + SO_2 + 1/2O_2$$

（4）碳酸铅（$PbCO_3$）

天然产出的碳酸铅称白铅矿。它是氧化铅矿中的主要组分。碳酸铅与硫酸铅都是次生矿，它们是原生矿风化及含碳酸盐的地下水影响而渐次变成的。矿石中的铅以白铅矿或铅矾形态存在时，因其中皆含有氧，所以统称为氧化铅矿。

白铅矿加热时很快便按下式离解：

$$PbCO_3 = PbO + CO_2$$

硅氟酸和浓碱等溶液能溶解碳酸铅，其反应为：

$$PbCO_3 + H_2SiF_6 = PbSiF_6 + H_2O + CO_2$$

$$PbCO_3 + 4NaOH = Na_2PbO_2 + Na_2CO_3 + 2H_2O$$

2.1.1.3　铅的用途

在现代工业所有消耗的有色金属中，铅居第四位，仅次于铝、铜和锌，成为工业基础的重要金属之一。因为铅的价格较廉，产量很大，并且具有优良的特性，所以在许多工业部门得到广泛应用。其主要用途如下：

(1)由于铅具有高度的化学稳定性，可用作化工设备和冶金工厂电解槽的内衬，以及作电缆的保护套以防腐蚀。

(2)大量的铅用于制造蓄电池，因其价廉耐用并且电压较高，故广泛地用于厂内运输、汽车、飞机、电报和无线电工业。

(3)铅易与许多种金属组成合金，工业上常用的有轴承合金、焊料、硬铅等。

另外，铅对X射线及γ射线具有良好的吸收能力，广泛用作X光机和原子能装置的防护材料。

目前，国内外正研究将铅应用于电动汽车和电动自行车（动力电池）、重力水准测量装置、核废料包装物、氧气防护屏、微电子和超导材料，有的已进入实用阶段。在上述诸用途中，铅酸动力电池近年来发展迅猛，用于铅酸蓄电池的铅占全部铅消费的70%以上，其次是衬里和电缆护套，还有颜料和化工产品。预计今后10年蓄电池用铅要达到80%以上。

近几年世界铅消费总量见表2－1。

表2－1　世界铅消费总量/10^4t

1998年	1999年	2000年	2001年	2002年	2003年	2004年	2005年	2006年	2007年	2008年
607.4	618.0	641.5	656.0	658.9	668.3	727.4	778.2	805.7	837.7	866.8

2.1.2　炼铅的原料

用作炼铅的原料包括矿物原料和二次铅料两大类。

矿物原料有硫化矿和氧化矿两种。硫化矿中的铅矿物主要是方铅矿（PbS）。硫化铅矿属原生矿，其分布最广，是当今炼铅的主要原料。纯方铅矿含：$m(Pb)=86.6\%$；$m(S)=13.4\%$。但是，自然界很少有如此纯净的铅矿物，绝大多数的铅矿物是与其他金属矿物共生，多与辉银矿（Ag_2S）、闪锌矿（ZnS）共生，含银高者称银铅矿，含锌高者称铅锌矿，而且多半是铅品位不高。所以，一般需先经选矿得铅精矿后才进行冶炼。

氧化矿主要为白铅矿（$PbCO_3$）和铅矾（$PbSO_4$）。它们都是次生矿，是原生矿经风化作用和含有碳酸盐的地下水作用而成。因白铅矿和铅矾都含有氧，所以统称为铅的氧化矿。由于矿的成因不同，氧化矿常在铅矿床的上层，而硫化矿则在下层。铅的氧化矿贮量比硫化矿少得多，故其经济价值较小。

表2－2所列为一些铅精矿的成分实例。

表2－2　铅精矿成分实例/%

矿例		Pb	Zn	Fe	Cu	Sb	As	S	MgO	SiO_2	CaO	Ag (g/t)	Au (g/t)
国内精矿	Ⅰ	66.0	4.9	6	0.7	0.1	0.05	16.5	0.1	1.5	0.5	900	3.5
	Ⅱ	59.2	5.74	9.03	0.04	0.48	0.08	19.2	0.47	1.55	1.13	547	
	Ⅲ	60	5.16	8.67	0.5	0.46		20.2		1.47	0.46	926	0.78
	Ⅳ	46	3.08	11.1	1.6		0.22	17.6		4.5	0.48	800	10
国外精矿	Ⅰ	76.8	3.1	1.99	0.03		0.2	14.1	0.2		75		
	Ⅱ	74.2	1.3	3	0.4	0.12	15	0.5	1	1.7			
	Ⅲ	50	4.04		0.47	0.03	0.004	15.7		13.5	2.3		

我国将铅精矿按质量标准分为七级（见表2－3）。铅精矿的质量除了考虑到其含铅品位之外，另外的一个重要因素便是杂质锌的含量。因为铅精矿的质量对炼铅的主要技术经济指标有很大的影响。铅精矿愈富，则冶炼的生产率和回收率都愈高，能耗愈低，单耗和成本也愈小。铅精矿含铜过高，熔炼过程中铅的损失也会相应增大。铅精矿含锌越高，熔炼时的困难也越大。特别是含铜锌都高的铅精矿，在一般情况下都很难处理。

表2－3　我国铅精矿等级标准/%

品级	铅，不小于	杂质，不大于				
		Cu	Zn	As	MgO	Al_2O_3
一级品	70	1.5	5.0	0.3	2.0	4.0
二级品	65	1.5	5.0	0.35	2.0	4.0
三级品	60	1.5	5.0	0.4	2.0	4.0
四级品	55	2.0	6.0	0.5	2.0	4.0
五级品	50	2.0	7.0	—	2.0	4.0
六级品	45	2.5	8.0	—	2.0	4.0
七级品	40	3.0	9.0	—	2.0	4.0

二次铅料是指回收的各种铅废件和铅废料。其中以废蓄电池回收的数量最大，其次如化工冶金器械的耐酸衬里铅皮、铅管、电缆包皮、各类铅基的轴承合金、铅锡焊料以及各种含铅下脚料和碎屑等。随着科学技术和国民经济的发展，铅的消费量不断增加，大量的铅废件和铅废料成为生产再生铅的二次铅料。由于从二次铅料回收铅比较容易，所以支撑着一个兴旺的再生铅工业。矿铅原料是一次资源，而二次铅料则是永不枯竭的炼铅原料。加上再生铅生产的能耗低，投资省，易于生产，劳动生产率高，经济效益好，又能节约矿产资源，变废为宝，保护环境。因此，世界各国对再生铅生产都比较重视。一些工业比较发达的国家，如美、英、日、德的再生铅消费量已占铅的总消费量的一半或一半以上。我国的再生铅生产起步较晚，再生铅占铅产量的30%左右。

2.1.3 铅的生产方法

当代铅的生产几乎全是火法。湿法炼铅目前还处于研究阶段。湿法炼铅综合回收金、银、铋、锑以及铜、锡等有价金属要比火法炼铅复杂，所以发展得比较缓慢。当前，湿法炼铅只用于某些比较单一的铅矿小规模处理和再生铅的生产上。

（1）烧结焙烧－鼓风炉还原熔炼

烧结焙烧－鼓风炉还原熔炼便是该法的传统炼铅方法。目前世界上的矿铅的90%左右是用此法生产的。该法是在烧结机上对硫化铅精矿进行高温氧化脱硫，并将炉料熔结成烧结块。然后将烧结块与焦炭一起在鼓风炉内进行还原熔炼得粗铅。传统炼铅法具有适应性强、生产过程稳定、生产能力大等特点，所以至今仍作为主要炼铅方法而被采用。然而也存在有能耗高和对环境污染严重等主要缺点，因而受到新的炼铅方法的冲击。

图2－1为鼓风炉熔炼工艺的原则流程。

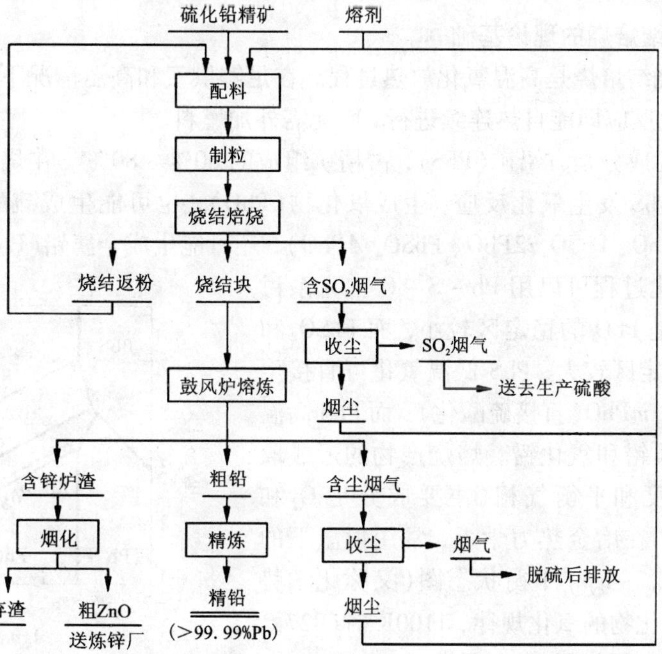

图2－1 硫化铅精矿烧结焙烧－鼓风炉熔炼生产工艺

(2) 硫化铅精矿直接熔炼

硫化铅精矿不经烧结焙烧直接生产出金属的冶炼方法称为直接熔炼。

直接熔炼是利用粉状的或熔融的硫化铅精矿迅速氧化，单位时间内放出大量的热，促使炉料内各组分之间瞬时完成所有的冶金反应，使反应热得到充分利用。而且，高温冶金反应在密闭容器内进行，并采用了富氧或纯氧冶炼技术，产出高 SO_2浓度的烟气且烟气体积小，使硫得以回收利用。

直接熔炼在氧化阶段有许多优点，例如：不用烧结过程，不需要附设多道破碎、筛分的返粉制备工序，且熔炼设备密封好，铅尘、铅烟外逸得到了很好的控制；烟气量小，烟气中 SO_2浓度大大提高；精矿本身的燃烧价值得到充分利用；生成了熔融的含铅炉渣，适合于其后的还原阶段处理。

2.2 铅烧结矿的鼓风炉熔炼

2.2.1 硫化铅精矿的烧结焙烧

2.2.1.1 烧结焙烧的目的

硫化铅精矿是多金属硫化矿石的选矿产品，其中除 PbS 外，还含有其他各种金属硫化物及脉石。目前铅冶炼厂广泛采用的是焙烧 - 还原熔炼法来处理硫化铅精矿。硫化铅精矿粒度很细，为了便于下一步鼓风炉熔炼，就必须把铅精矿在熔炼前进行预备作业即烧结焙烧，其目的是：①将硫化矿氧化脱硫，如含砷及锑较多也须将其挥发除去，减少熔炼时铅铜锍和黄渣(砷铜锍)的生成，提高金属回收率；②将细料烧结成块，获得符合鼓风炉熔炼的坚硬多孔的烧结块。

2.2.1.2 烧结焙烧的理论基础

硫化铅精矿烧结焙烧是高温氧化放热过程。在足够供氧和高温情况下，温度超过了炉料的着火温度，氧化反应即能自热连续进行，而无需外加燃料。

铅精矿的主要成分是方铅矿(PbS)，占精矿组成的60% ~80%。在烧结焙烧过程中，精矿的焙烧主要是 PbS 发生氧化反应，生成氧化物(PbO)，也可能生成硫酸盐或碱式硫酸盐($PbSO_4$、$PbSO_4·PbO$、$PbSO_4·2PbO$、$PbSO_4·4PbO$)，还可能生成金属铅(Pb)。

硫化铅的氧化过程可以用 Pb - S - O 三元系讨论。该图的特点是 PbO 的稳定区较小，而 $PbSO_4$和 $PbSO_4·nPbO$ 的稳定区较大；PbS 低温氧化可直接生成 $PbSO_4$或 $PbSO_4·mPbO$(直接硫酸化)；而 PbS 高温氧化才可获得金属铅和氧化铅。焙烧产物的形成取决于实际焙烧温度和平衡气相(主要成分是 O_2 和 SO_2)组成。因此，在冶金热力学上，常用恒温下的 Me - S - O 系 $\lg p_{SO_2} - \lg p_{O_2}$ 平衡状态图(又称化学势图)来研究金属硫化物的氧化规律，1100K 时(827℃时)P - S - O 系状态图如图 2 -2 所示。

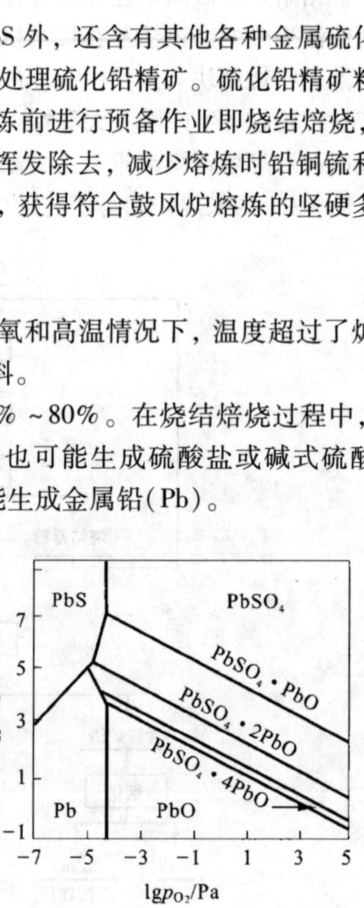

图 2 -2 1100K 时 P - S - O 系状态图

在硫化铅精矿烧结焙烧的实际生产中，要求

PbS尽可能全部变成PbO，而不希望得到$PbSO_4$和$PbSO_4 \cdot mPbO$，因为铅烧结块中的$PbSO_4$（或$PbSO_4 \cdot mPbO$）在下一步鼓风炉熔炼中不能被碳或一氧化碳还原成金属铅，而被还原成PbS，造成铅以PbS形态损失于炉渣或铅锍中的数量增加，所以在烧结焙烧时，应使PbS尽量生成PbO，而不生成$PbSO_4$。

从P-S-O系状态图可以看出，在$\lg p_{SO_2}$一定时，随着氧位的增加，稳定区按PbS→Pb→PbO→$PbSO_4 \cdot mPbO$→$PbSO_4$的方向移动。硫酸铅及其碱式盐的稳定区域大，这说明它们在烧结时容易生成。只有当气相中的SO_2分压较小和O_2的分压较大时，才能保证PbO的稳定范围，从而不生成或少生成$PbSO_4$。

2.2.1.3 铅精矿各组分在烧结焙烧时的行为

(1) 硫化铅

PbS在氧化气氛下加热时，生成PbO和$PbSO_4$，少量生成金属铅。熔剂成分可促使$PbSO_4$分解，高价氧化物可使PbS和Pb氧化成PbO。然而烧结块中游离PbO极少，主要是以硅酸铅和铁酸铅存在。PbO与SiO_2、Fe_2O_3形成的化合物与共晶的熔点较低，都在800℃以下，比PbO的熔点(886℃)还低，在烧结过程中起黏合剂作用。

(2) 碳酸铅

硫化铅精矿中有时夹有白铅矿，在焙烧时很容易分解为PbO和CO_2，在327℃时的分解压力已达101325 Pa，生成的PbO绝大部分形成硅酸盐和铁酸盐。

(3) 铁的硫化物

黄铁矿(FeS_2)和磁硫铁矿(Fe_nS_{n+1})是硫化铅精矿中的必然伴生物。当加热到300℃以上时，黄铁矿和磁硫铁矿都发生分解而产生硫的蒸气。

$$FeS_2 = FeS + 1/2S_2$$

$$Fe_nS_{n+1} = nFeS + 1/2S_2$$

在氧化气氛和较低温度下，硫化亚铁(FeS)氧化可生成硫酸盐，高温下氧化则生成FeO、Fe_2O_3和Fe_3O_4，其中以Fe_2O_3为主，但其最终产物主要是$xPbO \cdot yFe_2O_3$和$2FeO \cdot SiO_2$。

(4) 铜的硫化物

铜在硫化铅精矿中主要以黄铜矿($CuFeS_2$)存在，有时也有铜蓝(CuS)、辉铜矿(Cu_2S)和斑铜矿($3Cu_2S \cdot Fe_2S_3$)。焙烧时，铜的各种硫化物多变为氧化物，最终以游离的或结合的氧化亚铜的形式，留在烧结块中。

(5) 硫化锌

硫化锌的结构致密，是一种比较难氧化的物质。低温焙烧时氧化成硫酸盐，高温焙烧则生成氧化物。所以高ZnS的铅精矿应在高于850℃下焙烧，使硫酸锌分解成氧化锌。ZnO也能与SiO_2和Fe_2O_3结合成硅酸锌和亚铁酸锌。

(6) 砷的硫化物

铅精矿中的As是以毒砂(FeAsS)及雌黄(As_2S_3)的形态存在。焙烧时，首先受热离解，然后氧化生成极易挥发的三氧化二砷(As_2O_3)。As_2O_3在120℃时，已显著挥发。到500℃时，其蒸气压已达到10^5Pa。故烧结焙烧时的脱砷程度，一般能达到40%～80%。少部分未挥发的三氧化三砷进一步氧化，变为难于挥发的五氧化二砷(As_2O_5)，随即与其他金属氧化物（如PbO、CuO、FeO、CaO等）作用生成很稳定的砷酸盐，残留于烧结块中。

(7) 锑的硫化物

锑主要是以辉锑矿(Sb_2S_3)和硫锑铅矿($5PbS \cdot 2Sb_2S_3$)形态存在于铅精矿中，锑的硫化物在烧结焙烧过程中的行为类似 As_2S_3，只不过在同样焙烧温度下，生成的 Sb_2O_3 较 As_2O_3 的蒸气压小，挥发的温度高，故脱锑程度不及脱砷高。

在高温及大量过剩空气下，部分 Sb_2O_3 氧化成稳定的且难挥发的四氧化二锑(Sb_2O_4)及五氧化二锑(Sb_2O_5)，与各种金属氧化物结合成难于分解的锑酸盐。

(8) 镉的硫化物

镉常伴生于铅精矿中，其形态主要为硫化镉(CdS)。焙烧时，硫化镉氧化成氧化镉(CdO)和硫酸镉($CdSO_4$)，生成的硫酸镉，在焙烧末期的高温下，离解成氧化镉，最后残留于烧结块中的镉一般以 CdO 形态存在。

(9) 金银

铅精矿中的金是以金属状态存在，烧结焙烧时不发生变化。银则以辉银矿(Ag_2S)存在，焙烧时氧化成金属银和硫酸银(Ag_2SO_4)，Ag_2SO_4是较稳定的化合物，因此，银以金属银及硫酸银的形态存在于烧结块中。

(10) 脉石成分

石英在高温下与各种金属氧化物结合成硅酸盐，它们是烧结的黏合剂，并能促使 $PbSO_4$ 分解起脱硫作用。

石灰石($CaCO_3$)在烧结焙烧加热到 910℃时，则吸收热量分解成石灰(CaO)。它是良好的调热剂，还起到炉料的机械隔离作用，防止炉料在脱硫未完全之前烧结(过早烧结)，此外，还由于石灰石分解反应释放 CO_2气体，因而有利于改善烧结炉料的透气性。

2.2.2 铅鼓风炉还原熔炼的基本原理

鼓风炉还原熔炼的目的在于把烧结矿中的铅最大限度地还原，以获得富集有金银等贵金属的粗铅；同时使炉料中的各种造渣成分结合成渣并尽量将锌吸收。如果烧结块中含有较多的铜，熔炼时可产出少量铜锍(称铅铜锍)。我国大多数工厂都采取不产铅铜锍的方法，使铜的 70% ~75% 还原进入粗铅。炉料中假若还含有镍和钴，则有黄渣产出。鼓风炉进料包括铅烧结块和焦炭，有时也加入返渣和含铅物料。烧结块含硫较高时，为了使其中的 PbS 置换成金属铅，进料中配入部分铁屑。

鼓风炉容易造成还原气氛，它利用炉料逐渐下移和气流不断上升的逆流原理，大大地提高了热的利用率。鼓风炉下部燃料燃烧产生的高温还原性气体上升过程中，将热传给炉料，并发生各种冶金反应，熔化成熔体，流入炉缸(也称本床)，按密度不同而分成粗铅层和熔渣层。如有铅铜锍和黄渣(砷铜锍)产出时，也在炉缸内分层并定期放出。炉气和烟尘则经炉顶排入收尘系统。

2.2.2.1 铅鼓风炉内燃料的燃烧反应

在铅还原熔炼时，焦炭主要是集中在鼓风炉的风口区燃烧的，其氧化反应如下：

$$C + O_2 \xlongequal{} CO_2 + 408\ \text{kJ} \tag{1}$$

当 CO_2沿鼓风炉上升时，与赤热的焦炭中的碳按照下式反应而产生 CO：

$$C + CO_2 \xlongequal{} 2CO - 162\ \text{kJ} \tag{2}$$

如果 CO_2全部变成 CO，则碳燃烧的总反应式可表示如下：

$$2C + O_2 \xlongequal{} 2CO + 246\ kJ \quad (3)$$

在上述反应中，反应(1)、(3)的平衡常数值非常大，实际上可视为不可逆反应。惟有反应(2)为可逆反应，又是吸热反应。在一定温度下，当反应(2)达到平衡时，如果不考虑气相中惰性气体 N_2的存在，其平衡气相组成与温度的关系如图 2－3 所示。

从图 2－3 可知，当温度升高，平衡反应(2)向右生成 CO 的方向移动，气相中平衡 CO 浓度增加。当温度大于 1000℃，只要有足够量的碳存在，平衡气相中 CO 最高可达 100%。

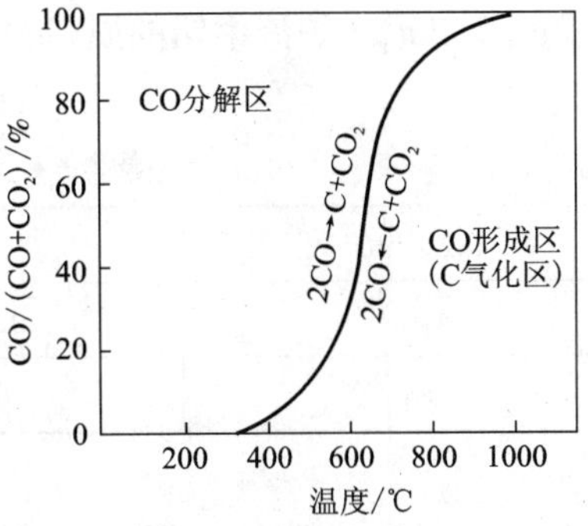

图 2－3 CO 平衡成分与温度的关系

在风口区，随着鼓风中空气向炉子中心运动，空气中的氧与焦炭发生反应，同时产生了 CO_2与 CO，氧的含量急剧减少，但由于布多尔反应[反应(2)]的发生，炉气中 CO 显著增加，CO_2逐渐降低，风口区炉子中心 CO 的含量可达到 50% 以上。这表明，由于碳的完全燃烧和金属氧化物被 CO 还原产生的大量 CO_2，而被灼热(＞1000℃)的焦炭层迅速还原成 CO，从而为鼓风炉金属氧化物还原源源不断地提供还原剂。

在铅鼓风炉熔炼过程中，碳质燃料有两种作用：①作发热剂，利用其燃烧热以保持过程中必需的温度；②作还原剂，使炉内铅的化合物还原成粗铅，并使铁的高价氧化物还原成 FeO 而造渣。

2.2.2.2 金属氧化物的还原反应

当铅烧结矿还原熔炼时，在鼓风炉不同高度各区域内的相互反应是在复杂的系统中进行的。这个系统主要是由 CO、CO_2、C 及 MeO 组成。金属氧化物被碳还原时，实际上反应分两个阶段进行：

$$MeO + CO \xlongequal{} Me + CO_2$$
$$C + CO_2 \xlongequal{} 2CO$$
$$MeO + C \xlongequal{} Me + CO$$

对于烧结块和焦炭的鼓风炉还原条件，烧结块与焦炭的相互接触面积较小且固体物质之间的相互扩散作用较弱，因此在烧结矿的还原熔炼中固体 C 的还原作用微弱，实际上是靠 CO 来起还原作用。在高温下，CO 比 CO_2更稳定，在 CO＋CO_2的混合气体中占优势，随着温度的升高这种优势更加增长，只要有固体 C 存在就可以提供大量的 CO 作为还原剂。

从氧化铅还原的热力学考察，由于炉内上下区域温度的差别有下述三种情况：

＜327℃： $PbO_{(固)} + CO \xlongequal{} Pb_{(固)} + CO_2 + 63625\ J$

327～883℃： $PbO_{(固)} + CO \xlongequal{} Pb_{(液)} + CO_2 + 58183\ J$

＞883℃： $PbO_{(液)} + CO \xlongequal{} Pb_{(液)} + CO_2 + 67895\ J$

上述三式均为放热反应，其反应的平衡常数方程式如下：

$$\lg K_p = 3250/T + 0.417 \times 10^{-3} T + 0.3$$

硅酸铅(xPbO·$y$$SiO_2$)是烧结块中最多的一种结合态氧化铅，熔化温度为 720～800℃，熔融后的硅酸铅还原反应进行的程度是降低鼓风炉渣含铅的关键所在。还原反应进行的极限或以氧化物形态残留在炉渣中的金属铅量，可按下式计算加以判断：

$$PbO_{(l)} + CO \rightleftharpoons Pb_{(l)} + CO_2 \quad \Delta G^{\ominus} = -87320 + 8.97T$$

若熔炼温度为1200℃，则：

$$K = (\alpha_{Pb} \cdot p_{CO_2})/(\alpha_{PbO} \cdot p_{CO}) = p_{CO_2}/(\gamma_{PbO} \cdot x_{PbO} \cdot p_{CO})$$

因为金属相接近于纯铅，故可看做 $\alpha_{Pb}=1$。α_{PbO} 可用活度系数 γ_{PbO} 与摩尔分数 x_{PbO} 之积表示。PbO 作为碱性较强的氧化物，在铁硅酸盐炉渣中的活度系数被认为是 0.3，则计算 (p_{CO_2}/p_{CO}) 和 w_{Pb}（炉渣中铅的质量分数）的关系如表 2－4 所列。

表 2－4 还原气氛对炼铅炉渣含铅的影响

p_{CO_2}/p_{CO}	4	1	0.144
x_{PbO}	0.031	0.0078	0.0011
w_{Pb}	9.7	2.4	0.35

从反应平衡常数表达式可知，熔渣中 $\alpha_{PbO}(x_{PbO})$ 愈小，气相成分中 p_{CO_2}/p_{CO} 平衡值愈低。因此，要想提高结合态 PbO 的还原程度，降低渣含铅，混合气体（$CO + CO_2 = 100\%$）中的 CO 浓度必须比游离 PbO（$\alpha_{PbO}=1$）还原高，这表明结合态氧化物被 CO 还原比游离 PbO 要困难得多。随着炉渣中的 PbO 含量越来越少，即 PbO 的活度逐渐降低，残存的 PbO 还原越来越困难，其气相平衡组成可由一组曲线来表示（图 2－4）。

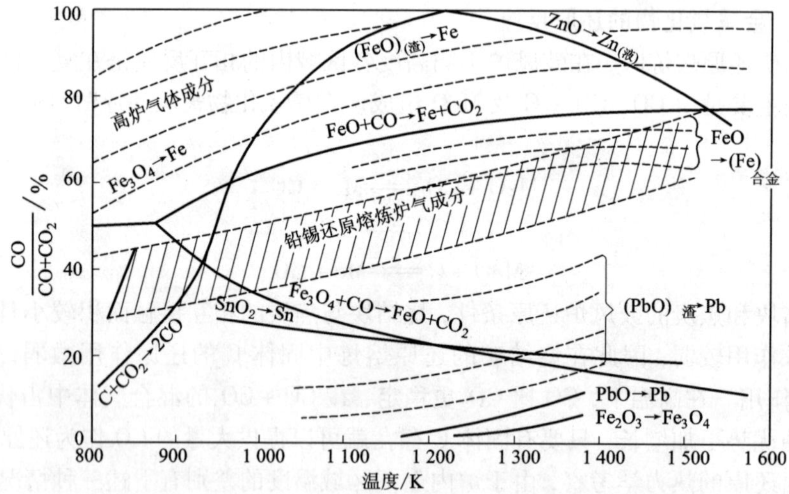

图 2－4 铅、锌、锡和铁的氧化物用 CO 还原的平衡图

2.2.2.3 炉内料层沿不同高度所起的物理化学变化

炉料在炉内形成垂直的料柱，它支撑在盛接熔炼液态产物的炉缸上，一部分压在炉子的套壁上，气流给予炉料以动压力，故料柱大部分质量为相对气流所平衡。由于燃料燃烧和液态粗铅、炉渣等产物的生成，在料柱下而形成空洞，所以料柱逐渐下移，经风口送入鼓风炉的空气与焦炭发生剧烈反应，生成的高温炉气不断向上运动，穿过和冲洗下降的炉料，这时炉料中的组分与炉气之间不断发生化学反应过程和热交换过程，生成粗铅、炉渣、锍等流体产物和炉气，炉料在还原熔炼过程中由上而下移动，将发生一系列物理及化学变化，影响此变化的主要因素是炉气成分和温度。因为沿炉内高度的不同，炉气成分和温度也各异，故大致可沿炉高将炉子分为六个区域，如图2-5所示。

(1)炉料预热区(100~400℃)。炉料被烘干，表面附着水被蒸发，易还原的氧化物(游离的PbO、Cu_2O等)开始被还原。

(2)上还原区(400~700℃)。在此区结晶水开始脱除，碳酸盐及某些硫酸盐开始分解，还原过程进一步加强，$PbSO_4$被CO还原成PbS，氧化铅还原析出的铅滴进行聚集，在向下流动过程中将Au、Ag捕集。铁的高价氧化物被还原成低价氧化物。

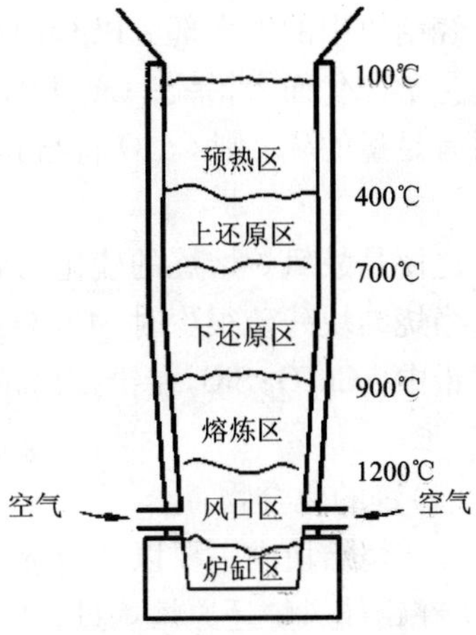

图2-5 铅鼓风炉内炉料温度及其物理化学变化

(3)下还原区(700~900℃)。在此区CO还原作用强烈，上述两区开始的反应在此区基本完成，$CaSO_4$、$MgSO_4$、$ZnSO_4$的分解和硫化物的沉淀反应，以及金属铜的硫化反应分别进行，另外高价砷、锑的氧化物被还原成低价氧化物，硅酸铅呈熔融状态并开始被还原。

(4)熔炼区(900~1200℃)。上述各区进行的反应均在此区完成，SiO_2、FeO、CaO造渣，并将Al_2O_3、MgO、ZnO溶解其中，CaO、FeO置换硅酸铅中的PbO，游离出来的氧化铅则被还原为金属铅，炉料完全熔融，形成的液体流经下面赤热的焦炭层过热，进入炉缸，而灼热的炉气则上升，与下降的炉料作用，发生上述化学反应。

(5)风口区。几乎由炽热的焦炭充满，其厚度为0.8~1.0 m，前述各区反应所得到的熔体均在此区过热。约1 m厚的焦炭层，粗略又可分为两个带。近封口的一层是炉内燃料的燃烧带(氧化带)。在氧化带发生碳的燃烧反应。由此产生高温，其温度可达1400~1500℃，通常称此高温区为焦点，实际为一个区域，可称为焦点区。

焦点区以上为还原带，主要是燃烧带产生的大量CO_2，通过此炽热焦炭层而发生汽化反应产出大量CO，反应式为：$CO_2 + C \xlongequal{} 2CO$。

此反应式为吸热反应，故此带温度降至1200~1300℃。

(6)炉缸区。包括风口以下至炉缸底部，其温度上部为1200~1300℃，下部为1000~1100℃，深度为0.8~1.3 m。过热后的各种熔融体流入炉缸后继续完成上述未完成的化学反应并按密度差分层。最下层为粗铅(密度约11 t/m^3)，其上层为黄渣(密度约为7 t/m^3)，再上层为铅锍(密度约5 t/m^3)，最上层为炉渣(密度约3.5 t/m^3)。产出的粗铅经渣层、铅锍和黄渣层而沉降，同时将贵金属捕集。

分层以后，铅锍、黄渣、炉渣等从炉缸的排渣口一道排出，至前床或沉淀锅；而粗铅经虹吸道连续排出外铸锭或流入铅包送往精炼。

2.2.2.4 铅烧结块中其他组分在还原熔炼中的行为

铅烧结块中除含主金属铅化合物之外，还含有铁、锌、铜、砷、锑、铋、镉等氧化物，它们在熔炼中的行为分别叙述如下：

(1)铁的化合物

烧结块中的铁以氧化铁、四氧化三铁、硅酸铁、硫化铁等形态存在。铁的高价氧化物还原成 FeO，并与 SiO_2 造渣。在铅还原熔炼时，FeO 还原为金属铁，在理论上是不可能的。但是，由于鼓风炉内气氛和温度的不稳定，也有生产金属铁的可能。

(2)铜的化合物

烧结块中的铜大部分以 Cu_2O、$Cu_2O \cdot SiO_2$ 和 Cu_2S 的形态存在。Cu_2S 在还原熔炼过程中不起化学变化而入铅锍；Cu_2O 则视烧结块的焙烧程度而有不同的化学变化。如果烧结块中残留有足量的硫，则 Cu_2O 将与其他金属硫化物发生反应，例如：

$$Cu_2O + FeS = Cu_2S + FeO$$

这便是鼓风炉熔炼的硫化(造锍)过程。

当烧结块残硫很少时，Cu_2O 按如下反应：$Cu_2O + CO = 2Cu + CO_2$ 被还原为金属铜而进入粗铅中，$Cu_2O \cdot SiO_2$ 在铅鼓风炉还原气氛下，不能完全被还原，未还原的 $Cu_2O \cdot SiO_2$ 进入炉渣。

(3)锌的化合物

锌在烧结块中主要以 ZnO 及 $ZnO \cdot Fe_2O_3$ 状态存在，只有小部分呈 ZnS 和 $ZnSO_4$ 的状态。$ZnSO_4$ 在铅鼓风炉还原熔炼过程中发生如下反应：

$$2ZnSO_4 = 2ZnO + 2SO_2 + O_2$$

ZnO 在熔炼时的有害影响不大，这是因为大部分 ZnO 能溶解在炉渣中。实践证明，炉渣溶解 ZnO 的能力随渣中 FeO 含量的增高和 SiO_2 与 CaO 含量的降低而增大。因此，当铅精矿中含有相当多的锌时，则需完全焙烧，在配料时，应选用高铁的渣型。

ZnS 为炉料中最有害的杂质化合物，在熔炼过程中不起变化而进入炉渣及铅锍。ZnS 熔点高，密度又较大($4.7\ g/cm^3$)，进入铅锍和炉渣后增加两者的黏度，减少两者的密度差，使渣与铅锍分离困难。

(4)砷、锑、锡、镉及铋的化合物

铅烧结块中砷以砷酸盐状态存在。在还原熔炼的温度和气氛下，被还原为 As_2O_3 和砷，As_2O_3 挥发入烟尘，元素砷一部分溶解于粗铅中，一部分与铁、镍、钴等结合为砷化物并形成黄渣。

锑的化合物在还原熔炼中的行为与砷相似。

锡主要以 SnO_2 形态存在，SnO_2 在还原熔炼中按下式还原：

$$SnO_2 + 2CO = Sn + 2CO_2$$

还原后的 Sn 进入粗铅，一小部分进入烟尘、炉渣和铅锍。

镉主要以 CdO 形态存在，在 600 ~ 700℃ 下被还原为金属镉。由于镉的沸点低(776℃)，易于挥发，故在熔炼中大部分镉进入烟尘。

铋以 Bi_2O_3 形式存在，在鼓风炉熔炼时被还原为金属铋而进入粗铅中。

(5)金和银

铅是金、银的捕收剂，熔炼时大部分金、银进入粗铅，只有很少一部分进入铅锍和黄渣中。

(6)脉石成分

炉料中的 SiO_2、CaO、MgO 和 Al_2O_3等脉石成分，在熔炼中都不被还原，全部与 FeO 一道形成炉渣。

2.2.3　鼓风炉炼铅的生产实践

2.2.3.1　鼓风炉的类型

鼓风炉是一种古老的冶金设备，它的发展已有几千年的历史，随着现代化大型生产的发展，世界各国广泛采用的是上宽下窄的倾斜炉腹型的全水套矩形鼓风炉(图2-6)，有的国家采用椅形(异形炉的一种形式)鼓风炉(图2-7)。

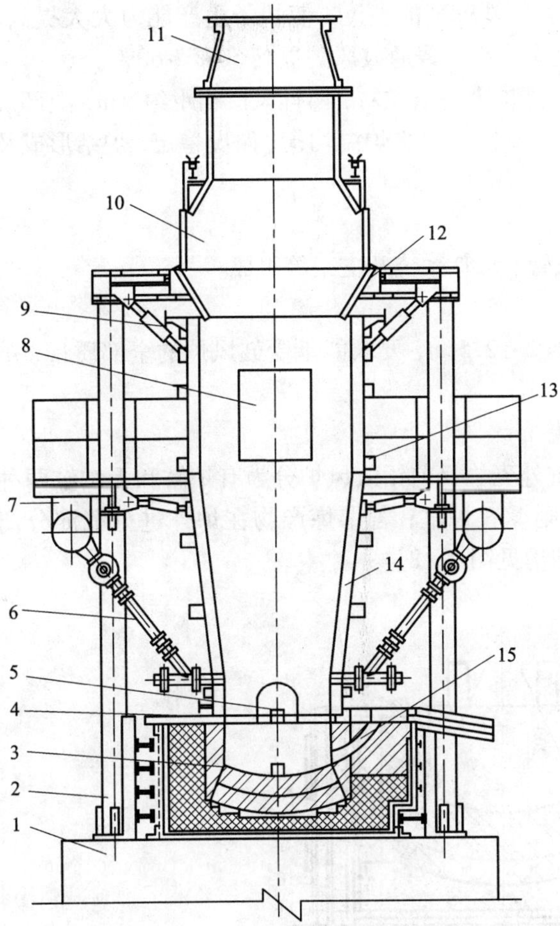

图2-6　普通炼铅鼓风炉

1—炉基；2—支架；3—炉缸；4—水套压板；5—咽喉口；6—支风管及风口；7—环形风管；8—打炉渣工作门；9—千斤顶；10—加料门；11—烟罩；12—下料板；13—上侧水套；14—下侧水套；15—虹吸道及虹吸口

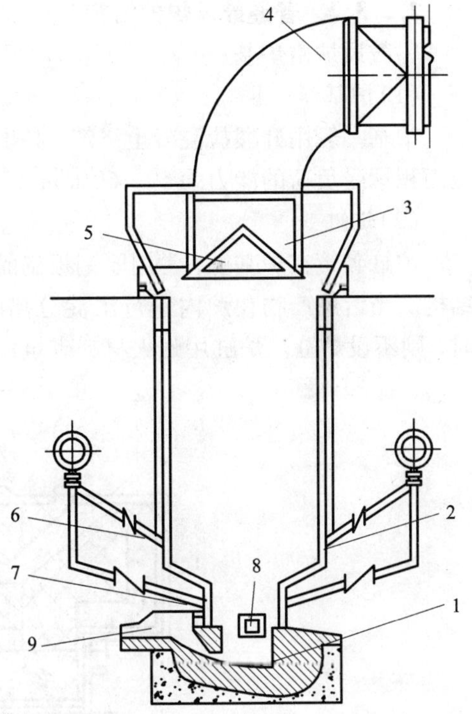

图2-7　椅形双排风口炼铅鼓风炉

1—炉缸；2—椅形水套炉身；3—炉顶；4—烟道；5—炉顶料钟；6—上排风口；7—下排风口；8—放渣咽喉口；9—出铅虹吸口

普通炼铅鼓风炉优点：

(1)由于上宽下窄，形成炉子截面向上扩大，降低了炉气上升速度，延长了还原气体与炉料的接触时间，有利于气相与固相热交换及反应的进行。

(2)由于炉气上升速度减慢，被炉气带走的烟尘相对减少。

(3)炉腹向下倾斜，断面积逐渐减小，使热量集中在焦点区，有利于熔炼过程的进行和熔体产物的过热。

国内炼铅厂有许多采用双排风口椅形水套炉的，称皮里港式鼓风炉，使燃料燃烧更趋于合理化。皮里港式鼓风炉的特点是：

(1)采用双排风口。下排风口的鼓风量可保证焦炭的强烈燃烧，使 CO_2/CO 比值接近于1左右；上排风口供给附加风量，使上升气流中对还原过程多余的CO燃烧产生 CO_2。这样既保证了还原能力，又提高了燃料热量的利用率和风口区的温度，使炉子生产能力大大提高。单位面积熔炼量增加80 $t/(m^2\cdot d)$，比一般上大下小的普通鼓风炉提高50%~60%。

(2)采用椅形水套。上排风口区宽度比下排扩大一倍左右，两排风口相距约1 m，上部气流速度大为降低，热交换充分，焦点区更为集中，同一水平炉温均衡，路况稳定，炉结形成及其危害大为减轻。

2.2.3.2 普通鼓风炉的结构

铅鼓风炉由炉基、炉缸、炉身、炉顶和风管、水管系统及支架等组成。

(1)炉基

炉基一般用硅酸盐混凝土浇筑，高出地面2~2.5 m，要求能承受鼓风炉的全部质量，单位面积承受负荷的能力为50~60 t/m^2。

(2)炉缸

炉缸砌筑在炉基上，常用厚钢板制成炉缸外壳。目前铅鼓风炉分为有炉缸和无炉缸两种结构。当熔炼产物在炉内进行沉淀分离时，则设置炉缸；若熔炼产物在炉外进行沉淀分离时，则不设炉缸。炉缸用耐火材料砌筑，其结构见图2-8。

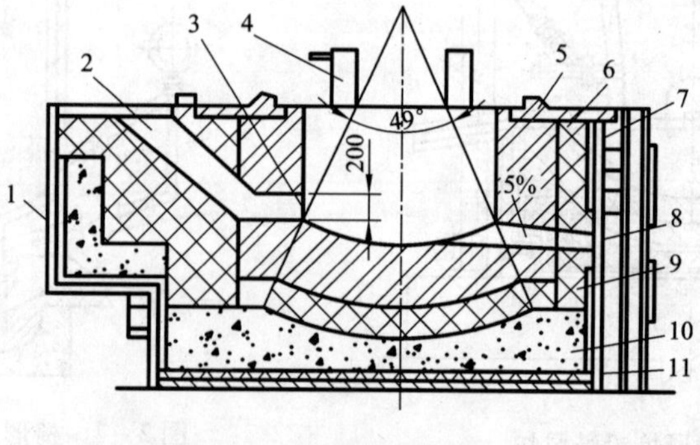

图2-8 铅鼓风炉炉缸

1—炉缸外壳；2—虹吸道；3—虹吸口；4—U形水箱；5—水套压板；6—镁砖砌体；7—填料；8—安全口；9—黏土砖砌体；10—捣固料；11—石棉板

(3)炉身

炉身是由多个水套拼装而成，水套之间用螺栓扣紧并固定于炉子的钢架上，水套内壁常用整块14~16 mm锅炉钢板压制成型焊接而成，外壁用10~12 mm普通钢板。水套的宽度视炉子风口区尺寸及风口间距而定，一般为800~1000 mm，高度一般为1500~2000 mm，为实现热能的综合利用，多数工厂采用汽化冷却方式生产低压蒸汽。下部水套结构如图2-9。

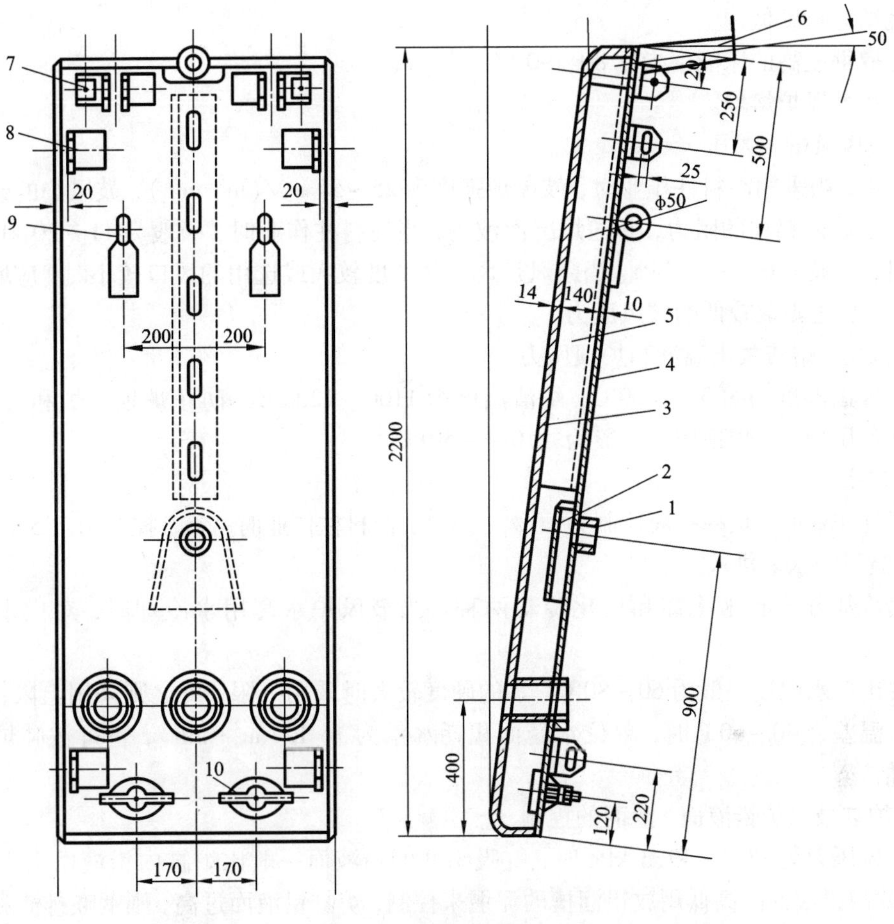

图2-9　炉身下部风口水套

1—进水管；2—挡罩；3—内壁；4—外壁；5—加强筋(角钢)；6—出水管；7—支撑螺栓座；8—连接；9—吊环；10—排污口

(4)炉顶

炉料的加入和炉气的排出，都是通过炉顶来进行的，由于采取的加料和排烟方式的不同，炉顶的结构形式也不尽相同。一般分为开式和闭式炉顶，前者很少采用。目前一般不采用闭式炉顶，炉顶设烟罩，烟罩中央设排气口，通过烟管与烟道相连，两侧则设加料口，通过布料小车使下料均匀，从而稳定炉况。

2.2.3.3　鼓风炉炼铅的主要技术条件及控制

(1)进料量

鼓风炉的每批进料量随炉子大小差异较大，大型炉可达1~3.5 t，小型炉仅为100~500 kg，进料的时间间隔一般为10~20 min，要求加料前后料面波动不大于0.5 m。

(2)料柱高度

铅鼓风炉生产有高料柱(3.6~6 m)与低料柱(2.5~3 m)两种操作方法，一般多用前者。当有下列特殊情况时，可考虑采用低料柱操作方法：

①烧结块含铅品位较高(50%)以上，残硫量较高；

②烧结块强度低；

③为取得较高的床能率指标80~90 t/(m^2·d)；

④小型鼓风炉熔炼。

(3)鼓风风量和风压

生产中，当采用高料柱作业时，鼓风炉强度为25~35 m^3/(m^2·min)，鼓风炉的鼓风压力主要取决于炉内料柱的阻力，并随炉况而波动，当高料柱作业时，一般为11~20 kPa；低料柱作业时，一般为6.7~11 kPa，当鼓风炉风口区宽度较大或选用的风口较小时，应取较高的鼓风压力，反之则取较低的鼓风压力。

(4)液铅、熔渣放出温度和炉顶压力

液铅放出温度为800~1000℃，炉渣温度为1100~1200℃。防止炉顶冒烟和大量漏风，应控制微负压操作，炉顶压力一般为-10~-50Pa。

(5)焦率

高料柱作业时，焦率一般控制为10%~13%；低料柱作业时，焦率控制为7.5%~10%。

(6)鼓风炉水套供水

水套冷却方式有水冷却和汽化冷却两种。当鼓风炉水套用水冷却时，对供水有如下要求：

水套出口水温度一般为60~80℃，水的硬度较大时采用下限，反之则采用上限；当水套进出口水温差为40~60℃时，单位水套面积耗水量为16 L/(m^2·min)，也可按吨炉料耗水2~4 m^3估算。

(7)炉缸鼓风炉铅液面、渣面的控制

当鼓风压力为13.3~17.3 kPa时，虹吸铅井的铅液面一般比炉缸内铅液面高100~250 mm。铅井内铅液面的高低用放铅溜槽的泥堰来控制，炉缸铅液面过高，则咽喉排渣和排锍时会夹带出部分铅液；若太低，锍又不能及时排出而滞留在炉缸内，极易形成炉缸炉结。

当鼓风压力为11~17.3 kPa时，咽喉口底面低于虹吸井铅液面50~100 mm，咽喉口渣坝高度一般为350~450 mm。

2.2.4 铅鼓风炉的熔炼产物

铅鼓风炉熔炼的产物有粗铅、炉渣、铅铜锍、砷铜锍、烟尘和炉气。粗铅送下一步精炼为精铅，炉渣经烟化处理回收锌和铅等。

(1)炉渣

铅渣主要组成为SiO_2、CaO和FeO。精矿中的硫化铁经氧化脱硫和高价氧化铁还原形成相对稳定的低价铁氧化物——氧化亚铁(FeO)进入炉渣，主要以2FeO·SiO_2形态存在，在铁硅酸盐炉渣中，由于FeO含量高，炉渣密度大，对金属硫化物(如铅锍)的溶解能力大，造成随渣带走的金属损失大，因此，在工业实践中，一般不单独采用氧化亚铁硅酸盐作炉渣，而必须加入CaO，以改善炉渣性能。

炉渣要求符合鼓风炉炼铅的要求，并尽量少消耗熔剂。其熔点和黏度要适当，熔点为1050～1150℃，1200℃时黏度小于0.5 Pa·s，密度约3.5 g/cm^3。在SiO_2－FeO－CaO三元渣系中，熔点最低的炉渣成分位于45% FeO、20% CaO和35% SiO_2附近，为1100℃左右，这个组成与铅鼓风炉还原熔炼的炉渣成分大致相同。

黏度是影响炉渣流动性，影响炉渣与金属(锍)分离程度，并关系到冶金过程能否顺利进行的重要性质。酸性炉渣含SiO_2高，结构复杂的硅氧复合离子($Si_xO_y^{2-}$)导致炉渣黏度上升。适当增加碱性氧化物有利于降低炉渣黏度。但碱性氧化物过高时可能生成各种高熔点化合物，使炉渣难熔，炉渣黏度升高。对于SiO_2－FeO－CaO炉渣系黏度最小的组成为10%～30% CaO、20%～30% SiO_2和40%～60% FeO。这与上述最低熔度的炉渣成分范围大体一致。

鼓风炉炼铅炉渣的特点：

炼铅原料中的脉石氧化物以及在烧结－还原熔炼过程中炉料发生物理化学变化而生成的铁、锌氧化物是铅鼓风炉炉渣的主要组成。因此，炼铅炉渣的成分包括SiO_2、CaO、FeO、ZnO、Al_2O_3、MgO等，与其他有色金属熔炼的渣型一样，SiO_2、FeO和CaO是铅炉渣的基本成分，但相对其他有色冶金炉渣而言，高CaO、高ZnO含量又是铅炉渣的特点。

炉渣一般都含百分之几的锌。锌对氧的亲和力大，难被碳还原，故大部分呈ZnO状态入渣，但也有少量的ZnO在炉子下部被CO、C还原，还原反应产出的锌蒸气随炉气上升，被炉气中的CO_2、H_2O和O_2氧化为ZnO，也可被炉气中的SO_2硫化成为ZnS，此时ZnO和ZnS若沉积于半融状态的碎料上或炉壁上，则引起上部炉结的生成；若ZnO沉积于炉料表面孔隙之间，会随炉料一起下降到炉子下部，又被还原为锌蒸气，并随炉气上升，如此反复循环。ZnS是非常有害的难熔物质，在熔炼过程中进入炉渣会增大炉渣黏度，使炉渣含铅升高，严重情况下会造成炉结，迫使生产停炉。这也就是炼铅鼓风炉处理高锌铅精矿要求烧结块残硫低的原因，并且一般要求铅精矿含锌在5%以下，炉渣含锌一般控制在15%以内。

(2)粗铅

烧结块中各种含铅化合物在鼓风炉内经过一系列的物理化学反应，得到金属铅，而烧结块中以金属铅形态存在的铅珠也被加热熔化，一并通过料层向下流入炉缸。当通过料层时，会同时溶解贵金属及其他金属(Cu、Bi等)而形成粗铅。

粗铅的成分因原料成分和熔炼条件不同变化很大，一般含Pb 97%～98%，如果处理大量铅的二次原料，则含Pb降至92%～95%。这些粗铅需要进行精炼之后，才能得到满足用户要求的精铅。

(3)铅铜锍

铅铜锍为PbS、Cu_2S、FeS、ZnS等硫化物的共熔体，其中还常溶有Fe、Pb、Cu、Au、Ag和Fe_3O_4等物质，品位为5%～35% Cu。

铅铜锍的熔点为900～1000℃，ZnS高则其熔点升高。

含铅高含铜低的铜锍较难处理，一般都先经富集熔炼，即将铅铜锍先进行烧结焙烧，所得的烧结矿用鼓风炉进行还原熔炼，产出含铜40%～50%的富铜锍、粗铅和炉渣。铜的富集率在2以上。富集产出的铜锍或送往吹炼、或经氧化焙烧和硫酸浸出，用结晶法生产胆矾。

(4)黄渣

黄渣又称砷铜锍，它是砷、锑和铁的金属化合物，其中还含有镍、钴、铜及少量的铅、铋、金、银等。当原料含镍、钴较高时，希望产出黄渣。因为镍钴对砷的亲和力大于对疏的亲和力，所以镍钴几乎全部进入黄渣中。黄渣的熔点1050～1100℃，密度7.0 g/cm^3。

为了提高Ag、Pb、Au的直接回收率，鼓风炉熔炼一般不希望产出黄渣，只有当As、Sb或Ni、Co含量高的情况才考虑造少量黄渣。

(5)烟尘和烟气

鼓风炉熔炼产出的粗烟尘多返回本流程处理。细尘富集了铅和镉，是提镉的重要原料。烟气为N_2、CO_2及少量的CO、O_2和碳氢化合物的混合体，经净化后排入大气中。

2.2.5 铅鼓风炉渣的烟化处理

铅鼓风炉渣常含有6%～17% Zn、1%～4% Pb，此外，还含有其他有价金属(如Sn、Cu、Au、Ag等)和稀散金属(如Ge、In等)，因尽量综合回收。处理铅炉渣的方法很多，如鼓风炉、转炉和电炉熔炼法、悬浮熔炼法、氯化挥发法，回转窑挥发法、烟化法以及碱法湿法处理等。目前，大多数的工厂都采用烟化法。

烟化法具有生产能力大，金属回收率高，可用廉价的低级煤作燃料且消耗量小，容易实现过程的机械化和自动化，以及废热利用等优点，同时又不容易生成含铁高的难于处理的合金。因此，在铅鼓风炉渣的处理中广泛地被采用。

2.2.5.1 炉渣烟化处理的基本原理

烟化过程是一种还原挥发的过程，即把空气和粉煤吹入烟化炉内的熔渣中，使化合物和游离的ZnO及PbO还原成锌和铅的蒸气，上升到炉子的上部空间，遇到CO_2或吸进来的空气再度氧化成PbO和ZnO以烟尘状态被收集。同时In、Cd、Sn及部分Ge挥发，并随ZnO一起被捕集。烟化炉的烟尘一般含Pb 2%～20%，Zn 50%～75%。我国某厂的烟化炉烟尘含Pb 10%～20%，Zn 50%～65%。

烟化过程可以归纳为两类反应：

(1)燃料的燃烧反应

$$C+1/2O_2 = CO$$

$$C+O_2 = CO_2$$

$$H_2+1/2O_2 = H_2O$$

(2)金属氧化物的还原反应

$$MeO+CO = Me+CO_2$$

$$MeO+C = Me+CO$$

在铅的高锌炉渣烟化过程中，铅和锌的氧化物的还原是整个过程的两个主要反应。由于金属铅及其化合物具有很好的挥发性能，所以在满足锌的挥发条件时，铅是容易还原挥发的，共挥发速度要比锌快得多，如图2-10所示。

ZnO还原动力学的研究表明，当炉渣中$n_C/n_{ZnO} \geq 0.75$时，ZnO的还原程度达到99.98%～99.99%；但当n_C/n_{ZnO}降至0.5时，ZnO的还原程度只有72.9%，由此可见，ZnO的还原必须有足够的还原气氛。

2.2.5.2　影响烟化过程的因素

(1)烟化温度和时间

烟化温度和时间对金属挥发速度的影响如图2－11和图2－12所示。由图可见，其他条件一定时，锌和铅的挥发速度随温度的升高和吹炼时间的延长而增加，但温度不能控制过高，如超过1350℃，由于FeO被碳还原，可能形成积铁或形成Zn－Fe合金，有碍于烟化过程进行。温度过低，金属氧化物的还原速度变慢，挥发速度降低，炉渣流动性变坏，放渣困难，甚至有结炉的危险。实践证明，烟化炉温度应控制在1150～1300℃为宜。

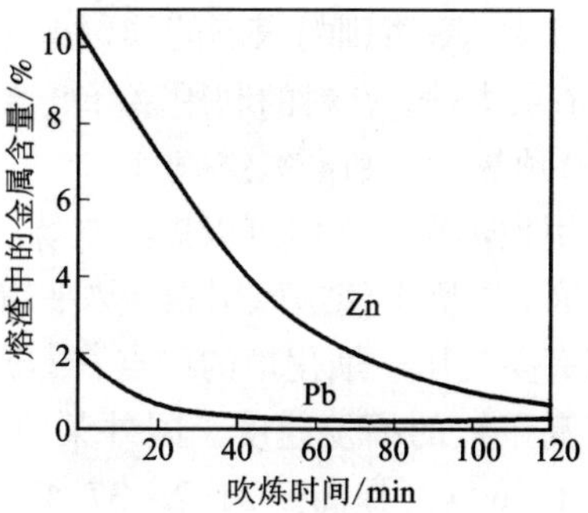

图2－10　吹炼时间对炉渣含Zn、Pb的影响

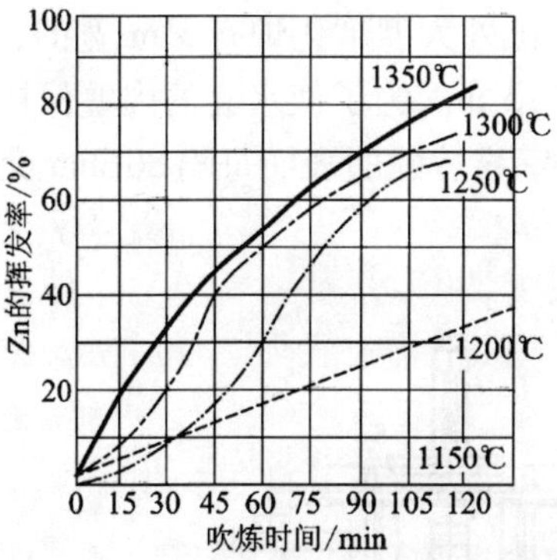

图2－11　锌的挥发率与温度和吹炼时间的关系(从含Zn 12%的渣中挥发)

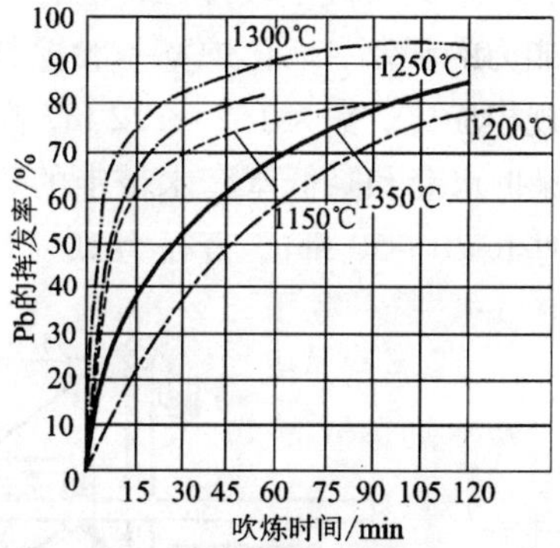

图2－12　铅的挥发率与温度和吹炼时间的关系(从含Pb 2.5%的渣中挥发)

(2)燃料和鼓风量

燃料在烟化过程中既是发热剂又是还原剂，其消耗量因含碳量而异，为渣量的14%～26%。而影响烟化过程挥发速度最活跃的因素是送风量，因为炉内的温度、CO/CO_2与送风的数量有关。送风量的大小决定于粉煤消耗和空气利用系数。空气利用系数愈大，则燃料的热效应愈高，CO_2的分压也愈大，炉内温度亦愈高；空气利用系数小时，燃料的热效应降低，CO分压变大，还原能力增强。

(3)炉渣成分

炉渣合锌量愈高则回收率愈大，控制含锌量以>6%为宜，低于4% Zn的炉渣烟化处理是不经济的。废渣含锌也不应降至1%以下。

关于炉渣组成对锌挥发速度的影响，可以归纳为：①ZnO的活度随渣中CaO含量增加而升高，即CaO含量的增大可增高锌的挥发速度；②渣中FeO含量的增加，对ZnO活度的影响不大，故锌的挥发速度增加很小；③SiO_2含量增加，锌的挥发速度减小。

(4)熔池深度

炉中渣层厚度一般控制在风口区以上700～1000 mm的范围。渣池越深，粉煤的利用率越高，其单位消耗量越小，但锌的挥发速度相对减慢，吹炼时间相对延长。应当指出的是熔池也不宜太深，否则粉煤不能均匀地送入炉渣内，并使熔渣流态化状态变坏，正常作业遭到破坏；渣层太薄，燃料的利用率降低，其消耗量大大增加，会使作业不经济。

(5)预热空气和富氧空气

采用预热空气不但可以提高吹炼的生产率，而且锌的挥发速度也随之提高。但热风温度不宜太高，否则会使送风困难，热平衡遭到破坏。

富氧空气用于烟化炉的优点：①提高炉气中 CO 含量，降低空气消耗；②强化了生产过程和提高了锌的挥发速度。国外某铅厂采用含氧 24% ~26% 的空气，烟化炉生产率从原来 24 ~25 t/(m^2·d)提高到 31.7 ~37.4 t/(m^2·d)，而锌的挥发速度从 16 ~16.5 kg/min 提高到 19.5 ~23 kg/min。③降低了燃料消耗。

2.2.5.3 烟化炉吹炼的生产实践

烟化炉为一矩形炉(图 2 -13)。炉底由带冷却水管的铸铁或铸钢构成，其上砌一层高铝耐火砖，以保护铁板不被侵蚀，也有用水套并于其上砌耐火砖的炉底。由于受风口气流向中心穿透能力的限制，烟化炉宽一般控制在 2.0 ~2.4 m，国外大型烟化炉有 3 m 宽的，炉长根据生产规模而定，常为 1.2 ~7.2 m，高度一般为 5.0 ~7.5 m。为了使水套的内壁保持一层渣壳，以保护水套和降低水套水带走的热损失，在水套内壁靠炉膛的表面每隔 80 mm 交叉距离焊接一些长 20 ~50 mm，直径为 10 ~12 mm 的销钉。

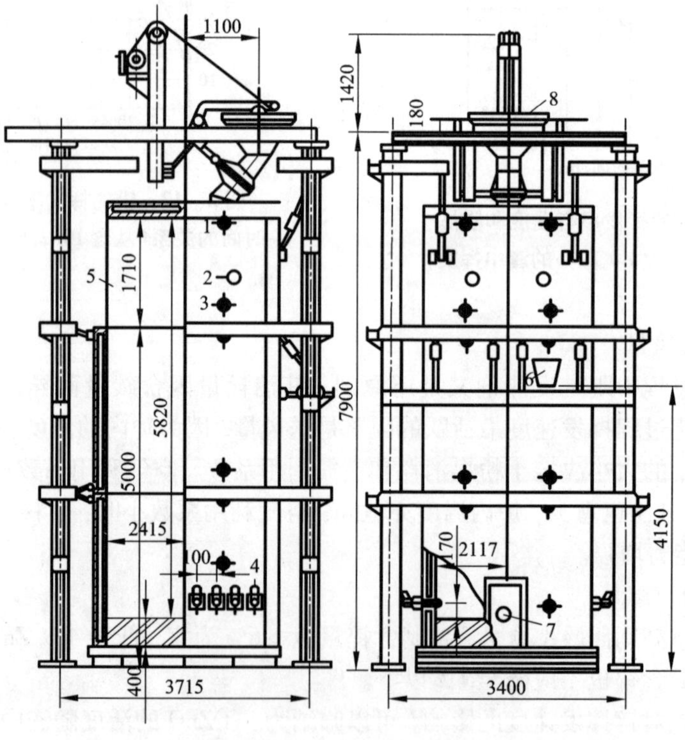

图 2 -13 烟化炉的构造简图

1—水套出水管；2—三次风口；3—水套进水管；4—风口；5—排烟口；6—熔渣加入口；7—放渣口；8—冷料加入

用烟化炉处理炉渣，分进料、吹炼和放渣三个步骤进行。在前一炉吹炼完并放完渣后，用黄泥堵住渣口，插入水冷堵枪，打开进料闸门，由吊车将电热前床盛满熔渣的渣包吊至烟化炉进料溜槽，将液体炉渣缓慢倒入炉内。待装到一定高度(一般渣深为1～1.5 m)，关闭进料闸门，转入正常吹炼。

某厂烟化炉技术条件控制如下：

(1)作业温度为1200～1250℃。

(2)作业周期为70～110 min/炉。

(3)空气过剩系数(α)值：加热期0.75～1.0，还原期0.55～0.7。

(4)燃料率：处理液体渣15%～25%，处理固体渣30%～50%。

(5)鼓风压力：吹炼期50～70 kPa：进料时40～42 kPa。

(6)风比为一次风/二次风：3/7～4/6。

(7)粉煤消耗量：加热期0.6～1.6 kg/($t_{渣}$·min)，还原期0.9～2.0 kg/($t_{渣}$·min)

(8)空气消耗：加热期5～8 m^3/kg煤；还原期3.8～6.8 m^3/kg煤。

(9)水套出水温度：炉体水套60～80℃；烟道水套50～60℃；炉底水套40～50℃。

(10)冲渣水压：2～3 $kg/cm^2$①。

(11)冷料率：正常情况10%～25%。

铅炉渣烟化过程中锌铅等金属的挥发率一般为：Zn 85%～94%，Pb 98%～100%，Cd 100%，Ge 75%，In 75%，Se 95%，Te 95%，铜与贵金属不挥发而留在烟化渣中。

国内外一些铅锌厂炉渣烟化炉的生产技术经济指标如表2-5。

表2-5　炼铅炉渣烟化炉生产技术经济指标

指　标	株洲冶炼厂	特累尔厂(加)	克洛格厂(美)	契瓦瓦厂(墨)
烟化炉截面积/m^2	7.0	22.3	11	15.4
单位处理炉渣量/($t·m^{-2}·d^{-1}$)	30～35	22～26	45.5	41
每周期处理渣量/t	22～27	60	38	45
燃料率/%	20～23	29	17.5	17.2
吨渣空气消耗/m^3(标态)	1100～1200	1300	1020	560
金属挥发率，Zn/%	75～85	86.5	92.8～93.5	90～92
Pb/%	85～95	99	98	
初渣成分，Zn/%	11.7	18	15～22	
Pb/%	2.02	2.5	1.8	
终渣成分，Zn/%	1.92	2.9	1.4	
Pb/%	0.12	0.03	0.05	
氧化锌烟尘，产率/%	10～15	29	23	
Zn/%	55～62	60～70	63	
Pb/%	11～13	9	10	

① 1 kg/cm^2 = 98.07 kPa。

2.3 硫化铅精矿的直接熔炼

2.3.1 概述

金属硫化物精矿不经过焙烧或烧结焙烧直接生产出金属的熔炼方法称为直接熔炼。

直接炼铅的实质是利用硫化铅精矿在悬浮状况下或在熔融熔体中被氧迅速氧化，而瞬时放出大量的热；在密闭的冶金容器中，各种热的损失大量降低，从而促使炉料之间的所有冶金反应很快地完成，产出液态粗铅和炉渣。与此同时，还形成为数不多的烟气，提高了烟气中 SO_2的浓度，使炉料中的硫得以有效地回收利用。

直接炼铅为节约能耗和改善环境卫生创造了良好的条件，引起了冶金工作者的高度关注。近年来，这种炼铅方法已经获得突破性的进展，有些方法已经在工业上得到应用。

2.3.2 硫化铅精矿直接熔炼的基本原理

金属硫化物精矿直接熔炼的特点之一是利用工业氧气，二是采用强化冶金过程的现代冶金设备，从而使金属硫化物受控氧化熔炼在工业上的应用成为可能。

在铅精矿的直接熔炼中，根据原料主成分 PbS 的含量，按照 PbS 氧化发生的基本反应 $PbS + O_2 = Pb + SO_2$，控制氧的供给量与 PbS 的加入量的比例(简称为氧料比)，从而决定了金属硫化物受控氧化发生的程度。

实际上，PbS 氧化生成金属铅有两种主要途径：一是 PbS 直接氧化生成金属铅，较多发生在冶金反应器的炉膛空间内；二是 PbS 与 PbO 发生交互反应生成金属铅，较多发生在反应器熔池中。为使氧化熔炼过程尽可能脱除硫(包括溶解在金属铅中的硫)，有更多的 PbO 生成是不可避免的，在操作上合理控制氧料比就成为直接熔炼的关键。

在理论上，可借助 Pb－S－O 系硫势－氧势化学势图(图 2－14)进行讨论。

在图 2－14 中，横坐标和纵坐标分别代表 Pb－S－O 系中的硫势和氧势，并用多相体系中硫的平衡分压和氧的平衡分压表示，其对数值分别为 $\lg p_{S_2}$ 和 $\lg p_{O_2}$，图中间一条黑实线(折线)将该体系分成上下两个稳定区(又称优势区)。上部 $PbO - PbSO_4$为熔盐，代表 PbS 氧化生成的烧结焙烧产物。在该区域，随着硫势或 SO_2势增大，烧结产物中的硫酸盐增多；图下部为 Pb－PbS 共晶物的稳定区，由于 Pb 和 PbS 的互溶度很大，因此在高温下溶解在金属铅中的 S 含量可在很大范围内变化。如图所示，在低氧势、高硫势条件下，金属铅相中的硫可达 13%，甚至更高，这就形成了平衡于纵坐标的等硫量(S%)线。随着硫势降低，意味着粗铅中更多的硫被氧化生成 SO_2进入气相。在这里，用点实线(斜线)代表二氧化硫的等分压线(用 p_{SO_2}表示)。等 p_{SO_2}线表示在多相体系中存在的平衡反应 $1/2S_2 + O_2 = SO_2$。在一定 p_{SO_2}下，体系中的氧势增大，则硫势降低。反之亦然。

2.3.3 基夫赛特法炼铅

基夫赛特炼铅法是一种以闪速熔炼为主的直接炼铅法。该法由前苏联全苏有色金属科学院进行试研究开发，20 世纪 60 年代进行试验研究，80 年代建设了工业生产工厂，经多年生产运行，已成为工艺先进、技术成熟的现代直接炼铅法。

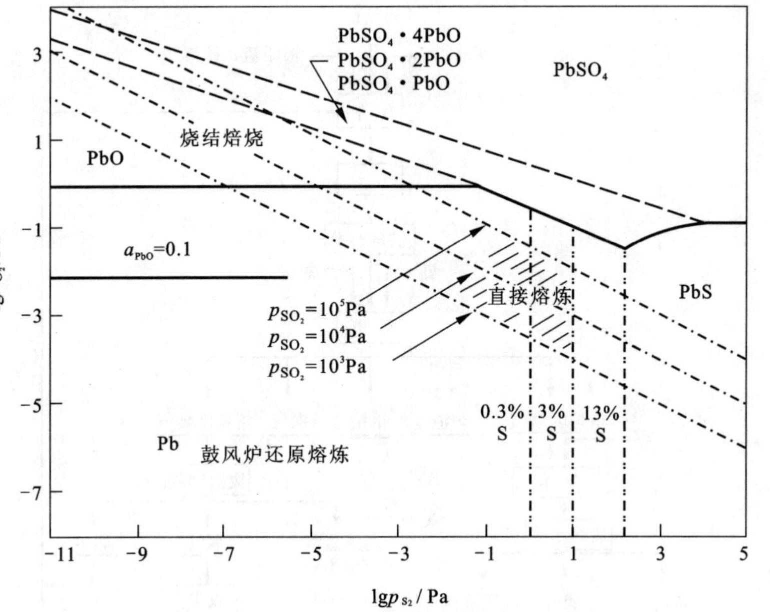

图 2－14　1200℃时 Pb－S－O 系硫势－氧势图

基夫赛特熔炼法反应过程主要在基夫赛特炉的反应塔空间进行。基夫赛特炉由 4 部分组成(图 2－15)：安装有氧气－精矿喷嘴的反应塔；具有焦炭过滤层的沉淀池；贫化炉渣并挥发锌的电热区；冷却烟气并捕集高温烟尘的直升烟道即立式余热锅炉。

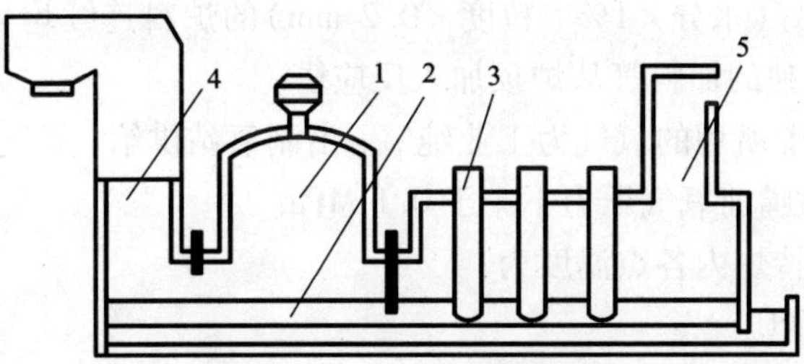

图 2－15　基夫赛特炉结构图

1—反应塔；2—沉淀池；3—电热区；4—直升烟道；5—复燃室

干燥后的炉料通过喷嘴与工业纯氧同时喷入反应塔内，炉料在塔内完成硫化物的氧化反应并使炉料颗粒熔化，生成金属氧化物、金属铅滴和其他成分所组成的熔体。熔体在通过浮在熔池表面的焦炭过滤层时，其中大部分氧化铅被还原成金属铅而沉降到熔池底部。炉渣进入电热区，渣中 ZnO 被还原挥发，同时渣、铅进一步沉降分离，然后分别放出。含 SO_2 的烟气经竖烟道和废热锅炉后送入高温电收尘器，而后送酸厂净化制酸。电炉部分烟气经捕集氧化锌的滤袋收尘器后排放。

基夫赛特炼铅法工艺流程如图 2－16 所示。

基夫赛特炉主要操作技术条件是：

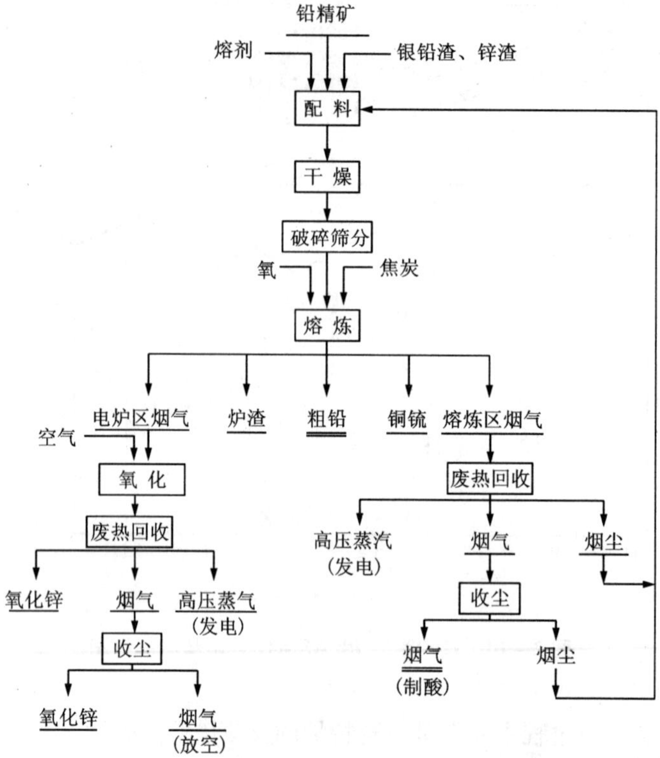

图 2-16 基夫赛特炼铅法工艺流程图

(1)加料。将准备好(水分<1%、粒度<0.2 mm)的炉料连续均匀地加入氧焰喷嘴的加料管，还原用焦炭经单独的加料管从炉顶加入反应塔。

(2)供氧。氧焰喷嘴所用的氧气为工业纯氧，由制氧站供给，氧气中含氧量宜大于95%，最低不应小于90%，喷嘴前氧气压力不小于0.1 MPa。

(3)温度。基夫赛特炉内各点温度为：

反应塔 1300~1400℃

竖烟道入口 1250~1280℃

炉渣温度 1200~1250℃

粗铅温度 550~600℃

电热区温度 1250℃

(4)压力。为了防止铅蒸气和 SO_2 烟气的逸出，全系统都控制为负压，各处的压力值为：

反应塔顶部 -80 Pa 氧焰喷嘴 -50 Pa

反应塔下部 -150 Pa 竖烟道下部 -130 Pa

高温电收尘入口 -20 Pa

电热区烟气出口 -50 Pa

哈萨克斯坦国乌-卡铅锌厂最早采用基夫赛特法炼铅，1988 年达到 500 t/d 炉料处理能力。该厂在处理含 Cu>2% 的炉料时，产出铜锍，在粗铅与炉渣之间，沉淀池铅锍层厚度为

10 cm左右。为了节约焦炭，该厂利用湿法炼锌厂挥发窑处理浸出渣产出的窑渣，作焦滤层还原剂。窑渣含碳25%左右，并含Cu、Zn、Ag等有价金属，从而达到综合利用的目的。

基夫赛特法自20世纪80年代投入工业生产以来，由于它的特点是利用工业氧气和电能，属于硫化矿自热闪速熔炼，并运用廉价的碎粒焦炭热还原氧化铅渣的独特方法，经过逐步发展完善，已经成为工艺先进，技术成熟，能满足环保要求的现代直接炼铅法。归纳起来，有如下优点：

(1)整个生产系统排放的有害物质含量低于环境保护允许标准，操作场地具有良好的卫生环境。

(2)对原料的适应性强，Pb 20% ~70%，S 13.5% ~28%，Ag 100~8000 g/t的原料均能适应，且能处理渣料。

(3)连续作业，氧化和还原在一个炉内完成，生产环节少。

(4)烟气SO_2浓度高，可直接制酸；烟气量少，带走的热少，余热利用好，从而烟气冷却和净化投资小，烟尘率约5%，烟尘可直接返回炉内冶炼。

(5)主金属回收率高(Pb回收率>98%)，渣含铅低(<2%)；金、银入粗铅率达99%以上，还可回收60%以上。

(6)能耗低，粗铅能耗为0.35 t标煤/t。

(7)炉子寿命长，炉期可达3年，维修费用低。

基夫赛特法对炉料粒度和水分要求较严格，与其他直接炼铅方法相比，原料准备较复杂，建设投资较高。

2.3.4 QSL法炼铅

QSL技术是20世纪70年代德国Lurgi公司根据Paut Qaurean和Reinhardt Schuhman两位教授的专利开发的一种直接炼铅法。QSL法属于熔池熔炼，炉料均匀混合后从加料口加入熔池内，氧气通过用气体冷却的氧枪从炉底喷入，炉料在1050~1100℃时进行脱硫和熔炼反应。通过控制炉料的氧料比来控制氧化段产铅率，产出含硫低的粗铅(0.3% ~0.5%S)和含氧化铅40% ~50%的高铅渣。氧化段烟气含SO_2浓度为10% ~15%。高铅渣流入还原段，用喷枪将还原利(粉煤或天然气)和氧气从炉底吹入熔池内进行氧化铅的还原。通过调节粉煤量和过剩氧气系数来控制还原段温度和终渣含铅量。还原段温度为115~1250℃。炉渣从还原段排渣门放出。还原形成的粗铅通过隔墙下部通道流入氧化段，与氧化熔炼形成的粗铅一道从虹吸口放出。

20世纪80年代末和90年代初，分别在加拿大的特雷尔冶炼厂、我国的西北冶炼厂、德国的斯托尔贝格冶炼厂和韩国的温山冶炼厂用QSL炼铅法建厂并投入运行。德国斯托尔贝格冶炼厂的系统设计规模为500 t/d炉料处理量，精矿与二次物料的配比为，二次物料包括铅银渣、烟尘、炉渣、精炼炉的烟尘、废蓄电池糊等。该厂实际处理能力达650 t/d，粗铅产量由原设计7.5万t/a提高到11万t/a，斯托尔贝格冶炼厂工艺流程如图2-17所示。

QSL反应器是QSL法的核心设备。反应器为变径圆筒形卧式转炉(如图2-18)，内衬铬镁砖。反应器设有驱动装置，可沿轴线旋转，以便于更换喷枪或处理事故。反应器由氧化区和还原区组成，氧化区直径较大，还原区直径较小，中间用隔墙将两区隔开，隔墙采用铜水冷梁镶砌铬镁砖结构，其作用是防止两区的炉渣混流，同时也防止加料氧化区的生料流进还

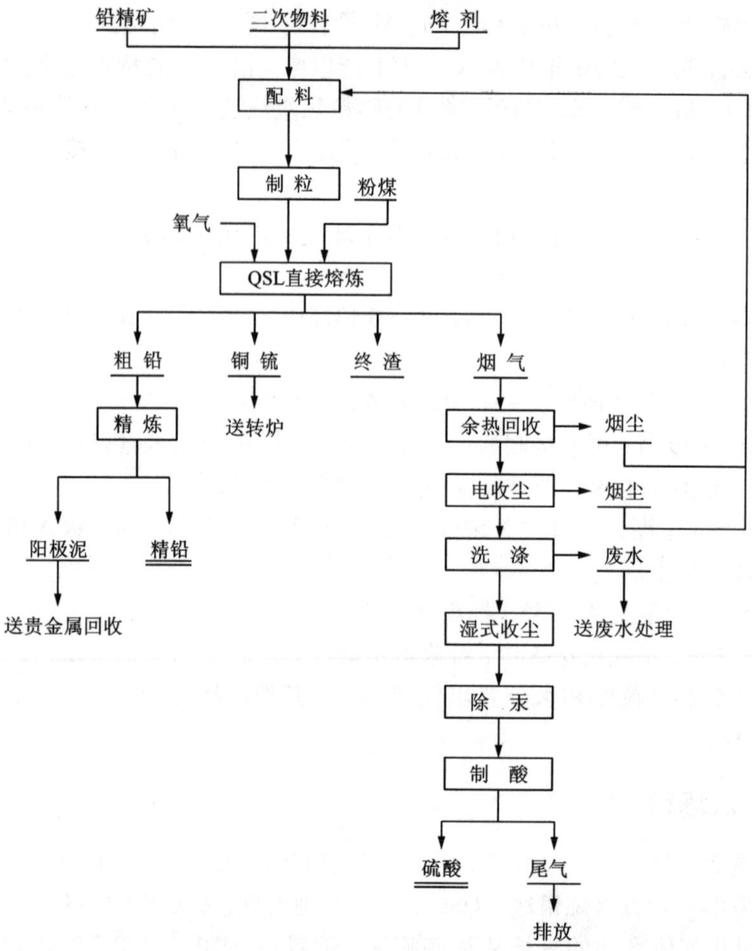

图 2-17 德国斯托尔贝格厂 QSL 炼铅工艺流程

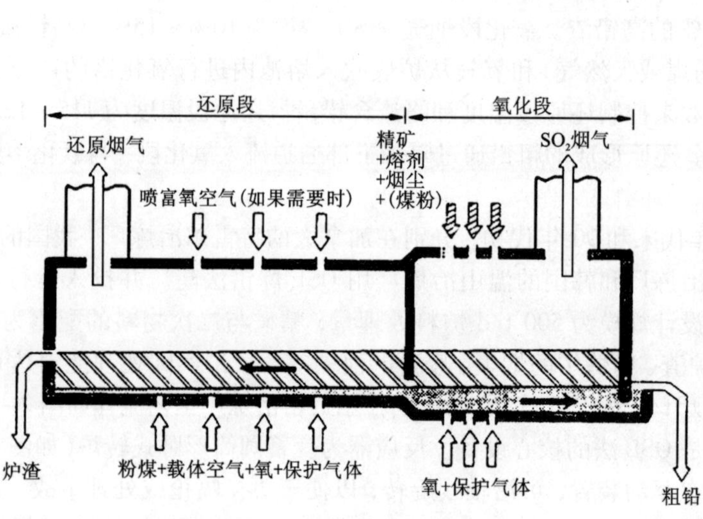

图 2-18 QSL 法炼铅示意图

原区。另外还附设有加料口、粗铅虹吸口、渣口和排烟口。氧化段熔池底部安装有氧气喷枪，还原段安装有氧－还原剂喷枪。

此外，反应器两端设有主燃烧器，在顶部还有辅助燃烧器，供烘炉和暂停生产时保温用。还原段顶部设有喷枪，必要时喷入富氧空气燃烧炉气中的 CO 和锌蒸气等可燃物，以降低后面设备的热负荷。

矿物原料如精矿、二次物料、熔剂、烟尘和必要时添加的固体燃料，均匀混合后从氧化区顶部的加料口直接加入，混合炉料落入由炉渣和液铅组成的熔池内。氧气经用保护性气体冷却的喷枪喷入，炉料在 1050～1100℃下进行脱硫和熔炼反应，此时的氧势较高，$\lg(p_{CO_2}/p_{CO})$维持在较高水平，约 2.2。在这一区域形成的金属铅含硫较低，称为初铅；形成的炉渣含铅较高，为 40%～45%，称为初渣，产出烟气的 SO_2浓度为 10%～15%。

初渣流入还原区。在还原区，还原剂（粉煤或天然气）通过用保护性气体冷却的喷枪与空气载体和氧气一起吹入熔池内。粉煤中的碳在熔池中汽化，在生成的 CO 作用下，炉渣中的氧化铅被还原。还原区的氧势较低，$\lg(p_{CO_2}/p_{CO})$维持在 0.2 左右；温度较高，为 1150～1250℃。炉渣在流向还原区端墙上的排渣口过程中逐渐被还原，还原形成的金属铅（二次粗铅）沉降到炉底流向氧化区与一次粗铅（初铅）汇合。粗铅与炉渣逆向流动，从虹吸口排出；炉渣从渣口连续或间断地排出。

反应器的氧化段和还原段分别装有氧枪（又称 S 枪）和还原枪（又称 K 枪）。S 喷枪为双层套管，内管是氧气通道，两管间的缝隙为冷却用的氮气通道。K 喷枪为三层套管，中心管内通粉煤，用压缩空气作载体。中心管与第二层管间的槽形缝隙通氧气。第二层管与第三层管间的槽形缝隙通冷却气体以保护粉煤喷枪。生产实践证明，氮气和雾化水组成的保护气体比原设计单位用氮气的冷却效果要好，由于在喷枪尖端形成稳定的蘑菇状凝渣，从而使喷枪的烧损程度大大下降，延长了喷枪的使用寿命。为了克服粉煤对金属材料的磨损，在还原喷枪的中心管粉煤通道，采用陶瓷管内衬，从而使还原喷枪的寿命提高到 3 个月。

QSL 法炼铅与传统炼铅工艺相比，有如下特点：

（1）可在硫化矿的氧化过程直接得到金属铅，富铅渣经还原后，炉渣含铅为 5%～10%。金属铅的直接回收，可减少渣量和熔剂量。

（2）富氧熔炼使烟气量减少和 SO_2浓度提高，一方面可减少烟气处理设施的投资，另一方面可利用高浓度 SO_2烟气制酸，回收其中的硫，从根本上解决烟气 SO_2污染问题。

（3）有污染的物质排放量减少。铅的排放仅为传统流程的 7.4%，镉为 6.7%，SO_2为 1.7%。QSL 铅厂的运行能达到德国大气污染法规的严格要求。

2.3.5　艾萨法炼铅

艾萨炉的炼铅原料有铅精矿、石英石熔剂、烟尘返料和煤。煤的加入量根据熔炼热平衡确定，是辅助燃料。但也可用燃料油和气体燃料，通过喷枪喷入炉内。燃料兼作一定还原剂的作用。各种物料由抓斗吊车分别送到各自相应的中间料仓，其下料量由定量秤精确计量，由主控制室调节控制，主控人员根据提供的各种物料分析数据，输入中心计算机，完成配料计算，配料数据传输到对应料仓的计量秤，控制皮带秤的运行，达到精确配料。各中间仓的物料传送到主皮带，经过混合制粒后，送入艾萨炉，根据热平衡和物料平衡计算，控制风量、氧浓度与料量比率，维持恒温作业，完成各种反应，产出粗铅、富铅渣和浓度为 8%～10%

SO_2的烟气。粗铅送去精炼；富铅渣铸成渣块，送到鼓风炉进行还原熔炼；烟气经过余热锅炉回收热能、收尘系统回收铅锌等有价金属，最后进入制酸系统。

我国从澳大利亚引进的艾萨法炼铅采用艾萨炉顶吹富氧熔炼－鼓风炉还原富铅渣的联合流程，该工艺流程如图 2－19 所示。

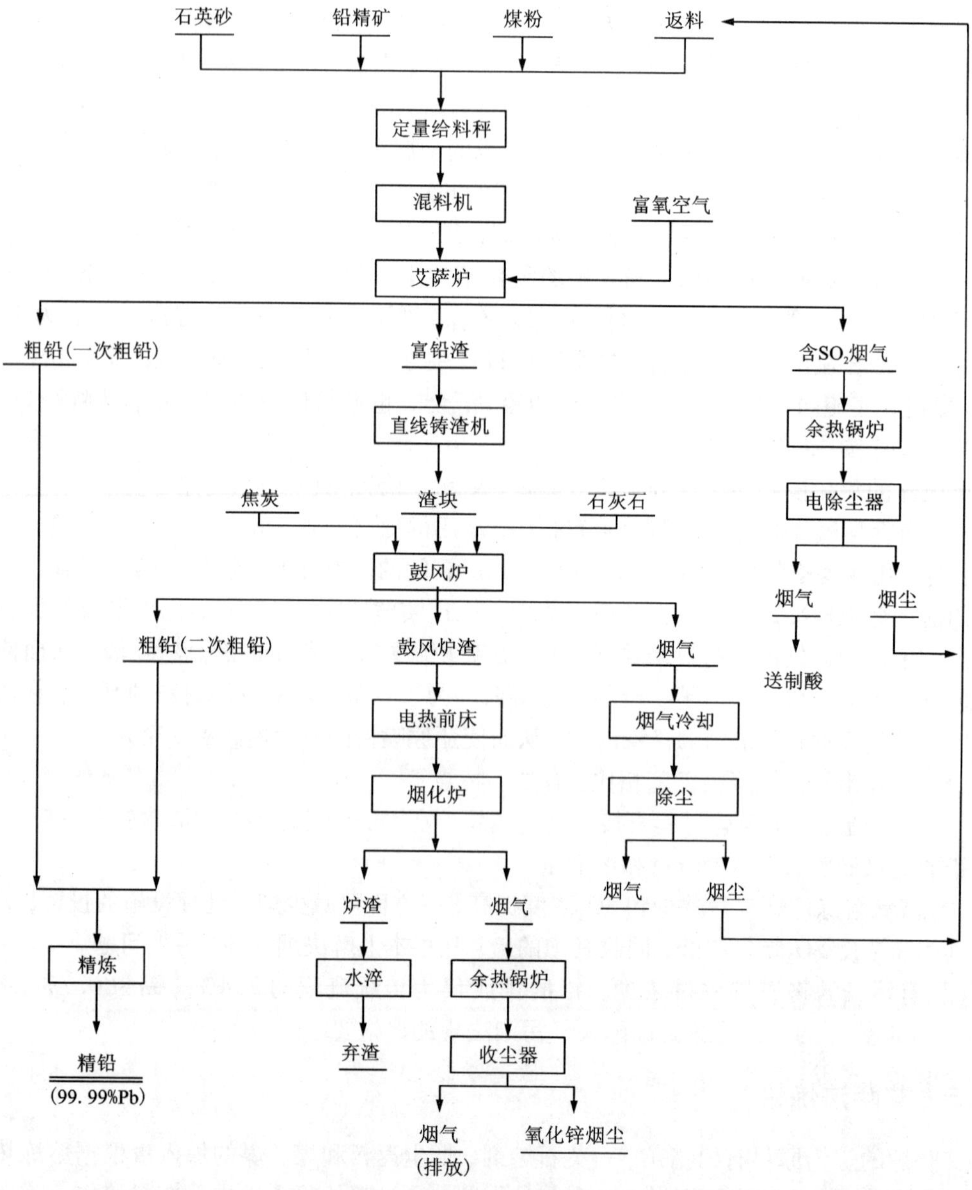

图 2－19　艾萨炉顶吹富氧熔炼－渣鼓风炉还原炼铅工艺流程

艾萨炉作业是一个高度自动化的控制过程，炉料的配料、上料、熔炼过程气氛和温度的控制以及设备运行状况的监控等作业主要都由主控制室控制，通过 DCS 系统完成。

(1)艾萨炉主要设计指标

①处理混合精矿量(13.0 ~ 14.5) × 10^4 t/a，其中精矿含 50% ~60% Pb，8% ~10% H_2O。

②粗铅产量 8 × 10^4 t/a，粗铅含 96% ~98% Pb。

③富铅渣产量(9 ~10) × 10^4 t/a，其中渣含 45% ~50% Pb。

④烟尘率 13% ~8%。

⑤熔炼作业率 >80%(不含换枪时间)。

(2)艾萨炉熔炼系统主要设备结构

艾萨熔炼主体设备有艾萨炉、喷枪、余热锅炉、烧嘴、喷枪卷扬机等，辅助系统有供风、收尘、铸渣、铸铅、制酸等外围系统。

①艾萨炉的炉体结构

艾萨熔炼炉是一种竖直状、钢壳内衬耐火材料的圆筒形反应器，由炉体和炉顶盖两部分组成，见图 2 - 20，艾萨炉的炉顶为水平式炉顶盖，曾采用钢制水冷套或铜水冷套结构，现在逐渐改进为膜式壁水冷结构，成为与炉顶烟道口相接的余热锅炉的一个组成部分：炉体上部与烟道的接合部设有水冷铜水套阻溅块，以防止熔炼过程中的喷溅物直接进入烟道，在烟道中黏结：熔池部位有全衬铬镁砖和铬镁砖 + 水冷铜水套两种结构形式。

炉顶盖开有喷枪插入孔、加料孔、排烟孔、保温烧嘴插入孔和熔池深度测量孔(兼作取样)。炉体底部有熔体排放口，根据生产需要可以设置一个或多个排放口。

为了检测炉底的运行情况和熔池温度，以确保温度的精确控制，分别在炉底、熔池区域、炉膛空间和渣 - 铅分层面，分别设置热电偶。炉膛空间的热电偶主要用于检测升温情况，正常生产时使用很少，熔池区域热电偶的温度测控有助于监视作业情况和炉衬侵蚀情况。

艾萨熔炼炉底为倒拱椭球形钢壳，钢壳焊于钢板圈形支座上，支座底板置于混凝土圈梁基础上，并设有地脚螺栓固定：该结构符合热膨胀原理，在烤炉升温时，炉底不会产生变形。

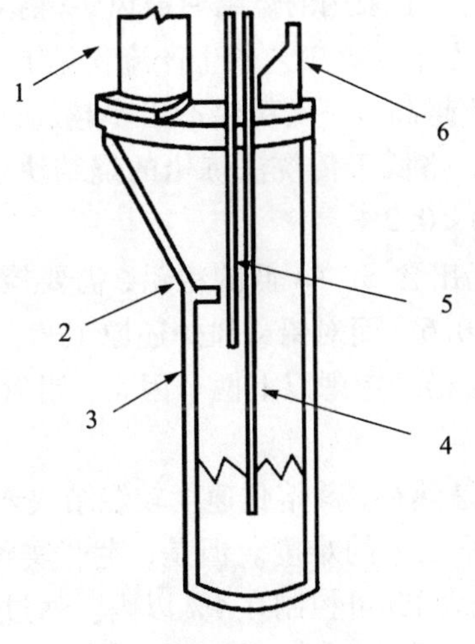

图 2 - 20　艾萨炉示意图

1—垂直烟道；2—阻溅板；3—炉体；
4—喷枪；5—辅助燃烧喷嘴；6—加料箱

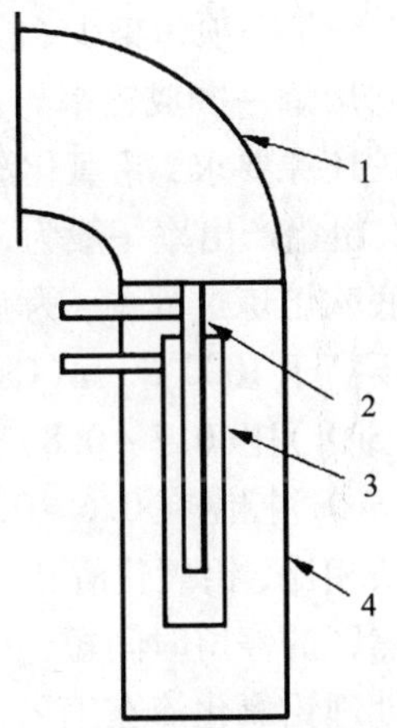

图 2 - 21　喷枪结构示意图

1—软管；2—测压管；3—油管；4—风管

②艾萨炉喷枪

喷枪是艾萨炉的核心技术。艾萨炉喷枪由三层同心圆管组成，见图 2－21。最里层是测压管，与外部压力传感器相连，用来监测作业时喷枪风的背压，以此作为调整喷枪位置的依据，第二层是柴油或粉煤的通道，通过控制燃料燃烧可快速调节炉温。最外层是富氧空气，供艾萨炉熔炼需要的氧。为使熔池充分搅动，喷枪末端设置有旋流导片，保证鼓风以一定的切向速度鼓入熔池，造成熔池上下翻腾的同时，整个熔体急速旋转，从而加速反应并减少对炉衬耐火材料的径向冲刷力。气体作旋向运动，同时强化气体对喷枪枪体的冷却作用，使高温熔池中喷溅的炉渣在喷枪末端外表面黏结、凝固为相对稳定的炉渣保护层，延缓高温熔体对钢制喷枪的侵蚀。另外，呈旋流状喷出的反应气体对熔体产生的旋向作用，强化了对熔件/炉料的混合搅拌作用，为熔池中气、固、液三相的传热传质创造了有利条件。

③辅助燃烧喷嘴

艾萨熔炼炉的辅助燃烧喷嘴，长期置于炉内，烤炉和暂停熔炼时，喷嘴供油供风，燃烧补热：正常作业情况下，喷嘴停油，但供风作为熔炼补充风用。

④艾萨炉的熔体排放

艾萨熔炼炉采用间断排放熔体。其优点是排液瞬时流量大，排液溜槽不易冻结，对熔体过热温度要求较低。渣线上下波动范围较大，炉衬磨损和腐蚀相对较分散，渣线区炉衬寿命较长，其缺点是需要设置泥炮，定期打孔、放液、堵孔；清理溜槽，操作较繁琐、熔体高度周期性上下波动，喷枪需要随时进行相应调整，需精心操作控制。

2.3.6 水口山法炼铅

水口山炼铅法是我国自行开发的一种氧气底吹直接炼铅方法。在 20 世纪 80 年代，水口山第三冶炼厂在规模为 ϕ2234 ~ 7980 mm 的氧化反应炉进行半工业试验成功后，扩大推广应用到河南豫光金铅公司和安徽池州两家铅厂生产，从而形成了氧气底吹熔炼－鼓风炉还原铅氧化渣的炼铅新工艺。生产实践证明，对于我国目前生产上采用的烧结－鼓风炉炼铅老工艺改造，水口山法是一项污染少、投资省、见效快的可取方案。该工艺的生产流程见图 2－22。

氧气底吹熔炼一次成铅率与铅精矿品位有关，品位越高，一次粗铅产出率越高，为适应下一步鼓风炉还原要求，铅氧化渣含铅应在 40% 左右，略低于传统法炼铅的烧结块含铅率，相应地，一次粗铅产出率一般为 35% ~40%，粗铅含 S <0.2%。

在氧气底吹熔炼过程中，为减少 PbS 的挥发，并产出含 S、As 低的粗铅，需要控制铅氧化渣的熔点不高于 1000℃，$m(CaO)/m(SiO_2)$为 0.5 ~0.6。而对铅鼓风炉还原工艺，较高的 $m(CaO)/m(SiO_2)$比(0.7 ~0.8)有利于降低鼓风炉渣含铅。考虑以上两个因素，铅氧化渣中 $m(CaO)/m(SiO_2)$控制在 0.6 ~0.7 之间为宜。

和烧结块相比，铅氧化渣孔隙率较低，同时，由于是熟料，其熔化速度较烧结块要快，熔渣在鼓风炉焦区的停留时间短，从而增加了鼓风炉还原工艺的难度。但是，生产实践证明，采用鼓风炉处理铅氧化渣在工艺上是可行的，鼓风炉渣含 Pb 可控制在 4% 以内。通过炉型的改进、渣型的调整、适当控制单位时间物料处理量等措施，渣含 Pb 可望进一步降低。另外，尽管现有指标较烧结－鼓风炉工艺渣含 Pb 量 1.5% ~2% 的指标稍高，但由于新工艺鼓风炉渣量仅为传统工艺鼓风炉渣量的 50% ~60%，因而，鼓风炉熔炼铅的损失基本不增加。在技改过程中，利用原有的鼓风炉作适当改进即可，这样，可以节省建设投资。

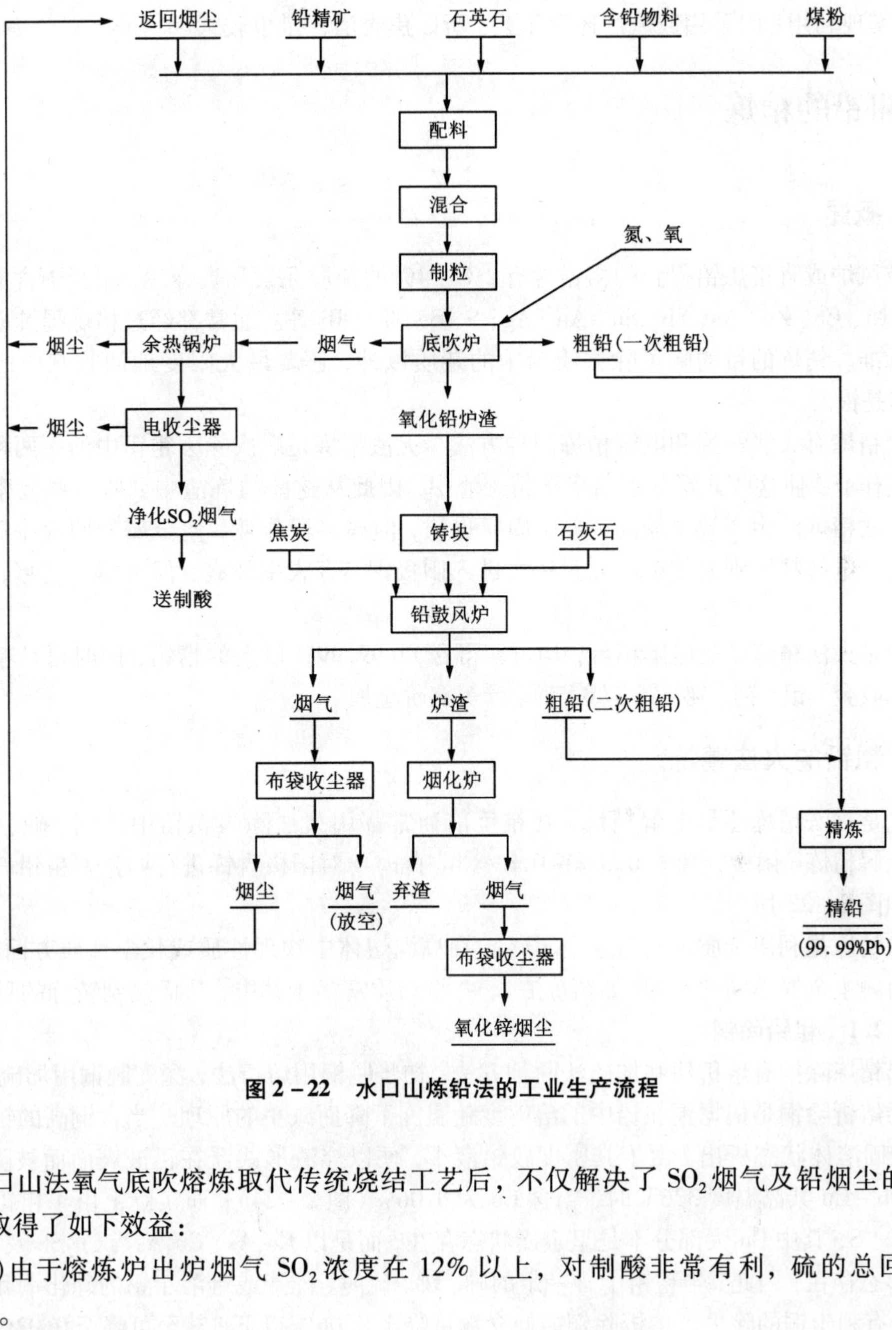

图2-22　水口山炼铅法的工业生产流程

水口山法氧气底吹熔炼取代传统烧结工艺后，不仅解决了SO_2烟气及铅烟尘的污染问题，还取得了如下效益：

(1)由于熔炼炉出炉烟气SO_2浓度在12%以上，对制酸非常有利，硫的总回收率可达95%。

(2)熔炼炉出炉烟气温度高达1000~1100℃，可利用余热锅炉或汽化冷却器回收余热。

(3)采用氧气底吹熔炼，原料中Pb、S含量的上限不受限制，不需要添加返料，简化了流程，且取消了破碎设备，从而降低了工艺电耗。

(4)由于减少工艺环节，提高Pb及其他有价金属的回收率，氧气底吹熔炼车间Pb的机械损失<0.5%。

氧气底吹-鼓风炉还原炼铅法虽然解决了SO_2烟气和铅烟尘的污染问题，但产出的熔融铅氧化渣需要凝结后再送鼓风炉还原，高温熔融渣的热焓(占铅氧化渣还原所需热焓15%左右)无法实现利用；因采用鼓风炉还原工艺，所以焦炭消耗量也较大。

2.4 粗铅的精炼

2.4.1 概述

经鼓风炉或直接炼铅得到的粗铅含有2%～4%的杂质元素和贵金属，粗铅中含的杂质有Cu、Fe、Ni、Co、Zn、As、Sb、Sn、Au、Ag、S、Se、Te、Bi等。通常都经过精炼提纯以达到牌号铅的标准。精炼的目的除了除去粗铅中的杂质以外，还要最大限度地回收其中的有价金属，尤其是银。

粗铅精炼有火法精炼和电解精炼两种方法。火法精炼是顺次除去粗铅中的一两种杂质元素的高温作业，使这些元素分别富集于精炼渣中，因此从这些精炼渣中回收这些元素就比较容易。火法精炼的生产效率较高，金属周转也快，但属多段作业，使金属的回收率降低，且作业繁杂。电解精炼则是使杂质元素一次进入阳极泥，直收率较高，但金属周转慢，资金积压大。

无论是火法精炼还是电解精炼，均可获得含Pb 99.99%以上的精铅，同时可从精炼的副产品中回收金、银、铜、铋、锑、锡、硒、碲等有价金属。

2.4.2 粗铅的火法精炼

无论是火法精炼还是电解精炼，在精炼前通常都用火法除去粗铅中的铜、砷、锑、锡。如果是电解精炼，阳极板要含0.3%～0.8%Sb，此时要对阳极含锑进行调整。粗铅的火法精炼流程如图2-23所示。

火法精炼是利用杂质金属与主金属(铅)在高温熔体中物理性质或化学性质方面的差异，形成与熔融主金属不同的新相(如精炼渣)，并将杂质富集于其中，从而达到精炼的目的。

2.4.2.1 粗铅除铜

粗铅精炼除铜有熔析法和加硫法两种方法：初步脱铜用熔析法，深度脱铜用加硫法。

粗铅熔析除铜是根据铜在铅中的溶解度随温度下降而减小的原理。当含铜高的铅液冷却时，铜以固溶体状态析出，由于其密度较铅液小，便以浮渣形式浮在铅液表面而被除去，理论上在Pb-Cu共晶温度326℃时，铅含Cu为0.06%(图2-24)；而实际上由于粗铅中还含有As、Sb、S，其中Cu大部分不是呈金属状态存在，而是以Cu_3As、Cu_5As_2、Cu_2Sb及Cu_2S等化合物形态存在，因此，当粗铅中含一定的砷、锑、硫时，能形成难溶于铅的砷化铜和锑化铜等，因而有利于铜的除去。熔析除铜能使含铜量降至0.06%以下，甚至可降至0.02%。

熔析脱铜过程在精炼锅进行。精炼锅为半球形或下部为半球形上部为圆筒形的铸铁或铸钢锅，也可用钢板焊成。锅的下面或旁边有火室。粗铅在锅内加热至450～500℃，有时达600℃，吹入空气搅拌或用铁铲搅拌，撒入碎煤、碎焦或松香，促使铜浮渣析出。搅拌结束后，静置并捞渣，称为干渣。然后将铅水降温至330～340℃，捞出第二次浮渣。这种浮渣含铅较高，呈糊状，称肥渣。干渣含铜10%～15%，另行处理；肥渣含2%～3%Cu，作为返料加到下次熔析锅中处理。熔析除铜的铅约含0.1%Cu。如果进行电解精炼，熔析后的粗铅即

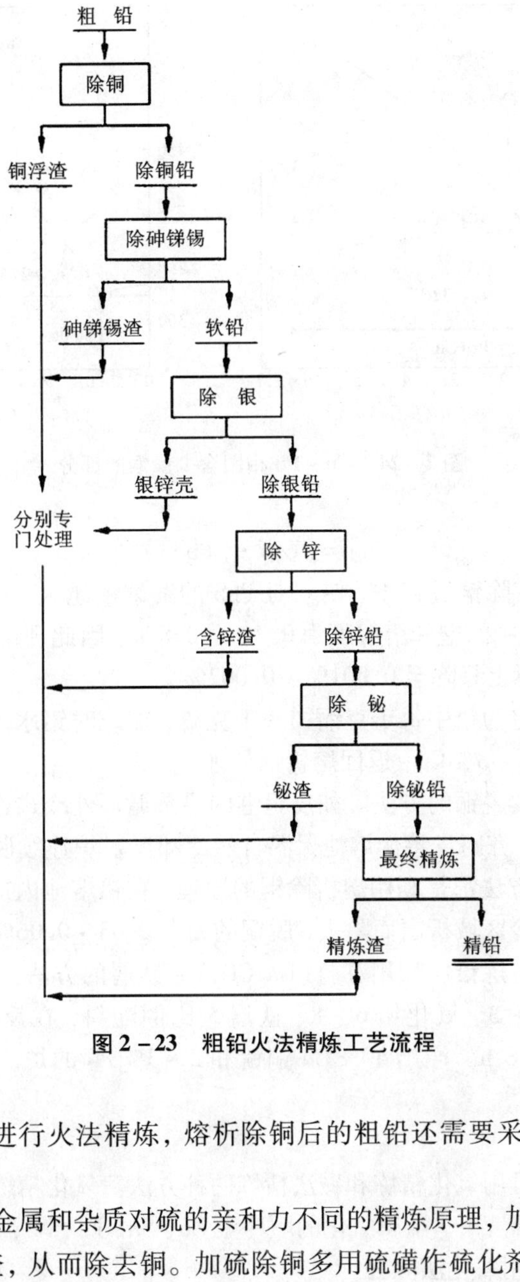

图2-23 粗铅火法精炼工艺流程

可铸成阳极。如果继续进行火法精炼，熔析除铜后的粗铅还需要采用加硫的方法进一步除去铜。

加硫除铜是根据主金属和杂质对硫的亲和力不同的精炼原理，加入元素硫使铜形成质轻而不溶于铅的 Cu_2S 浮渣，从而除去铜。加硫除铜多用硫磺作硫化剂，也可用黄铁矿或高品位铅精矿。

当用硫磺作硫化剂时，虽然铅首先按式

$$2[Pb]+S_2 = 2[PbS]$$

被硫化，但是由于硫对铜的亲和力比对铅大，故按下式反应：

$$[PbS]+2[Cu] = [Pb]+Cu_2S_{(s)}$$

$$K=[Pb]/([PbS]\cdot[Cu]^2)$$

铅水中，有 $[Pb]\approx 1$，则

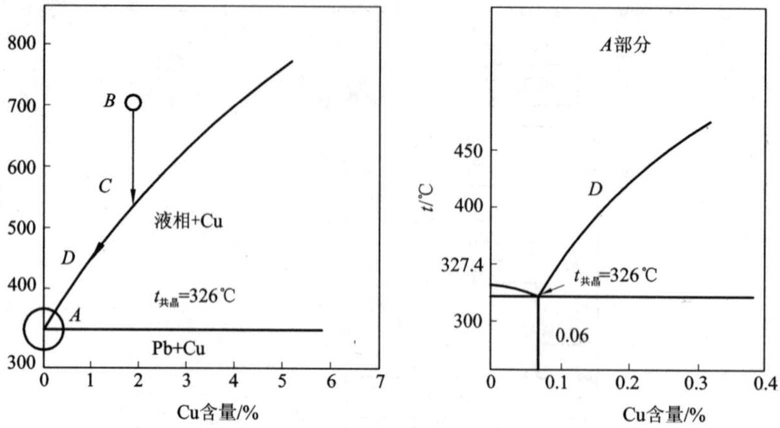

图 2-24　Cu-Pb 相图含少量铜的部分

$$[Cu] = (1/K \cdot [PbS])^{1/2}$$

由此可见，粗铅加硫除铜过程中，铅水对 PbS 的溶解度越大，则残存的铜浓度便越小。330～350℃时，PbS 在铅中的饱和溶解度为 0.7%～0.8%，因此理论上计算残存的最低含铜量仅百万分之几，但实际上只降至 0.001%～0.002%。

除铜消耗的硫量可定为铅中每千克铜加一千克硫，加硫时铅水的温度保持 330～340℃。加硫除铜的浮渣只含 2%～3% Cu，返回熔析锅处理。

有的工厂已采用连续脱铜的方法。如皮里港的铅泵循环外冷式连续脱铜，乌斯基卡明诺哥斯克的电炉连续脱铜，齐姆肯特伪熔池保温自然冷却反射炉连续脱铜，我国的冷却炉底反射炉连续脱铜等。这些方法都是利用熔析除铜的原理，在铅熔池内造成一个温度梯度，使铜及其化合物从熔池的较冷区域析出而除去，脱铜的铅含 0.03～0.06% Cu。

铜浮渣的处理目前各炼铅厂均用苏打（Na_2CO_3）-铁屑的方法。铁屑苏打法是按铜浮渣 100、苏打 6～9、焦粉 2～3、氧化铅 6～8、铁屑 5 比例配料，在反射炉中熔炼，熔炼温度 1250℃，每炉耗时 15～18 h。产出 40% Cu 铜锍和 2～3% Pb 的炉渣，进入粗铅的铅回收率达 97%。

2.4.2.2　除砷锑锡

粗铅精炼除砷锑锡可用氧化精炼和碱法精炼两种方法。氧化精炼是依据氧对杂质亲和力大于铅的原理。在精炼温度下，金属氧化的顺序是 Zn、Sn、Fe、As、Sb、Pb、Bi、Cu、Ag，在 Pb 以前的金属杂质都可用氧化法除去。

碱性精炼则是利用硝酸钠（$NaNO_3$）做氧化剂将杂质氧化造渣除去。分离 As、Sb、Sn 后的粗铅开始变软，所以将除 As、Sb、Sn 的粗铅精炼称为软化精炼，精炼后的铅称为软铅。

氧化精炼时，根据质量作用定律，铅首先被氧化：

$$2Pb + O_2 = 2PbO$$

生成的 PbO 将杂质氧化：

$$PbO + Sn = Pb + SnO$$

$$3PbO + 2As = 3Pb + As_2O_3$$

$$3PbO + 2Sb = 3Pb + Sb_2O_3$$

空气中的氧也能将铅水中的 Sn、As、Sb 氧化。生成的低价氧化物除了一部分挥发以外，将进一步氧化并与 PbO 结合成盐：

$$3PbO + 2SnO_2 = 3PbO \cdot 2SnO_2$$

$$3PbO + As_2O_5 = 3PbO \cdot As_2O_5$$

$$3PbO + Sb_2O_5 = 3PbO \cdot Sb_2O_5$$

氧化精炼多用反射炉，也有用精炼锅的。精炼温度 800 ~ 900℃，自然通风氧化。鼓风氧化虽能加速反应进行，但铅被氧化的数量也多，浮渣带走的铅量增大，且炉子易被破坏。

碱性精炼是加碱于熔融粗金属中，使氧化后的杂质与碱结合成盐而除去的火法精炼方法。粗铅碱性精炼的实质是使粗铅中杂质氧化并与碱造渣而与铅分离，但该过程可以在比氧化精炼较低温度(400 ~ 450℃)下进行，且氧化剂主要不是空气而是硝石($NaNO_3$)，其原理是利用杂质元素 As、Sb、Sn 对氧的亲和力大于主金属铅，从而优先将 As、Sb、Sn 氧化为高价氧化物，然后它们再与 NaOH 形成相应的钠盐从而与铅分离，其反应速度快，进行得完全，As、Sb、Sn 等杂质在铅中的残留量都比较低。

往粗铅液中加入硝石后，硝酸钠熔于熔体中，在 450℃的高温下分解析出 O_2：

$$2NaNO_3 = Na_2O + N_2\uparrow + 5/2O_2\uparrow$$

硝石分解析出的 O_2(实际上是以活性大的原子氧[O]释出)使杂质氧化并形成相应的钠盐，如砷酸钠、锡酸钠和锑酸钠，故其反应式分别为：

$$2As + 4NaOH + 2NaNO_3 = 2Na_3AsO_4 + N_2\uparrow + 2H_2O$$

$$5Sn + 6NaOH + 4NaNO_3 = 5Na_2SnO_3 + 2N_2\uparrow + 3H_2O$$

$$2Sb + 4NaOH + 2NaNO_3 = 2Na_3SbO_4 + N_2\uparrow + 2H_2O$$

一些铅也被氧化生成铅酸钠(Na_2PbO_2)，但其中的 Pb 最后又会被 Sn、As、Sb 置换出来：

$$5Pb + 2NaNO_3 = Na_2O + 5PbO + N_2\uparrow$$

$$PbO + Na_2O = Na_2PbO_2$$

$$Sn + 2Na_2PbO_2 + H_2O = Na_2SnO_3 + 2NaOH + 2Pb$$

$$2As + 5Na_2PbO_2 + 2H_2O = 2Na_3AsO_4 + 4NaOH + 5Pb$$

$$2Sb + 5Na_2PbO_2 + 2H_2O = 2Na_3SbO_4 + 4NaOH + 5Pb$$

由于上述反应，最终进入碱性精炼渣中的铅较少。此外过程中还要加入食盐，虽然它不起化学反应，但是提高了 NaOH 对杂质盐的吸收能力，所以能降低熔渣的熔点和黏度，减少 $NaNO_3$的消耗。

碱性精炼的装置是在精炼锅上放置一个反应器。试剂从上部加入反应器，铅液离心泵将锅中的铅液扬至反应器与试剂反应，反应后从反应器下部流回锅中，如此反复循环，反应器中还可装上搅拌机，使铅液与试剂有更良好的接触，以加快反应。当渣子变黏稠，铅试样发亮蓝色，说明过程已到终点，关闭反应器底部的阀门，吊出反应器，卸出渣子，最后将铅液扬至除银锅进行加锌除银作业，反应时间决定于粗铅中杂质含量，通常每除去 1 t 锑需 10 h，1 t 砷或锡则需 17 h。

如果粗铅含杂质较高，反应可分两段进行。第一段主要是产出含杂质高的渣子，第二段再加新试剂，以得到优质铅液，渣子则返回第一段使用。粗铅的碱性精炼也实现了连续操作。

2.4.2.4 加锌除银

粗铅用加锌的方法除银，是由于锌对金银具有较大的亲和力，能形成密度比铅小、熔点比铅高、且在被锌饱和的铅液中不会溶解的金属间化合物。在操作过程中，逐渐形成的渣壳－银锌壳，浮于铅液表面，与铅分离。

溶解于粗铅中的锌，与粗铅中的银发生如下反应：

$$2Ag + 3Zn = Ag_2Zn_3 \qquad K_1 = [Ag_2Zn_3]/([Ag]^2[Zn]^3)$$

$$2Ag + 5Zn = Ag_2Zn_5 \qquad K_2 = [Ag_2Zn_5]/([Ag]^2[Zn]^5)$$

因 Ag_2Zn_3 和 Ag_2Zn_5 在铅液中的溶解度很小，即已达到饱和浓度或可视为常数，因此上面反应式的平衡常数可写成：

$$K_1 = 1/([Ag]^2[Zn]^3)$$

$$K_2 = 1/([Ag]^2[Zn]^5)$$

可见，要使银最少，则锌的浓度应达到最大，即达到其饱和值。锌在铅水中的浓度随温度的升高而增大。温度升高银与锌的反应加速。但是，温度过高会引起锌的氧化烧损，所以作业温度为450～500℃。

金对锌的亲和力大于银对锌的亲和力，铜对锌的亲和力也大，因此，金和铜都集中在第一批银锌壳中。

第一次提银作业加入应加锌量的2/3和上次作业末期产出的贫壳，在450℃下搅拌30～40 min捞出富壳，进入第二次提银作业。此时加入剩余的1/3锌，搅拌并冷却至380℃捞出贫壳。如铅中合银较高或金量多时，则采用三次加锌法，加锌量分别为应加锌量的2/3、1/4和1/12。

提银也可连续化进行。提银锅为铸铁制成，上下分成四部分，内型为中间大，两端小，外面用耐火砖砌成六个互不相通的环形加热室，以便分别加热及冷却。提银锅总高6.9 m，最大直径3 m。作业开始时先在锅内注入已除银的铅水，并加入锌掖。然后连续注入待脱银的软化铅至锅的上部，因其密度较大而下沉并通过锌层，锌与其中的贵金属结合为银锌壳。铅水下沉过程中，温度由650～700℃下降至接近铅的熔点(约330℃)，锌在铅中的溶解度也逐渐减小。上浮的银锌壳定期从锅的上部捞出，除银后的铅液沿虹吸管上升至锅上部的斜流槽连续放出。

2.4.2.5 粗铅除锌

加锌除银后的铅液含有0.5%～0.6% Zn，在最后除铋前需将锌除去。除锌的方法有氧化法、氯化法、碱法、真空法和加碱联合法。

氧化除锌是较古老的方法。它是在750～800℃温度下向精炼锅中的铅水吹入空气、水蒸气或纯氧。由于PbO分解压大于ZnO，所以PbO是锌的氧化剂，使锌大部分氧化造渣，小部分挥发进入烟尘。

氯化精炼法除锌在380～400℃温度下的反应缸中进行。向铅水中加入氯气时，锌和其他金属杂质变为氯化物，$ZnCl_2$进入浮渣。其缺点是有过量未反应的氯逸出，给污染治理带来许多麻烦，还不能把锌除至要求的程度，仍要加NaOH除去残留的锌。

碱法除锌与碱法除砷、锡、锑一样，但不加硝石，只加NaOH与NaCl，可将锌除至0.0005%以下。每吨锌消耗NaOH 1 t，NaCl 0.75 t，过程不需加热即可维持450℃，每除去1 t锌约需12 h，产出的Na_2ZnO_2浮渣经水浸蒸发结晶得到NaOH与NaCl可返回再用，锌以ZnO

形式回收。碱法精炼的缺点是碱的回收再生作业麻烦且费用高。

真空脱锌是应用铅和锌蒸气压的差别，且锌比铅更容易挥发的原理使锌铅分离。真空脱锌作业在残压67 Pa、温度600～620℃时，除锌率为85%，铅液残锌为0.1%；真空度继续提高至残压6～7 Pa、温度580～590℃时，130～140 t铅液经5 h作业，除锌率达90%，铅液残锌为0.06%；但进一步降低残锌比较困难，最后要用碱法除去残锌，这就自然出现了真空－加碱联合脱锌法。其优点是回收的锌可返回除银作业使用，且效率高、成本低，因而该法应用较普遍。

澳大利亚皮里港铅厂的连续真空脱锌过程控制残压2～2.7 Pa，温度600～630℃，铅液残锌0.05%以下，每小时生产铅16～37 t。其装置如图2－25所示。

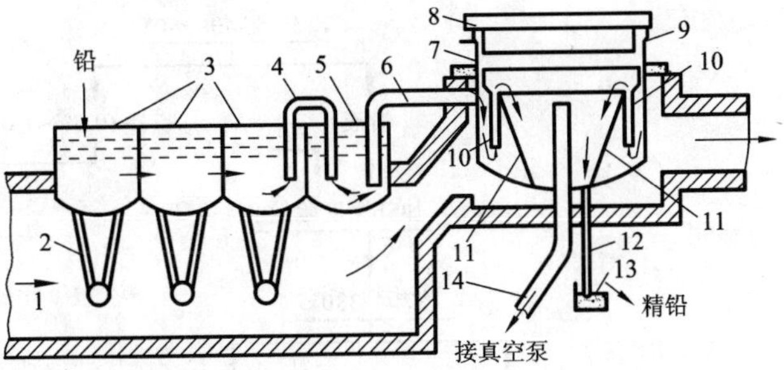

图2－25　连续真空脱锌设备连接图

1—重油燃烧器；2—加热铅用的管；3—加热铅用的锅；4—虹吸管；5—给料锅；6—供铅管；7—真空精炼锅；8—冷凝器；9—橡皮密封；10—分配管；11—表面蒸发器；12—放精铅的管；13—铅封；14—接真空管

2.4.2.6　精炼除铋

铋是粗铅中最难除去的杂质。粗铅含铋高时，选用电解法精炼比较适宜。火法精炼通用的是加Ca、Mg及Sb除铋法，还有加K、Mg除铋法。

加钙镁除铋的基本原理是Ca、Mg与铅液中的Bi生成不溶于铅液的化合物，铋与钙能形成Bi_2Ca_3(熔点928℃)，铋与镁能形成Bi_2Mg_3(熔点823℃)，为防止钙被氧化，钙以2%～5%的铅钙合金加入：

$$3Pb_3Ca + 2Bi = Bi_2Ca_3 + 9Pb$$

Bi_2Ca_3和Bi_2Mg_3化合物密度比铅小，上浮至铅液表面而与铅分离，但由于这些化合物呈微细颗粒悬浮于铅液中，不易除去，影响除铋效果。若加入适量的锑，由于Sb和Ca、Mg分别形成易上浮的Sb_2Ca_3、Sb_2Mg_3和Mg_2CaSb_2颗粒，能将悬浮的微粒Mg_2CaBi_2夹带浮至表面被除去。此时铅含铋可降至0.002%。

除铋精炼的操作流程见图2－26。

2.4.3　粗铅的电解精炼

我国炼铅厂的粗铅精炼大都采用粗铅火法精炼－电解精炼的联合工艺流程，它的火法精炼部分只是除铜，也有工厂还除锡，得到的是初步除铜(锡)粗铅，被浇铸成阳极板送去电解；初步火法精炼产出的阳极粗铅一般含98%～98.5% Pb，1.5%～2.0%的杂质。

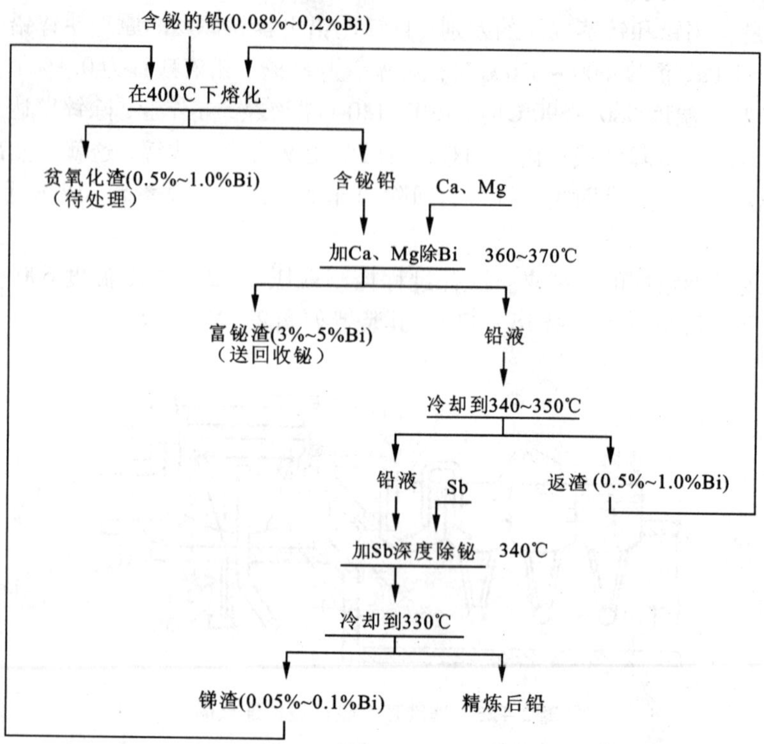

图2-26 粗铅除铋的操作流程图

阴极板是利用析出铅(纯铅)熔化制作的始极片(阴极)，按一定的间距装入盛有电解液的电解槽中，电解液由硅氟酸和硅氟酸铅的水溶液组成。将电解槽接通直流电，铅自阳极溶解进入电解液，并在阴极放电析出，粗铅电解精炼的电化学体系如图2-27所示。

在电解精炼体系中(图2-27)，当外电源的直流电流通过电解槽时，在电极上发生电化学反应，其电解反应为原电池反应的逆过程，也就是将电能转化成化学能的过程，为了讨论问题一致，总是规定电解槽中从外电路输入电子的电极为阴极，在此电极上进行还原反应；向外电路输出电子的电极为阳极，在该电极上进行氧化反应。

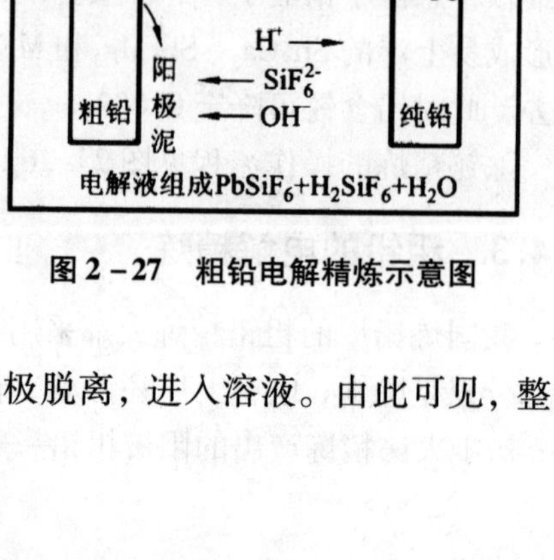

图2-27 粗铅电解精炼示意图

在两极通以直流电后，溶液中的铅离子(Pb^{2+})便移向阴极，获得电子后就成为铅原子沉积在阴极上，产出纯度很高的电解铅，叫析出铅；在阳极方面，由于电源不断地从它上面把电子取走，结果阳极方面的铅原子因为失去电子成为离子。当硅氟酸根离子(SiF_6^{2-})移向阳极而与这些Pb^{2+}离子接触时，便形成$PbSiF_6$，Pb^{2+}离子就陆续从阳极脱离，进入溶液。由此可见，整个电解精炼过程包括阴极反应和阳极反应，总反应为：

$$Pb(含杂质) \longrightarrow Pb(纯)$$

在电解精炼过程中，阳极中所含电位比铅负的金属如锌、铁、隔、钴、镍等，与铅一道从阳极溶出，但一般不在阴极析出；电位比铅正的金属如锑、铋、铜、金、银等，几乎都不进入电解液，而留在阳极泥中；电位与铅接近的锡，电解时与铅一道溶解并大部分在阴极上析出，须用电解法以外的方法除去。综上可见，电解精炼是利用阳极中不同元素的阳极溶解或在阴极析出难易程度的差异来提纯金属的，其基本原理以电化学基础理论为依据。

对于粗铅电解精炼过程的电极反应，即在"电极/溶液"界面上所进行的电化学反应，可用下列电极反应方程式描述：

在阳极：　$Pb - 2e = Pb^{2+}$（铅阳极溶解）

在阴极：　$Pb^{2+} + 2e = Pb$（阴极析出铅）

即在阳极，铅失去电子被氧化，发生阳极溶解的氧化反应；在阴极一边，铅离子得到电子被还原，即进行还原反应。这就是铅电解精炼所进行的电极反应的实质。

2.4.3.1　杂质在电解过程中的行为

在粗铅阳极中，通常含有金、银、铜、锑、砷、锡、铋等杂质，杂质在阳极中除以单质存在外，还以固溶体、金属间化合物、氧化物和硫化物等形态存在。阳极中的杂质在电解过程中的行为是很复杂的，按其标准电位可将阳极中的杂质分为三类：

(1)电位比铅负的金属 Zn、Fe、Cd、Co、Ni 等

由于它们具有比铅高的析出电位，且浓度极小，因此在阴极不致于放电析出。这类杂质金属能与铅一道从阳极溶解进入电解液，由于其析出电位较铅负，故在正常情况下不会在阴极上放电析出。由于这些杂质在粗铅中含量很小，且在火法精炼过程中很易除去，所以一般情况下不会在电解液中积累到有害的程度。

(2) 电位较铅正的 Sb、Bi、As、Cu、Ag、Au 等

由于它们具有比铅更低的析出电位，电解时一般不溶解，从而在阳极表面上形成阳极泥层。

当阳极泥散落或脱落，这些杂质将被带入电解液中，并随着电解液流动而被黏附在和夹杂于阴极析出铅中，对阴极质量影响很大。阳极泥层的性质和结构对电解精炼过程有很大影响。硅氟酸电解液之所以被广泛应用，一个非常重要的条件是该法能在阳极表面上形成一个多孔的网状阳极泥层。这种阳极泥层不仅能导电，而且还具有一定的黏着性而不脱落，否则便会污染电解液和阴极沉积物。

(3)电位与铅相近的 Sn

Sn 与铅的电位非常接近，理论上将与铅一道从阳极溶解并在阴极析出。在工厂实践中，锡并不完全溶解和析出，仍有部分保留在电解液和阳极泥中，这是由于阳极中有部分杂质金属与锡构成金属间化合物，使锡的溶解电位升高，因而保留在阳极泥中。生产实践表明，当阳极含锑为0.4% ~0.6%时，仅有30% ~40%的锡在阴极析出。因此，在进行初步火法精炼时，有的工厂在除铜后接着除锡，以降低阳极的含锡量；也有的是在电解后熔铸析出铅的电铅锅中进一步除锡。

2.4.3.2　铅电解精炼的实践

铅电解精炼时，电极与电解槽之间的电路连接多用复联式。电解槽为长方形的敞口钢筋水泥槽，内衬一层沥青。电解液用一级循环，用硅整流供电。

电解液由硅氟酸铅和硅氟酸的水溶液组成，含 Pb^{2+} 量 60 ~ 120 g/L，游离硅氟酸 H_2SiF_6 60 ~ 100 g/L，总硅氟酸根 SiF_6^{2-} 100 ~ 160 g/L，另外还有少量的金属杂质离子和添加剂，如胶质和分解后的氮化物等。Pb^{2+} 浓度太低影响阴极析出铅的结晶质量，适当提高 Pb^{2+} 浓度有利于获得光滑致密而又坚固的析出铅。但 Pb^{2+} 太高会使电解液的导电率下降，并可能造成泥层中的 Pb^{2+} 过高，引起 $PbSiF_6$ 的水解或过饱和，游离酸主要是增加电解液的导电性，提高其分散能力，改善析出铅结晶质量，并降低槽电压，节约电能。

电解液温度一般为 30 ~ 45℃，正常情况下不用给电解液加温。温度升高时电解液的比电阻下降。但温度过高会引起沥青槽衬的软化和起泡，加速硅氟酸分解，增加电解液的蒸发损失。

槽电压是用于克服电解液、阳极泥层、各接触点和导体的电阻，以及由于浓差极化引起的反电势。其中以电解液造成的电压降最大。游离酸含量增加则槽电压下降。电流密度增大，浓差极化现象显著，则槽电压升高。阳极电解时间愈长或杂质愈多，则阳极泥愈厚，槽电压也愈高。

电流密度是生产中的一项重要指标。电解槽的生产能力几乎与电流密度成正比。工厂常用的电流密度为 130 ~ 180 A/m²。在阳极质量较高，电解槽温度稍高和循环速度稍大，电解液组成较均匀和较纯净，以及极间距离较宽的情况下，允许选用较大的电流密度。

胶质和其他添加剂的作用与铜电解精炼的添加剂作用相似。常用添加剂有胶质(明胶、骨胶、皮胶)、β - 萘酚和粉胶(纸浆工业副产品)，还有木质磺酸钠(钙)、石碳酸、丹宁、二苯胺、萘酚等。

随着电解过程的不断进行，电解液中铅离子也逐渐升高，这是由于铅的化学溶解和阴极电流效率比阳极低的缘故；同时由于蒸发和机械损失、铅和杂质的化学溶解以及 H_2SiF_6 的分解，使电解液中游离硅氟酸不断下降。为此，对电解液要进行增酸肥铅的调整。增酸便是定期向电解液补充新的硅氟酸；肥铅则是抽出部分电解液加硫酸使铅形成 $PbSO_4$ 沉淀，或用不溶石墨阳极电解将铅除去。

2.5 湿法炼铅

2.5.1 概述

近 10 多年来，我国铅工业发展迅速，产量迅速增长，2009 年达到 370 万吨，成为世界最大的铅生产国和出口国。至 2010 年底，我国规模以上铅锌冶炼企业 300 余家，除个别工厂采用 ISP 法外，其余均采用传统的烧结 - 鼓风炉熔炼工艺。在铅冶炼新增产能中，50% 以上仍采用落后的烧结锅、烧结盘工艺，造成能耗高，返料量大，冶炼烟气中的硫、砷等元素无法有效回收。其中，SO_2 利用率低于 65%，每年 SO_2 排空量超过 25 万吨，对环境的污染十分严重。随着环保日益严格和国际市场竞争日趋激烈，国家制定的有色金属产业政策明确了技术研究开发的重点是湿法冶金和生物冶金技术。湿法炼铅技术现状与火法炼铅相比，湿法工艺具有如下优势：可产生单质硫，消除 SO_2 污染，不需要烧结车间，可很好地解决环保问题；不产生处理成本很高的炉渣、铅铜锍、烟尘等副产品；工作环境安全，无烟气或烟尘。因此，大多数铅冶炼专家都认为，在不远的将来，湿法炼铅比目前的火法炼铅更具有竞争力。近几十年来，各国冶金工作者对铅精矿的湿法冶炼进行了大量的研究，形成了多种工艺方案。

2.5.2 湿法炼铅方法

湿法炼铅概括起来大致可分为下列四类方法：氯化物浸出法；碱浸出法；胺浸出法；含氨硫酸铵浸出法。

2.5.2.1 氯化物浸出法

(1) NaCl、$NaCl-CaCl_2$浸出法

该方案最早被研究，主要利用铅在氯盐中生成配合离子，以达到浸出铅的目的。该法先将铅精矿或含铅物料中的 PbS 转变为 $PbCl_2$或 $PbSO_4$，多采用添加 $CuCl_2$或 $CaCl_2$的酸性饱和 NaCl 溶液作为浸出液，反应如下：

$$PbCl_2 + 2NaCl = Na_2PbCl_4$$

$$PbSO_4 + 4NaCl = Na_2PbCl_4 + Na_2SO_4$$

该法最大的不足就是杂质被同时浸出，造成浸出液的净化困难。从净化后的溶液中提取金属铅可用下列方法：

①使用 $PbCl_2$ 结晶，然后在 NaCl 熔体中将 $PbCl_2$进行电解；

$$PbCl_2 = Pb + Cl_2$$

②用海绵铁或废铁片使铅沉淀：

$$PbCl_2 + Fe = Pb + FeCl_2$$

③用可熔阳极（熟铁或铸铁）或不熔阳极（石墨）进行电解以获得海绵铅；

$$PbCl_2 = Pb + Cl_2$$

④加入消石灰以生成 $Pb(OH)_2$沉淀，再进行 $Pb(OH)_2$的还原熔炼。

(2) 氯化铁食盐水浸出法

氯化铁做氧化浸出剂，NaCl 饱和溶液做增溶配合剂，方铅矿 PbS 与 $FeCl_3$发生如下反应：

$$PbS + 2FeCl_3 = PbCl_2 + 2FeCl_2 + S$$

从热力学上看，$PbCl_2$在氯化盐体系中的溶解度较小，但是由于 $PbCl_2$能与 Cl^-配合生成 $PbCl_4^-$，从而大大提高了 $PbCl_2$在溶液中的浸出率。因此，通过加入氯化钠饱和溶液增加 Cl^-的总浓度，有助于 $FeCl_3$溶液浸出铅。

此工艺通过控制 $FeCl_3$与 NaCl 的溶液浓度、温度以及方铅矿颗粒的大小来控制该反应的速度，同时必须考虑 Fe^{3+}的循环利用。过高的 Fe^{3+}浓度会因溶液黏度太大，过滤难于进行。其次酸度是高铁饱和食盐水浸出过程中不可忽视的指标，必须维持不致于使 Fe^{3+}水解沉淀的 pH，一般来说，$pH<5$ 有较好的浸出效果。

此工艺的优点：高铁饱和食盐水做浸出剂，不仅价廉易购，而且利用电解废气（氯气）将其再生并反复循环使用，大大降低材料的成本，工艺流程简单，浸出反应速度快，浸出率较高。

此工艺的不足：要通过电解 $PbCl_2$溶液的方法来得到纯度较高的金属铅，在技术上还存在一定的难处；$FeCl_3$再生所用氯气和氯化物水溶液都具有较高的腐蚀性，对设备具有较高的要求。

2.5.2.2 碱浸出法

由于铅的化合物是两性的，所以高浓度的 NaOH 能溶解碳酸铅、硫酸铅等而生成亚铅

酸盐。

对于 PbS 则可在高压釜中同时加入 CuO 添加剂进行浸取，使之生成不溶性的硫化铜渣，其反应为：

$$PbCO_3 + 4NaOH \xlongequal{} Na_2PbO_2 + Na_2CO_3 + 2H_2O$$

$$PbS + 4NaOH \xlongequal{} Na_2PbO_2 + Na_2S + 2H_2O$$

$$Na_2S + CuO + H_2O \xlongequal{} CuS + 2NaOH$$

溶出后再进行电解得到金属铅。

因为浸出液含碱(NaOH)量要求太高，而浸出液中的铅的浓度又太低(仅为 20 g/L)，近年来此法没有多大发展。

2.5.2.3 胺浸出法

此法将硫化铅转化为 $PbCl_2$、$PbSO_4$ 和 PbO 等之后，在胺溶液中形成配合物，铅以 $PbCO_3 \cdot Pb(OH)_2$ 的形式被完全浸出。浸出在室温下进行，液固比为 8∶1 ~ 10∶1，浸出时间 < 4h。然后在 600℃ 下焙烧得 PbO，或电解及还原得到金属铅。可用的有机胺种类很多，如乙二胺(EN 或 EDA)和二乙基三胺(EDTA)等。

胺浸出法包括下列过程：

①硫化铅转变为硫酸铅或氧化铅。

②硫酸铅在常温下用胺溶液溶浸而形成易溶于水的配合物。

③溶液通 CO_2 使铅成为碱性碳酸铅沉淀析出。

④用碳或其他还原剂使碱性碳酸铅还原为高纯度铅。

⑤析出铅后的母液加石灰处理，以使胺溶剂再生，同时 SO_4^{2-} 成石膏分离出来。

溶浸过程反应：

$$PbSO_4 + 2EN \xlongequal{} [Pb(EN)_2]SO_4$$

$$PbO + EN + EN \cdot H_2SO_4 \xlongequal{} [Pb(EN)_2]SO_4 + H_2O$$

碳酸化过程的反应：

$$[Pb(EN)_2]SO_4 + 3CO_2 + 5H_2O \xlongequal{} PbCO_3 \cdot Pb(OH)_2 + 2(EN \cdot H_2CO_3) + 2(EN \cdot H_2SO_4)$$

再生胺过程的反应：

$$EN \cdot H_2SO_4 + Ca(OH)_2 \xlongequal{} CaSO_4 \cdot 2H_2O + EN$$

$$EN \cdot H_2CO_3 + Ca(OH)_2 \xlongequal{} CaCO_3 \cdot 2H_2O + EN$$

碱式碳酸铅可在高温下还原为 99.99% 的金属铅，也可用电解法从溶液中回收铅。

2.5.2.4 含氨硫酸铵浸出法

该法的基础是硫酸铅或氧化铅在 $NH_3-(NH_4)_2SO_4$ 溶液中有一定的溶解度。其过程包括：将精矿或其他含铅物料中的 PbS 转变为 $PbSO_4$；常温常压下于 $NH_3-(NH_4)_2SO_4$ 溶液中溶浸；用电解法或沉淀法回收铅及溶剂的再生。

其浸出过程的反应：

$$PbSO_4 + NH_3 + H_2O \xlongequal{} NH_4[Pb(OH)SO_4]$$

$$PbO + (NH_4)_2SO_4 + H_2O \xlongequal{} NH_4[Pb(OH)SO_4] + NH_4OH$$

从溶液中析出铅可采用电解、蒸馏、结晶等方法。

电解时，电解反应为：

$$2PbSO_4 + 2H_2O + 4NH_3 \xlongequal{} Pb(\text{阴极}) + PbO_2(\text{阳极}) + 2(NH_4)_2SO_4$$

电解所得的 PbO_2，须加6%～7%炭粉在600℃下将其还原成金属。

蒸馏法析出反应：

$$NH_4[Pb(OH)SO_4]+(NH_4)_2SO_4 \xlongequal{} PbSO_4(NH_4)_2SO_4\downarrow+NH_3+H_2O$$

$$2NH_4[Pb(OH)SO_4] \xlongequal{} PbO\cdot PbSO_4\downarrow+(NH_4)_2SO_4+H_2O$$

蒸馏法最终产品 $PbSO_4$，须进一步处理成金属。

结晶法是在45℃下加入晶种，1 h内可有50%的铅析出。

2.5.2.5　加压浸出法

加压浸出有加压酸浸和加压碱浸两种，酸浸时当在110℃和142 kPa氧压下浸出6～8 h，可使铅和锌95%进入溶液中。碱浸是将铅矿与含有 NH_4OH 和 $(NH_4)_2SO_4$ 的水溶液制浆，矿浆浓度15%～20%，并通入氨气保持 pH≈10，在85℃和氧分压42.6 kPa的条件下，浸出2 h，铅浸出率达90%，生成的 $Pb_2SO_4\cdot(OH)_2$ 用氨性硫酸铵法将其回收。

思考题

1. 请列举出铅的主要化合物及其重要性质。
2. 请列举出各种提炼铅的方法并写出鼓风炉熔炼的工艺流程。
3. 铅烧结矿鼓风炉熔炼时烧结焙烧的目的是什么？
4. 试分析在硫化铅精矿烧结焙烧中，铅化合物稳定区随 SO_2 和 O_2 分压的变化情况。
5. 简述铅鼓风炉还原熔炼的基本原理。
6. 简述鼓风炉正常工作时的炉温分布情况以及熔炼完成后的熔炼产物组成情况。
7. 简述烟化炉处理炉渣的原理。
8. 简述铅鼓风炉渣的烟化处理影响因素。
9. 简述基夫赛特炼铅的工艺技术条件及优缺点。
10. 请简述QSL氧化熔炼的特点及工艺流程。
11. 试述粗铅火法精炼流程，并简述熔析法除铜的原理和过程。
12. 试述粗铅精炼除砷、锑、锡的方法，并说明氧化精炼过程。
13. 简述粗铅精炼加钙镁除铋的原理。
14. 电解精炼的工艺是怎样的？请写出粗铅电解精炼阳极和阴极的主要反应。
15. 请指出粗铅电解精炼前都有哪些杂质元素，铅阳极中杂质元素在电解精炼中的行为？
16. 与火法炼铅相比，湿法炼铅有那些特点？
17. 湿法炼铅大致有哪几类方法，简述碱浸出过程。

第3章　锌冶金

3.1　锌冶金的一般知识

3.1.1　锌及其主要化合物的性质与用途

3.1.1.1　金属锌

（1）物理性质

锌的元素符号为Zn，是化学元素周期表第四周期第二副族的元素，原子序数30，相对原子质量65.38。金属锌呈银白而略带蓝灰色，较软（仅比铅、锡稍硬），在常温下性脆，延展性甚差；一般在100～150℃进行机械加工最适宜，当温度升高到250℃以上时，又失去延展性而变脆，不易加工。

锌的熔点为419.53℃，沸点为906.97℃。常温下锌的密度为7.14×10^3 kg/m^3，液态锌的密度为6.62×10^3 kg/m^3。由于锌的沸点低，故生产上常用精馏方法精炼提纯火法冶炼得到的粗锌。

锌的导电性为银的导电性的27.9%，导热性是银的导热性的24.2%。锌能与许多金属组成合金。最常见的是铜锌合金（黄铜）。液态锌的流动性非常好，铸造过程中可使铸模各细小部分充满，故锌被广泛应用于制造各种压铸件，特别是在机械制造工业上用作精密铸件的原料。高纯锌是制造银－锌电池的原材料。

（2）化学性质

锌的标准电位为－0.7628 V，是一种较活泼的重金属，许多重金属都可以被锌从溶液中置换出来。当锌从酸中置换出氢时，析出氢的超电压会阻碍锌溶解过程的进行，故一般可以视纯锌和纯硫酸或纯盐酸不发生化学反应。但当锌中含有少量杂质时，则因原电池反应而使锌极易溶解于硫酸或盐酸，同时析出氢气，且杂质愈多溶解速度愈快。锌在硝酸及热浓硫酸中溶解时放出氮的氧化物和二氧化硫。

锌在干燥空气中具有良好的抗腐蚀性能，在潮湿空气中和有二氧化碳存在的条件下，锌表面逐渐被氧化，形成一层致密的灰白色的碱式碳酸锌$ZnCO_3\cdot3Zn(OH)_2$膜，该膜可以保护内部的锌不再继续被腐蚀。由于这一特点，锌被广泛用于钢铁表面镀层防腐方面。

3.1.1.2　锌的主要化合物的性质与用途

锌的主要化合物有硫化锌、氧化锌、硫酸锌和氯化锌等。

（1）硫化锌（ZnS）

金属锌在有硫或硫化氢存在的条件下加热可形成硫化锌。纯硫化锌为白色物质，在自然界常以闪锌矿出现。闪锌矿的真密度为4.083×10^3 kg/m^3。

硫化锌在高温下易被空气氧化成氧化锌或硫酸锌：

$$2ZnS + 3O_2 \Longrightarrow 2ZnO + 2SO_2$$

或

$$ZnS + 2O_2 \Longrightarrow ZnSO_4$$

在温度为600℃时反应已较剧烈，这对硫化锌精矿的流态化焙烧有重要意义。

二氧化碳在750℃以上的高温下能将ZnS氧化成ZnO和SO_2。金属铁在1167℃开始分解ZnS，而在1250℃时分解作用进行得很完全：

$$ZnS + Fe \Longrightarrow Zn + FeS$$

在还原气氛中有CaO存在时，ZnS按下式进行分解：

$$ZnS + CaO + CO \Longrightarrow Zn + CaS + CO_2$$

因此，当蒸馏炉料中存在有金属铁或氧化钙时，就有可能从残留的ZnS中提出锌。

硫化锌不溶于冷的硫酸及稀盐酸溶液中，但可溶于氧化性强酸中，强烈地溶于硝酸中。也可以采用各种氧化剂(如Fe^{3+})将溶液中的硫离子S^{2-}氧化成单质硫(S)，使溶解过程加快进行，这是硫化锌精矿直接酸浸的基础。

(2) 氧化锌(ZnO)

俗称锌白，是一种白色的微细的粉状物，在加热时会发黄，氧化锌是印染业、医药业、橡胶业的重要原料和添加剂，也可用于浸润木材、纸张增白剂、橡胶填充剂、颜料覆盖剂等。

氧化锌的真密度为5.78×10^3 kg/m^3，熔点为1973℃。氧化锌在1000℃以上开始挥发，1400℃以上挥发激烈。生产上利用这一特点挥发回收低品位矿物中的锌。

氧化锌在高温条件下能被碳、一氧化碳及氢还原成金属锌，是火法炼锌的基础：

$$ZnO + CO \Longrightarrow Zn + CO_2$$

氧化锌为两性氧化物，易溶于稀酸，也可和强碱反应生成相应的锌酸盐。在高温下可与各种酸性氧化物或碱性氧化物，如SiO_2、Fe_2O_3、Na_2O等，生成硅酸锌、铁酸锌、锌酸钠。

(3) 硫酸锌($ZnSO_4$)

硫酸锌是氧化锌溶解于硫酸中的产物，焙烧硫化锌也可生成硫酸锌。硫酸锌易溶于水，20℃下其溶解度为54.4 g，100℃时可达80 g。无水硫酸锌极易水化，可用于生产七水硫酸锌$ZnSO_4 \cdot 7H_2O$(俗称锌矾、皓矾)，锌矾加热脱水时按控制的温度不同可形成一系列水化合物，如$ZnSO_4 \cdot 7H_2O$、$ZnSO_4 \cdot 6H_2O$、$ZnSO_4 \cdot H_2O$等。硫酸锌加热时先生成碱式硫酸锌$2ZnSO_4 \cdot ZnO$，随后进一步分解成ZnO。

硫酸锌用于制革、陶瓷、纺织、医药等方面。

(4) 氯化锌($ZnCl_2$)

低温下将氯作用于金属锌、硫化锌皆可形成氯化锌($ZnCl_2$)。氯化锌的熔点为262℃，沸点为730℃。在500℃左右氯化锌就显著挥发，易溶于水中。氯化锌可用于浸渍木材，起保护作用等。

3.1.2 炼锌的原料

锌冶炼的原料大致可分为矿物原料和含锌工业废料。前者包括有锌矿石中的富矿和锌精矿，后者则十分广泛，如钢厂烟灰、镀锌渣、炼铅渣等。

按原矿石中所含的矿物种类可分为硫化矿和氧化矿两类。在硫化矿物中，锌主要以闪锌矿(ZnS)和铁闪锌矿(nZnS·mFeS)状态存在，最多的还是呈闪锌矿状态存在。在氧化矿中锌主要以菱锌矿($ZnCO_3$)和硅锌矿($ZnO \cdot SiO_2$)状态存在。氧化锌矿一般是次生的，是硫化锌矿长期风化的结果，故氧化锌矿常与硫化锌矿伴生，但世界上也有大型独立的氧化锌矿。

含锌品位较低的原料一般不能直接提炼金属锌，锌矿需要经过选矿得到精矿，含锌杂料则一般通过火法富集得到含锌品位较高的氧化锌烟尘，分别进行冶炼。锌精矿中含锌一般在38% ~62%之间。

锌精矿除ZnS外，还含有二氧化硅、三氧化二铝、碳酸钙等脉石成分以及锰、钴、铟、锗、镓、铊、铼等有价金属。因此，在冶炼过程中，必须注意综合回收这些金属和非金属成分，以提高资源的利用率。

氧化锌矿及含锌杂料品位很高时可直接进行冶炼，但对于含锌低于10%的物料，则要预先进行选矿富集或火法富集。因氧化矿选矿十分困难，故目前氧化锌矿的应用多以富矿为对象。贫氧化矿和含锌物料(如炼铅炉渣含锌5% ~6%)，大都采用烟化炉或旋涡炉处理，得到氧化锌粉，作为炼锌原料。

3.1.3 锌的冶炼方法

锌的冶炼方法可分为火法冶炼和湿法冶炼两类，目前湿法冶炼的锌产量占世界锌总产量的80%以上，火法炼锌因其能耗高，作业环境差，锌回收率相对较低等问题，除鼓风炉炼锌工艺针对铅锌复合矿冶炼还有一定竞争力外，其余火法炼锌工艺均已逐渐淘汰。

3.1.3.1 火法炼锌工艺

火法炼锌的历史可追溯到15世纪，到20世纪中期达到鼎盛阶段。其原理是将氧化锌矿物(或由硫化锌矿焙烧转型为氧化矿)与碳质还原剂配好混合装入密闭炉窑中，在高温下反应，还原所得锌蒸气隔绝空气冷凝得到金属锌。世界上现存的火法炼锌工艺主要有3种，即竖罐炼锌、密闭鼓风炉炼锌(ISP)和电热法炼锌。火法炼锌原则工艺流程见图3-1。

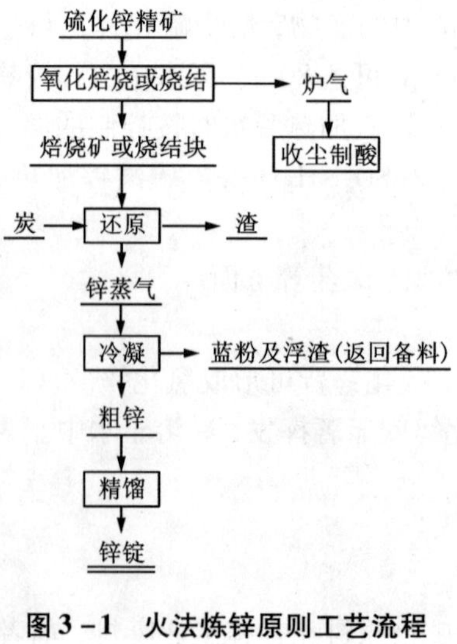

图3-1 火法炼锌原则工艺流程

(1)鼓风炉炼锌

鼓风炉炼锌法于20世纪50年代由英国帝国有限公司始创，又称帝国熔炼法(Imperial Smelting Process，简称ISP)。该工艺是将铅锌矿或锌矿配料后，脱硫烧结或压团，团块送密闭鼓风炉还原熔炼，分别得到金属锌和金属铅。采用该法冶炼的锌约占世界锌总产量的14%左右，其特点是能处理湿法炼锌不能处理的锌铅混合矿，难处理的不纯铅、锌精矿和低品位复杂原料，同时还能有效地回收原料中的金、银等有价金属，因而在处理复杂锌铅原料方面具有一定的地位。全世界先后共建设了19套ISP装置，在发达国家，因环保原因有多家已经关闭，2004年澳大利亚的柯克、克里克的ISP厂亦已关闭。我国共建有6套装置，2005年产锌总量20~21万t。

（2）竖罐（平罐）炼锌

竖罐炼锌是由平罐炼锌发展而来，同属蒸馏法。该工艺将氧化锌矿或锌焙烧矿，配以还原煤（焦）粉，制团后送入泥罐，并密封加热，还原产生的锌蒸气经冷得到粗锌。因加热过程属间接加热，且单罐生产能力小、锌直收率低、环保投资偏大等原因，该法已经逐步淘汰。我国竖罐炼锌以葫芦岛锌厂为代表，2005年全国的竖罐产锌35万~36万t。

（3）电热法炼锌

电热法炼锌几乎与竖罐炼锌方法同时投入工业生产。该法同样是以氧化矿或锌焙烧矿为原料，与经严格分级的颗粒焦炭混合，配以必要的熔剂，在电炉内因电阻发热而达到氧化锌的还原温度，还原所得的含锌蒸气，从铅雨冷凝器冷凝得到粗锌。目前全国已有35个工厂建成投产了58台电炉，电炉装机总功率112 MW，年产锌总量15~16万t。电热法炼锌每生产一吨粗锌电能消耗约为4000 kWh，这比电解法炼锌的电耗稍高，还要消耗焦炭、熔剂和耐火材料等，粗锌直接回收率低（82%~85%），且生产能力也不能满足大规模炼锌厂的要求，因此发展潜力不大。

3.1.3.2 湿法炼锌工艺

湿法炼锌开始研究较早，但到第一次世界大战中期才应用于工业生产。到20世纪50年代热酸浸出法取得成功，使湿法炼锌工艺得到了极大发展，80年代后，湿法炼锌的产量已占世界锌总产量的80%以上。进入90年代后，湿法炼锌研制成功了硫化锌精矿和高硅氧化锌矿石直接酸浸法，使湿法炼锌的工艺过程进一步简化，并具有金属回收率高、产品质量好、综合利用好、能量消耗较低、环境保护好、成本低等优点，从而使湿法炼锌取得了对火法炼锌的压倒优势。我国1995年湿法炼锌仅占当年总产量41%，2004年已提高到近72%，目前已经达85%，这表明湿法炼锌的发展速度远大于火法炼锌。过去15年来我国锌产量的冶炼工艺构成见表3-1。

表3-1 我国锌产量的构成/10^4t

年　份	1995	1998	1999	2000	2001	2002	2003	2004	2005
锌精矿含锌量	101.07	127.3	147.6	178.03	169.32	162.4	202.9	239.1	
锌金属产量	107.67	148.6	170.32	195.7	203.76	215.5	231.85	271.9	271.1
其中：电锌	44.3	70.86	81.89	100.5	117.8	124.6	143.7	195.1	
精馏锌	32.1	39.14	39.79	55.9	45.9	59.7	56.2	70.37	
蒸馏锌	5.5	6.52	7.71	4.42	7.2	1.7	1.79	1.82	
锌　品	25.7	32.02	40.93	34.8	32.8	29.4	30.2	40.7	

工业上湿法炼锌根据不同的原料，分别采用如下冶炼工艺：

(1)硫化锌精矿－焙烧－浸出－电积工艺。

(2)硫化锌精矿－直接加压酸浸－电积工艺，亦称全湿法工艺。

(3)氧化锌矿和氧化锌烟尘－直接酸浸－电积工艺。

各种原料湿法炼锌原则工艺流程见图3－2。

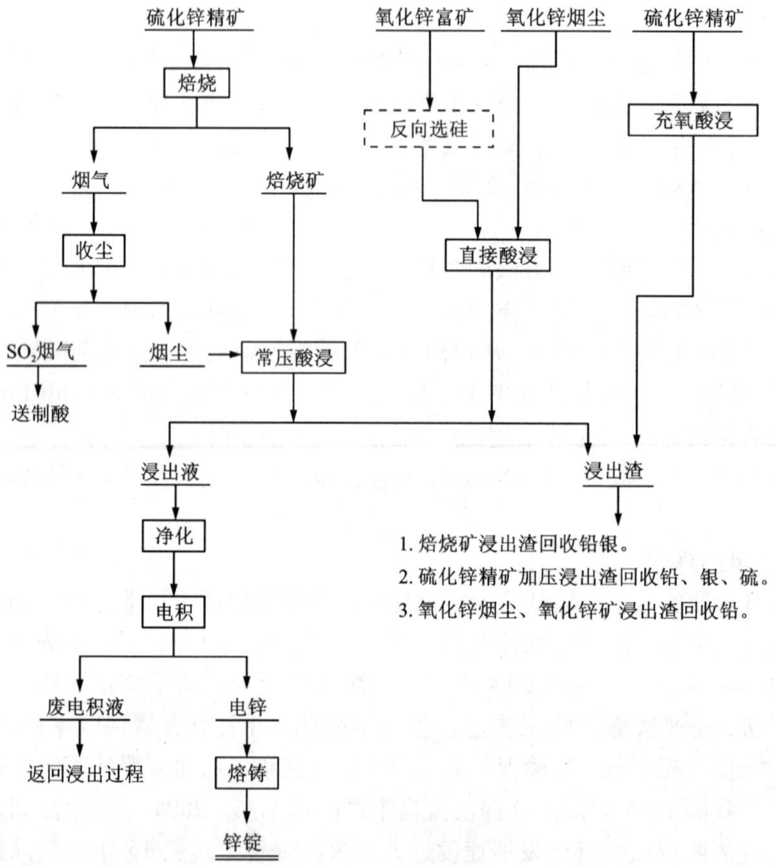

图3－2 各种原料湿法炼锌原则工艺流程图

(1) 焙烧脱硫－常规浸出法

硫化锌精矿经焙烧脱硫后，焙烧矿在常规条件(不加压、酸度低)下浸出，尽可能使锌溶解进入溶液，并以中和水解法除去铁、砷、锑、硅、锗等大量有害杂质，经固液分离，分出的溶液经净化后，获得合格的中性硫酸锌溶液，然后送去电解得到高纯度电锌。

常规浸出法产出的锌浸出渣含锌在20%左右，一般采用回转窑烟化法回收其中的锌，或堆存待处理。该方法的特点是锌浸出不完全，浸出渣需要火法处理，使部分锌在系统中循环，且能源消耗较高。但工艺成熟，技术易于掌握。

(2) 焙烧脱硫－热酸浸出法

提高温度、加大酸浓度可以使锌浸出完全，但随着酸浓度和温度的提高，铁也会大量浸出。硫酸锌溶液中少量铁可以通过水解中和除去，但大量铁水解则会形成胶体，而无法分离。直到20世纪70年代，从硫酸锌溶液中除铁的难题得到了解决，于是相继出现了热酸浸出黄钾铁矾法、针铁矿法和赤铁矿法来处理浸出渣的工艺。

上述工艺中，目前国内外采用黄钾铁矾法的最多，其余工艺都只在少数工厂采用。

(3)硫化锌精矿直接浸出法

传统湿法炼锌工艺都需要将精矿经过焙烧脱硫后进行浸出，焙烧过程因烟尘率高，收尘系统庞大；精矿中的硫转型成SO_2后只能制成硫酸回收，运输、贮存不便。因此20世纪后期研究成功了硫化锌精矿氧气氧化直接浸出的全湿法炼锌工艺。该工艺是在一定压力(加压或不加压)和温度条件下，在强酸性环境中以工业氧将锌精矿氧化转型为元素硫和硫酸锌。该法无需建设配套的焙烧和收尘、制酸系统，且浸出效率高，对原料适应性好，与其他炼锌方法相比，在环保和经济上均有其优势，特别是在硫酸储运、销售不便的地区更有竞争力。

该法于1981年投入工业生产，2007年我国云南澜沧铅矿有限公司投资建设的20 kt/a两段氧压酸浸全湿法炼锌厂投产；2009年中金岭南公司丹霞冶炼厂一期10万吨锌氧压浸出工程竣工投产，我国的株洲冶炼集团于2008年引进技术建成了一条常压氧浸生产线，目前也已经成功投产。可以预见，全湿法炼锌工艺将在国内得到广泛的应用。

3.2 湿法炼锌

3.2.1 硫化锌精矿的焙烧

从硫化锌精矿中提炼锌，无论采用火法或湿法，都必须先将硫化锌精矿进行焙烧。焙烧的主要目的是让其中的硫化锌在高温下氧化，生成氧化锌和少量硫酸锌，并使砷、锑氧化成挥发性的氧化物除去，硫则以SO_2进入烟气。为了便于下一步浸出，一般要求焙烧得到细小粒子状的焙烧矿，故焙烧过程应尽可能避免烧结现象的发生。

处理块状硫化矿的焙烧最早是采用堆式焙烧，后改为竖炉焙烧。随着原矿品位的降低和浮选的迅速发展，炼锌厂处理的原料都是粉末状的锌精矿，因此目前广泛采用流态化焙烧炉(也称为沸腾炉)进行焙烧。流态化焙烧的不足之处是：对炉料成分稳定性和物理规格要求较严格；由于气流速度大，造成烟尘率一般高达40%～50%，致使收尘设备庞大。

3.2.1.1 焙烧过程的基本原理

焙烧是在原料和产物熔点温度以下进行的一种化学反应，工业上焙烧硫化锌精矿，是在高温下让空气中的氧将ZnS氧化，生成粉末状的焙烧矿物。因硫化锌的氧化反应能放出大量热，故焙烧过程可自热而无需额外的燃料，多数情况甚至还需要通过水套等冷却装置带走热量以控制焙烧过程的温度。一般来说，硫化锌精矿的氧化反应主要有以下四种：

$$MeS + 2O_2 = MeSO_4$$

$$MeS + 3/2O_2 = MeO + SO_2$$

$$MeS + O_2 = Me + SO_2$$

$$MeSO_4 = MeO + SO_3$$

SO_3在高温下易分解：

$$SO_3 = SO_2 + 1/2O_2$$

当然，精矿中某种金属硫化物氧化过程的反应方式和产物并非一成不变，它决定于金属元素的性质和焙烧过程中的具体条件。锌精矿中各种金属硫化物焙烧的主要产物有 MeO、$MeSO_4$以及 SO_2、SO_3、O_2，还可能有 $MeO·Fe_2O_3$、$MeO·SiO_2$等成分。

在高温下，ZnS 可氧化生成 ZnO、$ZnSO_4$以及 $ZnO·ZnSO_4$。$ZnSO_4$在 800℃以上开始分解为 ZnO，930℃以上时能全部分解，故在高温焙砂中 $ZnSO_4$是很少的。在焙烧温度下，ZnO 还与 Fe_2O_3作用生成 $ZnO·Fe_2O_3$，与脉石中的 SiO_2作用生成 xZnO·$y$$SiO_2$，前者不溶于稀酸，影响锌浸出率，后者则因溶于酸后形成硅胶影响矿浆的澄清过滤，故一般湿法锌厂均不希望处理高铁或高锌的锌精矿。但 $ZnO·Fe_2O_3$和 xZnO·$y$$SiO_2$都容易在高温下被碳还原，故火法炼锌厂可以处理高铁高硅的锌精矿。

锌精矿中其他成分的行为略述如下：铜的硫化物在高温下分解，并氧化成 $2Cu_2O$ 和 SO_2；铅在锌精矿中主要以硫化铅（PbS）形态存在，在焙烧时生成 $PbSO_4$和 PbO。硫化铅的熔点约为 1120℃，熔化后具有很好的流动性，进入炉子的砖缝中，破坏炉子结构。氧化铅能与许多金属氧化物形成低熔点共晶化合物，如硅酸铅（$PbO·SiO_2$）、铁酸铅（$PbO·Fe_2O_3$）等，这些低熔点化合物熔化后引起炉料在焙烧炉和烟道中结块的现象，从而使操作恶化，焙烧脱硫不完全，因此要求配料时混合锌精矿含铅不超过 2%。

锌精矿中的硫化镉（CdS）本身易挥发，950℃下焙烧时约 50% 的镉进入烟尘。部分镉氧化成 CdO 和 $CdSO_4$，它们在浸出时与 ZnO 一起进入硫酸溶液。

砷、锑化合物在 600℃时显著离解，在氧化气氛中极易氧化，生成极易挥发的 As_2O_3、Sb_2O_3，挥发进入烟尘。但在温度高、过剩空气量充足的情况下砷、锑氧化成很难挥发的五氧化物 As_2O_5、Sb_2O_5，并在有氧化铅、氧化铁存在的情况下易生成砷、锑酸盐。焙烧时要求尽可能使 As、Sb 以挥发性氧化物进入烟气。

银在锌精矿中以辉银矿（Ag_2S）形态存在。它在 605℃时着火，大部分氧化生成单质银和 Ag_2SO_4，少部分仍以硫化银形态存在。

铟、锗在锌精矿中以硫化物或复合物形态存在。当焙烧温度在 800～1100℃时变为氧化物，因为它们难于被稀硫酸溶解，所以大部分留在浸出渣中，在处理浸出渣的过程中加以回收。

铁在锌精矿中一般以黄铁矿（FeS_2）、磁黄铁矿（Fe_2S）或铁闪锌矿（nZnS·mFeS）形态存在。在焙烧温度 800～1100℃时进行氧化，得到大部分的三氧化二铁（Fe_2O_3）和少部分的四氧化三铁（Fe_3O_4）。当焙烧温度高于 650℃时，特别是在高温焙烧时氧化锌与氧化铁生成铁酸锌，铁酸锌很难溶于稀硫酸，在锌焙砂浸出过程中进入浸出渣中，使锌的浸出率和总回收率降低。故在锌精矿配料时，一般要求铁的含量不超过 8%。

在锌精矿中常含有大量的二氧化硅（SiO_2），在焙烧过程中它们与金属氧化物（ZnO、FeO、PbO、CaO）接触时反应生成相应的硅酸盐。这些硅酸盐，特别是硅酸铅（$PbO·SiO_2$，熔点 726℃）熔点低，能使焙砂烧结，阻碍焙烧的正常进行。故混合锌精矿中应严格控制 SiO_2的含量不超过 5%。

3.2.1.2 焙烧过程的控制条件

锌精矿的焙烧过程是一个有气相参加的多相反应，其反应步骤是：①气流中的氧分子扩散至硫化物表面上；②氧分子在固体表面上吸附；③在固体表面上进行化学反应；④反应的气体产物从固相表面解吸；⑤气体产物从固相表面向气流中扩散。ZnS 颗粒被空气中的 O_2氧化的过程如图 3－3 所示。

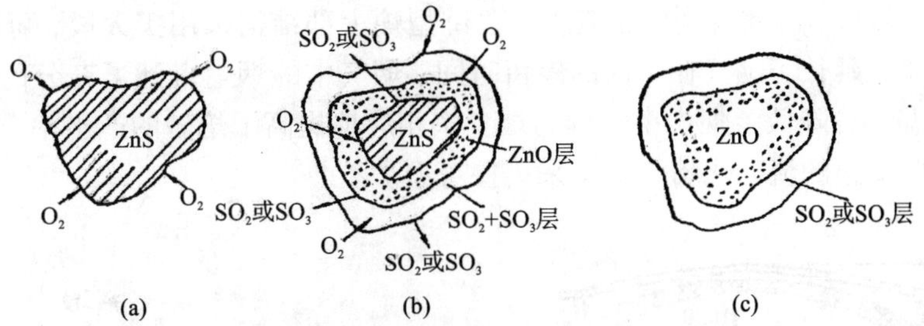

图3-3 硫化锌颗粒氧化过程示意图

(a)反应开始；(b)反应中途；(c)反应终了

在焙烧过程中，影响化学反应速度和扩散速度的因素，除了精矿本身的因素外，还有反应表面积、温度、空气中氧浓度、气流特性(气膜厚度)等。

提高温度，一方面使 O_2分子运动速度加快，使氧本身成为活化分子；另一方面能提高扩散速度。所以提高温度可以加快反应速度，缩短焙烧时间，强化生产过程。但是温度不能过分提高，因这会引起炉料熔化。生产中温度控制在不引起炉料熔结的最高温度，一般为900～950℃，最高温度在1000℃左右。

气流特性对反应速度影响很大。气流速度愈大，气体紊流程度也愈大，固体颗粒表面的气膜就愈薄，因而 O_2、SO_2和 SO_3较易扩散，这就加速了反应过程。但气流速度过大，会导致烟尘率的升高。制粒流态化焙烧能在一定程度上解决这一矛盾，提高生产率，降低烟尘率。目前不少工厂的操作速度都由过去的0.4～0.65 m/s 提高到0.7～0.8 m/s，甚至1 m/s 以上。

气流中的氧浓度与反应速度成正比，采用富氧焙烧能有效提高焙烧矿质量和产量。为了使焙烧过程中 ZnS 的氧化反应完全，焙烧空气过剩系数应大于1，对酸化焙烧可取1.20～1.30。

精矿本身的特性，直接影响到焙烧速度。精矿粒度小，比表面积就大，反应速度快。粒度小，颗粒表面的 ZnO 层就薄，空气中的氧就容易向颗粒内部扩散，同时使内部的 SO_2、SO_3易于向气流扩散，这将加速反应过程。因此，精矿的粒度愈细愈有利于焙烧反应的加速进行。但是粒度不能过细，否则烟尘率增加，还会因很多细小的 ZnS 未来得及氧化就被带到烟尘中，降低烟尘的质量。

如果精矿品位较低，那就意味着有较多的杂质(如 SiO_2、$CaCO_3$等)与 ZnS 结合在一起，这些杂质不仅减少了 ZnS 与 O_2的接触面，也增加了 O_2内扩散的途径，所以不利于反应的进行。这是工厂限制入炉精矿品位的原因之一。

3.2.1.3 流态化焙烧炉的结构

锌精矿经过配料、干燥和破碎后，送入焙烧系统。焙烧系统主要包括焙烧炉、加料与排料装置、余热排除及利用装置、炉用风机等。其中的核心设备是焙烧炉，锌精矿的焙烧设备大多数采用流态化焙烧炉。焙烧炉的结构在很大程度上影响炉子的性能和技术经济指标。

现在工业上采用的焙烧炉可分为三种类型：①带前室的直形炉，我国及苏联的一些工厂采用；②道尔(Dorr)型湿法加料直形炉，日本多数厂家采用；③鲁奇(Lurgi)扩大型炉，我国和西欧、美、加等国多数厂家采用。关于炉子的具体结构见图3-4和图3-5。

直形炉砖型比较简单，但受热时膨胀不均匀，易于开裂，而且直角处容易形成死角，使炉料沸腾不好，或烧结成块。圆形炉虽然砖型较复杂，但结构简单，砌筑方便，炉料运动均匀，密封性能也较好，因此得到广泛应用。鲁奇型炉上部结构采用扩大段，可使烟气流速减慢和烟尘率降低，延长了烟气在炉内的停留时间，烟气中的烟尘得到了充分的焙烧，从而提高烟尘焙烧质量，且降低了烟尘率。低的烟尘率相应地提高了焙砂的产出率，减小了收尘系统的负担，因此新建的流态化焙烧炉多采用鲁奇型炉型。

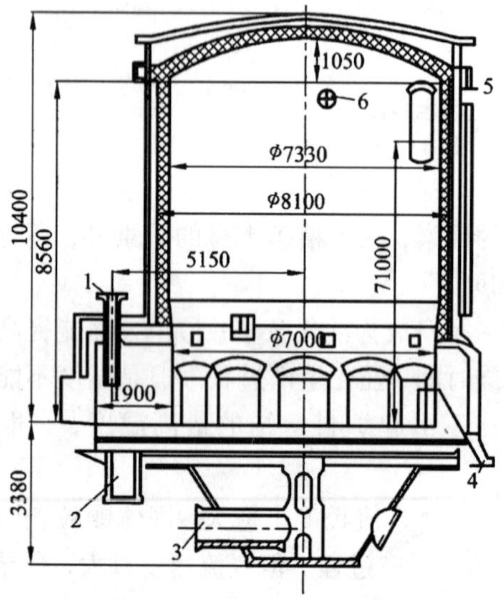

图 3－4　42 m^2带前室的直形焙烧炉

1—加料孔；2—前室进风口；3—炉底进风口；4—排料口；5—排烟口；6—开炉用排烟

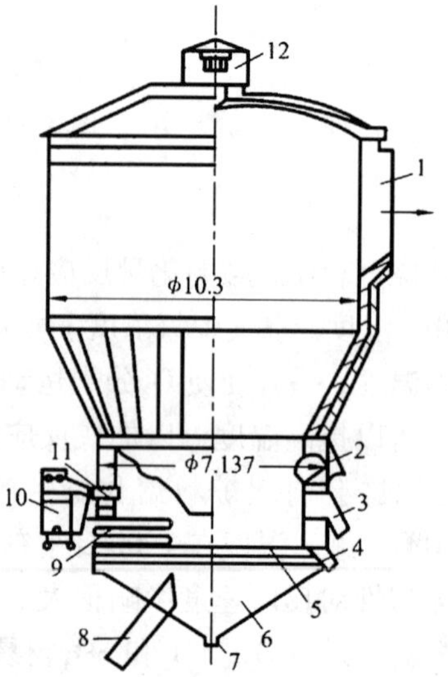

图 3－5　鲁奇型焙烧炉结构示意图

1—排气道；2—烧油嘴；3—焙砂溢流口；4—底卸料口；5—空气分布板；6—风箱；7—风箱排放口；8—进风管；9—冷却管；10—高速皮带；11—加料孔；12—安全罩

流态化焙烧炉本体由钢板外壳内衬耐火砖而成。下部是风箱，上部是流态化层、炉膛空间和烟气出口，中间隔着由空气分布板和保温层组成的炉床。

炉床的作用是使空气沿整个炉床均匀地进入流态化层，不使炉内焙烧物料漏入炉底送风箱。在一整块 14 ~ 30 mm 的钢板上，按一定的排列规律安装许多风帽，风帽之间浇灌 200 ~ 300 mm 厚的耐热混凝土组成炉床，可满足炉床在高温下不发生变形，不易损坏的要求。

流态化焙烧炉炉高 12 ~ 17 m，流态化层高约 1 m，炉身的流态化层处设有加料口、排料口、工作门及用厚铁板制作的水冷或汽化冷却水套。加料口一般和排料口在同一水平上，或比排料口稍高，并设在与排料口对称的炉子径向的另一端。炉身是由 8 ~ 12 mm 厚的钢板焊接而成，钢壳依次内衬有 115 mm 的轻质保温砖和 230 mm 的黏土耐火砖。在钢壳与轻质砖之间留有 20 ~ 30 mm 的膨胀缝，内灌硅藻土。

在炉身上部设有排烟口，其面积的大小以控制烟气实际出口速度在 5 ~ 8 m/s 为宜，对于大炉子可以取 8 ~ 12 m/s，以维持炉顶压力为零压或微负压为原则。

3.2.1.4　流态化焙烧的产物与技术指标

硫化锌精矿流态化焙烧的产物有焙砂、烟尘和烟气三种，其成分分别见表 3 – 2 和表 3 – 3。由炉子排料口溢出的产物叫焙砂，各收尘设备捕集的物料叫烟尘。焙砂和烟尘合称焙烧矿。由于焙烧过程所控制的技术条件不同和炉料中各元素的性质差别，焙烧产物成分也有所差别。

一般要求焙烧矿中 $w(Zn) > 50\%$，其中可溶锌率 $> 90\%$。精矿含 $w(SiO_2) \leqslant 5\%$，$w(As + Sb) \leqslant 0.4\%$，$w(F + Cl) \leqslant 0.02\%$。残硫量也是影响浸出率的关键，应愈低愈好。

表 3-2　株洲冶炼厂 42 m² 流态化焙烧炉产出的焙砂和烟尘成分/%

物料名称	$Zn_{全}$	$Zn_{可}$	Ss	$S_{SO_4^{2-}}$	$SiO_{2\,可}$	$Fe_{可}$	Pb	As	Ge
焙砂	54~56	51~56	<1.0	<1.0	<2.5	3~5	<1.5	<0.4	<0.005
烟尘	53~57	50~54	<1.5	<2.0	<2.0	4~6	<1.5	<0.4	<0.005

表 3-3　株洲冶炼厂焙烧烟气成分(体积)/%

SO_2	O_2	CO_2	N_2	H_2O
8.5~9	4.74	0.57	78.4	6.62

流态化焙烧的技术经济指标列于表 3-4。

表 3-4　国内外流态化焙烧技术经济指标

技术经济指标	株洲冶炼厂		葫芦岛锌厂	Risdon(澳)
炉　型	圆、直筒型	圆、扩大型	圆、扩大型	圆、扩大型
流态化床面积/m²	42	109	26.5	123
流态化层处直径/m	7.1	11.8	5.65	12.55
上部空间直径/m	7.39	12.8		16.05
流态化层高度/m	1	1	1~1.2	—
炉膛总高度/m	9.913	12.3	13.6	—
鼓风量/($m^3 \cdot h^{-1} \cdot m^{-2}$)	1808	1775	1700	650①
气体分布板阻力/Pa	900~1200	3500~4000	1600	—
气体分布板孔眼率/%	1.1	—	1.04	—
流态化层温度/℃	840~860	960~1000	1080~1100	900~940
炉顶温度/℃	900~950	950~1 000	1000~1050	—
直线速度/($m \cdot s^{-1}$)	0.45~0.5	0.5~0.7	1000~1050	—
床能率/($t \cdot m^{-2} \cdot d^{-1}$)	5~5.1	5~8	7~8	6.5
烟气量(料)/($m^3 \cdot t^{-1}$)	2 070	1825	1750	—
脱硫率/%	91~93	—	95~98	—
烟气中 SO_2 浓度/%	7~8	—	10~10.5	10~11

注：①实际鼓风量为 160 m² 空气。

3.2.2 锌焙烧矿的浸出

用稀硫酸(电解废液)作溶剂，将锌的化合物从焙烧矿中溶解出来，达到与不溶解的固体残渣分离的目的，这个过程叫做锌焙烧矿的浸出。根据浸出过程连续与否，可分为连续浸出与间断浸出两种：连续浸出是将浆化好的焙烧矿连续流过几个浸出槽完成浸出；间断浸出是指将锌焙烧矿分批在浸出槽中进行浸出。连续浸出的优点是设备利用率高，能利用锌焙烧矿的物理热，浸出过程的酸度较高，劳动条件较好，易于实现机械化和自动化操作。间断浸出对锌焙烧矿的适应性较好，技术条件易控制，能确保硫酸锌水溶液的质量，比较适应于中小规模的锌厂采用。

3.2.2.1 浸出工艺流程

现代锌生产一般采用连续多段浸出流程，一段为中性浸出阶段，其浸出终点 pH 值为 5.2 ~ 5.4。此阶段焙烧矿与部分返回浸出的废电解液、全部酸性浸出液作用，使焙烧矿的部分可溶锌溶解，并使酸性浸出液中已经溶出的杂质进入浸出渣，得到高质量的浸出液；二段为酸性或热酸浸出，即提高酸度把中性浸出渣中的锌尽可能溶解出来。传统湿法炼锌工艺的二段浸出属于低酸浸出，浸出结束时溶液中含游离酸一般在 1 ~ 5 g/L，其浸出渣含锌高，一般用火法还原挥发处理回收锌。

由于常规浸出流程复杂，20 世纪 60 年代后期随着各种除铁方法研制成功，出现了热酸浸出工艺，其特点是酸性浸出结束时溶液中含游离酸一般在 20 g/L 左右，浸出温度超过 90℃。热酸浸出可使铁酸锌溶解，大量进入溶液中的铁再用黄钾铁矾法、针铁矿法以及赤铁矿法等从溶液中有效分离，因此热酸浸出法在 20 世纪 70 年代后得到了广泛应用。热酸浸出流程见图 3 - 6。

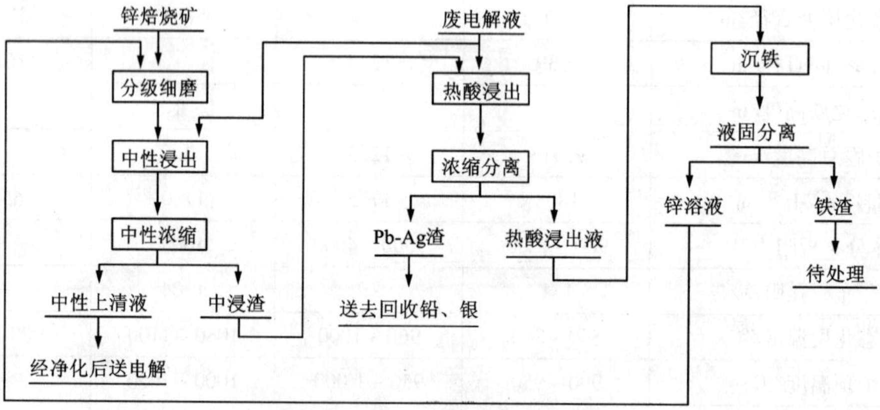

图 3 - 6 湿法炼锌热酸浸出流程

3.2.2.2 浸出过程的基本原理

焙烧矿中的锌以 $ZnSO_4$、ZnO、$ZnO \cdot Fe_2O_3$、$ZnO \cdot SiO_2$、ZnS 等形态存在，在浸出过程，$ZnSO_4$可溶解于水，ZnO 可与浸出液中游离的硫酸作用溶解：

$$ZnO + H_2SO_{4(稀)} = ZnSO_{4(水溶液)} + H_2O$$

$ZnO \cdot Fe_2O_3$在常规浸出条件下不能溶解而进入渣中，但在高温高酸下(浸出终点酸度>20 g/L，温度80～95℃)可以溶解：

$$ZnO \cdot Fe_2O_3 + 4H_2SO_4 = ZnSO_4 + Fe_2(SO_4)_3 + 4H_2O$$

$ZnO \cdot SiO_2$在浸出过程中较易被溶解，产生硅酸。在有游离酸存在的条件下，硅酸的存在不会对生产造成影响；但随着pH值的升高，$Si(OH)_4$开始聚合成$[Si(OH)_4]_n$，当pH值达4.5～4.8时，溶胶变成乳胶，并凝聚长大而迅速沉降；如果焙烧矿中可溶性硅特别高时，就会导致矿浆浓缩过滤的困难。到达中性浸出终点时(pH=5.2～5.4)溶液中硅酸含量一般可降至0.2～0.3 g/L。

焙烧矿中各种金属氧化物如CuO、NiO、CdO、MgO、As_2O_3、Sb_2O_3、Fe_2O_3等能与浸出液中的硫酸作用，并以硫酸盐的形态进入浸出液；硫酸盐在浸出时的行为取决于在浸出液中各自的溶解度。其中Fe^{2+}、Cu^{2+}、Cd^{2+}、Co^{2+}等的硫酸盐几乎全部溶解于浸出液中，而$PbSO_4$、$CaSO_4$、Al_2O_3及$MeO \cdot Al_2O_3$等难以溶解而进入浸出渣中。焙烧矿中的Au、Ag和游离SiO_2也不溶解而进入浸出渣中。

焙烧矿中的Ga、In、Tl、Ge等在热酸浸出条件下都进入浸出液中，在低酸浸出时则进入渣中。焙烧矿中的ZnS和其他金属硫化物一般不能溶解而进入渣中。

浸出过程中，既要保证锌尽可能溶解，又要减少除锌以外的其他金属离子进入溶液，为达此目的，需要在保证水溶液中主体金属离子(锌离子)不发生水解的条件下，提高水溶液的pH值，使杂质金属离子全部或部分以氢氧化物$Me(OH)_n$形式析出。这一方法叫做中和水解法。金属离子的水解按下式进行：

$$Me^{n+} + nH_2O = Me(OH)_n + nH^+ \quad (1)$$

该反应没有电子迁移，故离子活度只与pH值有关。其平衡条件是：

$$pH = pH^{\ominus} - \frac{1}{n}\lg\alpha_{Me^{n+}}$$

当水溶液介质的pH大于标准$pH^{\ominus}$时，$\alpha_{Me^{n+}}$就小于1，金属离子便水解沉淀。反之，水溶液介质的pH小于标准$pH^{\ominus}$时，$\alpha_{Me^{n+}}$大于1，$Me(OH)_n$便溶解。

按上述(1)式反应计算得出的25℃和70 ℃时的$pH^{\ominus}$值见表3-5。有关金属$Me-H_2O$系φ-pH图见图3-7。

表3-5 $Me(OH)_n$生成时的平衡$pH^{\ominus}$值

$Mc(OH)_n + nH^+ = Me^{n+} + nH_2O$	$\Delta G^{\ominus}$(25℃) /(kJ·mol^{-1})	$S^{\ominus}$(25℃) /(J·mol^{-1}·K^{-1})	$pH^{\ominus}_{25}$	$pH^{\ominus}_{70}$
$Tl(OH)_3 + 3H^+ = Tl^{3+} + 3H_2O$	+12.26	-285.0	-0.716	-0.775
$Co(OH)_3 + 3H^+ = Co^{3+} + 3H_2O$	+5.99	—	-0.35	—
$FeOOH + 3H^+ = Fe^{3+} + 2H_2O$	+5.40	-957.4	-0.3154	-0.807
$Cr(OH)_3 + 3H^+ = Cr^{3+} + 3H_2O$	-26.24	-752.1	1.533	0.923
$Fe(OH)_3 + 3H^+ = Fe^{3+} + 3H_2O$	-27.68	-752.1	1.617	0.990
$Ga(OH)_3 + 3H^+ = Ga^{3+} + 3H_2O$	-32.01	-930.8	1.870	1.120

续表

$Me(OH)_n + nH^+ = Me^{n+} + nH_2O$	$\Delta G^\ominus$(25℃) /(kJ·mol^{-1})	$S^\ominus$(25℃) /(J·mol^{-1}·K^{-1})	$pH^\ominus_{25}$	$pH^\ominus_{70}$
$In(OH)_3 + 3H^+ = In^{3+} + 3H_2O$	-49.35	-645.3	2.883	2.160
$Al(OH)_3 + 3H^+ = Al^{3+} + 3H_2O$	-55.12	-731.1	3.22	2.4
$Bi(OH)_3 + 3H^+ = Bi^{3+} + 3H_2O$	-63.88	—	3.732	—
$Sn(OH)_2 + 2H^+ = Sn^{2+} + 2H_2O$	-8.56	77.6	0.75	0.717
$TlOH + H^+ = Tl^+ + H_2O$	-79.31	522.2	13.90	12.95
$Cu(OH)_2 + 2H^+ = Cu^{2+} + 2H_2O$	-52.54	-160.6	4.604	3.87
$Zn(OH)_2 + 2H^+ = Zn^{2+} + 2H_2O$	-66.76	-208.7	5.85	4.91
$Cr(OH)_2 + 2H^+ = Cr^{2+} + 2H_2O$	-62.65	—	5.49	—
$Ni(OH)_2 + 2H^+ = Ni^{2+} + 2H_2O$	-69.50	-414.5	6.09	4.96
$Pb(OH)_2 + 2H^+ = Pb^{2+} + 2H_2O$	-77.83	-307.0	6.82	6.18 (5.678)
$Fe(OH)_2 + 2H^+ = Fe^{2+} + 2H_2O$	-75.89	-221.9	6.65	5.60
$Cd(OH)_2 + 2H^+ = Cd^{2+} + 2H_2O$	-82.17	-57.0	7.20	6.20
$Mn(OH)_2 + 2H^+ = Mn^{2+} + 2H_2O$	-87.36	-134.3	7.655	6.55
$Co(OH)_2 + 2H^+ = Co^{2+} + 2H_2O$	-71.90	-230.6	6.30	5.29

注：t = 25℃，70℃，$\alpha_{Me^{n+}} = 1$ 时的数据。

由图 3-7 可以看出，随着浸出溶液中酸度逐渐降低，一些杂质的稳定度发生变化，发生水解净化而被除去。控制浸出终点的 pH 值愈高，杂质的水解除去则愈彻底。但硫酸锌在一定的 pH 值下也发生水解沉淀，25℃时其 $pH^\ominus = 5.85$，生产实践浸出液锌的浓度控制在 130 ~ 140 g/L，则浸出终了所能允许的最大 pH 值不得超过 5.6 ~ 5.8。工业生产中为了确保规定的锌浓度，浸出终点 pH 值取 5.2 ~ 5.4。

对于实际的浸出液来说，各种杂质离子的绝对浓度并不特别高，除锌以外其他离子的开始水解实际 pH 值都明显高于 $pH^\ominus$。当控制浸出液的 pH 值为 5.4 时，锌不能水解析出，三价铁完全可以水解沉淀，铝盐也可以显著水解，Cu^{2+} 虽然也能水解，但沉淀不完全。所以单靠水解除铜是很困难的，必须采取其他办法才能深度净化。

Fe^{2+}、Cd^{2+}、Co^{2+}、Ni^{2+} 的水解 pH 值均在 8 以上，大大超过了 Zn^{2+} 的水解 pH 值，故要保证 Zn 尽可能多地进入溶液，就不可能用水解沉淀法将它们除去。但如果将 Fe^{2+} 氧化成 Fe^{3+}，则可用中和水解沉淀法将 Fe^{3+} 有效地除去。

常用的氧化剂中，H_2O_2、Cl_2、MnO_2、$KMnO_4$ 均可作为 Fe^{2+} 的氧化剂。其中 H_2O_2 氧化能力最强，且不污染浸出液，但成本高，且储运不便而不宜用于生产。$KMnO_4$ 氧化能力强且用量少，但同样由于价格高而难以采用，只有在最终扫除残铁时才少量使用。氧气（空气）则因在酸性条件下溶解度低，氧化速度慢而无法满足生产要求。各湿法炼锌厂所普遍采用 MnO_2（软锰矿）作为 Fe^{2+} 的氧化剂，不但因其价格低，还因为 MnO_2 经电解后在阳极析出，可以循环使用。

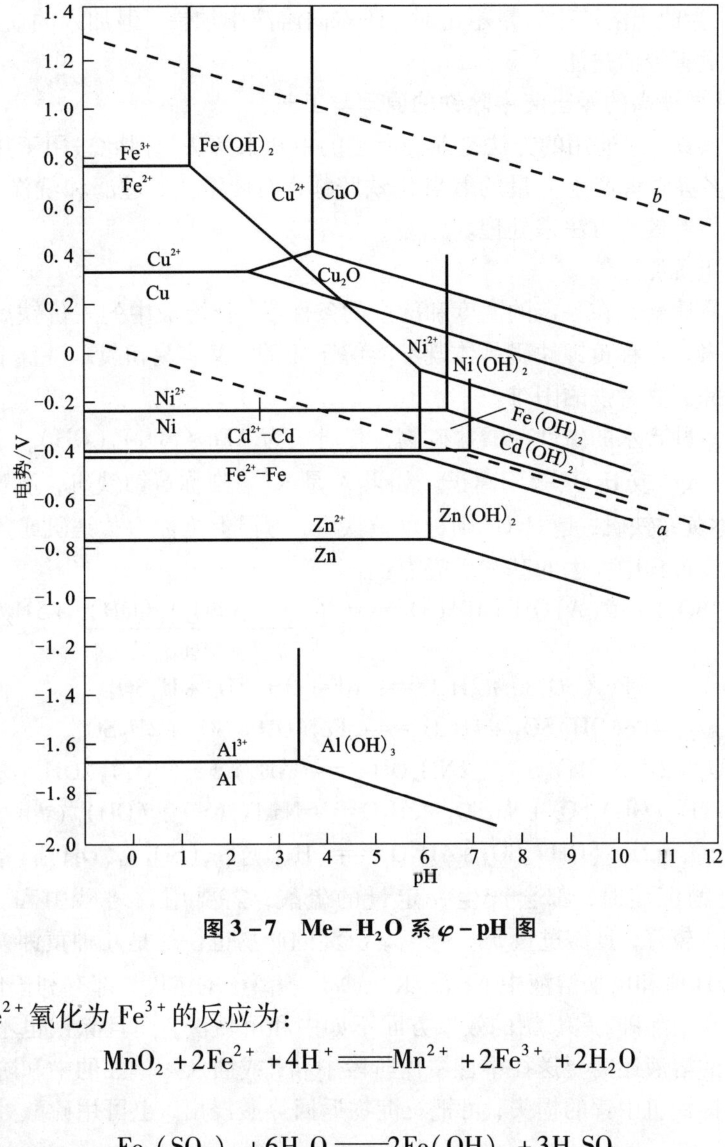

图3-7 Me-H_2O系φ-pH图

MnO_2使Fe^{2+}氧化为Fe^{3+}的反应为:

$$MnO_2 + 2Fe^{2+} + 4H^+ = Mn^{2+} + 2Fe^{3+} + 2H_2O$$

Fe^{3+}水解:

$$Fe_2(SO_4)_3 + 6H_2O = 2Fe(OH)_3 + 3H_2SO_4$$

由于Fe^{3+}水解会产生H^+,故需要用锌焙烧矿作中和剂来中和沉铁所产生的酸,将减少水冶过程中硫酸的消耗,而有利于湿法炼锌过程中硫酸的平衡。

另外,为了使所得固体$Fe(OH)_3$能容易地经澄清、过滤与浸出液分离,须使中和产生的$Fe(OH)_3$溶胶(胶体溶液)尽可能凝结成大粒的$Fe(OH)_3$沉淀。因此,生产中要求中和速度不宜过快,以免浸出液pH值上升过快而产生大量微粒的$Fe(OH)_3$,造成浓缩、过滤困难。且在pH值为5.0~5.1时就应停止搅拌溶液,以免所凝结成的大粒$Fe(OH)_3$沉淀被打碎。矿浆静置40~60 min后,浸出液pH值可达到5.2~5.4。必要时可加入适当的凝聚剂,如丹宁酸、二丁基萘磺酸钠、树脂、聚丙烯酰胺(3#凝聚剂)等,以促进凝结过程。加入凝聚剂后,矿浆不宜继续搅拌,以免凝聚的粒子又被打散。

在Fe^{2+}氧化成Fe^{3+}及中和水解沉淀过程中,溶液中的砷和锑也随着沉淀析出。生产实践中为了能从溶液中彻底除去砷和锑，一般要求溶液中的含铁量为含砷量的10~15倍，含锑量的20~40倍。为此当溶液中铁量不足时，还需向溶液中加铁，但加入的铁量也不宜太多，以免增加渣量和危害澄清过滤。

3.2.2.3 从含铁高的浸出液中除铁的原理与工艺

从溶液中除去铁，最通用的方法是前面所述的中和水解法。但此法用于热酸浸出溶液除铁，则因铁量过多势必将产生大量的氢氧化铁胶体，而使澄清、过滤和洗涤产生很大困难。因此必须要采用更有效的方法来处理。

（1）黄钾铁矾沉淀法

这个方法的实质就是在一定的温度和酸度的条件下，让溶液中的三价铁离子成为黄钾铁矾晶体而沉淀下来。这种黄钾铁矾晶体既不溶解于硫酸，又容易沉淀、洗涤和过滤，从而解决了从浸出液中除去大量铁的困难。

黄钾铁矾是一种含水的碱性硫酸盐矿物，其通式为$AFe_3(SO_4)_2(OH)_6$，A可以是Na^+、K^+、Rb^+、NH^+、Ag^+或H_3O^+等阳离子。如果A是K^+，则称黄钾铁矾，是Na^+则称黄钠铁矾；是$NH_4{}^+$则称黄铵铁矾；是H_3O^+则称草黄铁矾，习惯上统称为黄铁矾或黄钾铁矾。

黄钾铁矾沉淀过程中发生的基本反应为：

$$3Fe_2(SO_4)_3+2(A)OH+10H_2O=2\underbrace{(A)Fe_3(SO_4)_2(OH)_6}_{\text{黄钾铁矾}}+5H_2SO_4$$

$$Fe_2(SO_4)_3+2H_2O=6Fe(OH)SO_4+H_2SO_4$$

$$4Fe(OH)SO_4+4H_2O=2Fe_2(OH)_4SO_4+2H_2SO_4$$

$$2Fe(OH)SO_4+2Fe_2(OH)_4SO_4+2NH_4OH=(NH_4)_2Fe_6(SO_4)_4(OH)_{12}\text{(黄铵铁矾)}$$

$$2Fe(OH)SO_4+2Fe_2(OH)_4SO_4+Na_2SO_4+2H_2O=Na_2Fe_6(SO_4)_4(OH)_{12}\text{(黄钠铁矾)}+H_2SO_4$$

$$2Fe(OH)SO_4+2Fe_2(OH)_4SO_4+4H_2O=(H_2O)_4Fe_6(SO_4)_4(OH)_{10}\text{(草黄铁矾)}$$

当铁矾化合物沉淀时，都会产生一定量的硫酸，需要用锌焙砂中和。所需NH_4^+以$NH_3\cdot H_2O$形式加入较好，且需过量5%~8%，沉淀的产物也往往是几种黄钾铁矾的混合物。

升高温度、pH值和增加溶液中NH_4^+、K^+、Na^+等离子的浓度，都有利于使铁沉淀完全。

黄钾铁矾法在去除砷、锑、锗的效果方面不如中和沉铁法，而且除铁也不完全。因此黄钾铁矾法除铁后的溶液还需要送往中性浸出阶段中和；或插入一单独的中和阶段。

为了减少黄钾铁矾中锌的损失，可把沉淀物返回热酸浸出，也可用硫酸处理分离出来的黄钾铁矾渣。

黄钾铁矾法的主要优点是：能够提高锌、铜、镉的回收率；液固容易分离过滤；试剂消耗低，生产条件易控，可控制硫酸盐的积累，起平衡作用。缺点是沉淀过程必须在酸性溶液中进行，得到的溶液需进一步除铁，才能进去净化，造成流程复杂化，不利于焙砂中稀散金属的回收；钠盐和氨的消耗量较大。

（2）针铁矿沉淀法

从硫酸铁溶液中沉淀铁时，随$Fe_2(SO_4)_3$的浓度不同，可以在硫酸铁溶液中形成各种化合物：在很稀的溶液中生成$\alpha-FeOOH$（针铁矿），在浓溶液中生成$Fe_2(SO_4)_3\cdot 5Fe_2O_3\cdot 15H_2O$，在更浓的溶液中则生成$4Fe_2(SO_4)_3\cdot 5Fe_2O_3\cdot 27H_2O$（草黄铁矾）。

生产上得到的高温高酸浸出液中一般含有30~40 g/L的Fe^{2+}，此浓度唯一能生成的沉淀将是不利于沉淀和过滤的草黄铁矾。所以要生成$\alpha-FeOOH$，就必须先将溶液中的Fe^{3+}还原成Fe^{2+}，然后使Fe^{2+}缓慢氧化成Fe^{3+}，同时形成针铁矿沉淀。生产中用硫化锌精矿作还原剂，而以空气作氧化剂。操作条件为：硫化锌精矿过量15%～20%，在90～95℃温度下还原，待Fe^{3+}还原率达90%以上，再将空气喷射压入溶液内，并加入焙砂中和溶液中的酸，使pH升高到4.5～5，Fe^{2+}可以很好地被氧化为Fe^{3+}，并以$\alpha-FeOOH$析出。其反应是：

$$4FeSO_4 + O_2 + 6H_2O = 4FeOOH + 4H_2SO_4$$

$\alpha-FeOOH$结晶与天然针铁矿在晶形和化学成分上完全相同，且易于沉淀和过滤。

针铁矿沉淀法与黄钾铁矾沉淀法比，具有下列优点：不消耗碱金属或铵试剂；便于富集稀散金属；针铁矿渣经过挥发处理可以作为炼铁原料。其缺点是需要高质量的硫化锌精矿作为还原剂，针铁矿渣含锌(10%左右)比黄钾铁矾渣含锌(5%左右)要高。

(3) 赤铁矿沉淀法

赤铁矿法原理是将中性浸出渣与废电解液在高压SO_2条件下，控制温度95～100℃，使Fe^{3+}还原成Fe^{2+}：

$$2Fe^{3+} + SO_2 + 2H_2O = 2Fe^{2+} + SO_4^{2-} + 4H^+$$

在用H_2S除铜之后，溶液再经两段石灰中和控制到pH=4.5，产出石膏。由于铁以$FeSO_4$存在，它在中和时保留在溶液中，最后通过加热使温度上升到180～200℃，经过3 h在1.3～2.0 MPa压力作用下，铁以$\alpha-Fe_2O_3$析出：

$$2Fe^{2+} + 1/2O_2 + 2H_2O = 2Fe_2O_3 + 4H^+$$

该法沉铁效率达90%以上，其优点是赤铁矿渣含铁高达58%，经过脱硫后可作炼铁原料；渣过滤性好，便于从渣中回收Ga、In。缺点是需要用衬钛的高压釜作反应器，设备投资大，需要用SO_2还原铁，且石膏渣的销售也存在问题。

3.2.2.4 浸出条件的控制

锌焙烧矿用稀硫酸溶液浸出过程，是一个(液—固)多相反应。为了快速浸出和获得高质量的溶液，生产中需要对浸出温度、终点pH值、搅拌等条件进行控制。其中以控制浸出终点的pH值最为重要。中性浸出时控制终点pH值为5.2～5.4，一段中性浸出是浸出过程的关键，直接影响浸出矿浆的质量。只要技术条件选择正确，控制浸出终点精确，就能得到沉降速度快、易于澄清过滤、杂质含量低、悬浮物少的优质浸出液。

提高浸出温度就能增大扩散系数，加快浸出速度；还能降低浸出液的黏度，故常规湿法炼锌的中性浸出温度为50～80℃。

对焙烧矿进行细磨也有利于提高浸出速度，但是粒度也不能过细，因这会导致浸出后液固分离困难，一般粒度以0.15～0.2 mm为宜。为了使焙烧矿与浸出液(电解废液和酸性浸出液)良好接触，要先进行浆化，然后进行球磨与分级。实际上，浸出过程在此开始，且大部分的锌(70%)在这一阶段就已溶解。

由于存在连续和间断两种浸出方式，故在技术条件控制上也存在差异。表3-6是一般中性和酸性浸出过程控制的技术条件。

表 3-6 中性和酸性浸出的技术条件

浸出方式 / 技术条件	中性浸出		酸性浸出	
	连续浸出	间断浸出	连续浸出	间断浸出
浸出温度/℃	60~75	60~75	60~80	70~85
浸出液固比	10~15:1	7~9:1	7~9:1	6~9:1
浸出始酸/($g \cdot L^{-1}$)	30~40	70~120	2.5~3.5	2.5~3.5
浸出 pH 值	5.0~5.2	5.2~5.4		80~120
浸出时间(槽内停留时间)	1~2 h	1~2 h	2~2.5	2.5~3.5

3.2.2.5 浸出槽

浸出槽分为空气搅拌槽和机械搅拌槽，槽体一般用混凝土或钢板制成，内衬耐酸材料如铅皮、瓷砖、环氧玻璃钢等。空气搅拌槽又名巴秋克槽(Pachuca tank)，其结构如图 3-8 所示，槽底为锥形，并设有底阀作事故处理掏槽、清槽之用。槽内装有两根压缩空气管通向锥底，通以 0.13~0.6 MPa 的压缩风，以使矿浆处于剧烈翻转运动状态。另设置一根蒸汽管用以直接加热矿浆。槽内设两个矿浆扬升器，它是一根插入锥底的长管，附于扬升管上，扬升管下部是喇叭口形，扬升风管插入喇叭口处。操作时从扬升风管送入压缩风，由于空气导入扬升器，扬升器内便充满矿浆和空气的混合物，这种混合物密度小于扬升器外的矿浆，可借助压缩风的驱动沿着扬升器上浮并导出槽外。空气搅拌浸出槽处理能力大，每小时每立方米能处理中性矿浆 1.62 m^3，或处理酸性矿浆 0.71 m^3；充气对浸出过程起强化氧化作用，对提高浸出上清液质量有利。不足之处在于风压不够时容易造成死槽、堵槽，加重了掏槽、清槽的工作量，另外蒸汽消耗大，现场环境较恶劣。

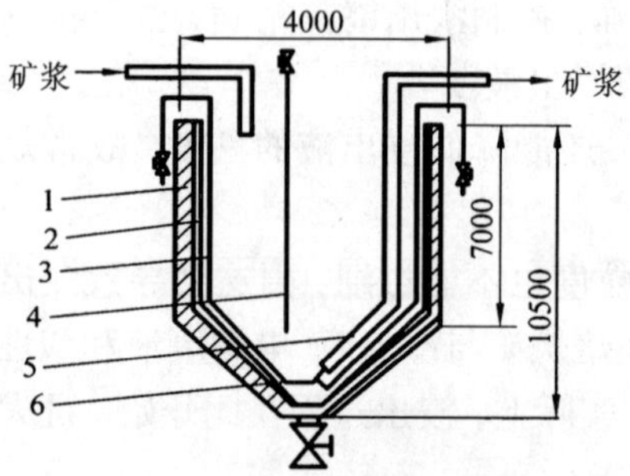

图 3-8 空气搅拌浸出槽

1—混凝土槽体；2—防护衬里；3—搅拌用风管；4—蒸汽管；5—扬升器；6—扬升器用风管

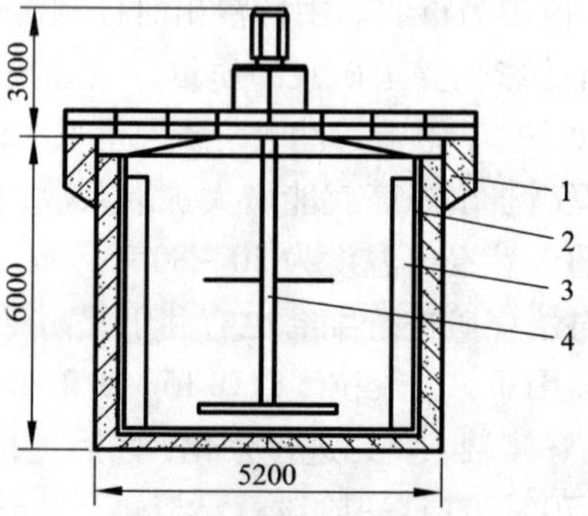

图 3-9 机械搅拌(无导流筒)浸出槽

1—混凝土槽体；2—防腐层；3—阻尼板；4—搅拌机

机械搅拌槽由搅拌装置、槽体、槽盖和桥架组成，一般为立式圆筒形槽体，平底平盖，下部设置清渣人孔及放液口，其结构如图 3-9 所示。搅拌器是浸出槽的重要部件，不同的工艺条件有不同形式的搅拌器，搅拌强度一般为 85 r/min。浸出槽一般呈阶梯形配置，实现多槽串接，其优点是掏槽方便，堵槽少，动力消耗小，浸出渣含锌比空气搅拌槽低一个百分点，且现场环境较好，易于实现自动控制。

3.2.2.6　浸出矿浆的液固分离

湿法炼锌的浸出矿浆液固分离通常采用重力沉降浓缩和过滤两种方法。一般来说，浓缩法液固分离适用于液固比大、生产量大的矿浆，重力浓缩通常采用浓缩槽(或称浓密机)。过滤更适宜液固比小和液固分离量少的矿浆，重力浓缩法液固分离所得到的浓泥含水较高，在湿法炼锌的情况下，一般液固比为(3~5):1，过滤法可得到含水分低的固体渣。生产过程一般中性浸出矿浆只经过沉降分离，酸性浸出矿浆则先经沉降，然后对沉降产出的浓泥进行过滤分离。酸性矿浆浓泥的过滤一般分两段进行，其目的是降低渣的含水量，使浓泥进一步脱水得到相互独立的固液两相。

一段过滤是酸性浓缩底流(浓泥)进行过滤，二段过滤是将一段渣浆化、洗涤，再加压过滤分离。

3.2.3　硫化锌精矿的直接浸出

硫化锌精矿的直接浸出是将硫化锌精矿不经过焙烧，而在充氧高酸条件下浸出，直接转型为硫酸锌和元素硫的工艺过程。因其无需建设配套的焙烧车间和硫酸车间，浸出效率高，适应条件好，与其他炼锌方法相比，在环保和经济方面都有很强的竞争能力。

硫化锌氧压浸出技术起源于加拿大，Sherrit Gordon 公司与 Cominco 公司于 1981 年在 Trail 建立了世界上第一个锌精矿氧压浸出厂；经过 20 多年发展，技术日趋成熟。2004 年，我国云南冶金集团建成了我国第一个年产电锌 10000 t 锌精矿氧压浸出厂，广东丹霞冶炼厂引进氧压浸出工艺建设的一期工程于 2009 年投产。近年在加压氧气浸出工艺基础上发展出了常压氧气直接浸出工艺，2007 年我国株洲冶炼集团引进常压氧浸技术建设的锌生产线投产。

3.2.3.1　硫化锌精矿氧气加压浸出原理

氧压浸出的实质是将锌精矿的焙烧过程发生的氧化反应和锌焙砂浸出过程发生的酸溶反应合并在一起进行。即硫化锌或铅锌混合精矿直接加压氧化成硫酸锌溶液，硫酸锌溶液的净化和金属锌的电解沉积通过传统工艺来完成。

硫化锌精矿与加入的废电解液中的硫酸在一定氧压下反应，以硫化物形式存在的硫被氧化为单质硫、锌转化到溶液中成为可溶性硫酸盐：

$$ZnS + H_2SO_4 + 1/2O_2 = ZnSO_4 + H_2O + S_{(1)}$$

在缺乏加速氧传递介质的情况下，这一反应进行得很慢，但精矿中含有大量可溶的铁，能够满足浸出需要，反应中 Fe^{3+} 本身被还原成 Fe^{2+}，接着又被 O_2 再氧化为 Fe^{3+}：

$$ZnS + Fe_2(SO_4)_3 = ZnSO_4 + 2FeSO_4 + S^0$$

$$2FeSO_4 + H_2SO_4 + 1/2O_2 = Fe_2(SO_4)_3 + H_2O$$

当溶液中没有足够的游离酸保持铁的溶解时，在锌浸出过程中将发生水解反应，铁的沉积物在溶液中以水合氧化铁和黄钾铁矾混合而成。

由于酸浓度限制铁的溶解度，因此终酸至少要控制在 20 g/L 以上，才能提高锌浸出率。在与焙砂-浸出混合工艺过程中，采用锌焙砂中和氧压浸出液中剩余的酸，在完全处理锌精矿的工艺中，直接用锌精矿在二段逆流浸出中和酸。

影响过程反应速度的因素有：氧气分压、溶液酸度、反应温度和搅拌强度等。实验研究显示：

(1)随着氧分压的增大，Zn浸出率增加趋势较小；S转化率提高明显。160℃下氧分压从0.2 MPa增加到1.1 MPa时，水的稳定区逐渐增大，保证溶液中各反应能够在更高的平衡电位下顺利进行而不析出O_2。在氧分压增加到0.8 MPa后，结果趋于稳定，此时锌浸出率为98.86%，硫转化率为81.33%。同时根据Henry定律$C_b = p \cdot K_b$，溶液中的溶解氧浓度与气相中的氧分压保持一定的平衡关系，即气相中的氧分压越大，液相中溶解氧浓度就越大。因此，增大氧分压能够加速固体硫化锌在浸出液中的溶解，提高氧化速度，增大反应的氧化电位。因此浸出过程的氧压应不低于0.7 MPa。

(2)随着酸浓度的增加，锌浸出率及硫转化率呈增大趋势，在酸浓度达到15%左右达到最大值，而后呈下降趋势。在酸浓度高于15%的条件下，锌的浸出率及硫的转化率下降的主要原因是随着H_2SO_4浓度的增大，氧在水溶液中的溶解度降低，而溶解氧作为硫化锌氧压浸出的反应物，其浓度下降，导致锌的浸出与硫的氧化不能充分进行。同时，硫酸浓度过大，造成水溶液中各离子的活性降低，反应速率减慢，在相同的时间内，氧压浸出反应进行得不完全，故锌浸出率和锌转化率有降低趋势。一般要求浸出终酸的浓度不低于20 g/L。

(3)温度升高，浸出反应速度增大。当温度提高到元素硫的熔点(119℃)时，产生的熔融S^0包裹ZnS颗粒表面，进而妨碍浸出反应的继续进行，致使反应时间延长达8 h，才能得到较好的浸出效果。但在后来的实验中发现熔融S^0的黏度在153℃时最小，而温度高于200℃时，S^0氧化为SO_4^{2-}的速度大为增加，因此适当的浸出温度以150±10℃为宜。

(4)浸出反应是在ZnS矿粒表面进行的多相反应，为了提高浸出过程的反应速度，要求精矿粒度98%为-44 μm。同时需加入木质磺酸盐(约0.1 g/L)作表面活化剂，以破坏精矿矿粒表面上包裹的S^0膜，同时还要加强搅拌，以破坏元素硫的包裹，使浸出反应顺利进行。

3.2.3.2 氧气加压浸出生产工艺及设备

目前国外锌精矿氧压浸出工艺分为单段加压浸出及两段逆流加压浸出两种方法，并以单段加压浸出工艺应用较多，前者常用于现有焙烧厂的改造，而后者由于可取消焙烧工序，常用于新建全湿法炼锌厂。生产上所采用的硫化锌精矿直接高压氧化浸出工艺流程图如图3-10所示。

氧压浸出的主要设备是压力釜，压力釜一般为平卧式，分成四个舱室，中间用隔墙分开，其中第一舱室较大以利浸出反应进行，搅拌器和其他内部组件可以用不锈钢、钛或特种合金制造。在生产中，加入压力釜的矿浆通过V形管道从一个舱室流动到另一个舱室，再通过喷管从压力釜排出。物料加入量通常是釜总体积的70%。因精矿的氧化为放热反应，氧压浸出过程将被设计为自动供热。

浸出时，将精矿细磨至粒度98%以上小于44 μm，球磨后的矿浆及废电解液添加相当于精矿重量0.2%的木质磺酸盐，与氧气一起送入压力釜。第一室温度维持在145～150℃，余下的室温保持在150℃，在第一、二室内分别加入溶液。一段浸出时，锌精矿常常过量，反应时间1 h，氧压700 kPa，锌浸出率约为75%，硫化锌中硫被氧化成元素硫，锌成为可溶硫酸锌。

一段氧压浸出的矿浆经过闪蒸、冷却及浓密，浓密后的上清液送往传统的锌净化及电解工序生产电锌。一段氧压浸出浓密底流将进往二段氧压浸出以提取残余的锌，釜内温度与一段氧压浸出相同，但酸要求过量，总锌浸出率增加到98%。二段氧压浸出矿浆经闪蒸、冷

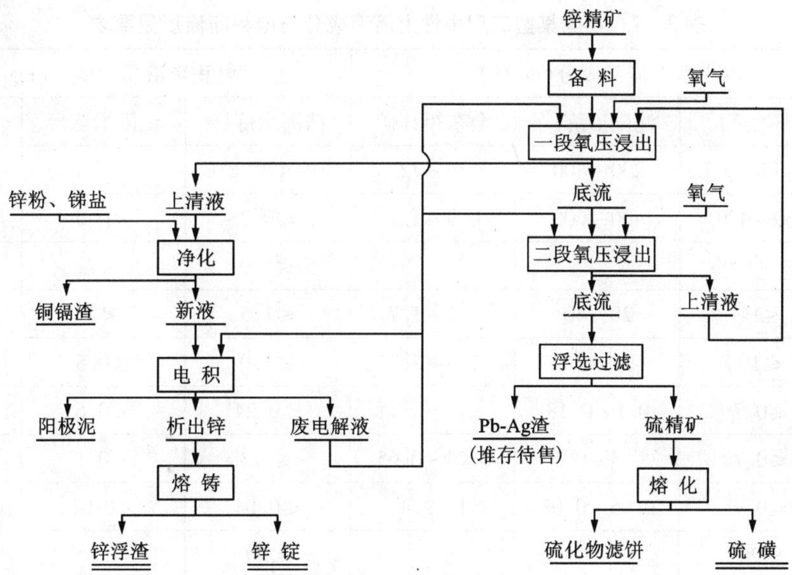

图3-10　硫化锌精矿直接浸出流程

却、浓密，浓密上清液返回一段氧压浸出，与酸中和及除铁，浓密底流在空气冷却塔中冷却到70℃，然后在鼓型真空过滤机里经两段过滤洗涤后，送往硫回收工序。

在压力釜中生成的元素硫呈熔融状态。从压力釜出来的浸出矿浆送入闪蒸槽后，控制温度120℃，使硫保持熔融状态；部分水分因压力降低而蒸发，产生的蒸汽可供生产使用。闪蒸后的矿浆再进入冷却塔冷却，控制温度100℃，使元素硫成固态冷凝硫，再送去浓密。

硫回收过程是将浓密机底流进行浮选得到硫精矿，尾矿经水洗后送渣场堆存，硫精矿送入粗硫池熔融，再通过加热过滤，从未浸出的硫化物中分离出熔融元素硫，然后将熔融硫送入精硫池产出含硫大于99%的硫磺。加热过滤所产的过滤渣含有稀贵金属，可返回冶炼系统。

3.2.3.3　锌精矿氧压浸出工艺的主要技术经济指标

锌精矿氧压浸出工艺的主要技术经济指标如下：

锌浸出率>98%，回收率96%～97%；硫回收率>88%。每生产1 t锌耗电3800～3900 kWh，蒸汽2.0 t，氧气400～500 kg，综合能耗2.0 t标煤。

硫化锌精矿直接氧压浸出的优点在于其有价金属回收率高，硫的利用灵活，工艺流程简单，工厂占地面积小，投资省（比传统焙烧－浸出工艺低20%～25%）；既可以和传统的焙烧－浸出－电积工艺结合起来，以利用现有设施扩大产量，又可以用来独立处理锌精矿，工艺适应性强。浸出渣经过浮选回收硫后，90%以上的铅、银进入此渣，便于回收利用。缺点是对设备材质要求高，要求能耐磨耐腐蚀。

3.2.4　硫酸锌溶液的净化

在浸出过程中，锌和许多其他金属成分一同进入浸出液，仅大部分铁、砷、锑等元素通过中和水解作用而从溶液中除去，但仍有铜、镉、钴及少量的铁、砷、锑等。这些杂质如不除去将严重影响电解沉积过程，因此需要将中性上清液中的杂质除至规定的限度以下，使之满足电解沉积时对新液的要求。表3－7为中性上清液和净化后对新液成分的要求。

表 3－7　我国某些工厂中性上清液成分与电积新液质量要求

元素名称	中性上清液成分(mg/L)			电积新液质量要求(mg/L)		
	株洲冶炼厂	沈阳冶炼厂	会东铅锌矿	株洲冶炼厂	沈阳冶炼厂	会东铅锌矿
Zn	130～170(g/L)	200～400	36～72	130～170(g/L)		
Cu	160～400	400～600	0.9～1.2	≤0.2	<0.5	0.2～0.35
Cd	600～1000			≤1.0	<7	0.9～2.7
Co	≤14	20～40	1.2～1.7	≤1.5	<2	0.3～0.6
Ni	≤10	2～4	1.3～1.7	≤1.0	<0.5	0.12～0.48
As	≤0.7	0.1～0.18		≤0.24	<0.6	<0.6
Sb	≤0.7	0.3～0.5	0.24～0.65	≤0.3	<0.1	0.1～0.17
Ge	≤0.7	0.05～0.08	1～2.4	≤0.04	<0.01	0.036～0.36
Fe	≤20			≤20		
F				≤50		
Cl				≤200		
SiO_2				≤100		
Ca				≤800		

3.2.4.1　硫酸锌溶液的净化方法

根据除钴方法的不同，浸出液净化方法大体可以分为两类：一类是加锌粉除铜镉，然后在有活化剂存在的条件下除钴、镍；另一类则是加锌粉除铜镉，再加特殊药剂与钴作用生成难溶固体除钴。前者包括锌粉－锑盐净化法、锌粉－砒霜(砷盐)净化法和合金锌粉法等；后者包括锌粉－黄药净化法、锌粉－β－萘酚法等。表 3－8 列出了硫酸锌溶液净化的几种代表方法。

表 3－8　硫酸锌溶液净化的几种代表方法

流程类别	一段净化	二段净化	三段净化	四段净化	工厂举例
黄药净化法	加锌粉除 Cu、Cd	加黄药除 Co			株洲冶炼厂
锑盐净化法	加锌粉除 Cu、Cd	加锌粉和 Sb_2O_3 除 Co	加锌粉除 Cd		西北铅锌冶炼厂 C1arksville 厂
砷盐净化法	加锌粉和 As_2O_3 除 Cu、Co、Ni	加锌粉除 Cd	加锌粉除复溶 Cd 段	再进行二次加锌粉除 Cd	神冈厂(日) 秋田厂(日) 沈阳冶炼厂
β－萘酚法	加锌粉除 Cu、Cd	加亚硝基－β－萘酚除 Co	加锌粉除复溶 Cd	活性炭吸附有机物	安中厂(日) 彦岛厂(日)
合金锌粉法	加 Zn－Pb－Sb 合金锌粉除 Cu、Cd、Co	加锌粉除 Cd	加锌粉		柳州锌品厂

国外多数湿法炼锌厂净化大多采用砷盐法和反向锑盐法连续净化，以达到深度净化的目的。我国湿法炼锌厂均采用二段净化。其中株洲冶炼厂Ⅰ系统采用锌粉－黄药法；新建的Ⅱ系统采用反向锑盐法。沈阳冶炼厂采用砷盐净化法，西北铅锌冶炼厂采用反向锑盐法。

3.2.4.2 锌粉置换除铜镉

(1) 锌粉置换净化的原理

由于锌的标准电位较负，浸出液中的铜、镉、钴等均可用锌粉置换除去，其反应为：

$$Zn + MeSO_4 = ZnSO_4 + Me$$

式中：Me 表示 Cu、Cd、Co 等还原电位比锌正的金属。

这种置换过程属于电化学中的微电池反应过程：用锌粉置换法净化硫酸锌溶液时，在溶液中的铜、镉、钴离子在锌粉表面析出后作为阴极，锌作为阳极，形成 Cu－Zn、Cd－Zn 微电池，在阳极上金属锌变成离子而进入溶液，并在金属锌上留下电子。阴极上的电子则吸附溶液中的铜、镉、钴等离子，并使其还原成金属而析出。置换的极限程度则取决于阴阳极之间的标准电势差，即标准电动势。如锌粉置换铜的电势差为：

$$\varphi = \varphi_{Cu^{2+}/Cu} - \varphi_{Zn^{2+}/Zn} = \varphi^{\ominus}_{Cu^{2+}/Cu} - \varphi^{\ominus}_{Zn^{2+}/Zn} + \frac{0.0591}{2}\lg\frac{a_{Zn^{2+}}}{a_{Cu^{2+}}}$$

当反应达到平衡时，$\varphi = 0$，

$$\varphi = 0.337 - (-0.763) + 0.0295\lg\frac{a_{Zn^{2+}}}{a_{Cu^{2+}}}$$

$$a_{Cu^{2+}} = 10^{-38} a_{Zn^{2+}}$$

当两种金属的平衡电极电势相等时，置换反应便停止。如 298K 时含锌 150 g/L 的硫酸锌溶液电极电势为 －0.752 V(含锌 100 g/L 时则为 －0.755 V)，如以浓度代替活度，则与此相平衡 Cu^{2+} 的浓度可由下式算出：

$$-0.752 = 0.337 + \frac{0.0591}{2}\lg a_{Cu^{2+}}$$

$a_{Cu^{2+}} = [Cu^{2+}] = 1.404 \times 10^{-37}$ mol/L，即 8.92×10^{-33} mg/L①。

同样的方法，也可以计算得出溶液中其他杂质所能达到的浓度下限(表 3－9)。

表 3－9 锌粉置换净化除杂的极限

电极反应	标准电位 $\varphi^{\ominus}$ /V	净化前的浓度 /(mg·L^{-1})	净化前的电位 φ/V	净化后的平衡电位 φ/V	净化后的浓度 /(mg·L^{-1})
$Zn^{2+} + 2e = Zn$	－0.763	150 g/L	－0.755	－0.752	(150 g/L)
$Cd^{2+} + 2e = Cd$	－0.403	600	－0.482	－0.752	2×10^{-7}
$Cu^{2+} + 2e = Cu$	＋0.337	300	＋0.32	－0.752	3.18×10^{-36}
$Co^{2+} + 2e = Co$	－0.277	10	－0.356	－0.752	5×10^{-12}
$Ni^{2+} + 2e = Ni$	－0.250	1	－0.388	－0.752	1.5×10^{-17}

① 实际上当 Cu^{2+} 浓度极低时，其活度系数远大于 1，故平衡浓度远小于这一数值，仅为 3.18×10^{-36} mg/L。

从热力学分析，采用锌粉置换 Cu、Cd、Co、Ni 均可净化得很彻底，但在实践中，采用锌粉置换净化 Cu、Cd 比较容易，而净化除 Co、Ni 就并不是那么容易。用理论量锌粉很容易沉淀除 Cu，用几倍于理论量的锌粉也可以使 Cd 除去，但是用大量的锌粉，甚至几百倍理论量的锌粉也难以将 Co 除去至锌电积的要求。Co 难以除去的原因，一般认为是 Co^{2+} 在金属锌表面析出时具有高的超电压，使得其实际析出电位远低于理论电位的缘故。如果要使钴能够被锌粉置换，就需要提供能够降低钴析出超电位的表面，如锡、锑、铅等的表面。故生产中可通过使用含锡锑等成分的合金锌粉，或使用含锑、砷等成分的添加剂配合锌粉实现对钴的置换。

在锌粉置换净化过程中，由于锌粉十分活泼，在有氧气的时候能直接从水中置换出氢：

$$O_2 + 4e + 4H^+ \Longrightarrow 2H_2O$$

$$2H^+ + 2e \Longrightarrow H_2$$

因此，在用锌粉置换的净液过程中要求连续化和不能用空气搅拌。同时提高氢的析出超电压，而降低金属杂质的析出超电压。此外，在用锌粉置换的条件下，有析出砷化氢(H_3As)的可能性，而且随着溶液酸度的增加，pH 值下降，可能性就更大。应尽可能在中性浸出时将砷和锑沉淀完全。

(2) 影响置换过程的因素

①锌粉的质量与用量

锌粉的纯度应该比较高，除了不应带入新的杂质外，还应避免锌粉被氧化，以避免增大锌粉的耗量。从增大比表面以加速置换反应的观点考虑，锌粉粒度固然越小越好，但如果粒度过小会导致其飘浮在溶液表面，显然也不利于锌粉的有效利用。对铜的沉积而言，锌粉用量约为理论量的 1.2 ~ 1.5 倍便足够了，但对镉来说，为了有效防止镉的复溶，需增加锌粉用量至理论量的 3 ~ 6 倍。当然，锌粉用量还与溶液成分、锌粉纯度与粒度有关，纯度低和粒度粗的锌粉，其消耗量显然要大些。

②搅拌速度

置换过程在搅拌槽中进行，提高搅拌速度以强化扩散传质对加速置换反应显然是有利的。从这一点出发，流态化床净化技术具有优越性。

③置换温度

提高温度既有利于置换反应的加速，也会增进锌粉的溶解和镉的复溶，一般以控制 60 ~ 70℃为宜。对镉的置换来说，由于镉在 40 ~ 55℃之间存在同素异形体的转变，当温度过高时会促使镉的复溶，工艺上一般控制在 50 ~ 60℃之间。

④浸出液成分

浸出液的浓度低些固然有利于锌粉表面 Zn^{2+} 的扩散传质，但如果浓度过低则因为增大了锌与氢之间的电势差而有利于 H_2 的析出，从而导致锌粉消耗量的增大，故锌浓度一般以 150 ~ 180 g/L较为合适。溶液的 pH 值越低越有利于 H_2 的析出，但会增大锌粉无益耗损和镉的复溶。在锌粉用量为理论量的 3 倍时，要使溶液残余的铜和镉符合要求，溶液的 pH 值应维持在 3 以上。如果溶液含铜高而需要优先沉积铜保留镉，则宜将中性浸出液酸化至含 H_2SO_4 0.1 ~ 0.2 g/L，以便活化锌表面，促进铜的沉积。

另外，研究结果表明，单独用锌粉置换沉积镉时，Cu^{2+} 具有催化作用，铜的浓度以 0.20 ~ 0.25 g/L为佳。

综上所述，一次净化除铜镉应控制的技术条件为：温度40～50℃，上清液含铜镉比为Cu∶Cd＝1∶(3～4)，锌粉用量为理论量的4～5倍，锌粉粒度小于0.18 mm，$w(Zn)>98\%$，一次净化后残镉低于1 mg/L，且要求净化后立即进行液固分离，以免海绵镉复溶。

3.2.4.3　锌粉置换法除钴镍

锌粉置换除钴、镍成分的关键是提供能够使钴析出的超电位降低的金属表面，实现锌粉对钴的置换。常用的方法有砷盐净化法、锑盐净化法和合金锌粉法等。

(1) 砷盐(砒霜)净化法

砷盐净化法的原理是在有Cu^{2+}存在的条件下，Cu^{2+}被锌粉置换沉积于锌粉表面，与锌粉一起形成微电池的两极，在铜阴极上发生下列反应：

$$As_2O_3+12H^++12e=\!=\!=2AsH_3+3H_2O \qquad \varphi^\ominus=-0.47\ V$$

$$Co^{2+}+2e=\!=\!=Co \qquad \varphi^\ominus=-0.227\ V$$

$$2H^++2e=\!=\!=H_2 \qquad \varphi^\ominus=0.000\ V$$

而在锌粉阳极上发生锌的溶解反应：

$$Zn=\!=\!=Zn^{2+}+2e \qquad \varphi^\ominus=-0.763\ V$$

这样两极反应的结果，便将Co^{2+}置换出来。置换出来的钴便与Cu、As和Zn形成金属化合物，它比纯金属或与Cu和Zn形成的化合物的电势要正，因此能很有效地除去钴。同样难于置换除去的Ni也被置换得很彻底。

由于高温下氢在镉表面析出的超电压低，所以在砷盐净化阶段，溶液中的Cu、Ni、Co、As、Sb几乎完全沉下，而镉留在溶液中。因此许多采用砷盐(砒霜)净化法的工厂都是采用两段间断净化流程。

一次砷盐净化在机械搅拌槽中进行，净化前应先将砒霜和氢氧化钠配制成亚砷酸钠水溶液，其反应如下：

$$6NaOH+As_2O_3=\!=\!=2Na_3AsO_3+3H_2O$$

生产操作时，先将中性上清液打入上清液储备罐加温，然后送入净化槽。净化过程保持温度在65℃以上，此后开始搅拌。根据溶液铜镉钴的含量，加入亚砷酸钠溶液和锌粉。锌粉分两次加入，第一次加入量为总量的80%～90%，反应30～40 min后加第二次锌粉，并同时加入少量的硫酸铜，继续搅拌，直到溶液钴定性检查合格为止。

此法净化时产生剧毒的砷化氢气体，其反应为：

$$2Na_3AsO_3+9H_2SO_4+6Zn=\!=\!=6ZnSO_4+3Na_2SO_4+6H_2O+2AsH_3\uparrow$$

因此，砷盐净化的设备要很好地密封和排风，保持罐内负压操作，现场要通风良好。同时，净化前在罐口贴氯化汞纸条。当溶液温度较高时，加砒霜和锌粉时要慢加细撒，以免砷化氢中毒。

砷盐净化时除溶液中需要适量的铜离子和亚砷酸盐外，要求控制溶液温度在65℃以上。如：净化温度60℃时加锌粉量5.0～5.6 g/L，经3～3.5 h达到除钴合格。而75℃时加锌粉4 g/L经2 h就达到净化要求。

净化操作完成后，立即进行压滤，滤渣为铜、镍、钴渣，送往提镉工序，滤液送去二次净化，进一步除铁和镉。

一次砷盐净化后溶液中仍含镉100～200 mg/L，含铁一般为30～50 mg/L，需进行二次净化。方法是先视溶液含铁量加入少量的高锰酸钾和硫酸铜，把溶液中的铁氧化为三价铁后水解除去。除铁至合格，再加入适量锌粉除残留的铜，经检定溶液含铜合格后进行压滤。滤液即新液，其中含镉小于2 mg/L，含铁小于10 mg/L，送往电解工序提锌。二次滤渣与一次滤渣相混合，送去提镉和钴。

砷盐净化法能够得到高质量的净液（钴、镍含量降到1 mg/L以下）。但也存在如下缺点：原料中的铜不足时需要补加铜；得到的Cu－Co渣被砷污染；要求高温（80℃以上）；产生剧毒气体AsH_3；不迅速分离钴渣时某些杂质易复溶，致使有些结果不稳定。

（2）锑盐净化法及合金锌粉法

锌粉－锑盐净化法是目前世界上采用最多的方法，其主要工艺包括：第一段在低温下（55℃）加锌粉置换除Cu、Cd，第二段在较高温度下（85℃）加锌粉与锑活化剂除钴及其他杂质。与砷盐净化法比较，锑盐净化所采用的高低温度恰恰倒过来，第一段为低温，第二段为高温，故称逆锑净化法或反向锑盐法。

除了用Sb_2O_3作锑活化剂外，有些工厂采用锑粉或其他含锑物料作锑活化剂，其实质也还是Sb起作用，统称为锑盐净化法。

锑盐净化的机理是锑在溶液中共存的锌粉表面上析出后，或锌粉中含有的其他金属作阴极，锌粉作为阳极，形成微电池，通过电化学作用，可促使Co^{2+}还原析出。

我国西北铅锌冶炼厂设计是两段逆锑净化流程，为了提高净化液质量，于1998年进行了技术改造，改为三段净化流程，各段操作条件见表3－10。

表3－10　西北铅锌冶炼厂逆锑净化各段的技术参数

项目	第一段除铜镉	第二段除钴	第三段除残镉
温度/℃	50～60	85～90	70～75
pH值	4.8～5.2	5.0～5.4	5.0～5.4
药剂/（$kg·m^{-3}$）	喷吹锌粉，按铜镉理论量的1.5～2倍加入	合金锌粉1.5 喷吹锌粉1.0 Sb_2O_3 0.0015	喷吹锌粉0.5
搅拌方式	流态化	机械搅拌83 r/min	机械搅拌83 r/min
停留时间/min	15～20	90	30

株洲冶炼厂Ⅱ系统采用三段连续逆锑净化工艺，以酒石酸锑钾作活化剂，工艺流程与西北铅锌冶炼厂相似。

锑盐净化与砷盐净化比较具有如下优点：①不需要加铜，在第一段中已除去镉，减少了镉进入钴渣，镉的回收率比砷盐净化（60%）高；②先除去铜、镉后，加锑除钴的效果更好，含钴60 mg/L（一般只有15 mg/L左右）时也能达到好的效果；③由于SbH_3较AsH_3容易分解，产生毒气的可能性较小；④锑的活性大，添加剂消耗少。

合金锌粉法的实质与锑盐净化法相似，其操作也基本相同。我国仅柳州锌品厂采用合金锌粉法。净化流程为第一段加普通锌粉，第二段加普通锌粉与合金锌粉，普通锌粉与合金锌粉的用量比例为1∶1，合金锌粉含Sb 1.5%～2.5%，Pb 0.15%～0.25%。

(3) 用有机药剂除钴镍

在生产上应用的特殊试剂除钴法有黄药除钴及β-萘酚除钴。

黄药是一种有机试剂，黄药能与许多重金属形成难溶化合物，某些金属的黄酸盐的溶度积见表3-11。

表3-11 某些金属的黄酸盐的溶度积

黄酸盐	溶度积	黄酸盐	溶度积
$Cu(C_2H_5OCSS)_2$	5.2×10^{-20}	$Fe(C_2H_5OCSS)_3$	10^{-21}
$Cd(C_2H_5OCSS)_2$	2.6×10^{-14}	$Co(C_2H_5OCSS)_2$	5.6×10^{-9}
$Zn(C_2H_5OCSS)_2$	4.9×10^{-9}	$Co(C_2H_5OCSS)_3$	$10^{-13}\sim10^{-14}$
$Fe(C_2H_5OCSS)_2$	8×10^{-8}		

黄药除钴的实质是在有硫酸铜存在的条件下，溶液中的硫酸钴与黄酸钾(C_2H_5OCSSK)或黄酸钠($C_2H_5OCSSNa$)作用，形成难溶的黄酸钴而沉淀。这可用下面的反应式表示：

$$8C_2H_5OCS_2Na+2CuSO_4+2CoSO_4 = Cu_2(C_2H_5OCS_2)_2\downarrow +2Co(C_2H_5OCS_2)_3\downarrow +4Na_2SO_4$$

从上式可知，硫酸铜起了将Co^{2+}氧化为Co^{3+}的作用。使用$Fe_2(SO_4)_3$、$KMnO_4$等氧化剂也可起同样的作用，但实践证明，用$CuSO_4\cdot5H_2O$作氧化剂的效果最好，因此在生产上多采用胆矾。在硫酸锌溶液中若不加氧化剂，便会产生大量白色的黄酸锌沉淀。这就说明只有Co^{3+}才能优先与黄药作用产生$Co(C_2H_5OCS_2)_3$沉淀。为了有效地除钴可向净化槽中鼓入空气。

从表3-11中可看出，黄药也能与其他重金属如Cu、Cd等作用，所以为了减少黄药的消耗，应该在预先除去Cu、Cd、As、Sb、Fe等杂质后，再加黄药除钴。

黄药除钴的技术条件为：

①溶液的pH值以5.2~5.5为宜。pH值过低黄药分解，消耗增大，降低除钴效率；过高则锌水解。

②溶液的温度为35~45℃。温度过高将引起黄药分解，增加用量，降低除钴效率；温度过低，又将影响化学反应速度，延长除钴时间。黄药净化时要先用冷水将黄药溶解，且随用随溶。

③溶液中的其他杂质应越少越好。因为黄药几乎能与所有的有色金属离子作用。当溶液中含有杂质金属时，将增大黄药用量和延长除钴时间，显著降低除钴效率。

④黄药的用量为理论量的10~15倍。由于溶液中钴的含量很低，要使反应迅速而彻底，必须加入过量的黄药。实际的黄药加入量为除钴反应理论量的10~15倍，一般为12倍。而硫酸铜的消耗量为黄药量的1/5。

⑤每槽净化时间15~30 min。

黄药除钴不仅要消耗昂贵的有机试剂，而且净化后溶液中残钴较高，黄酸钴也很难处理，所以采用的工厂不多。

β-萘酚除钴法是用钴试剂(β-萘酚和亚硝酸钠)沉淀溶液中的钴离子。其主要反应为：

$$13C_{10}H_6ONO^- + 4Co^{2+} + 5H^+ = C_{10}H_6NH_2OH + 4Co(C_{10}H_6ONO)_3\downarrow + H_2O$$

这种净化方法是将被净化的溶液打入净化槽中，控制温度在65～75℃之间，加入碱性β－萘酚，然后加入NaOH和HNO_2，或者加入预先配制好的钠盐溶液，搅拌10 min后再加废电解液使溶液酸度达到0.5 g/L H_2SO_4，继续搅拌60 min，即可把钴除净。

β－萘酚除钴虽然能获得较深度除钴的净液，不过因试剂昂贵，还需用活性炭来吸附残余试剂，故除日本、加拿大等国的少数工厂使用外，采用的企业并不多。我国也还没有企业采用这一方法。

3.2.4.4 硫酸锌溶液中其他杂质的净化

中性浸出液中的氟、氯、钙、镁等离子含量如果超过允许范围，也会对电解过程产生不利影响，因此需要采取一定的手段控制其含量。

（1）除氟、氯

湿法炼锌中，氟、氯的主要来源是在处理含有氟、氯的氧化锌粉和升华物烟尘时，被带入到浸出液中的。当锌电积液中含氟高时，将给剥锌造成困难；氯会使铅阳极和设备遭受腐蚀，使电积液含铅升高。目前能够从溶液中除去氟氯的方法有不少，如用钍盐除氟、硅胶除氟、氯化银沉淀法脱氯等方法，但都因代价高昂而难以满足工业要求。

目前工业上广泛采用的方法为多膛炉焙烧氧化锌，使其中的氟、氯化合物进入炉气而脱除，从而控制进入溶液中的氟、氯量。操作条件为：温度650～680℃，严格控制第一层负压力为10～20 Pa，脱氟率可达90%～92%，脱氯率在60%以上。

近年发展起来的离子交换法脱氟、氯，则是利用离子交换树脂的可交换基团，与电解液中的氟、氯离子发生交互反应，使溶液中的氟、氯离子吸附在树脂上，而树脂的可交换离子（硫酸根）进入溶液。但该法的操作成本仍然高于多膛炉焙烧法而未能推广应用。

铜渣脱氯法，则是基于铜及铜离子与溶液中的氯离子相互作用生成氯化亚铜沉淀，从而达到除氯目的。反应式为：

$$Cu_{(\text{海绵铜})} + Cu^{2+} + 2Cl^- = Cu_2Cl_2$$

铜渣除氯操作过程：将含氯为500～600 mg/L的硫酸锌溶液送入用空气搅拌的除氯槽内，同时配入废电积液（含硫酸100～200 g/L）至溶液含酸10 g/L左右，并用蒸汽加热溶液到60℃。再将磨细后的铜渣（含铜为15%～20%）加入除氯槽内，并开风搅拌。控制溶液含酸在1～2 g/L、二价铜离子（Cu^{2+}）2～3 g/L，直到溶液含氯量降低到100 mg/L以下，即可停止搅拌，送往压滤。滤液送去净化除铜镉，滤渣经过处理后产出再生铜返回使用。

（2）除钙、镁

湿法炼锌过程中，精矿浸出过程的辅助材料带入的钙镁盐类部分进入到湿法炼锌溶液系统，不能在净化除Cu、Cd、Co等的过程中一并除去，钙镁盐会在整个湿法系统的溶液中不断循环积累，直至达到饱和状态。过饱和的$CaSO_4$和$MgSO_4$在过滤布上结晶析出时，会堵塞滤布毛细孔，使过滤无法进行；在溶液循环系统中，当含钙镁盐饱和的溶液局部温度下降时，钙镁离子便分别以$CaSO_4$和$MgSO_4$结晶析出，造成设备损坏和管路堵塞，严重时会引起停产。因此，有必要及时降低溶液中的钙、镁成分。

生产中常用溶液集中冷却的办法除钙、镁，其原理是当溶液中Ca^{2+}、Mg^{2+}含量接近饱和时，设法降低溶液温度，使之以$CaSO_4$和$MgSO_4$结晶形式析出，从而降低了溶液中的钙镁含量。

工业生产中，多采用鼓风式空气冷却塔冷却。经净化除 Cu、Cd、Co 等后的新液，可在冷却塔内由 50℃以上降至 40~45℃，之后再留置在大型的新液贮槽内，任其自然缓慢冷却，这时钙镁盐生成结晶，在贮槽内壁和槽底沉积，随着时间的增加，贮槽内壁四周和贮槽底形成整体块状结晶物。定期清除结晶物，可达到除去钙镁的目的。

3.2.4.5　主要净化设备

净化过程的主要设备是净化槽，有流态化净液槽和机械搅拌槽两种；净化后的液固分离采用压滤机和管式过滤器等设备。

（1）流态化净液槽

我国湿法炼锌厂采用连续流态化净液槽除铜、镉。槽的结构如图 3－11 所示。锌粉由上部导流筒加入，溶液由下部进液口沿切线方向压入，在槽内螺旋上升，并与锌粉呈逆流运动，在流态化床内形成强烈搅拌而加速置换反应的进行。该设备具有结构简单、连续作业、强化过程、生产能力大、使用寿命长、劳动条件好等优点。

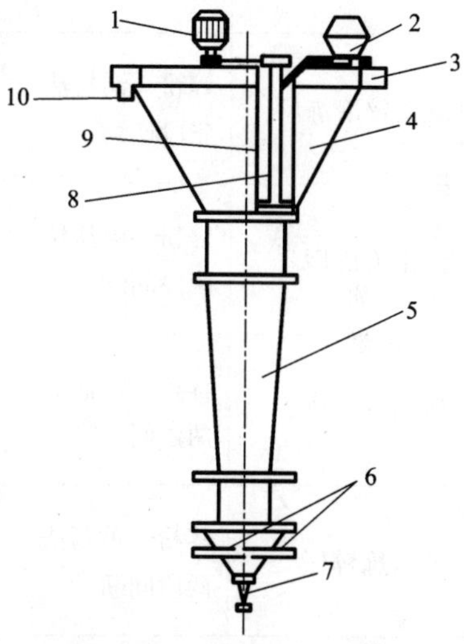

图 3－11　连续流态化净液槽

1—电动机；2、3、4—加料机；5—槽体；6—进液管；7—放渣口；8—下料圆桶；9—搅拌机；10—出液口

（2）机械搅拌槽

净化用机械搅拌槽与浸出槽基本相似，但因处理的物料为固形物含量很低的溶液，搅拌桨比较大，槽体耐磨要求较低。机械搅拌净化槽可单个间断作业，也可几个槽作阶梯排列形成连续作业或用虹吸管连接连续作业。

（3）液固分离设备

净化后的液固分离可采用压滤机和管式过滤器。近年来为了避免镉和钴的反溶，有的工厂改用浓缩槽，连续操作并且完全自动化。

管式过滤器制作容易，过滤速度快，滤液质量好，滤布寿命长，金属损失少，改善了劳动条件并减轻了劳动强度等。其缺点是更换滤布麻烦，滤渣液固比大；阀门多，操作繁琐等。

板框压滤机和厢式压滤机都是净化工序应用较广的液固分离设备，板框压滤机具有结构简单、制造方便、适应性强、溶液质量较好等优点。主要缺点是：间歇作业，装卸作业时间长，劳动强度大，滤布消耗高。厢式压滤机结构简单、耐腐蚀性强、操作简单，但同样是间断作业，辅助操作时间长，劳动强度大。

3.2.4.6　净化过程的主要技术经济指标

据统计，目前世界上有 75% 的湿法炼锌厂采用连续二段净化方法。我国主要湿法炼锌厂净化过程的技术经济指标见表 3－12。

表 3－12 我国湿法炼锌厂溶液净化过程的主要技术经济指标

厂 名	净化方法及段数	生产 1 t 锌的锌粉及消耗量/kg	生产 1 t 锌的添加剂消耗量/kg	锌回收率/%
株洲冶炼厂Ⅰ系统	锌粉—黄药法 两段间断	喷吹锌粉 40～45	黄药 4.5～5 $CuSO_4$ 0.5～1	99.5
株洲冶炼厂Ⅱ系统	锌粉—锑盐法	喷吹锌粉≤60	酒石酸锑钾 ≤0.03	
西北铅锌冶炼厂	锌粉—锑盐法 三段连续	喷吹锌粉 15～20 合金锌粉 25～30	Sb_2O_3 0.016～0.02	99.3
沈阳冶炼厂	锌粉—砷盐法 两段间断	锌粉 50～60	As_2O_3 2.4～2.6 $CuSO_4$ 4～12	
柳州锌品厂	锌粉—锑盐法 两段间断	喷吹锌粉 20～21 合金锌粉 20～21	$KMnO_4$ 0.1～0.2	
开封炼锌厂	锌粉—黄药法 两段间断	锌粉 30～45	黄药 9～15 $CuSO_4$ 4 $KMnO_4$ 0.2	
会泽冶炼厂	锌粉—黄药法 两段间断	锌粉 30	黄药 2 $CuSO_4$ 1.5 $KMnO_4$ 0.13	

3.2.5 硫酸锌溶液的电解沉积

硫酸锌溶液的电解沉积是湿法炼锌的最后一个生产工序，其目的主要是从硫酸锌溶液中提取高纯度的金属锌。工业上以净化的硫酸锌溶液为电解液，以铅银合金板(含银 1%)或铅银钙锶合金板做阳极，压延铝板做阴极进行电解。在直流电的作用下，阴极上析出金属锌(称阴极锌)，在阳极上放出氧气。定期取出阴极，将析出锌剥下送去熔化铸锭，成为锌成品。阴极铝板经过清刷处理以后，再装入电解槽中，继续进行电解沉积。随着电解的进行，电解液中的含锌量不断减少，硫酸含量不断增加，为保证电解的稳定进行，需要将贫锌的电解液(电积废液)连续不断地从电解槽的出液端溢出，一部分送往浸出车间供浸出用，另一部分与新液混合补充锌离子后返回电解槽使用。

3.2.5.1 电解沉积锌的基本原理

锌电解液中主要成分是硫酸锌、硫酸和水，它们在水溶液中分别电离。

$$ZnSO_4 \xlongequal{} Zn^{2+} + SO_4^{2-}$$

$$H_2SO_4 \xlongequal{} 2H^+ + SO_4^{2-}$$

$$H_2O \xlongequal{} H^+ + OH^-$$

当通入直流电时，阳离子在电场作用下向阴极迁移，Zn^{+}在阴极上还原成金属锌，并在阴极表面以结晶状态析出。阴极反应：

$$Zn^{2+} + 2e = Zn \qquad \varphi^{\ominus}_{Zn^{2+}/Zn} = -0.763\ V$$

同时阴离子向阳极迁移，OH^-在阳极氧化，并析出氧气。

阳极反应：

$$2OH^- - 2e = 2H_2O + 1/2O_2 \qquad \varphi^{\ominus}_{O_2/OH^-} = +0.401\ V$$

$$或\ H_2O - 2e = 1/2O_2 + 2H^+ \qquad \varphi^{\ominus}_{O_2/H_2O} = +1.229\ V$$

总的电化学反应式为：

$$ZnSO_4 + H_2O = Zn + H_2SO_4 + 1/2O_2$$

由于实际用于电解的硫酸锌溶液中还含有微量的杂质，如$CuSO_4$、$PbSO_4$等，它们在电解液中，呈现离子状态，并在适当条件下参与反应，因此电解槽中实际发生的反应就要复杂一些。

(1) 阳极反应

硫酸锌水溶液电积时，在阳极上主要有两个类型的反应，第一个是析出氧，第二个是铅阳极溶解。另外也不断还有少量Mn^{2+}的氧化等杂质离子反应。

当反应开始时，当新鲜的铅阳极装入电解槽后进行电解时，首先发生的是铅的氧化：

$$Pb - 2e = Pb^{2+} \qquad \varphi^{\ominus}_{Pb^{2+}/Pb} = -0.126\ V$$

$$Pb + SO_4^{2-} - 2e = PbSO_4 \qquad \varphi^{\ominus}_{PbSO_4/Pb} = -0.356\ V$$

$$Pb + 2H_2O - 4e = PbO_2 + 4H^+ \qquad \varphi^{\ominus}_{PbO_2/Pb} = +0.655\ V$$

在金属自由表面接近完全消失时，才开始发生OH^-的放电，以及铅的氧化反应：

$$Pb^{2+} + 2H_2O - 2e = PbO_2 + 4H^+ \qquad \varphi^{\ominus}_{(7)} = +1.45\ V$$

它们在电解沉积过程中，按其标准电位大小，应该是OH^-放电析出氧，但由于电解液中硫酸浓度很高，OH^-的浓度极低，仅10^{-14} mol/L左右，其实际电位与水的分解电位相当。加上氧气析出时一般有较大的超电压，使得在阳极上首先发生的是铅的溶解而不是氧的析出。随着金属自由表面基本上被PbO_2和$PbSO_4$覆盖（这一过程称为阳极钝化），阻止了铅的溶解，电解过程就会随即转入正常的阳极反应。氧在一些金属上析出的超电压如下：

金属	Au	Pt	Cd	Ag	Pb	Cu	Fe	Co	Ni
超电压 η/V	0.52	0.44	0.42	0.40	0.30	0.25	0.23	0.13	0.12

工业锌电积的进行始终伴随着阳极析氧反应，故氧的超电压越大，电解析出氧所消耗的电越多。因此，应尽可能降低氧的超电压以降低电耗。由于铅银阳极的电极电位较低，形成的PbO_2较细且致密，导电性较好，耐腐蚀性较强，故在锌电积厂普遍采用。

阳极放出的氧，大部分逸出进入空气，氧气在逸出时会因气泡破裂而使电解液进入车间空气，形成酸雾；小部分氧与阳极表面的铅作用，形成PbO_2阳极膜，还有一部分与电解液中的Mn^{2+}起化学变化，生成MnO_2和高锰酸。高锰酸根离子使无色的硫酸锌溶液变成紫红色。MnO_2一部分沉于槽底形成阳极泥，另一部分黏附在阳极表面上，形成MnO_2薄膜，并加强PbO_2膜的强度，阻止铅的溶解。

$$Mn^{2+} + 2H_2O - 2e = MnO_2 + 4H^+ \qquad \varphi^{\ominus}_{MnO_2/Mn^{2+}} = 1.25\ V$$

$$Mn^{2+} + 4H_2O - 5e = MnO_4^- + 8H^+ \qquad \varphi^{\ominus}_{MnO_4^-/Mn^{2+}} = 1.50\ V$$

$$MnO_2 + 2H_2O - 3e = MnO_4^- + 4H^+ \qquad \varphi^{\ominus}_{MnO_4^-/MnO_2} = 1.71\ V$$

在工业生产中，可通过控制电积液中 Mn^{2+} 浓度来降低析出锌含铅量和减缓铅阳极的化学腐蚀，多数企业维持电解液中 Mn^{2+} 浓度在 3～5 g/L 水平。

(2) 阴极反应

在工业生产条件下，锌电积液中含有 Zn^{2+} 50～60 g/L 和 H_2SO_4 120～180 g/L。如果不考虑电积液中的杂质，则通电时，在阴极上仅可能发生两个过程。

①锌离子放电，在阴极上析出金属锌

$$Zn^{2+} + 2e = Zn \qquad \varphi^{\ominus} = -0.763\ V$$

②氢离子放电，在阴极上放出氢气

$$2H^+ + 2e = H_2 \qquad \varphi^{\ominus} = 0.000\ V$$

单纯从金属的电位顺序来看，氢具有比锌更大的正电性而应当优先析出。但实际电积过程中，因为金属的超电压一般较小，约为 0.03 V，而氢离子析出的超电压往往较高，使其实际析出电位低于锌，而使锌得以优先析出。氢在一些金属上析出的超电压值见表 3－13。

表 3－13　25℃时氢在不同金属上析出的超电压

电流密度/$(A \cdot m^{-2})$	金属名称											
	Al	Zn	Pt①	Au	Ag	Cu	Bi	Sn	Pb	Ni	Cd	Fe
100	0.826	0.746	0.068	0.390	0.762	0.584	1.05	1.075	1.090	0.747	1.34	0.557
500	0.968	0.926	0.186	0.507	0.830	—	1.15	1.185	1.168	0.890	1.211	0.700
1000	1.066	1.064	0.288	0.588	0.875	0.801	1.14	1.223	1.179	1.048	1.216	0.818
2000	1.176	1.168	0.355	0.688	0.940	0.988	1.21	1.238	1.235	1.208	1.246	1.256

注：①光铂表面。

提高电流密度、降低电解液温度都能增大氢的超电压。添加适当的添加剂也可增大氢超电压，但添加过量则可能适得其反。铜、锑、铁、钴等杂质的存在会大大降低氢的超电压，故必须将杂质离子的浓度降到非常低的水平才能保证锌电积的正常进行。

③ 杂质在电解沉积过程中的行为

根据杂质中阳离子对电流效率的影响程度，大致分为三类。

第一类为 Pb、Fe、Ag 等，在一般工业生产中，对锌电流效率影响不大，但对析出锌质量影响较大。进入电解液的铅银能在阴极析出，降低电锌质量。硫酸锌溶液中的铁常以 $Fe_2(SO_4)_3$ 形式存在。它与阴极上与析出的锌发生反应，使锌反溶解，并生成 $FeSO_4$：

$$Fe_2(SO_4)_3 + Zn = 2FeSO_4 + ZnSO_4$$

生成的 $FeSO_4$ 又在阳极氧化生成 $Fe_2(SO_4)_3$：

$$4FeSO_4 + 2H_2SO_4 + O_2 = 2Fe_2(SO_4)_3 + 2H_2O$$

铁离子在阴阳极上反复还原氧化，降低了电流效率。故实际生产中要求电积液含铁小于 20 mg/L。

第二类是Co、Ni、Cu等，他们对降低锌的电流效率有较为明显的作用。溶液中的钴离子对锌电积过程危害较大，它在阴极放电析出，并与锌形成微电池，使已析出的锌又溶解回到电解液中，工业上称"烧板"。反溶特征是背面有独立小圆孔，严重时可以反溶透，由背面往正面溶，正面灰暗，背面有光泽，未反溶透处有黑边。往电积液中添加适量的胶，可消除或减轻钴的危害作用。一般要求电积液含钴小于1 mg/L。

镍离子与钴离子一样，在阴极上放电析出，也与锌形成微电池。反溶特征是呈现葫芦瓢形孔，由正面往背面烧。当溶液中存在钴和镍时，往电积液中加入少许β－萘酚可以抑制钴、镍的有害作用，现代电锌厂一般要求溶液含镍小于1 mg/L。

铜离子在阴极上放电析出，并与锌形成微电池，造成析出锌反溶。反溶特征是圆形透孔，由正面往背面反溶，孔的周边不规则。一般要求电积液含铜小于0.5 mg/L，在电积操作中，还要避免阴阳极铜导电头的硫酸铜结晶物带入电积液。

第三类是Ge、Te、Se、Sb、As等，对降低电流效率影响最大。现代电锌厂一般要求电积液含As、Sb、Se不能大于0.1～0.3 mg/L，而Te、Ge不能大于0.02～0.04 mg/L。砷、锑都能在阴极上放电析出，并引起析出锌反溶解。砷引起反溶时，析出锌表面呈现条沟状；锑引起反溶的特征是表面呈现粒状。因溶液含砷、锑过高所引起的烧板最为常见，因此要求在浸出工序控制中上清液含砷、锑均不超过1 mg/L。当砷锑引起析出锌反溶时，降低电积液的温度、往电积液中加入适量的骨胶和皂角粉，也可改善析出状况。

锗是最有害的杂质，它在阴极上析出后，造成阴极锌的强烈反溶，电流效率急剧下降。锗引起锌反溶的特征是由背面向正面溶，形成黑色圆环，严重时形成大面积的针状小孔。锗的危害作用，不仅在于它使已析出的锌反溶，而且还由于锗离子在阴极析出后，与氢生成氢化物，这种氢化物继续与氢离子作用生成锗离子，重新在阴极放电。其反应为：

$$Ge^{4+} + 4e \xlongequal{} Ge$$

$$Ge + 2H_2 + 4e \xlongequal{} GeH_4$$

$$GeH_4 + 4H^+ \xlongequal{} Ge^{4+} + 4H_2$$

因此生产要求电解液中锗含量不超过0.05 mg/L。

当几种杂质（包括添加剂）同时存在时，会改变个别杂质的影响，出现协同作用。例如，随Sb含量的增加，Co的危害性也增加。

电解液中常遇到的阴离子主要是氟、氯离子。氟离子（F^-）能腐蚀阴极铝板表面的氯化膜，使剥锌困难，造成阴极铝板消耗增加。生产中如遇剥锌困难时，可在出槽前加适量的酒石酸锑钾，但应严防过量，否则可能引起烧板。氯离子会腐蚀阳极，破坏铅阳极表面钝化层，从而缩短阳极寿命，造成析出锌含铅超标。因此生产要求电解液中氟含量不超过50 mg/L，氯不超过200 mg/L。

在电解过程中，杂质对电流效率、电能消耗以及析出锌的质量影响是很复杂的。各厂均十分重视提高电解液的质量，积极研究深度净化的工艺和操作条件，以改善电积锌过程的各项技术经济指标。电解锌对电解液的质量要求参见表3－7。

3.2.5.2　电解沉积锌的生产实践及主要设备

（1）电解沉积锌的生产实践

电解沉积锌的正常操作主要是出装槽和剥锌，锌电积出装槽是指在作业的一定时间内，将阴极提出剥离析出锌，再把阴极铝板装入槽的过程。出装槽时不能停电，故提出阴极应分批进行，每次取出半数或四分之一且应间隔一块提出，不能把相邻两块阴极同时提出，以防止断电。为了与装槽吊车在时间上很好地协调，一般在相邻两个槽的两端交错进行。待出装完毕，继续到另外两个槽进行。出装槽要做到迅速准确，不错牙，不滑边，极板不倾斜，不接触阳极。导电头要擦洗干净，装槽后调整极间距离，做到横平竖直，导电良好。出槽时认真观察析出锌片表面状况，对接触点作好标记。

剥锌是将析出锌从阴极铝板上剥离下来，并将铝板平整清刷，达到重装电解槽的要求。极板要认真处理，使其平直不带锌，对板上带有的污物要用刷板机清理干净。导电头保持光亮，对发黑的必须进行清理或更换。阳极板也要定期清理表面的阳极泥，但应保护好表面的氧化膜；处理阳极的周期一般为10~20天。国内目前大多为人工剥锌，劳动强度较大。目前，世界上已有四种不同类型的剥锌机用于生产，生产实践证明，采用机械剥锌对节约基建投资、提高劳动生产率效果非常明显。已实现机械剥锌和计算机控制的锌电积车间的共同特点是：采用较低的电流密度（400~500 A/m^2），延长剥锌周期为48 h，增大有效阴极面积。这些工厂只有0.5%~1%的阴极需要人工剥锌，大大节约了劳动力。

锌电积过程中，使用适当的添加剂可改善析出锌的质量和劳动强度，并保证获得好的技术经济指标。常用的有以下四类作用不同的添加剂：一是使析出锌平整、光滑、致密的添加剂，以动物胶为主。二是提高析出锌化学质量的添加剂，如碳酸锶、碳酸钡及水玻璃等，它们能降低溶液中的 Pb^{2+} 浓度，减少析出锌的含铅量。三是使析出锌易于剥离的添加剂，这类添加剂主要是酒石酸锑钾（俗称吐酒石，化学式为 $K(SbO)C_4H_4O_6$），其用量以电解液中含锑量不超过0.12 mg/L为准。一般在装槽前5~15 min从电解槽的进液端加入。四是降低酸雾的添加剂，这类添加剂主要有皂角粉、丝石竹、大豆粉及水玻璃等起泡剂，它们能在电解液表面形成表面张力大且非常稳定的泡沫层，对电解液微粒起过滤作用，由于泡沫层中捕集了一定量的 H_2，容易产生“放炮”现象而使工人操作不便，不少企业已经弃用。

（2）电解沉积锌的主要设备

电积锌生产用的主要设备有电解槽、阴极、阳极、供电设备、电解冷却设备及剥锌机等。

锌电解槽与铜、铅电解精炼用槽基本上相同，形状呈长方形。近年来由于采用大阴极板和机械化剥锌，电解槽的尺寸也随之增大。材质有钢筋混凝土、塑料和玻璃钢等多种。

锌电积的阳极是不溶阳极，常用的有铅银合金阳极（含银0.5%~1%）、铅银钙合金阳极（Ag 0.25%，Ca 0.05%）和铅银钙锶阳极（Ag 0.25%，Ca 0.06%~1%，Sr 0.05%~0.25%）等。铅银阳极制造工艺简单，但含银高而占用资金量多。近年来Pb-Ag-Ca三元合金阳极和Pb-Ag-Ca-Sr四元合金阳极被越来越多的电积锌生产厂家所重视，这种阳极具有强度高、耐腐蚀、使用寿命长（6~8年）、造价低、使用时表面形成的 PbO_2 及 MnO_2 较致密使析出锌含铅低、降低阳极电势从而降低电能消耗等优点，但其制造工艺较复杂。

阳极极板制造有铸造和压延两种方式，压延板强度大，寿命长；铸造板制造方便，质量轻，但寿命较短。板面可做成平板式、格网式和孔洞式等几种，不同极板各有优劣。阳极结构如图3-12所示。

阴极极板为纯铝板材。导电棒由铝浇铸而成，浇铸时在特制的模子里与极板浇铸相结合。阴极表面要求光滑平整，尺寸要比阳极稍大。为了防止阴阳极短路及析出锌包住阴极周边，造成剥锌困难，阴极板的两边缘各装有聚氯乙烯或聚丙烯塑料条。在软化温度下与极板黏接，黏接质量好，寿命可达3~4个月。

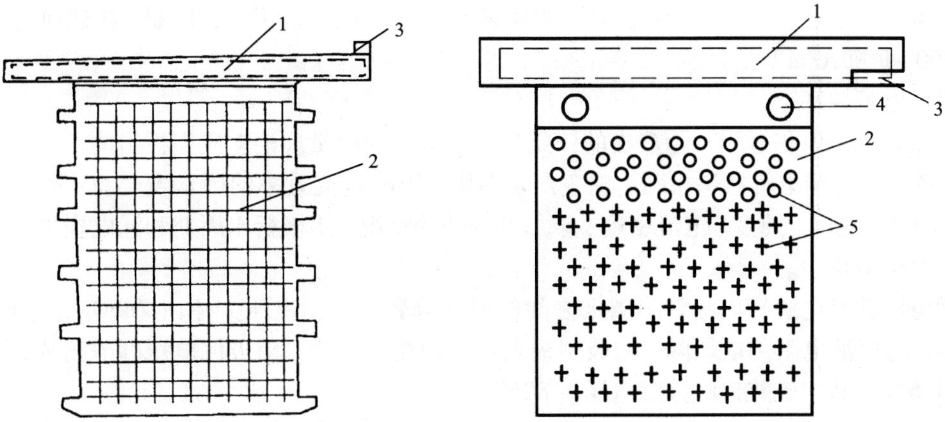

图3-12 锌电解阳极

1—导电棒；2—极板；3—导电头；4—吊装孔；5—小孔（为减轻极板质量）

为了适应机械化剥锌的需要，现在有些工厂在电解槽两侧固定有聚氯乙烯绝缘导向装置，而阴极两边缘不需另外包塑料条。阴极结构示意图见图3-13。

电解沉积锌时应控制电解液温度在35~45℃之间，而不应超过45~50℃。若电解液在直流电电热效应作用下温度过高则需要进行冷却。冷却的方法有三种：蛇形管槽内冷却、空气冷却塔冷却和真空蒸发冷冻机冷却。前者冷却效率低，且占去电解槽有效体积，已被淘汰。真空蒸发冷冻机投资大，运行费用高，目前使用的也不多。

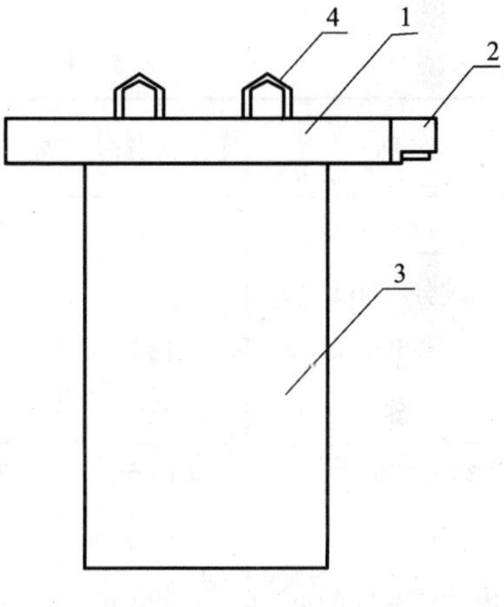

图3-13 阴极结构图

1—导电棒；2—导电头；3—极板；4—阴极吊环

空气冷却塔必须根据冷却要求和地区气候条件进行设计选型。它的工作原理是：电积液从上至下通过空气冷却塔，而在该塔的下部强制鼓风，使空气在与溶液逆流运行的过程中，带走大量蒸发的水分，达到降低电积液温度的目的。冷却塔可分为圆形、方形或长方形断面，一般能力较大的冷却塔宜采用长方形。空气冷却塔存在的缺点是动力消耗大，受地区条件限制，同时还受地区、季节和空气湿度的限制。优点在于便于维护，操作较简单。

由于蒸发带走了电解液中的部分水分，这就允许在洗涤锌渣时多加水，从而可以提高锌的回收率。

锌电解车间的电解槽排列、供电方式均与铜、铅电解精炼相类似，这里不再重复。

3.2.5.3 锌电积的主要技术经济指标

锌电解沉积过程的主要技术经济指标包括：电解液成分、阴极电流密度、电解液温度、极间距离、析出周期、电流效率、槽电压、电能消耗、阳极单耗、阴极单耗、添加剂单耗等。

(1) 阴极电流密度

锌电解沉积过程中，电流密度对电锌质量和电能消耗影响很大，目前，新建电锌厂一般采用300~700 A/m^2。

(2) 电流效率

电流效率是电积过程实际产出的锌质量与通过相同电量理论上应当析出的锌质量的百分比，计算方法与铜电解精炼相同。在生产实践中，影响电流效率的因素主要有：电解液的含锌量、酸度、温度、纯度、电流密度、添加剂的使用情况、阴极析出周期和漏电损失等。

(3) 槽电压

槽电压就是电解槽内相邻阴阳极之间的电压降数值。槽电压大体由 $ZnSO_4$ 的分解电压、超电压、电解液电阻的电压降、阳极阴极及接线电阻电压降、阳极泥电压降等组成，一般在3.2~3.6 V。其中硫酸锌的分解电压占80%。

(4) 电能消耗

湿法炼锌每生产1 t锌消耗电能3800~4000 kWh，其中电解沉积耗电为3000~3200 kWh。这项消耗约占湿法炼锌成本的20%。电能消耗与槽电压成正比，与电流效率成反比。

国内外一些湿法炼锌厂锌电积主要技术操作条件和技术经济指标列于表3-14中。

表3-14 一些工厂锌电积的主要技术经济指标

名称	秋田炼锌厂	饭岛锌冶炼厂	株洲冶炼厂	西北铅锌冶炼厂	Balen 厂	Overpelt 厂
新液含锌/(g·L^{-1})	172	130	140~170	150~160	160	160
废液成分/(g·L^{-1})						
H_2SO_4	180		150~200	150~200	160	170
Zn	60		40~50	40~60	45~50	50
槽内温度/℃	40~50	35~43	36~42	38~40		35~40
槽电压/V	3.3~3.6	3.3~3.6	3.2~3.6	3.2~3.5	3.3~3.45	3.3
阴极电流密度/(A·m^{-2})	490	370~430	480~520	400~500	375~415	375~450
同级中心距/mm	73~75	75	62	75	90	90
电流效率/%	88~90	90	89~90	88	90	90~93
吨锌直流电耗/kWh	3300	3126(交流)	2950~3000	2900~3100	3100~3250	2900~3150
吨锌添加剂单耗/kg	胶0.1		胶0.3~0.5	胶0.3~0.5		
	β-萘酚0.05		$SrCO_3$ 0.4~0.7	$SrCO_3$ 0.4~0.7		
	大豆粉0.05		吐酒石3	皂根0.7~1.0		
电积周期/h	36~40	48			48	48
槽清理周期/d	40				21~28	
槽清理方法	真空抽吸及人工				真空抽吸	
剥阴极锌方法	机械	机械	人工		机械	机械

3.2.5.4　阴极锌的熔铸

电解沉积产出的阴极锌片虽然化学成分已达标，但物理规格不利储运。因此，阴极锌片要进行熔化铸锭才可作成品出厂。阴极锌熔铸过程是在熔化设备中加热熔化并加少量氯化铵(NH_4Cl)搅拌去除氧化锌。产生的浮渣扒去回收锌，锌液铸成锌锭。NH_4Cl 破坏氧化锌皮的原理为：

$$2NH_4Cl + ZnO = ZnCl_2 + 2NH_3 + H_2O$$

生成的氯化锌熔点低(约318℃)，因而破坏了浮渣中的氧化锌薄膜，使浮渣颗粒中的锌露出新鲜表面而聚合成锌液。

熔锌所用的设备有反射炉及电炉两种。电炉熔铸可采用电阻炉、电弧炉和感应电炉。工频感应电炉熔铸时由于不用燃料，炉内锌的氧化少，因而浮渣的产出率低，锌的直收率高，并且能耗较低(一般吨锌耗电100～120 kWh)、劳动条件好、操作条件易于控制，已经成为锌熔铸的主流设备。国内有的电锌厂已实现了阴极锌熔铸从加料、熔化、浇铸、脱模到锌锭堆垛全部机械化。

在阴极锌熔化前，应先将阴极锌片吊运到进料翻板上，预热脱水以防“放炮”。进料时，每批最好不超过15 cm厚，以保持炉温与熔池锌液液面的稳定。操作时应特别注意防止铁工具、铝片或阴极导电片等掉入炉内，避免污染锌液。为使锌渣分离，减少浮渣量，进料时，要将少量氯化铵间断地加入炉内。形成的浮渣每隔约2 h进行一次搅拌扒渣。

锌锭产品要求表面光洁，没有飞边、毛刺、冷隔、夹渣、熔洞等缺陷，化学成分符合要求。锭模结构要合理，材质应具有高的热导性和低热膨胀系数、较低的弹性模数和较高的机械性能。且使用过程中锭模表面应经常涂刷涂料并定期清洗。浇铸锌液温度应适中，温度过高不易冷却，铸锭在运动中出现飞边、毛刺和缩孔；温度过低容易产生冷隔和夹渣。锭机运行不平稳也会造成表面波纹和飞边毛刺。

3.3　火法炼锌

火法炼锌是将焙烧后的氧化锌物料(焙砂或烧结块)与碳质还原剂在高温下还原挥发，冶炼得到的含气态锌烟气通过铅雨冷凝成为液态锌的炼锌方法。由于锌十分活泼，故火法炼锌必须在高温及强还原性气氛中进行。

现存火法炼锌工艺有密闭鼓风炉炼锌(简称ISP)、蒸馏法炼锌和电热法炼锌三种。

3.3.1　火法炼锌的理论基础

无论何种形式的火法炼锌，都只能还原锌的氧化物，对硫化矿物必须先进行焙烧或粗烧结脱硫，然后在高温下将氧化锌还原。由于用碳还原锌必须在1000℃以上进行，而锌的沸点为907℃，故还原出来的锌为气态。锌蒸气极易被氧气和 CO_2 氧化，需要用锌雨(蒸馏法炼锌)或铅雨(ISP炼锌)冷凝器才能将锌冷凝得到金属锌。

蒸馏法炼锌对硫化锌精矿进行的流态化焙烧工艺与湿法炼锌焙烧工艺相似。不同点是蒸馏法炼锌要求采用死焙烧，即通过高温焙烧，使硫全部脱去，而不必考虑铁酸锌的生成。鼓风炉炼锌主要处理铅锌混合精矿，要求对矿物先进行烧结焙烧，其烧结工艺与鼓风炉炼铅的烧结过程相似，在此也不再重复。本节重点介绍氧化锌的还原和锌蒸气的冷凝原理。

3.3.1.1 氧化锌被 C 和 CO 还原

氧化锌被 C 直接还原的反应为：

$$ZnO_{(固)} + C = Zn_{(气)} + CO$$

在蒸馏法炼锌过程中，ZnO 全部从焙砂中还原，没有液态渣出现，故可近似认为 $a_{ZnO} = a_C = 1$；在隔绝空气的蒸馏罐内，气体基本上为锌蒸气和 CO，故有：

$$K = \frac{p_{Zn} \cdot p_{CO}}{a_{ZnO} \cdot a_C} = p_{Zn}^2$$

由此可求出 700～1100℃时锌蒸气分压为：

温度/℃	700	800	900	1000	1100
p_{Zn}/kPa	1	7	37	148	495

蒸馏法炼锌通常都在 1000℃以上进行，因此氧化锌焙砂用 C 直接还原的平衡锌蒸气很大，当系统压力减小时锌蒸气就可以冷凝为液体。

由于固体之间反应十分困难，生产实践中起主要作用的还原剂是 CO：

$$ZnO_{(固)} + CO = Zn_{(气)} + CO_2 \quad (1)$$

$$\Delta G_1^{\ominus} = 178020 - 111.67T \text{ (J)}$$

这一反应必有 $n_{Zn} = n_{CO_2}$，亦即 $p_{Zn} = p_{CO_2}$，而 $p_{总} = p_{Zn} + p_{CO} + p_{CO_2} \approx 10^5$ Pa，所以其平衡常数为：

$$-\lg K_1 = \lg \frac{p_{总} - 2p_{Zn}}{p_{Zn}^2}$$

不同温度下锌的饱和蒸气压也由下式计算：

$$\lg p_{Zn}^* = -\frac{685}{T} - 0.1255\lg T + 0.945 \text{ MPa}$$

将 700～1300℃下的各平衡分压值列于表 3－15 中。

表 3－15 高温下用炭还原 ZnO 的平衡气氛/kPa

项　目	700℃	900℃	1100℃	1300℃
$p_{Zn} = p_{CO_2}$	1.66	11.45	32.7	46.0
p_{CO}	98.68	77.1	34.4	7.7
p_{Zn}^*	4.7	59	341	1 236.1

由表可见，用 CO 还原 ZnO 时，反应得到的锌蒸气分压依然小于同温度下的锌饱和蒸气压，即无法得到液态锌。

并且由于炉料中始终有过量的碳存在，上述反应中生成的 CO_2 也将被 C 继续还原为 CO，即：

$$CO_2 + C = 2CO \quad (2)$$

$$\Delta G_2^{\ominus} = 170460 - 174.43T\ (\mathrm{J})$$

这一反应称为布多尔反应，其 $\Delta G^{\ominus}$ 的表达式首项是很大的正值，要使反应自发进行（$\Delta G < 0$），最有效的办法就是提高温度。以上三个反应同时平衡，因此有：

$$p_{Zn} = p_{CO} + 2p_{CO_2} \tag{3}$$

并由(1)、(2)两个反应式的热力学平衡方程：

$$\lg K_1 = \lg \frac{p_{CO_2} \cdot p_{Zn}}{p_{CO}} = -\frac{17315}{T} - 3.51\lg T + 22.93 \tag{4}$$

$$\lg K_2 = \lg \frac{p_{CO}^2}{p_{CO_2}} = -\frac{8920}{T} + 9.12 \tag{5}$$

联解三个方程可得到：

$$2p_{CO}^3 + K_1 p_{CO}^2 - K_1^2 K_2 = 0$$

利用上式可计算出常压下用固体碳还原 ZnO 所必需的温度和压力，所得结果用图 3－14 表示。在 1280K 以上(阴影部分)温度，$p_{Zn} > p_{Zn}^*$，这在物理上是不可能的，锌蒸气应冷凝为液体，故 1280K 以上应以 p_{Zn}^* 代替 p_{Zn}。

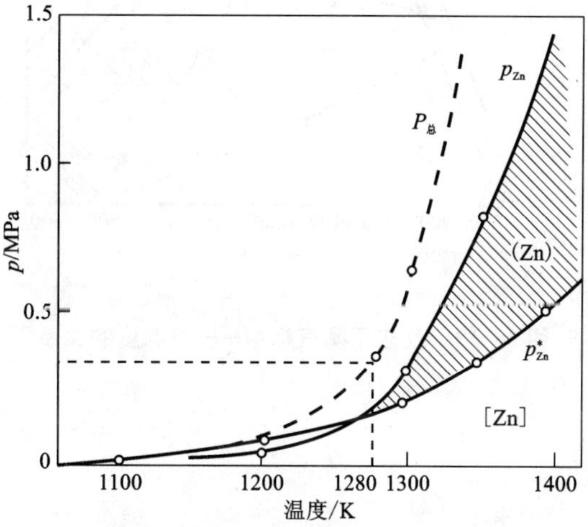

图 3－14　用固体炭还原 ZnO 所需的温度和压力

由计算可知：在常压下用固体炭还原 ZnO 的开始还原温度约为 1200K，如果总压小于 10^5 Pa 则开始温度还可以降低。而在温度升高且压力增大时，还原反应产生的锌蒸气压迅速增加，并于 1280K 时超过纯锌的饱和蒸气压，此时 $p_{Zn} \approx p_{Zn}^* \approx 2 \times 10^5$ Pa，$p_{总} = 3.5 \times 10^5$ Pa，满足这一温度和压力条件就可以获得液态锌，但在实践中显然难以满足这样的压力条件。

氧化锌被碳质还原剂还原是一个多相反应过程，其反应动力学特征与硫化锌精矿的焙烧脱硫过程相类似：包括反应气体的内扩散过程、生成物(锌蒸气)的外扩散过程组成和反应物分子之间的还原反应过程。在高温下还原反应进行很快，而气体扩散较慢，成为整个过程的控制步骤。所以在蒸馏法炼锌中，要求将碳还原剂和锌焙砂充分接触，并有足够的透气性，以利于气体扩散，提高生产效率。竖罐炼锌从焙烧矿开始就采取粉矿制团、中高温焦结得到坚实多孔的焦结团矿，通过高温连续蒸馏，蒸馏效率可达 99%。

3.3.1.2 焙结块和炉渣中 ZnO 的还原

鼓风炉炼锌的原料为烧结块，其中的 ZnO 活度可视为 1，烧结块熔融后形成炉渣，渣中 ZnO 活度 $a_{ZnO}<1$。

ZnO 被 CO 还原时形成的气相组成温度的关系如图 3－15。

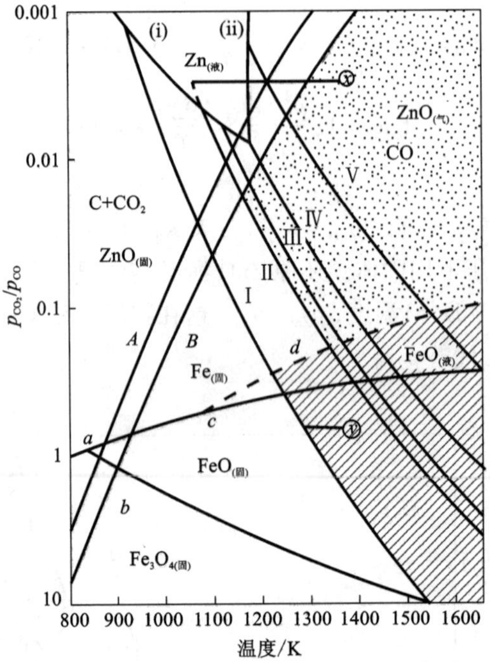

图 3－15 反应平衡气相中$\frac{p_{CO_2}}{p_{CO}}$与温度的关系

图中各曲线分别代表：

(1) $ZnO_{(固)}+CO═══Zn_{(气)}+CO_2$

曲线	Ⅰ	Ⅱ	Ⅲ	Ⅵ	Ⅴ
a_{ZnO}	1	1	0.1	0.05	0.01
p_{Zn}	0.06	0.45	0.06	0.06	0.06

(2) $CO_2+C═══2CO$

曲线	A	B
$p_{CO}+p_{CO_2}$	0.20	0.60

$Zn_{(液)}$的稳定区：

曲线(i) $ZnO_{(固)}+CO_{(气)}═══ZnO+CO_{2(气)}$

$$曲线(ii)Zn_{(液)} \longrightarrow Zn_{(气)}(p_{Zn}=1)$$

在鼓风炉炼锌过程中一般不允许出现金属铁，特别是不能出现独立的铁相。故铁氧化物只能部分还原，即 Fe_3O_4 可以还原成 FeO，但 FeO 不能还原为液态铁。铁氧化物还原的平衡曲线也列在图中。反应：

曲线 *a* $$Fe_3O_4 + 4CO = 3Fe_{(\gamma)} + 4CO_2$$

曲线 *b* $$Fe_3O_4 + CO = 3FeO_{(固)} + CO_2$$

曲线 *c* $$FeO_{(固)} + CO = Fe_{(\gamma)} + CO_2$$

曲线 *d* $$FeO_{(液)}(a_{ZnO=0.4}) + CO = Fe_{(\gamma)} + CO_2$$

根据生产实践，鼓风炉炼锌炉气中锌的含量为5%～7%，则平衡炉气成分应在该图中I线与C线之间(图中阴影部分)，在这种气氛中，即可保证 ZnO 还原成 Zn，又不致于使 FeO 还原为金属铁。因此，在鼓风炉炼锌中，需控制风口区(即炉渣熔化带)以上的炉气成分使 CO_2/CO 比例为0.6～0.7。这种还原气氛比蒸馏法炼锌和高炉炼铁的还原气氛要弱，而比鼓风炉炼铅的还原气氛要强。

由于烧结块在受热熔融前，大部分 ZnO 还没来得及还原就进入熔体(渣)中，渣中的 ZnO 活度下降，需要更强的还原条件才能还原出来，且渣中 ZnO 的活度越小，还原难度越大。从炉渣中还原的 ZnO 约占加入料中 ZnO 总量的60%，故保证这部分 ZnO 的还原完全对鼓风炉炼锌具有很大的意义。在维持 $p_{Zn}=0.06$ atm① 下，$a_{ZnO}<1$ 时对应的还原条件(图中Ⅲ、Ⅳ、Ⅴ线)与曲线Ⅱ比较，这些曲线向图中右上方移动了，意即需要更高的温度和 CO 浓度才能将渣中 ZnO 还原出来。如1150℃下，$a_{FeO}=0.4$ 时，平衡的 ZnO 活度 $a_{ZnO}=0.05$，即可将渣中含锌降至5%左右。如果要进一步提高还原强度，使渣中的 ZnO 完全还原，就势必引起 FeO 还原为金属铁。故目前鼓风炉炼锌的炉渣一般含锌5%～10%，从鼓风炉排出后还必须用烟化炉还原挥发回收其中的锌。

ZnO 在炉渣中的活度取决于渣的组成，并在很大程度上受其中 CaO 和 SiO_2 的含量影响。SiO_2 能强烈与 ZnO 结合，降低其活度；而增大 CaO 含量有利于提高 ZnO 的活度，因为 CaO 在高温下的碱性比 ZnO 强很多，从而能将其从 $ZnSiO_3$ 中置换出来。因此 ISP 炼锌一般采用高钙碱性渣。

3.3.1.3 焙烧或烧结块中其他成分的反应

在蒸馏法炼锌中，铁酸锌中的锌也被还原，而且比游离 ZnO 更容易还原：

$$ZnO \cdot Fe_2O_3 + CO = ZnO + 2FeO + CO_2$$

$$ZnO \cdot Fe_2O_3 + 3CO = ZnO + 2Fe + 3CO_2$$

$$ZnO + CO = Zn + CO_2$$

$$ZnO + Fe = Zn + FeO$$

因为把 $ZnO \cdot Fe_2O_3$ 中 Fe_2O_3 还原成 Fe_3O_4 或 FeO 要比还原 ZnO 容易得多，这种还原自然意味着铁酸锌的解体，而从铁酸锌中分解析出的 ZnO 具有更大的分散度，自由能更高而更容易反应。因此焙烧过程中形成的 $ZnO \cdot Fe_2O_3$ 对蒸馏法炼锌过程无影响。硅酸锌虽然比氧化锌和铁酸锌要难还原一些，但在蒸馏过程中能很完全地将锌还原出来。

ZnS 不能被还原而进入蒸馏渣中，$ZnSO_4$ 在死焙烧矿中存在不多，它能被还原成 ZnS，因

---

① 1 atm = 101325 Pa。

此也会损失掉。

铅和铜的氧化物在蒸馏时均易被还原成金属，铅少部分进入蒸气，大部透过料层到达罐壁，并侵蚀罐壁；铜则留在渣中。镉易被还原，进入蒸气，但不在冷凝器中冷凝，而是进入蓝粉。贵金属以金属形态留在渣中。

在鼓风炉炼锌和电炉炼锌过程中，因液态渣的出现，渣中锌的还原程度仅取决于其平衡活度和还原气氛条件。烧结块中的铜、铅化合物在鼓风炉炼锌过程中所发生的具体变化大都类似于鼓风炉炼铅中所发生的。鼓风炉炼锌可以处理铅锌矿，甚至含铜较高的铅锌矿。目前鼓风炉炼锌能处理含锌、铅、铜金属总量达70%的烧结块，其中 $w(\mathrm{Cu}):w(\mathrm{Zn})$ 达到0.05，$w(\mathrm{Pb}):w(\mathrm{Zn})$ 达到1。当冶炼含铅高且含一定量铜的烧结块时，锌、铅、铜的回收率分别达到92%～95%、94%～96%、70%～80%。

在烧结焙烧时，随着铅含量的增加，烧结块的强度也增加，因为PbO比ZnO更容易还原，且在炉子上部即被还原。还原出来的铅下流时，可以与挥发的S化合为PbS，也可溶解易挥发的As，使这些易挥发的元素不致进入冷凝器而降低锌的冷凝效率；同时还能捕集炉料中的Au、Ag、Cu、Sb、Bi等元素，提高这些金属的回收率。PbO的还原反应是放热反应，故不需要额外补加焦炭就可炼出铅来。提高原料中铅的含量，能使渣量减少，铅及贵金属的回收率提高。但是当铅含量大于24%时，形成炉结的趋势增加，导致炉子处理量下降，技术经济指标变差。

3.3.1.4 锌蒸气的冷凝

ZnO被碳还原后产生的反应气体中含有Zn、CO和 CO_2，这种混合气体从反应温度下冷却时，会发生ZnO还原的逆反应，产生固体ZnO和C或CO。即使生成的ZnO很少，也对冷凝过程起着有害的作用，使锌液滴被一层ZnO盖住，阻碍液滴进一步汇合成大粒，形成所谓的“蓝粉”，降低了锌蒸气冷凝为液体锌的冷凝效率。一般气体中的 CO_2 含量愈高，生成蓝粉量越多，冷凝效率便越低。锌被CO氧化产生C的速度很慢，但 CO_2 与Zn反应生成CO的速度很大，所以当反应气体冷却时，需要采用高温（高于1000℃）和加入过量2～3倍的炭这两项措施，以保证气体中的 CO_2 含量处于很低的水平（比如0.1%，此时只有0.2%的锌被氧化）。

蒸馏法炼锌产生的混合气中，$p_{\mathrm{Zn}} \approx 0.5 \times 10^5$ Pa，相当于840℃下液体锌的饱和蒸气。即这种锌蒸气开始冷凝的温度为840℃，若要使其中99%的锌冷凝下来则残余锌蒸气压为 0.01×10^5 Pa，其对应温度为600℃，生产实践中考虑到需要过冷，故一般在500℃下工作。

高温含锌气体在冷凝器内冷却和冷凝时，要放出大量的热，每冷凝1 kg锌约放出1674 kJ的热量，这些热量只能通过冷凝器传出，所以在设计冷凝器时，必须充分注意冷却问题。

鼓风炉炼锌为直接加热，所产生的CO和 CO_2，以及空气中大量的 N_2，将炉气中的锌蒸气稀释到很低水平。工厂的实际炉气组成（%）为：Zn 5～7，CO_2 11～14，CO 18～20。当这种高 CO_2 和低Zn炉气冷却时，便会发生锌的氧化。为了防止锌蒸气的大量氧化，在鼓风炉炼锌的生产实际中，采取了保持高温炉顶与应用铅雨冷凝器两项技术措施。

因为ZnO的还原反应 $ZnO + CO \longrightarrow Zn + CO_2$ 是一个吸热反应，因此提高温度有利于反应向右进行，也就是可以防止锌蒸气重新氧化。生产中一般要求进入冷凝器的炉气温度不低于1000℃。其措施是加热炉料，将入炉焦炭预热到800℃，还从炉顶鼓入大约为风口区鼓风量的10%的热空气，使其中部分CO燃烧以提高炉顶温度。同时因炉气中CO浓度很高，应很好密封炉顶防其外逸。

锌雨冷凝器无法从低Zn高CO_2的炉气中冷凝得到液体锌，必须采用铅雨冷凝器。所谓铅雨冷凝是在盛有铅液的池中，用转子把铅扬起形成铅雨，使含锌烟气冷却，铅液滴同时将冷凝下来的锌捕集的过程。锌溶于铅形成合金后活度降低，可防止锌再度被CO_2氧化。铅雨冷凝器有如下优点：

(1)在操作温度(约550℃)下铅的蒸气压低，挥发很少。

(2)铅的熔点低(327℃)，并随温度升高锌的溶解度急增。某些温度下锌在铅中的溶解度如下：

温度/℃	400	450	480	500	520	540	560	600	650
w(Zn)/%	1.43	2.17	2.68	3.07	3.05	4.0	4.6	5.9	8.3

(3)铅的密度大，用小体积的铅就可得到大的热容量和大的冷却效率，便将炉气急冷下来。

炉气急冷是很重要的，当炉气通过临界再氧化区时迅速冷却，可防止锌蒸气再氧化。铅雨的运动方向与气流相对，使其充分接触，更好地吸收炉气的热量，使炉气急冷到600℃以下。炉气在通过冷凝的过程中继续冷却，离开冷凝器的温度为450℃。温度为440℃左右的铅液从炉气出口端进入冷凝器，此温度下铅液中锌的溶解度为2.02%，经过与炉气热交换以后，温度升高到560～670℃，然后从冷凝器的气体入口端泵出。此时铅液中溶解的锌为2.26%(未饱和)，比进冷凝器时铅中含锌提高了0.24%。由此可以计算出循环的铅量为所要生产锌量的100÷0.24=417倍。也就是说，为了恰当地降低炉气温度，铅液循环量不能低于冷凝锌量的417倍。

采取上述两项措施以后，包括铅锌分离系统在内的冷凝效率为87%～90%，其余4%未被铅雨吸收进入气体净化系统，以蓝粉形态产出。6%～9%的锌是以冷凝器的清除物和冷凝分离系统的浮渣产出。

3.3.2 火法炼锌的生产实践

3.3.2.1 鼓风炉炼锌的生产实践

鼓风炉炼锌生产工艺流程可分为如下阶段：①锌铅硫化精矿、氧化物料和熔剂经配料、烧结脱硫与成块；烧结焙烧过程产生的SO_2烟气经净化后送去生产硫酸。②烧结块和其他含Pb、Zn的团块配入焦炭，加入鼓风炉中进行热风熔炼；从鼓风炉下部放出粗铅和炉渣，在前床中分离；从炉子顶部溢出的锌蒸气引入铅雨冷凝器中，被铅雨吸收的锌在冷却溜槽中被冷却后分离出粗锌。

(1) 炼锌鼓风炉的炉料准备

炼锌鼓风炉和炼铅鼓风炉一样只能处理块物料，故锌精矿(或铅锌混合精矿)要经过烧结焙烧，氧化锌物料则需要经过制团。锌精矿(或铅锌混合精矿)烧结焙烧的设备、配料过程、操作方式等均与铅烧结相类似，所不同的是烧结块残硫率要求更低(<1%)、机械强度更高。并且烧结过程不宜加入熔剂石灰石，以免生成CaS影响脱硫。

由于烧结过程中能处理的再生物料不能超过30%～40%，一些工厂对回转窑锌粉、钢厂锌灰、铅泥、锌浮渣等物料进行压团后直接进炉冶炼。氧化物料的压团工艺可分为冷压团与热压团，热压团是在高温高压下使粉料产生塑性变形并部分熔化和凝固，然后将精料压实成块的方法。热压团与其他方法相比，对被处理的物料成分及粒度适应性好，产出的团矿强度较大，颗粒均匀，入炉熔炼时可以保证料柱有良好的透气性。对生产同样强度的团块而言，热压团比烧结焙烧生产过程简单，生产成本也低。烧结块或团块块度以 25 ~ 100 mm 为宜。

(2) 鼓风炉炼锌的设备

鼓风炉炼锌的主要设备包括密闭鼓风炉、冷凝器以及热风炉等有关附属设备。

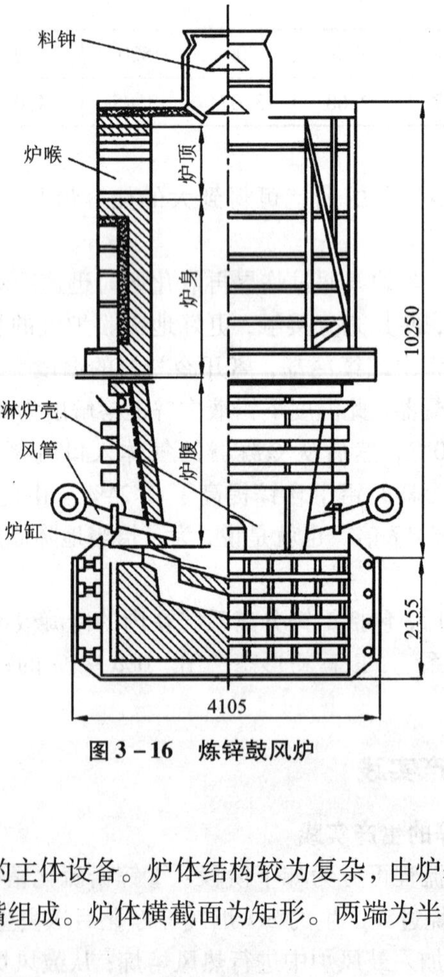

图 3 - 16 炼锌鼓风炉

①炼锌鼓风炉(ISF)

炼锌鼓风炉是生产系统的主体设备。炉体结构较为复杂，由炉基、炉缸、炉腹，炉身、炉顶、料钟及炉身两侧水冷风嘴组成。炉体横截面为矩形。两端为半圆形，其结构见图 3 - 16，与一般炼铅鼓风炉大致相似。

初期的锌鼓风炉炉腹采用水套结构，现在各厂均改成喷淋式冷却炉壳鼓风炉，以消除水进入炉缸及漏渣漏气现象。喷淋冷却炉壳包括一个整体的喷淋炉壳和等宽的炉缸及 16 个风口。喷淋炉壳用锅炉钢板制作，内壁用铝镁砖砌筑。

由于鼓入炉内的空气已预热到 800℃ 以上，所以设置在炉腹部的风口是活动的，并用水冷却。

②铅雨冷凝器

铅雨冷凝器是鼓风炉炼锌的特别设备，其作用是将含锌的高温炉气冷却下来，并用铅雨将炉气中的锌吸收，然后进一步使铅液冷凝分离出液体锌。它实际上可分为冷凝与铅锌分离系统两个部分。

冷凝系统的主要设备包括；冷凝器、转子、泵池、回铅槽及直升烟道；分离系统的主要设备包括：铅泵、冷却流槽、熔剂槽、分离槽和贮锌槽等。冷凝器与鼓风炉炉喉连接，泵池（通过铅泵）和回铅槽把冷凝器和分离系统首尾连接起来，使冷凝锌蒸气的铅液在冷凝系统和分离系统中进行闭路循环，如图3－17所示。

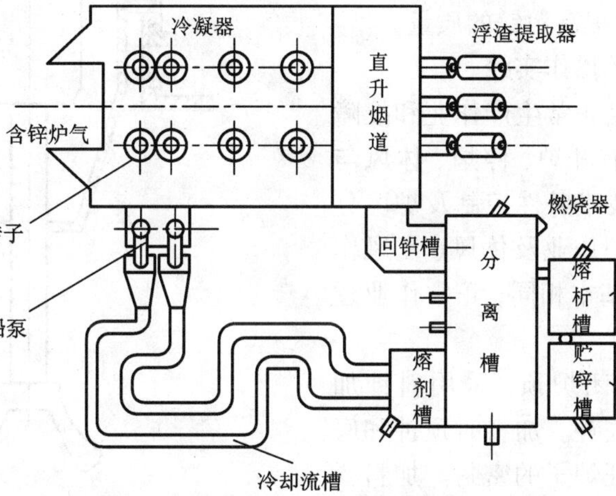

图3－17 冷凝器及分离系统组成示意图

铅雨冷凝器用耐火砖砌筑，截面呈矩形，底部为反拱形熔铅池，内装8个转子，其结构见图3－18。

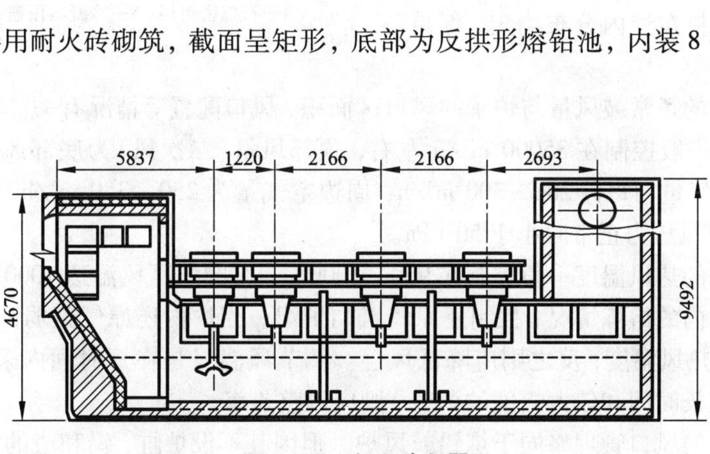

图3－18 铅雨冷凝器

转子是冷凝器的关键设备，它把熔融铅液扬起造成铅雨，以冷凝和吸收锌蒸气。现在一般使用的转子是干法密封整体型转子，其叶片和轴等主要部件用耐热Cr—Ni—Ti合金钢制成，转子头由四块正反相对的叶片组成，其中一对正反相对的叶片直径比另一对直径稍大，转子轴心通水冷却（图3－19）。

用铅泵从泵池将高温含锌铅液泵至冷却流槽冷却，冷却方式有两种：一种是水套冷却，另一种是将循环水管浸泡在流槽的铅液中实现冷却。采用后一种冷却方式的优点是温度易于控制，冷却效率高，事故率低。

冷却后的含锌铅液经过熔剂槽，进入矩形的分离槽中。熔剂槽定期加入氯化铵以捕集氧化锌，形成液态熔剂浮渣覆盖在金属液表面。含锌铅液在分离槽中分离，分离后的富铅相从底流口流入回铅流槽，富锌相从溢流口流入熔析槽或贮锌槽中，进一步分离粗锌中的铅、铁杂质，以提高粗锌的质量。

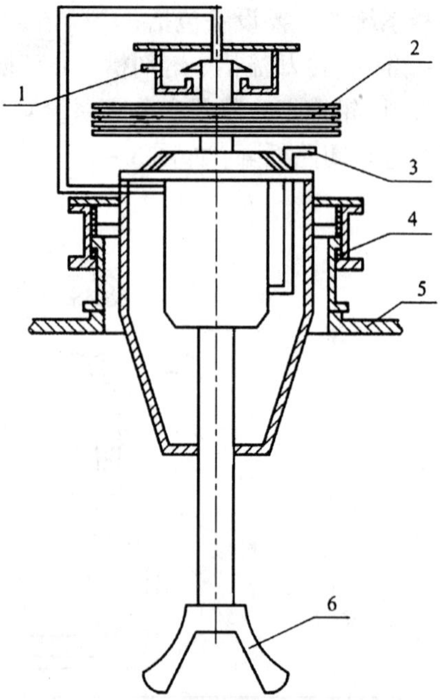

图 3-19 冷凝器转子结构

1—出水口；2—大皮带轮；3—进水口；4—石棉密封层；5—冷凝器顶盖；6—转子头

（3）鼓风炉炼锌的操作实践

鼓风炉的操作包括正常生产作业和故障处理。正常操作主要有开炉、停炉、休风与复风、正常生产时的技术条件控制及炉况分析判断。其中开、停炉作业及休风、复风作业与铅鼓风炉的操作基本相同，正常作业过程则略有不同。

炼锌鼓风炉为密闭炉顶，采用料钟加料，料钟又分顶钟和底钟。加料时顶钟和底钟不同时打开，以保证炉子的密封。加料要与熔炼情况、炉体特点、炉料情况及其他连接设备运行相适应，做到准确、及时地向鼓风炉加料，使炉料在炉内分布均匀，保持料面稳定。

炼锌鼓风炉的正常鼓风量与炉子的风口区面积、风口配置等情况有关。标准型炼锌鼓风炉，底部风口量一般控制在 35000 m^3/h 左右，顶部风量（二次风）为底部风口风量的 8% ~ 12%，料钟间空气量为每钟 200 ~ 300 m^3/h，周边空气量为 250 ~ 350 m^3/h，炉顶压力 1.3 ~ 3.0 kPa，总管热风压力正常时小于 50 kPa。

鼓入鼓风炉的热风温度一般控制在 900 ~ 1000℃，有的工厂风温达 1000℃以上。调节风温能迅速改变炉内的熔炼情况，控制还原气氛和炉温。当炉内还原气氛弱，渣含锌高，温度偏低时，应提高热风温度；反之则应降低风温。调节风温只是在短时间内采取的应急措施，如果炉况需要较长时间和较大幅度的调节，则应调整焦率。

炼锌鼓风炉的风口管理略同于炼铅鼓风炉。但因其不设炉缸，铅和渣的混合熔体以间断方式从渣口放出，自流到电热前床澄清分离。熔渣接近风口线时，就可打开渣口放出炉渣，其指征为热风压力明显升高，风量降低，并可从风口窥视孔看到渣的跳动。发现炉渣温度过低或过高、流动性差或有金属铁花时，应根据当时情况及时采取措施进行调整。渣口出现喷风时，则表明炉内渣已放净，应用绕有石棉的钢钎堵塞渣口。如果渣口水套烧穿，应立即切断冷却水，待炉内渣放净后休风进行更换。

延长炉渣在炉缸内的停留时间称为“压渣”，适当的压渣有利于炉渣中氧化锌的还原，降低渣含锌。但压渣过度时，风量明显下降，生产率降低，严重时有可能使炉渣灌入风口，影响鼓风炉的正常生产。

冷凝分离系统的主要操作内容包括维持冷凝系统正常的温度与温差，及时清除流槽等处的浮渣、结渣。

在正常操作过程中，进入冷凝器的含锌炉气温度为980～1080℃，经冷凝并吸收锌后，进入直升烟道，温度为440～465℃，直升烟道温度是反映炉气中锌被冷凝吸收程度的主要指标。铅泵和冷凝器转子工作不正常、回铅流槽返回的铅液温度高、回铅量不足等都可能造成直升烟道温度过高。

在冷凝器运行时，要保持正压操作以防止空气进入，造成锌的氧化或煤气爆炸。转子叶轮埋入铅液的深度为180～220 mm，冷凝器的工作铅面可从铅泵池测量，当铅液面降低时，需从冷却流槽加入烘干的精铅锭作补充。

冷凝器在运转过程中会不断产生浮渣，大部分浮渣由铅泵池扒出，小部分则滞留在冷凝器内。冷凝器的进口处会逐渐形成结瘤，清扫时要扒出冷凝器内的浮渣，并清除各部位的炉结。

铅液的循环量要使冷凝器铅液的温升保持在80～100℃范围，即重回铅槽的铅液经过冷凝器时，温度由430～445℃上升到510～530℃，铅液的循环量由铅泵的扬铅能力和冷却流槽的冷却能力控制，循环量不足时，铅池温度将会升高，应及时调整铅泵的扬铅能力或进行更换。回铅槽温度升高时，说明冷却流槽的冷却能力不足，应对冷却管组进行清理或增加冷却管组的数量。

经过冷却后的铅锌混合液在分离槽按密度不同而分离。锌液的密度较小，浮于铅液之上，并通过设在分离槽尾部的溢流口流入贮锌槽。为保证锌液的质量，减少锌液中铅、铁、砷等杂质的含量，锌液层的温度要尽可能保持略高于锌的熔点，生产中一般温度控制在440～450℃。同时应避免搅动锌液层，经常检查溢流口的深度。

分离出锌液后的铅液通过分离槽的底流孔进入回铅槽，并通过回铅槽的过道口返回冷凝器。在正常操作中，要在分离槽尾部用燃烧煤气的方法保温，以免底流口被冻结。在分离槽的侧墙及回铅槽的过道口，会逐渐形成氧化物结瘤，从而减小分离槽的截面积或升高过道口的高度，导致铅流受阻，使锌液的含铅量升高。故应经常检查回铅槽过道的高度，并定期利用清扫口进行清理。

炉况不正常、炉气中CO_2、砷含量高，可能使炉气或铅液中的锌氧化；铅泵池温度过高，进入冷却流槽后又采取急冷措施，会使大量锌突然析出。这两种情况均会使冷却流槽铅液面上形成半熔状态的牙膏状物质。这种牙膏状物质易黏结在冷管组上，阻碍铅液流动，并且难于清理，生产中应当尽力避免其形成。一旦出现大量牙膏状氧化物时，应及时组织力量把冷却管组提起，将其扒到熔剂槽中去。

(4) 鼓风炉炼锌的产物和主要技术指标

炼锌鼓风炉的熔炼产物有粗锌、粗铅、炉渣、浮渣、蓝粉和低热值煤气等，其中最重要的是粗锌和粗铅。在生产过程中，鼓风炉产出的粗锌通常以液体锌的形态送精馏系统进行精炼，并回收其中的铅、镉、锗等有价金属。由于使用了铅雨冷凝器，炼锌鼓风炉的粗锌较其他火法炼锌产出的粗锌含铅要高；粗铅的品位随原料中铜、锑等杂质的含量不同变化较大。化学成分一般要求含铅量大于98.0%，含Sb 0.6%～1.0%。某厂粗锌和粗铅成分如表3-16所示。

表 3－16 某厂粗锌和粗铅的成分

成分	Zn	Pb	Fe	Cd	Cu	As	Sb	Sn	Bi
粗锌/%	>98	<1.7	0.03～0.04	0.2～0.3	0.05～0.1	0.01～0.1	0.03～0.2	0.005～0.007	—
粗铅/%	0.05～0.07	>98	—	—	0.3～0.9	0.05～0.10	0.6～1.0	0.004～0.005	0.02～0.03

烧结块中的铜、锑、金、银及铋等杂质除少量随炉渣带走外，其余大多进入粗铅中。熔炼得到的粗铅送电解系统进行精炼，并从浮渣中回收铜，从阳极泥中回收金、银。

炉渣的主要成分为 CaO、FeO 和 SiO_2，还有少量的 Al_2O_3，它们来自精矿中的脉石、焦炭中的灰分和配入的熔剂。炼锌鼓风炉的还原能力要比铅鼓风炉强，故铅锌含量较低，一般含锌5%～8%，含铅小于1.0%，此外，有的炉渣还含有锗等。

鼓风炉渣趁热送往烟化炉处理，回收渣中的锌、铅、锗等有价金属，也可直接水淬后堆存。

黄渣由金属砷化物和锑化物组成，含有铁、砷、锑、铅、锌及少量的金银。某厂的黄渣成分(%)为：Pb 0.15～6.5，Zn 0.65～6.5，As 6.9～26，Sb 2.5～4.3，Fe 43～74，Cu 0.3～1.3。黄渣的熔点随含铁量增加而升高，高铁黄渣易使前床操作恶化。产出的黄渣部分由炉渣排出，部分积在电热前床。当黄渣层在前床中形成中间隔层时，就会使渣铅分离不好、渣含铅增高，甚至出现虹吸口堵塞的情况，因此要有计划地排放黄渣。

鼓风炉的浮渣有冷凝器浮渣和含砷浮渣两种。冷凝器浮渣主要由铅、锌氧化物组成，通常铅、锌之和占70%以上，经冷却、筛分后返回烧结配料，大块的浮渣(清扫冷凝器得到的结瘤)可直接加入鼓风炉。含砷浮渣是指从熔剂槽取得、由砷化锌、铅锌氧化物和残余的熔剂所组成的浮渣，因其含砷较高，故名。含砷浮渣经冷却成块并破碎后，直接加入鼓风炉处理。

世界上一些鼓风炉炼锌厂的代表性的生产技术指标总结于表3－17。

表 3－17 鼓风炉炼锌厂前些年来的生产技术指标

项 目	韶关冶炼厂	Avonmouth 厂	播磨厂	Cocklce Creek 厂	Duisburg 厂	八户厂	Noyelles Godautt 厂	Miasteczko 厂	Vesme 港厂
投产年份	1977	1951/1967	1966	1961	1965	1969	1962	1968/1980	1972
炉床面积 /m^2	17.2	27.1	15.3	17.2	17.2	17.2	24.6	17.2	17.2
炉龄/d		586	705	609	1030	895	487	341	429
炉料中 Pb∶Zn	0.45～0.5	0.46	0.45	0.53	0.45	0.43	0.41	0.45	0.45
炉料中 C∶Zn	0.8	0.77	0.77	0.76	0.74	0.76	0.67	0.8S	0.82
渣量∶锌锭		0.67	0.65	0.90	0.67	0.57	0.730	0.970	0.66
渣中 Zn /%	6.33	8.4	7.3	7.2	6.9	7.1	8.5	7.1	6.9

续表

项　目	韶关冶炼厂	Avonmouth厂	播磨厂	Cocklce Creek厂	Duisburg厂	八户厂	Noyelles Godautt厂	Miasteczko厂	Vesme港厂
锌入锌率/%		5.5	4.6	6.4	4.4	4.1	6.0	6.5	4.6
焦炭量(满负荷鼓风)/$(t\cdot d^{-1})$	137	292	166	177	206	188	224	193	179
满负荷产能: 锌锭/$(t\cdot d^{-1})$ 铅锭/$(t\cdot d^{-1})$	 150.4 69.4	 334 144	 194 88	 211 103	 245 115	 227 105	 283 108	 197 85	 194 79
冷凝分离效率/%	90~92	87.5	93.4	90.6	89.9	92.3	87.7	90.4	88.7
热平衡中耗炭占比/%		73.5	75.8	67.3	69.4	73。S	66.1	79.8	78.4
锌的回收率/%	93.94	93.0	94.7	92.1	93.9	91.7	93.5	00.8	94.0
1985年产量: 锌/kt 铅/kt	 39.9 18.7	 81.0 43.8	 63.0 26.3	 62.8 35.6	 78.6 35.0	 65.23 2.4	 96.2 42.1	 89.0 37.4	 69.6 24.9

3.3.2.2　竖罐炼锌的生产实践

(1) 竖罐炼锌的生产工艺流程

竖罐炼锌工艺一般分为锌精矿焙烧或烧结、团矿制备、团矿焦结、竖罐蒸馏与冷凝等工序。大型工厂有的还设有罐渣处理；多数工厂还配粗锌精馏工序，以生产99.99%～99.998%的锌。我国某厂竖罐炼锌流程如图3-20。

(2) 团矿制备与焦结

锌精矿的氧化焙烧与湿法炼锌过程的焙烧基本相同，但焙烧温度相对较高，要求残硫率更低，而对焙烧矿中的铁酸锌含量无限制要求。

制团是竖罐炼锌独有的工艺之一。团矿由焙砂和其他含锌物料按一定比例配入焦结性能好的还原煤，与精选的黏结剂混合破碎后，由特定的低压成型设备压制而成。焦结过程中，还原煤中的碳在焦结团矿中起着支撑整个团矿的骨架作用，而煤中的挥发成分在焦结温度(800℃)下挥发出来后，使团矿内部形成许多孔隙，保证了团矿的透气性。

焙砂与还原煤的粒度应该有30%左右小于0.074 mm，混合时加入纸浆废液作黏结剂，有的工厂采用耐火泥与纸浆废液混合黏结剂。

根据生产实践，我国的竖罐炼锌厂采用如下的配比(%)：锌焙烧混合矿50～60，还原煤30～33，纸浆废液5～6，焦结返粉2～6，锌蓝粉2～6，理论碳倍数2.8～3.2，配好的制团料含锌34%～37%。

湿团矿表面应该光滑致密、无裂纹，抗压力大于3.0 MPa。湿团矿经5～7 d的热风(70～120℃)干燥后，团矿的抗压强度达到25 MPa以上，即可送去焦结。

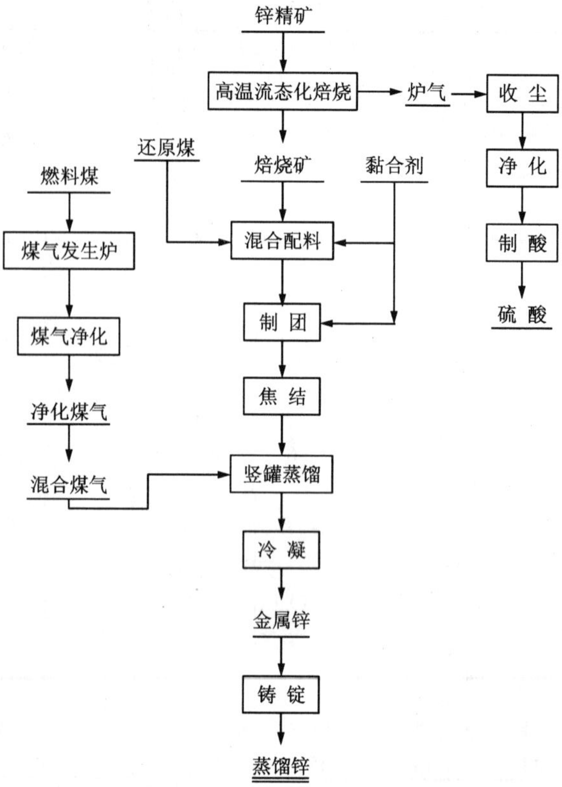

图 3-20　我国某厂竖罐炼锌流程图

焦结一般是用中性气氛(含氧低于2%)燃烧废气直接加热，在竖井式焦结炉内进行；或利用自身加热后产生的挥发物做燃料，控制其燃烧进行焦结，即所谓的自热焦结炉。其目的是进一步提高团矿的热强度，以及除去团矿中的水分和挥发成分，从而提高团矿的孔隙度或透气性。焦结温度为800～900℃，最高不得超过1000℃，以免造成ZnO的还原挥发损失。

从焦结炉排出的热焦结矿具有780～820℃的温度，抗压力达到75 MPa，气孔率应在40%以上，含锌为37%～42%。这种焦结矿即可送去还原蒸馏。

(3) 焦结矿的还原蒸馏与锌蒸气的冷凝

焦结矿装入竖罐蒸馏炉的罐体中进行还原蒸馏。目前我国采用的竖罐蒸馏炉有40型、60型与100型①，60型竖罐蒸馏炉的结构见图3-21。罐体结构为矩形，是用SiC砌成，其尺寸原为长2100 mm、宽305 mm、高为7850 mm；现已增至长2440 mm、高11000 mm，以提高罐子的产量。罐体长边的外面为燃烧室，一般采用煤气或天然气加热。

沿罐体高度可将蒸馏罐分为上延部、罐体、下延部三段。自焦结炉排出的热焦结矿立即加入竖罐上延部，并缓慢下降。焦结矿与高温带产生的高温还原反应气体逆向运动，在进入罐体高温带前可被加热到1000℃左右，罐体中心温度维持1100℃，焦结矿中的ZnO在沿罐体的下降过程中逐步被还原完毕。蒸馏完的残渣至下延部冷却后排出罐外。在罐体高温区产生的含锌反应气体，与焦结矿逆向运动，至上延部排气口逸出，进入锌液飞溅冷凝器，冷凝得

① 竖罐蒸馏炉习惯上以有效受热面积(m^2)划分型号，如60型蒸馏炉有效受热面积为60 m^2。

图 3－21　60 型蒸馏炉结构示意图

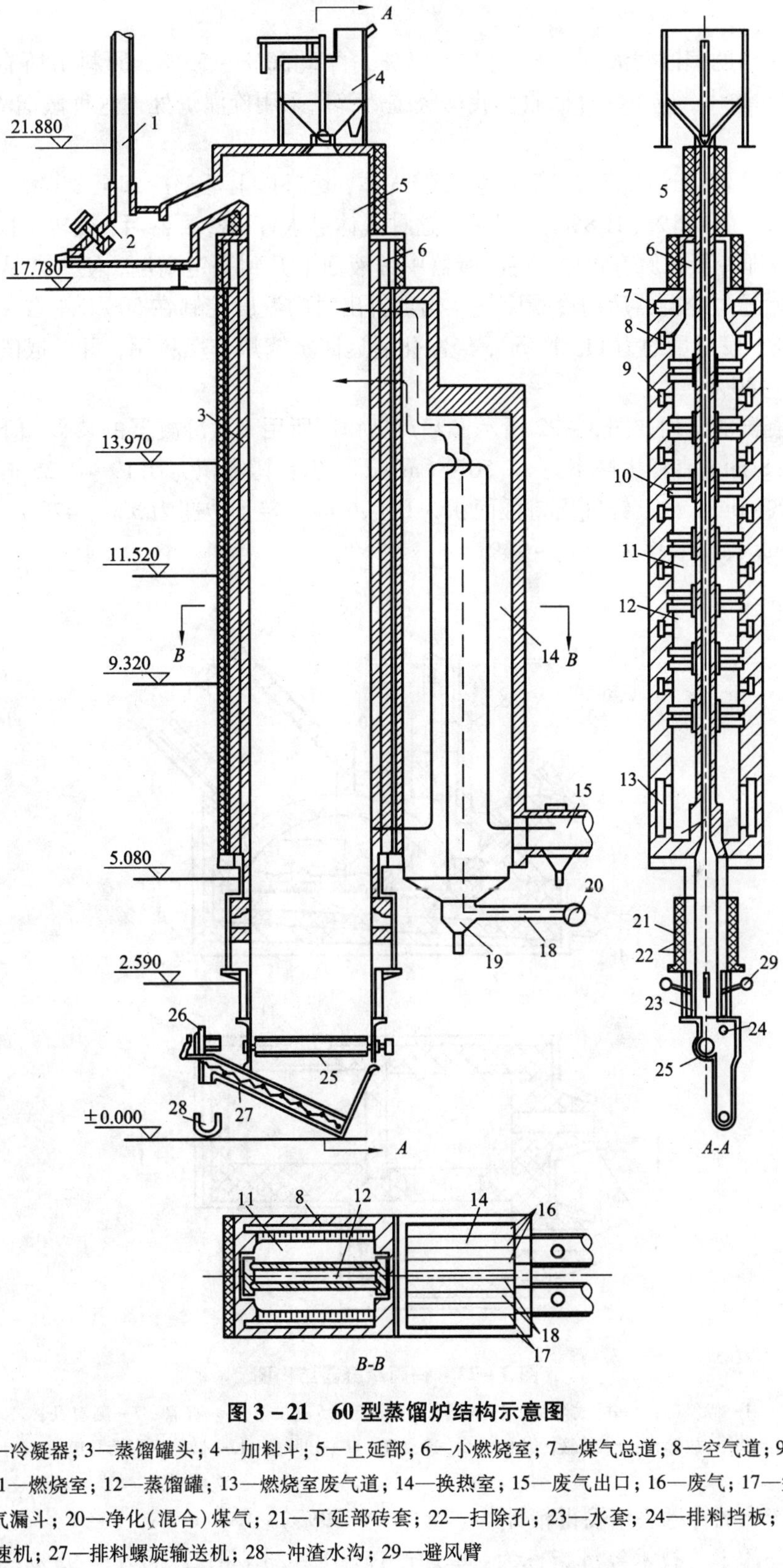

图 3－21　60 型蒸馏炉结构示意图

1—直管；2—冷凝器；3—蒸馏罐头；4—加料斗；5—上延部；6—小燃烧室；7—煤气总道；8—空气道；9—空气总道；10—顶砖；11—燃烧室；12—蒸馏罐；13—燃烧室废气道；14—换热室；15—废气出口；16—废气；17—空气；18—煤气；19—废气漏斗；20—净化(混合)煤气；21—下延部砖套；22—扫除孔；23—水套；24—排料挡板；25—排矿辊；26—电动减速机；27—排料螺旋输送机；28—冲渣水沟；29—避风臂

液体锌。

从罐内排出的蒸馏残渣一般含锌3% ~5%，含碳30% ~35%，原料中所有的Au、Ag、Cu等全部留在渣中，应予综合回收。我国竖罐炼锌厂采用旋涡炉处理这种蒸馏渣，取得了良好的效果。

焦结矿经蒸馏罐还原蒸馏以后产生含锌气体，经罐体上延部冷却至850℃，其成分的一例为：Zn 40%、CO 45%、$H_2$8%、$N_2$7%。这种气体进入锌雨冷凝器后，被转子扬起的锌滴冷却，其中的锌即冷凝在原有锌中，待冷凝器中锌液面上升到一定高度，便定期从冷凝器放出一定量的锌。通过冷凝器后的冷凝废气从出口排出时的温度控制在500℃左右。冷凝废气一般含CO 70%，发热量约为11 MJ/m^3，经净化后返回蒸馏炉作燃料用，可以抵偿蒸馏炉的燃料消耗20% ~30%。

飞溅冷凝器的结构如图3－22所示。葫芦岛锌厂所用飞溅冷凝器的参数如下：冷凝器容积为1.4 ~1.8 m^3；容积生产率为12.50 t/(m^3·d)，出锌槽容积为0.19 ~0.25 m^3；锌气进口截面积为0.5 ~0.55 m^2；锌气出口截面积为0.096 m^2，转子转速为320 ~420 r/min；扬锌量为3 ~7 t/min；冷凝效率为95% ~96%。

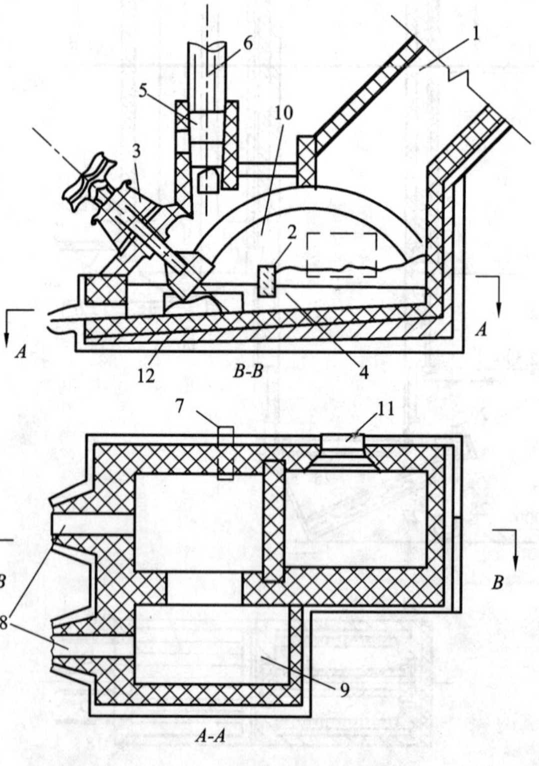

图3－22 锌雨冷凝器结构图

1—倾斜部；2—桥式隔墙；3—转子；4—锌液；5—方箱；6—直管；7—测温孔；8——放锌孔；9—锌液冷却槽；10—冷凝室；11—扫除孔；12—锌液封隔墙孔道

经冷凝产出的锌送去精馏得精锌(w(Zn) >99.99%)。

竖罐炼锌的主要技术经济指标为：单炉产锌量8 ~23 t/d；锌回收率95%；渣含锌量 <

1.5%；直收率>84%；冷凝效率95%；生球团消耗3.35 t/t Zn；罐体寿命大于18个月；蒸馏炉炉体寿命大于54个月；蒸馏炉运转率92%～93%。

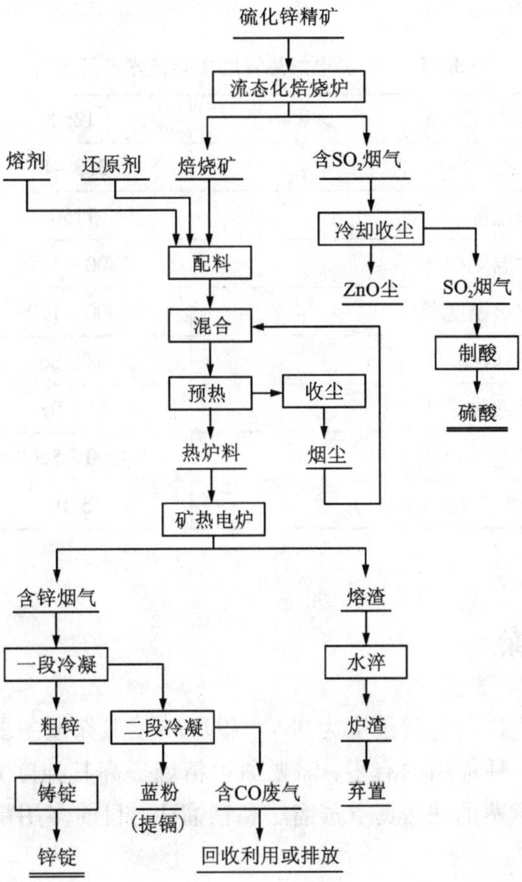

图3-23 矿热电炉(电弧电阻炉)炼锌工艺流程

3.3.2.3 电热法炼锌的生产实践

电热法炼锌是利用电能直接加热氧化锌(或硫化锌的焙烧矿)和还原剂，使锌还原挥发并随烟气导出经冷凝成金属锌的冶炼方法。电热炉炉料经过预热后入炉，其中的锌为氧化形态，且添加了过量碳以限制炉料在反应过程中形成的二氧化碳量，避免锌的再氧化。

电热法炼锌因对原料的质量要求不高，工艺流程短，设备相对简单，投资省，上马快，而为一些民营企业所青睐。但该法存在着能耗大，尤其是要消耗大量昂贵的电能，产品纯度不高的缺点，在金属回收率、生产规模大型化和自动化以及有价金属的综合回收等方面也不具备优势，因此难以大范围推广。

根据电热的原理的不同，电热法炼锌主要分为两种类型，一种是电阻炉炼锌，即电源直接连接炉料，以炉料为电阻而发热，供炉料内完成还原反应所需要的热能。目前仅有日本的三日市炼锌厂和美国的莫那卡炼锌厂采用，其年产锌量超过10万吨。另一种为矿热电炉(亦称微电弧电阻炉)炼锌，其基本结构与炼钢电弧炉相似，将电极插入液态熔融体(即熔渣)中，依靠电极与熔渣交界面上形成的微电弧与熔融体电阻的双重作用，使电能转化为热能。由于炼锌属于还原挥发熔炼，为防止产出的锌蒸气氧化，故炼锌电炉须设置炉顶盖密封。

矿热电炉炼锌的主要技术经济指标如表 3 - 18 所示。

表 3 - 18 矿热电炉炼锌的主要技术经济指标

电炉容量/kVA	1250	2000
生产能力(粗锌)/($t \cdot d^{-1}$)	3.3 ~ 8	6.5 ~ 11
炉顶温度/℃	1150	1150 ~ 1250
炉内温度/℃	1300 ~ 1350	1300 ~ 1350
炉气出口温度/℃	1000 ~ 1100	950 ~ 1050
锌的直收率/%	68 ~ 86	80 ~ 90
锌的总回收率/%	95 ~ 97	93 ~ 97
吨锌电能消耗/($kWh \cdot t^{-1}$)	4200 ~ 5200	3600 ~ 4400
吨锌石墨电极消耗/($kg \cdot t^{-1}$)	5.0	<8

3.4 粗锌精馏精炼

各种火法炼锌工艺产出的粗锌纯度为 98% ~ 99.9%，其杂质主要有铅、镉、铁、铜、砷、锑等(参见表 3 - 19)。这种锌用途有限，需要通过精炼提高其纯度并回收其中的杂质元素。精炼的方法有熔析法、重蒸馏法、真空蒸馏法和精馏法，目前多用精馏法，而熔析法仅用作精馏法的辅助过程。

表 3 - 19 火法炼锌产出料锌的化学成分/%

方法	Zn	Pb	Cd	Cu	Sn	Fe	In
鼓风炉炼锌	98 ~ 99	0.9 ~ 1.2	0.04	0.10	0.002 ~ 0.004	0.002 ~ 0.01	
竖罐炼锌	98.5 ~ 99.9	0.10 ~ 0.80	0.04 ~ 0.15	0.0008		0.01 ~ 0.1	0.0036
电热法炼锌	98.9	1.1	0.07			0.013	

精馏法大约是与竖罐炼锌同一时期发展起来的，由美国新泽西公司首创。因此又称新泽西精馏法。20 世纪 30 年代以来，世界各国凡有火法炼锌工厂的国家，几乎先后都建立了这种装置。我国的精馏法技术是葫芦岛锌厂于 1957 年由波兰引进建设，并在全国推广应用的。经过多年的研究开发，其技术逐渐完善。

精馏法的优点是可制得锌含量为 99.99% ~ 99.998% 的高纯锌，同时能富集原料中的铅、镉、铟、锗等金属，有利于综合回收。精馏法适用于各种规格的工厂；对原料适应性大。缺点是需要使用高级耐火材料(碳化硅制品)，塔体设备结构复杂，筑炉和生产操作要求较严格。

3.4.1 精馏法精炼的基本原理

精馏法的理论基础是基于锌与杂质元素的沸点不同，采用不同的温度精馏的原理。在两种不同塔型中蒸馏、分凝回流，使锌与其他杂质金属分离，而得到高纯度锌。锌及其他金属的蒸气压与温度的关系见图3－24，其沸点如表3－20。

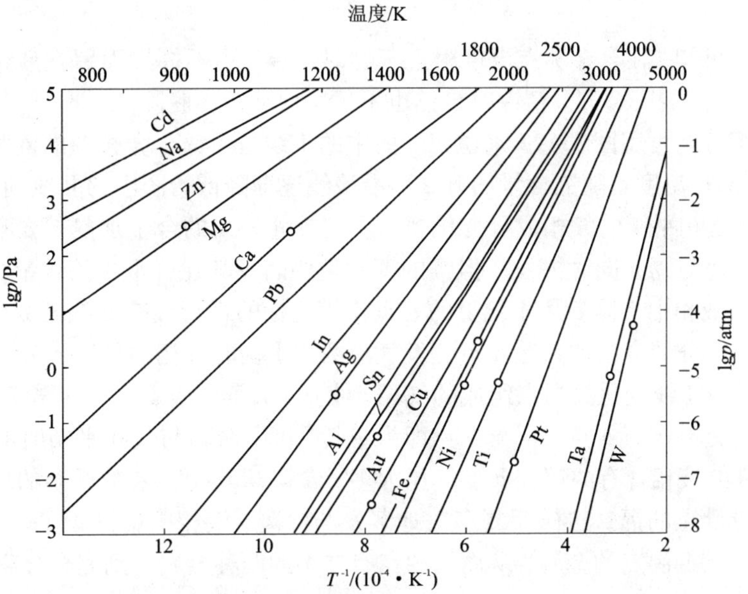

图3－24 锌及其他金属的蒸气压

（图中○代表金属的熔点）

表3－20 锌及其他金属的沸点

元素	Zn	Cd	Pb	Cu	Sn	Fe	In
沸点/℃	907	767	1744	2735	2360	2260	2070

根据蒸气压大小不同，粗锌中的杂质可分为两类，一类的沸点低于（蒸气压高于）锌的杂质，如镉；另一类是沸点高于（蒸气压低于）锌的杂质，如铅、铜、铁等。由于粗锌中的含量最高的是铅和镉，且其蒸气压与锌相近，故通常把脱除沸点低于锌的杂质的过程称为脱镉过程，而把脱除沸点高于锌的杂质的过程称为脱铅过程。

为简化起见，可将熔融粗锌视为Zn－Pb－Cd三组分稀溶液，Zn、Cd、Pb在锌沸点附近的饱和蒸气压列于表3－21。根据溶液有关规律可知：粗锌的沸点随着合金中铅的含量增加而升高，随镉的含量增加而降低。又因粗锌中铅与镉的含量并不高，故粗锌沸点与纯锌的沸点十分相近。

表 3-21 操作温度下，纯锌镉铅的蒸气压/kPa

温度/K	1160	1170	1180	1190
p_{Zn}^*	82.86	91.65	101.3	111.85
p_{Cd}^*	348.72	380.70	415.12	451.69
p_{Pb}^*	—	0.0456	0.0536	0.0627

由表 3-21 可知，在合金沸点温度附近蒸馏时，铅几乎不挥发而留在残余金属中，至于沸点更高的铜、铁、锡等金属，精馏时自然也不挥发而从锌中脱除。

锌镉的精馏分离可用图 3-25 来说明。图中的Ⅰ线是铅锌合金相图的液相线，表示这种 Zn-Cd 合金的沸点温度是随镉含量的升高而沿该线逐渐降低。图中的Ⅱ线则表示该 Zn-Cd 合金沸腾时，与之相平衡的气相成分变化规律。把成分为 A 的合金加热至 a 点时，这种含镉的锌便会沸腾，锌与镉会同时挥发。但镉的挥发量要高于其在合金中的含量，因此蒸气中该两元素的比例与液相中不同。从Ⅰ线上的 a 点作横坐标的平行线交Ⅱ线于 b 点。b 点所代表的成分，即为 A 成分的合金加热至 a 点蒸发气液两相平衡时气相的平衡成分。该蒸气相冷却时，其组成是沿着Ⅰ线变化。当点组成的气相，使其冷却至 c 点，从 c 点作横坐标的平行线，与Ⅰ、Ⅱ线分别交于 a'与 b'点。a'与 b'点即为 c 点温度下液相与气相平衡时的两相组成。因此，被冷凝下来的液相含有的锌较 b 点气相为多，含镉却较少。未被冷凝的气相则相反，即气相中富集了低沸点的镉。这样反复多次地蒸发与冷凝，液相中就富集了较高沸点的金属，气相中则富集了较低沸点的金属，从而使沸点有差别的两种金属达到完全分离的目的。

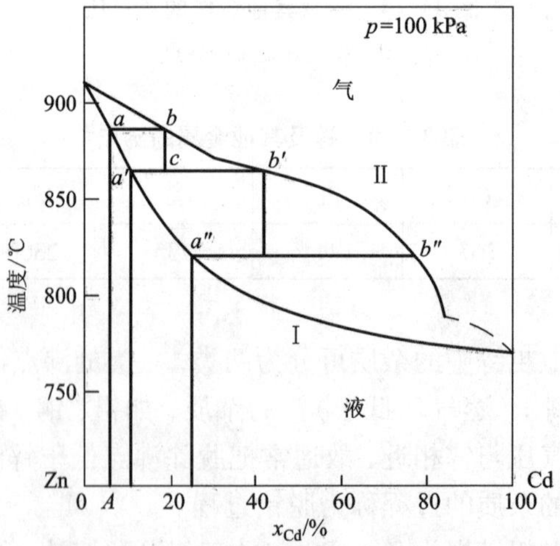

图 3-25 Zn-Cd 二元系沸点组成图

3.4.2 锌精馏的生产工艺

锌的精馏过程在精馏塔中进行，塔的结构及其组合如图 3-26 所示。生产中常常由 2 个、3 个、4 个或 7 个蒸馏塔组成精馏塔组，其中最常见的是以两座铅塔与一座镉塔组成一个生产组。铅塔的作用主要是脱除粗锌高沸点杂质 Pb、Fe、In、Cu、Sn 等，镉塔主要作用是脱除低沸点杂质 Cd、As 等。每座塔由 50～60 个塔盘组成，塔盘的结构根据在塔内的作用，其形状各异，主要是由两种塔盘即蒸发盘(W 形)与回流盘(U 形)组合。

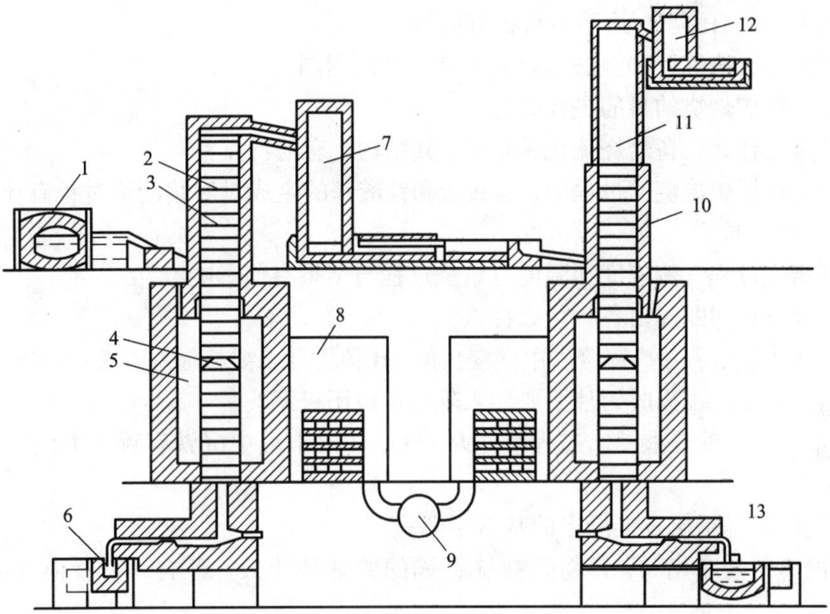

图 3－26 精馏塔设备连接图

1—熔化炉；2—铅塔；3—分凝塔盘；4—蒸发塔盘；5—燃烧室；6—熔析炉；7—铅塔冷凝器；8—换热室；9—废气烟道；10—镉塔；11—镉塔冷凝器；12—小冷凝器；13—储锌槽

粗锌从熔锌炉经加料器流入铅塔的蒸发盘中挥发，形成蒸气上升。随着粗锌中的镉及部分锌蒸发后，粗锌中铅的含量便会增加，因而沸点相应提高。这部分溶解了铅及其他高沸点杂质的液态合金从铅塔排出，进入精炼炉，经熔析得 B#锌(无镉锌)、硬锌(高铁锌)和粗铅。B#锌返回铅塔或专设的铅塔处理，硬锌返回蒸馏炉，粗铅可经处理得到精铅。

铅塔挥发形成的锌镉蒸气与极少量铅蒸气上升至铅塔回流部，因温度下降，铅和部分锌蒸气冷凝回流，并与上升锌蒸气发生交替分馏作用，进一步除去残留的铅等高沸点杂质，较纯的锌镉蒸气逸出塔体，进入铅塔冷凝，成为液态含镉锌。

将含镉锌引入镉塔，在一定温度下，绝大部分锌成液态下流至纯锌贮槽，得到精馏锌，而沸点较低的镉和少量锌形成蒸气挥发，逸出塔体，进入镉冷凝器，冷凝为高镉锌。

为了提高产量并得到高纯度锌，严格控制温度很重要。镉塔温度的控制可根据镉含量来定，含镉高则温度高，含镉低则低。铅塔的温度过高则蒸发量增加，产量可以提高，但高沸点的铅也蒸发较多，蒸发量增加后，塔内气流速度增大，在上部冷凝下来的锌铅雾珠来不及长大就被气流带入冷凝器，影响精锌质量。铅塔内金属蒸气温度约为 910℃，塔壁内温度约为 930℃，塔底排出的锌液温度为 880～900℃。精馏炉可用净化煤气、天然气或稀释的液化石油气加热。

精馏精炼可产出 99.99% 以上的高纯锌，精锌产出率 65%～70%。锌回收率达 99%～

99.3%，铅的回收率为98% ~99.9%，镉的回收率为98% ~99%。

思考题

1. 炼锌的原料有哪些？这些原料各有何特点？
2. 分别画出火法炼锌和湿法炼锌的原则工艺流程图。
3. 硫化锌精矿焙烧的目的是什么？
4. 目前常用什么设备焙烧硫化锌精矿？其结构上有何特点？
5. 在硫化锌精矿焙烧的过程中，硅酸盐和铁酸锌的生成对后续冶炼过程有什么危害？如何避免铁酸锌的生成？
6. 提高焙烧过程气流速度和温度对焙烧过程与结果有何影响？
7. 连续浸出和间断浸出各有什么特点？
8. 在湿法炼锌过程中，锌焙砂中性浸出的pH值为什么要控制在5.2 ~5.4？
9. 锌焙烧矿中性浸出时为什么要加入软锰矿或阳极泥？
10. 在湿法炼锌的热酸浸出过程中，从含铁高的浸出液中沉铁有哪些方法？请说明其原理及优缺点。
11. 试述硫化锌精矿直接浸出的基本原理。
12. 硫酸锌溶液净化时，锌粉置换除铜镉的原理是什么？影响锌粉置换反应的因素有哪些？
13. 从硫酸锌溶液中除钴的方法有哪些？简述其原理。
14. 电解沉积锌的基本原理是什么？为什么锌电积时阴极不析出标准电位较高的氢气，而析出标准电位低得多的金属锌？
15. 在硫酸锌溶液中的杂质Cu、Cd、Co、Ni、As、Sb、F、Cl在电积过程中各有什么危害？
16. 添加剂对电解沉积锌生产过程有些什么作用？
17. 锌电解沉积的槽电压一般是多少？为什么比粗铜、粗铅电解精炼的槽电压要高得多？
18. 火法炼锌主要有哪些方法？密闭鼓风炉炼锌有哪些优缺点？
19. 为什么不能直接用炭还原ZnO得到液态金属锌？
20. 密闭鼓风炉炼锌法从低锌蒸气中冷凝锌获得成功的主要措施有哪些？
21. 硅酸盐和铁酸锌的存在为什么对火法炼锌过程无明显影响？
22. 鼓风炉炼锌时，为什么不能像鼓风炉炼铅一样，将石灰熔剂配矿烧结？
23. 试述铅雨冷凝的原理，铅雨冷凝器有何特点？
24. 如何调整炼锌鼓风炉风温来提高炉子的还原能力？如果需要提高风温仍不能达到要求的还原能力，应当如何处理？
25. 何为团矿的焦结？试比较焦结矿蒸馏与烧结块还原熔炼的异同点。
26. 试述粗锌火法精馏精炼的基本原理和过程。

第4章　镍冶金

4.1　镍冶金一般知识

4.1.1　镍及其主要化合物的性质和用途

4.1.1.1　金属镍

(1)物理性质

镍的元素符号为Ni，是元素周期表第八副族磁性金属之一，银白色，原子序数28，相对原子质量为58.69，熔点1453℃，沸点约为2800℃。镍的密度，在20℃时为8.908 g/cm^3，但实际测定的较可靠的数值为8.9～8.908 g/cm^3，视纯度及预先处理而定。在熔点时液体镍的密度为7.9 g/cm^3。镍的比热在0～1000 ℃ 范围内变动于420～620 J/(kg·K)。镍的比电阻在20℃时为6.9×10^{-8}Ω/m。镍基合金虽然广泛用于热电偶元件，但由于易于氧化的关系纯镍实际上无此用途。镍的热电性与铁、铜、银、金等金属不同，较铂为负，所以在冷端的电流由铂流向镍。因此，以镍作为热电元件时可产生高的电动势。

镍具有磁性，是许多磁性物料(由高磁导率的软磁合金至高矫顽力的永磁合金)的主要组成成分，其含量常为30%～90%。

(2)化学性质

镍的电极电位为－0.227 V(20℃)和－0.231 V(25℃)，溶液中有少量杂质，尤其是硫存在时，镍即显著氧化。

具有实际意义的金属镍的化学性质，主要是在大气中不易生锈，能抵抗苛性碱的腐蚀。大气腐蚀试验的结果，99%纯度的镍，在二十年内不产生锈痕，无论在水溶液中或熔盐内镍抵抗苛性碱的能力都很强，在50%沸腾苛性钠溶液中每年腐蚀速度不超过25 μm。对盐类溶液只容易受到氧化性盐类(如氯化高铁或次氯酸盐)的侵蚀。镍能抵抗几乎所有的有机化合物。

在空气中或氧气中，镍表面上形成一层NiO薄膜，可防止进一步的氧化，含硫的气体对镍有严重的腐蚀，尤其在镍与硫化镍Ni_3S_2共晶温度(643℃)以上时更是如此。在500℃以下，镍对于氯气无显著作用。

4.1.1.2　镍的化合物

(1)氧化物

镍有三种氧化物：即氧化亚镍(NiO)、四氧化三镍(Ni_3O_4)及三氧化二镍(Ni_2O_3)。三氧化二镍仅在低温时稳定，加热至400～500℃，即离解为四氧化三镍，进一步提高温度最终变成氧化亚镍。

镍可形成多种盐类，但与钴不同，只生成两价镍盐，因此，不稳定的三氧化二镍常作为较负电金属的(如 Co、Fe)氧化剂，用于镍电解液净化除 Co 之用。

氧化亚镍与 CoO、FeO 一样，可形成 $MeO \cdot SiO_2$ 和 $2MeO \cdot SiO_2$ 两类硅酸盐化合物，但 $NiO \cdot SiO_2$ 不稳定。

氧化亚镍具有触媒作用，可使 SO_2 转变为 SO_3，而 SO_3 与 NiO 又可形成稳定的硫酸盐，并较铜、铁的硫酸盐稳定，加热至 750 ~ 800℃才显著离解。

氧化亚镍能溶于硫酸、亚硫酸、盐酸和硝酸等溶液中形成绿色的两价镍盐。当用石灰乳中和时，即形成绿色的氢氧化镍沉淀。

(2)硫化物

镍的硫化物有：NiS_2、Ni_6S_5、Ni_3S_2 和 NiS。硫化亚镍在高温下不稳定，在中性和还原气氛下受热时即按下式分解：

$$3NiS \xlongequal{} Ni_3S_2 + 1/2S_2$$

在冶炼温度下，低硫化镍(Ni_3S_2)是稳定的，其离解压比 FeS 小，但比 Cu_2S 大。

(3)砷化物

镍的砷化物有砷化镍(NiAs)和二砷化三镍(Ni_3As_2)。前者在自然界中为红砷镍矿，在中性气氛中可按下式离解：

$$3NiAs \xlongequal{} Ni_3As_2 + As$$

在氧化气氛中红砷镍矿的砷一部分形成挥发性的 As_2O_3，一部分则形成无挥发性的砷酸盐($NiO \cdot As_2O_3$)。因此，为了更完全地脱砷，在氧化焙烧后还必须再进行还原焙烧，使砷酸盐变为砷化物，在次一步氧化焙烧中再使砷呈 As_2O_3 形态挥发，即进行交错的氧化还原焙烧以完成脱砷过程。

(4)羰基镍

镍类似铁和钴，在 50 ~ 100℃温度下，可与一氧化碳形成羰基镍[$Ni(CO)_4$]，如下式所示：

$$Ni + 4CO \xlongequal{} Ni(CO)_4 + 163.6\ kJ$$

当温度提高至 180 ~ 200℃时，羰基镍又分解为金属镍。这个反应是羰基法提取镍的理论基础。

4.1.2 炼镍的原料

据估计镍在地壳中的平均含量为 0.01%，与铜的含量相当，但富集成可以开采的矿床不多。

镍矿床通常可分为三类：硫化矿床、氧化矿床和砷化矿床。

硫化矿床的主要矿物是镍黄铁矿$(Fe、Ni)_9S_8$ 和镍磁黄铁矿$(Ni、Fe)_7S_8$，其次是针硫镍矿(NiS)，此外还有辉铁镍矿($3NiS \cdot FeS_2$)和钴镍黄铁矿$(Ni、Co)_3S_4$。在硫化矿中都伴生有黄铜矿和少量钴的硫化物及铂族金属，脉石中存在大量镁的化合物，较为难熔。现代镍产量的 70% 产自硫化镍矿。

就近代炼镍技术而言，硫化矿石含镍高于 3% 的称为富矿，可不经选矿直接冶炼；含镍在 0.5% ~1.5% 的称为贫矿，通常需要经选矿富集为精矿，才能经济地进行冶炼。镍精矿一般成分如表 4 – 1 所示。

表4-1 硫化镍精矿的化学成分/%

企业＼成分	Ni	Cu	Co	Fe	S	SiO_2	MgO	CaO	Al_2O_3	Na_2O+K_2O
国内一厂	5.32	2.75	0.12	29.24	20.54	13.46	11.10	1.77	1	—
国内二厂	3.58	1.43	0.09	18.19	8.54	23.25	23.88	1.62	2	—
北镍公司	5.60	3.80	0.15	30.0	18.94	20.20	11.43	1.07	2.0	—
汤普森镍厂	7.5	0.5	—	40	28	12	2	—	4~5	5~6

氧化矿床大致可分为硅镁镍矿、暗镍蛇纹石和红土矿三大类。硅镁镍矿和暗镍蛇纹石类可用分子式($NiSiO_3 \cdot mMgSiO_3 \cdot nH_2O$)表示。此类矿石没有一定的结晶结构，成分也不稳定。硅镁镍矿的镍品位一般在0.5%~1.5%，而蛇纹石的含镍量通常较低，只有0.3%~0.4%。

红土矿是一种由铁的氧化物(主要是褐铁矿)和镍的氧化矿组成的共生矿。它是原生矿在地下水和空气长期作用下，风化沉积而成的次生矿。红土矿硬度小，易于泥化，一般含有大量表面水和结晶水，含水量随天气而变，通常为20%~25%，最高可达40%，含镍量多在1%左右，现将几种氧化矿的化学成分列于表4-2。

表4-2 几种氧化镍矿的化学成分/%

矿类＼成分	Ni+Co	Fe	Cu	Cr_2O_3	SiO_2	Al_2O_3	MgO	CaO
硅镁镍矿	3.0~3.2	12~15	0~0.01	0.7~0.9	37~41	0.5~1.4	22~23.6	0.1~0.8
暗镍蛇纹石	1.63	12.00	—	1.80	35.3	1.39	29.00	—
红土矿	1.0	40~48	0.01~0.05	5.12	10~17	3~5	3~5	1.5~3

氧化镍矿很难用一般的选矿法加以富集，只得直接处理。氧化镍矿通常不含铜、硫、砷和铂族元素，但往往含有钴，除了用作提镍原料外，也可直接用来炼制镍铁合金。据估计仅红土矿一类便占世界镍储量75%以上，潜力相当大。当前由氧化镍矿生产的镍量约占30%。随着冶炼技术的提高，此比例必将逐渐增大。

砷镍矿的主要矿物有红镍矿(NiAs)、砷镍矿($NiAs_2$)和辉镍矿(NiAsS)。在现代镍生产中只有1%左右的镍产自砷化镍矿，因而是一种很次要的镍矿资源。

4.1.3 镍的生产方法

由于镍矿具有品位低、成分复杂、伴生脉石多数难熔等特点，镍的生产方法比较复杂。根据矿石的种类、品位和用户要求的不同，可以得到形态不同的产品，通常有纯镍类：电镍、镍丸、镍块、镍锭、镍粉；非纯镍类：烧结氧化镍与镍铁等。

由于合金钢冶炼技术的进步，原来大多数采用纯镍类原料冶炼合金钢和不锈钢的钢厂，已改用非纯镍类原料，这样较为经济。目前国外非纯镍类的消耗量占总消耗量的30%以上。

炼镍的方法大致可分为火法和湿法两大类。现将比较通用的工艺流程整理如图4-1

所示。

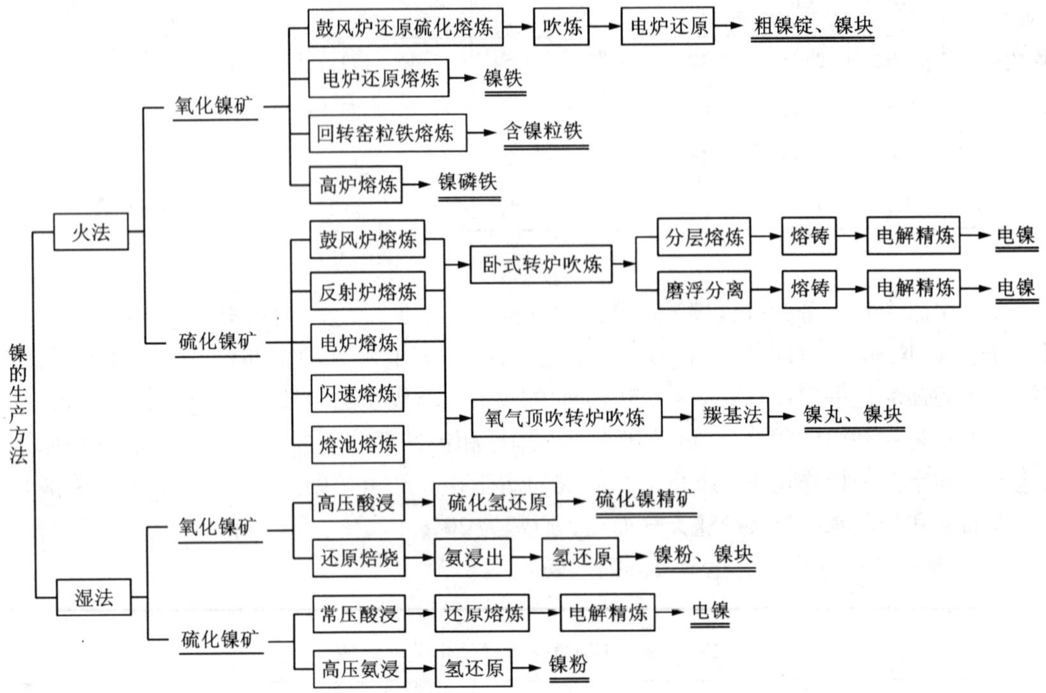

图4-1 镍的生产方法分类

4.2 镍的火法冶金

4.2.1 硫化镍矿的火法冶金

4.2.1.1 概述

硫化镍的处理方法也可分为火法和湿法两种，以火法为主。硫化镍矿通常伴生有铜的硫化矿物，故常常称之为铜镍硫化矿。铜镍硫化矿熔炼与铜精矿熔炼在理论和实践上几乎一样。和铜冶金一样，熔炼低镍锍(也称铜冰镍)的设备有鼓风炉、反射炉、电炉和闪速炉等几种。通常大块的富镍硫化矿或经烧结或制团产出块料可采用鼓风炉熔炼。目前鼓风炉熔炼只在老厂使用，有些老厂也在考虑改用更为先进的熔炼法。

当硫化镍精矿含 MgO 不超过5% ~10%，脉石又不难熔时，可采用反射炉熔炼。例如，加拿大的铜崖冶炼厂将流态化焙烧产出的焙砂，直接加入反射炉中熔炼。

20 世纪 40 年代在铜冶金工业中发展起来的闪速熔炼法，也成功地用于硫化镍矿熔炼。只需将原料干燥到含水低于1%，便可加入闪速炉中熔炼，产出含 Ni + Cu 的低镍锍并可省去焙烧工序。

硫化镍矿通常含难熔脉石较多，所以电炉熔炼在硫化镍矿处理中使用得十分普遍，下面将着重对此法加以介绍。

4.2.1.2　电炉熔炼的理论基础

熔炼硫化镍炉料的电炉属于复合式电炉，这种电炉既有电阻炉的性能，又具有电弧炉的特点。由于这类电炉多用于熔炼矿石和精炼，故又称为矿热电炉。常用的矿热电炉为长方形，具有六根成直线排列的电极，如图4－2所示。

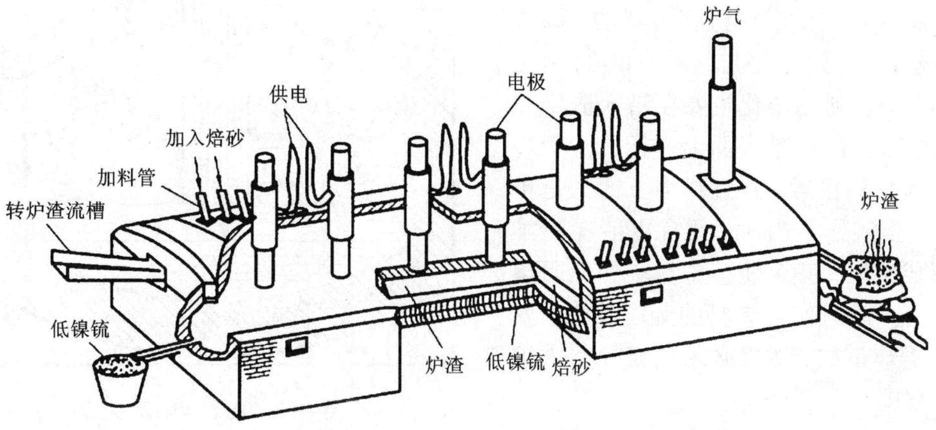

图4－2　电炉结构示意图

(1)炉料熔化的原理

炉料加入电炉后，在熔池表面上形成料堆。在电炉操作中偶尔会发生翻料事故，倘若进料较湿时，则瞬间将有大量水分带进高温的熔池中，严重时造成强烈爆炸，损坏设备和危害工人的安全。因此，在炉前应将炉料的水分降低至3%以下。

熔炼前的炉料准备有烧结法、造球－氧化焙烧法和流态化焙烧法等几种。

炉料(干球、烧结块或焙砂、熔剂等)经加料管加入电炉中，在电极附近形成料堆，并且沿炉长堆成倾斜形，即靠近放低镍锍端料堆的高度较大，而靠近放渣端几乎没有料堆存在。

料堆的下部一直潜入到渣层的内部，靠由电极输入的电能在渣层中转变成热能而熔化。熔体产物按密度不同分成两层，上层为炉渣，厚度是1700～1900 mm，下层为低镍锍，厚度是600～800 mm。定期从放渣口和放低镍锍口分别放出相应的熔体。反应生成的烟气和吸入的冷风经烟道排出。

电炉熔炼的热源是电能。电能在渣层内按下式转变成热能：

$$Q = 0.239 I^2 R t$$

式中：Q为热量，cal；I为电流强度，A；R为炉渣的电阻，Ω；t为通电时间，s。

在电极和熔渣的交界面上，形成局部分散的微电弧，消耗了大量电能。此微电弧区是炉内温度最高的地区。大部分电力线集中在离电极中心线两倍电极直径的熔池内，远离此范围，电力线就比较少了。换句话说，在电极附近的炉温最高，离电极越远，放热的程度越低。在两倍电极直径以外的地区，即靠近炉墙处，放热的程度就很小了，是熔池内的低温区。

由于熔池具有上述温度分布不均匀的特点，使接近电极表面的炉渣得到强烈的过热，炉渣密度降低，从而上浮至熔池的表面，并沿着熔池的上层向四方流动。在流动的过程中与料堆下部相遇时，便将热量传给炉料，使之溶化。此时形成的熔体温度较低，密度较大，于是下沉，并在炉渣下层向电极方向移动。这样就构成了渣层循环。电炉熔池的热交换过程属于对流传热过程。熔渣起到载热体的重要作用。传热过程可参看图4－3。

与其他炉相比，矿热电炉具有以下主要特点：

①电路传热的特点是按电极→过热炉渣→炉料→炉气的顺序进行传热的，即传热途径是自下而上，恰与反射炉相反。

②电炉炉料的熔化主要在潜入渣层并面向电极方向的料堆表面上进行。由于熔渣直接与炉料接触，并且料堆下部又是单向熔化，当操作不当时，便有可能在料堆下部形成空洞，甚至使整个料堆翻倒而落入熔池中。此时倘若炉料的湿度较大，就会引起爆炸事故，所以必须严格控制入炉炉料的湿度。

③在加料时，有意将炉料布满整个熔池的表面，因而电炉炉膛温度一般不高，通常不超过400～600℃。

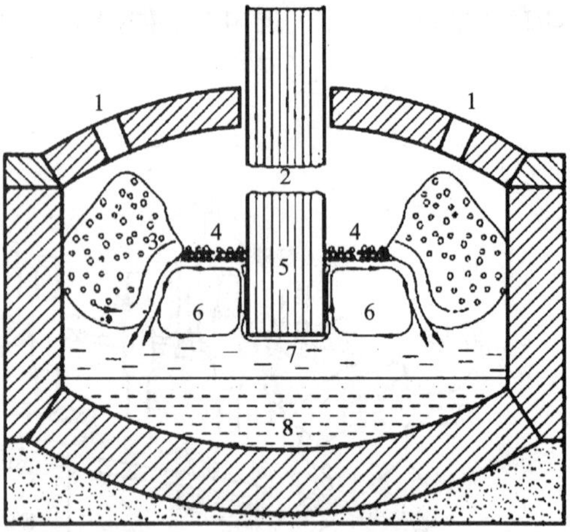

图4－3　电炉熔炼示意图

1—炉料入口；2—炉气的运动；3—炉料熔化；4—炉渣被焦炭还原；5—能量输入，分配和转变；6—炉渣运动和热交换；7—炉渣；8—镍锍

(2)电炉熔炼的物理化学反应

电炉熔炼的物理化学反应主要发生在炉渣与炉料的接触面上，炉气几乎不参与反应。因此炼铜锍反射炉的物理化学反应，除了炉气与炉料反应外，其余均可在电炉中进行。不过电炉熔炼有其自身的特点，即以固相与液相的相互反应为主，可以一次完成造渣和造低镍锍的化学反应，而不像炼铜锍反射炉那样，首先在料坡上部形成初级铜锍和炉渣，在流往熔池的过程中，再调整熔体成分。

若炉料中上尚有高价硫化物和其他盐类残存时，在温度高于1000℃时，分解为高温稳定的化合物。

当加热到1000～1300℃时，氧化物和硫化物间的相互反应比较剧烈，其中主要的化学反应有：

$$10Fe_2O_3 + FeS = 7Fe_3O_4 + SO_2$$

$$Cu_2O + FeS = Cu_2S + FeO$$

$$3NiO + 3FeS = Ni_3S_2 + 3FeO + 1/2S_2$$

$$CoO + FeS = CoS + FeO$$

反应形成的Ni_3S_2、Cu_2S、CoS、FeS相互溶解，形成低镍锍，并且有一部分Fe_3O_4和贵金属溶解进去。

反应产生的氧化物和炉料中的脉石组成与熔剂反应，形成硅酸盐型炉渣：

$$3Fe_3O_4 + FeS + 5SiO_2 = 5(2FeO\cdot SiO_2) + SO_2$$

$$2FeO + SiO_2 = 2FeO\cdot SiO_2$$

$$GaO(MgO) + SiO_2 = GaO(MgO)\cdot SiO_2$$

电炉熔炼的脱硫作用通常较低，当熔炼矿石和精矿时，其脱硫率只有15%～18%。熔炼带有还原剂的烧结块时，脱硫率更低，为2% ~5%。由矿石和球团矿（为炉料量的30%）组成的混合炉料时则为18% ~20%。

在炉渣循环的进程中，渣、硫化物和熔剂三者间得到充分的接触，而且熔池温度也较高，所以加入电炉处理的转炉渣的 Fe_3O_4 还原得较为彻底，使渣含金属迅速降低，容易达到废弃的程度。

如上所述，电炉熔炼的冶金过程主要发生在处于渣层里的料堆中，反应析出的气体产物必须穿透过料堆，才能进入炉膛，排出炉外。为了使气体能够顺利地逸出，必须要求炉料具有较好的透气性，否则容易引起喷料、反料等事故，降低生产指标并恶化环境。故在铜镍硫化精矿中，一般都是设有一个炉料准备工序，以满足干燥、脱硫和改善透气性三个要求。

4.2.1.3 电炉熔炼的设备和产物

(1)现代矿热电炉设备

电炉尺寸取决于电极直径，炉子的主要尺寸与电极直径的关系应由实验和生产经验来确定。在设计上，可采用下列近似式：

$$B=6D;\ L=21D;\ l=3D$$

式中：B 为炉膛宽度，m；L 为炉膛长度，m；D 为电极直径，m；l 为电极中心距离，m。

现将国内外几台铜镍硫化矿电炉的某些参数列于表4-3。下面仅就电炉结构的特点加以介绍：

表4-3 国内外几台电炉的主要参数

企业	炉膛面积 长×宽×高/m	电极直径 /m	电极中心距 /m	电极数 /根	变压器数 /台	变压器容量（总容量）/kVA	变压器低压侧电压/V
国内某厂	21.5×5.5×4.0	1.0	3.0	6	3	5500(16500)	304~490
贝晨加厂	22.8×5.6×5.1	1.1	3.2	6	3	16667(50000)	475~800
汤普森厂	27.4×6.7×3.9	1.22	3.76	6	3	6000(18000)	160~300

企业	每平方米炉底的功率强度/kVA	渣层厚 /mm	镍锍层厚 /mm	额定工作电压/V	每天电极平均下降距离/mm	每吨炉料的电能消耗 /kWh	每吨炉料的电极消耗 /kg
国内某厂	139.5	1300~1500	500~800	490	250	600	5.7~5.8
贝晨加厂	395	2700	600~800	341	450~500	740	4.1
汤普森厂	98		600~750			400~430	1.75~1.9

①炉基

与反射炉不同，矿热电炉的炉底温度较高，需要良好冷却，所以它的炉基不是整块的，而是由若干个钢筋混凝土立柱或混凝土墙组成，以便于空气流动冷却。

②炉墙

考虑到电炉的高温区集中在电极附近，炉墙处熔池温度不高，电炉熔池部分的内墙用镁砖或铬镁砖砌筑，而外墙用黏土砖，渣线以上则全用黏土砖。

③炉顶

电炉炉膛温度不同，炉顶可用总厚只有300 mm左右的黏土砖砌筑。如果炉顶开孔太多，则会大大影响其强度。因此，近年来有的工厂采用预制耐热混凝土制成的整体炉顶。

④熔体放出口

放出口常设于炉子两端，一端开有低镍锍放出孔，另一端开有放渣孔。由于电炉熔炼的熔体温度较高，一般都设有数个放出孔，以便轮流维护，轮流使用。

⑤构架

矿热电炉的工作电流大，在构架上容易产生涡流，增加电耗。故大功率电炉的拉杆皆设置抗磁性钢材制成的联轴节，以隔断电流，减少涡流损失。

⑥电极

矿热电炉大都采用填充式自焙电极。电极外壳由厚度1.5~2 mm，高1~1.5 m的薄钢板焊接而成，内充电极糊。电极糊加到铜瓦上面2 m的地方。在电极下降时，电极糊受炉内辐射热和电流的焦耳热作用，逐渐软化、蒸馏、烧结成一根坚固的整体。电极外壳每隔200~300 mm开有3 mm的小孔，以便电极糊在烧结时产生的挥发物和水分排出。

电极糊挥发物含量不得超过15%~18%，固定碳含量为69%~79%，水分含量也应该保持在6%~8%左右。

(2)电炉熔炼的产物

①低镍锍

低镍锍的主要组分是Ni_3S_2、Cu_2S、FeS，此外尚含有一些钴的硫化物、少量游离金属、微量铂族元素等，当然也溶解有Fe_3O_4和极微量的其他造渣成分。

电炉熔炼得到的低镍锍的含镍和含铜总量多在13%~15%，其含硫量为22%~27%。此硫含量不足以使全部金属形成硫化物。硫量不足的原因是有一部分金属(主要是铁)以元素状态或以氧化物状态(Fe_3O_4)溶解于低镍锍的缘故。

国内外一些电炉熔炼得到的低镍锍化学成分如表4-4所示。

表4-4 国内外一些电炉的低镍锍化学组成

企业 \ 组成/%	Ni	Cu	Co	Fe	S
国内某厂	13~17	7~8	0.60~0.66	47~49	24~25
贝晨加厂	7~13	4~11	0.3~0.5	50~54	25~27
汤普森厂	15~17	1		48~50	25~27

固体低镍锍的密度为4.6~5.0 g/cm³，熔点在1000~1050℃之间波动。固体低镍锍的电导率约为50 Ω/cm。铜、镍、钴在低镍锍中的回收率分别为(%)：95~97，96~97，75~80。

②炉渣

电炉熔炼产出的炉渣主要由下列五个主要组成构成：SiO_2、FeO、MgO、Al_2O_3和CaO。它们的总和约占渣量的97%~98%。此外尚含有少量Fe_3O_4、铁酸盐以及金属的氧化物和硫化物等。

渣含金属量取决于渣和低镍锍的性质、渣温和操作技术水平，通常为(%)：Ni 0.06 ~ 0.2，Cu 0.03 ~ 0.10，Co 0.025 ~ 0.040。

由炉渣组成可见，电炉炉渣的特点是 MgO、Al_2O_3的含量较高，因而熔点高于铜、铅冶炼产出的炉渣。

对电炉熔炼而言，炉渣的导电性是一个十分重要的性质，它决定了电炉熔炼的电工制度，首先决定了电炉的工作电压。

固体炉渣具有很低的导电性，接近于介电质，然而熔融炉渣却具有良好的导电性，是良导体。在1350 ~ 1400℃时，铜镍硫化矿电炉熔炼炉渣的比导电为0.2 ~ 0.5 Ω/cm。

炉渣的导电性在很大程度上取决于炉渣的化学组成和渣温。例如，随着渣含 FeO 的提高，其导电性显著增大。在1300℃时，将渣中 FeO 的含量由27%提高到34%，炉渣的导电性提高2.8倍。相反，随着渣中 Al_2O_3、MgO、CaO 含量的提高，炉渣的导电性降低，其中 SiO_2 的影响更为显著。这些都可以从炉渣离子理论得到解释。

国内外几台电炉炉渣的成分如表4-5所示。

表4-5　国内外几台电炉炉渣的成分/%

企业＼组成	Ni	Cu	Co	FeO	SiO_2	MgO	CaO	Al_2O_3
国内某厂	0.15 ~ 0.24	0.095 ~ 0.12	0.07 ~ 0.079	(Fe)22 ~ 27	41 ~ 45	18 ~ 20	2.45	
贝晨加厂	0.08 ~ 0.11	0.05 ~ 0.04	0.03 ~ 0.04	28 ~ 32	41 ~ 43	12 ~ 15	3 ~ 5	8 ~ 10
汤普森厂	0.17	0.01	0.06	47 ~ 50	35 ~ 36	5	4	6

③烟气及烟尘

在生产过程中，电炉大量吸进冷气，使电炉烟气的 SO_2浓度降低很多，只有0.01% ~ 0.3%。当熔炼块状的炉料时，烟气含尘为0.3 ~ 0.5 g/m³，熔炼细料时，则可达3 g/m³。烟气经沉尘室和电收尘后排空。

电炉熔炼的主要技术经济指标可参照表4-3。

4.2.1.4　低镍锍的吹炼

低镍锍的铜镍含量为9% ~ 25%，而且大都波动在13% ~ 17%，只含有少量的游离铁和 Fe_3O_4，比铜锍的品位低得多。低镍锍的吹炼与铜锍吹炼有许多相似的地方，如：采用相同的卧式转炉结构，都是自然过程和周期性作业，炉渣组成十分相近等。但两者也有差异，主要区别在于低镍锍吹炼的最终产物不是金属镍，而主要是 Ni_3S_2与 Cu_2S 的合金，生产上称为高镍锍，吹炼作业只有造渣期而没有造金属期。

在吹炼的初期单位时间所需的石英熔剂比后期要多，这是因为在低镍锍中溶解有 Fe_3O_4 之故。低镍锍品位越低，其 Fe_3O_4含量也越高。

从铜锍吹炼理论可知，转炉渣含 Fe_3O_4量与吹炼温度和渣中 SiO_2含量有密切关系。因此，生产上在适当高温度下，应尽量选用适当高 SiO_2的炉渣以降低 Fe_3O_4的有害影响。

在吹炼后期也可部分地进行下列反应：

$$Cu_2S + 2Cu_2O = 6Cu + SO_2$$

$$4Cu + Ni_3S_2 = 3Ni + 2Cu_2S$$

$$Ni_3S_2 + 4NiO = 7Ni + 2SO_2$$

后两个反应在吹炼后期之所以能够部分地向右进行，主要是由于金属铜的形成，将金属镍溶解，从而促使反应向右方移动的缘故。

将低镍锍吹炼到铜镍总量超过80%是不妥当的，因为此时镍以NiO形态在渣中的损失急剧增高。此外，含硫低的低镍锍变得更加难熔，流动性差，生成的硬壳更多。所以，现场产出的高镍锍的含硫量大都超过17%，并且在吹炼时，只将低镍锍中的铁及其相应的硫氧化除去，同时力求得到含游离金属尽可能低的高镍锍，以便下一步处理。通常高镍锍的成分(%)多在下列范围内变动：Ni 40 ~ 48，Cu 24 ~ 30，Fe 2 ~ 14，S > 20。转炉渣成分(%)平均为：Ni < 1.5，Cu < 0.5，Fe 50 ~ 55，SiO_2 22 ~ 28。

吹炼终点一般按凝结在风口钎上的黏结物外貌决定。黏结物起初呈蓝色，随后出现黄色的斑点，最后全部变成黄色。

4.2.1.5 高镍锍的处理

高镍锍的处理是将高镍锍中的硫化镍和硫化铜分离，主要的方法有：分层熔炼法、浸出法和磨浮分离法。其中以磨浮分离法应用得最为普遍。具体工艺方法如图4-4。

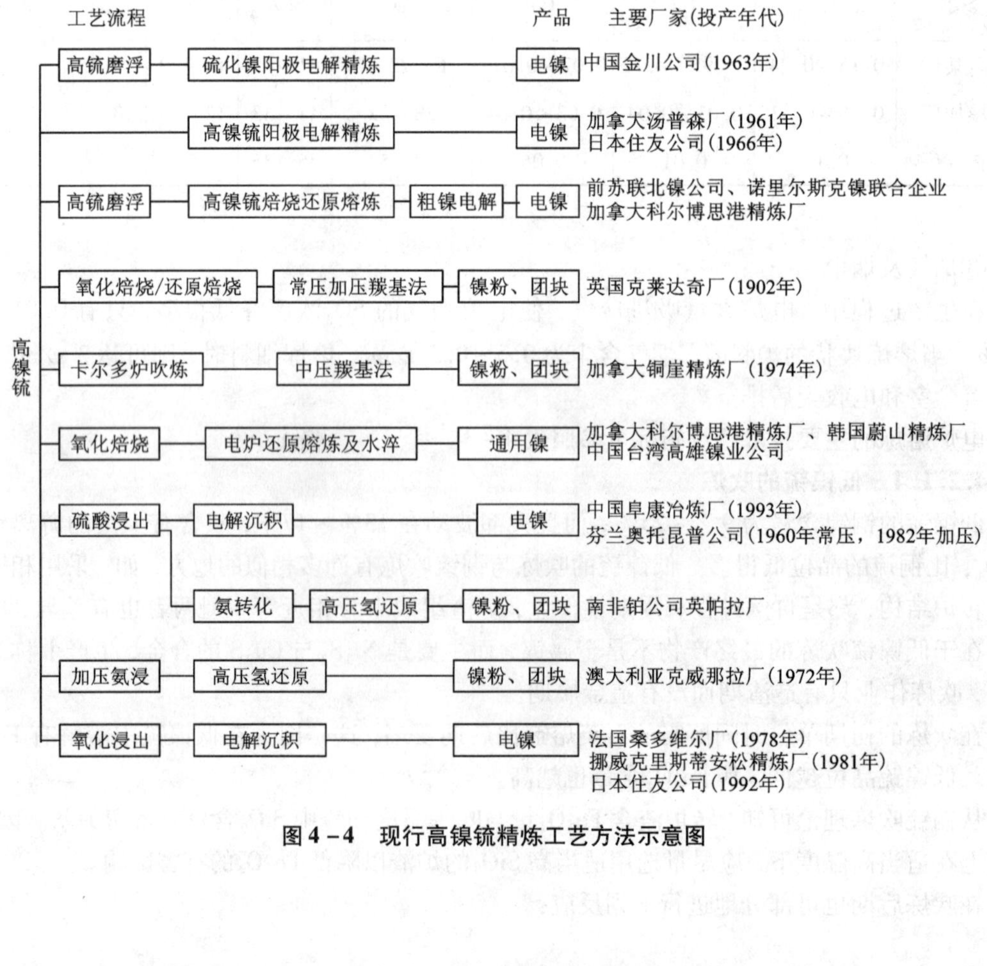

图4-4 现行高镍锍精炼工艺方法示意图

(1)分层熔炼法

分层熔炼法是一种古老的分离法，此法是将 Na_2S 与高镍锍混合，加入鼓风炉或反射炉中熔炼。在1090～1100℃时，Cu_2S 易溶于 Na_2S 中，并形成密度较轻的熔融体。相反，Ni_3S_2 在 Na_2S 中的溶解度较低，并且随温度的下降而急剧减少。将硫化钠熔炼的产物静置冷却，便可按溶解度和密度差分成两层。若反复进行两次可得到含铜低于2%～2.5%的底层。分层熔炼由于流程复杂、劳动强度大、金属回收率低、燃料和硫化钠熔剂的消耗大等缺点，现已为磨浮分离法所代替。

(2)浸出法

目前高镍锍浸出提取已经工业化的三类方法为：硫酸选择性浸出电解提取(或氢还原法)、氯气(盐酸)浸出电解提取(或氢还原)法以及氨浸－氢还原法。

①硫酸选择性浸出法

新疆阜康冶炼厂系首家采用硫酸浸出－黑镍除钴－电积流程，从高镍锍生产金属镍的工厂，其工艺借鉴了北京矿冶研究总院金属化高镍锍提镍湿法冶金工艺所作的试验研究工作的成果。处理的原料为喀拉通克镍精矿，年生产能力为2000 t电解镍。采用一段常压、二段加压的两段逆流浸出工艺，将铜、铁、贵金属抑制于浸出渣中，镍钴被选择性浸出进入溶液，净化作业采用较简单的NiOOH(黑镍)除钴法，净化后的浸出液用电解沉积法产出金属镍。该工艺金属回收率高，又因减少了高镍锍缓冷、磨浮、熔炼等过程，所以流程短，建厂投资省；工艺过程中无有害气体的使用和产生，有利于环境保护；生产中电解液的循环量少，槽电压低，比镍的硫化物电解的试剂消耗及能耗均较低。

②氯化浸出法

氯化浸出是指在水溶液中进行的湿法氯化过程，即通过氯化使高镍锍中的镍、钴、铜等呈氯化物形态溶解的过程。由于氯和氯化物化学活性很高，生成的氯化物溶解度大，对杂质的配合力又较强，因此在常温、常压下，氯化浸出就能达到在其他介质中必须加温、加压下才能达到的技术指标。根据浸出剂的种类不同，高镍锍氯化浸出分盐酸浸出和氯气浸出两种。

③加压氨浸法

加压氨浸法是将粉状高镍锍置于加压釜内，通入空气和氨，镍、铜、钴等有价金属在加压条件下溶解；铁和其他杂质则留在浸出渣中被废弃。从浸出液中除铜采用一种称之为“蒸氨除铜”的过程，当溶液中蒸出部分氨之后，铜呈硫化铜沉淀。为了避免不饱和硫在氢还原制取镍粉时分解，使镍粉含硫增高，脱铜后液用氧化水解法将不饱和硫氧化成硫酸盐。氧化水解后的溶液用氢气在加压条件下将镍还原成镍粉。

(3)磨浮分离法

此法的实质是在高镍锍缓慢冷却时，各种组分由于相互溶解度的差异，分离成具有不同化学成分的晶粒，随后用选矿法使之分离。

为了说明分离操作的理论基础，让我们先研究 Cu－Ni－S 三元相图的一个部分，见图4－5。此相图是一个简单的投影图，图中具有下列反映相变的点、线、面：

E_T－Cu_2S＋Ni_3S_2＋Cu－Ni 固溶体的三元共晶点，其成分(%)为：Ni 72.6，Cu 6.0，S 21.4 或 Ni_3S_2 75.1，Cu_2S 7.1，Cu－Ni 17.9。共晶温度是575℃，为此系最低熔点的组分。三条二元共晶线：E_2-E_T为 Cu－Ni 固溶体和 Ni_3S_2 的共晶线，E_3-E_T为 Cu_2S 和 Ni_3S_2 的共晶线，

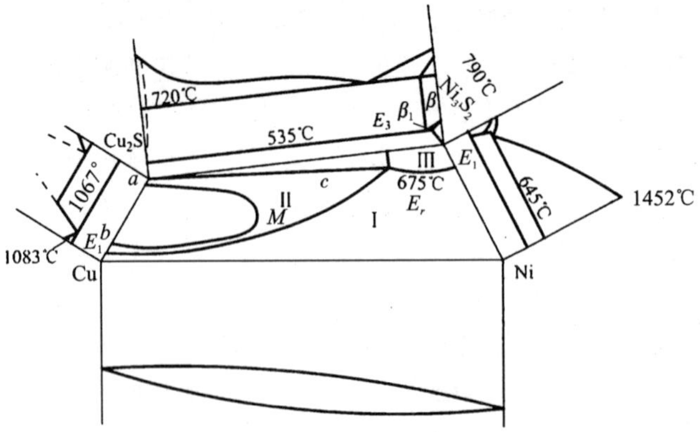

图 4-5 铜—硫化铜—硫化镍—镍相图

E_1-E_T为 Cu_2S 和 Cu-Ni 固溶体的共晶线。一条分层曲线：a-M-b；三个初晶面：Ⅰ为 Cu-Ni固溶体的初晶面，Ⅱ和Ⅲ为别为 Cu_2S 和 Ni_3S_2初晶面。从构成三元相图的四边的二元相图可知，Cu-Ni 二元相图的特点是熔体和固体都能形成溶液，即 Cu-Ni 可组成固溶体。Ni-Ni_3S_2和 Cu-CuS 没有固溶体，而 Ni_3S_2-Cu_2S 二元系只在 Ni_3S_2一侧存在几个较小的固溶体区，在 Cu_2S 一侧也没有固溶体区。

我们具备了上述相图的知识后，便可深入分析缓冷磨浮分离法的理论基础。现以一种含硫不足以使全部金属形成硫化物的高镍锍（Ni 50%、Cu 30%、S 20%）为例（相当于相图上的 c 点），研究其冷却过程的相变规律，以了解此法的实质。当此成分的高镍锍从转炉温度降至与液相面（Ⅱ）相交的温度时，首先析出 Cu_2S。随着温度的缓慢下降，溶液组成将沿 c-Cu_2S 联线析出 Cu_2S 固体而发生变化，此时 Cu_2S 晶体逐渐长大。缓冷有助于这种晶体的长大，对下一步选矿有利。当冷却到 c-Cu_2S 联线与 E_1-E_T二元共晶线相交的温度时，便有 Cu-Ni 固溶体与 Cu_2S 一道析出，此后溶液的组成将按 E_1-E_T线发生变化，至 E_T点 Ni_3S_2也同时析出，这时都成为了固体。

由 Ni_3S_2-Cu_2S 二元相图可见，在 720℃时，Cu_2S 在 β-Ni_3S_2中的溶解度为 6% ~7%，当温度逐渐降至535℃时，Ni_3S_2由 β 型转变成 β'型，Cu_2S 在 β'-Ni_3S_2中的溶解度随温度的下降而不断减小，直到 370℃，此时 β'-Ni_3S_2含铜小于 0.5%，此后成分再没有明显的变化了。可见，缓冷在促进相的分离和结晶长大上起到决定性的作用，故必须十分注意，并严加控制。冷却后试样的显微分析可清楚地看见 Cu_2S 和 Ni_3S_2的晶体以及存在于这些晶粒之间的 Cu-Ni 合金相。

生产上是将高低镍锍注入由耐火黏土制成的长方形模子中冷却的。为了起锭的方便，模子的四个周面做成倾斜形，使铸锭重达 25 t。这样大的铸锭足以保证缓冷所需的速度。但锭块过大给下一步破碎带来一些麻烦。当模子注满高低镍锍熔体后，立即将隔热钢制盖板盖上，让其缓冷三天，待锭温降到 480℃时，揭去盖板，再冷却一天，至 200℃，然后从模取出锭块送破碎、磁选和浮选处理。

浮选和磁选产出下列三种产物：含 Ni 62% ~63%（有的达 73%），Cu 3.3% ~3.6%（有的低至 0.6%），几乎不含贵金属的硫化镍精矿；含 Cu 69% ~71%，Ni 3.4% ~3.7% 的硫化铜精矿；以及夹杂有硫化物的磁性铜镍合金，其成分(%)为：Ni 60，Cu 17。

硫化镍精矿或经焙烧还原熔炼铸成金属镍阳极，或直接铸成硫化镍阳极，送电解精炼提纯。硫化铜精矿送铜冶炼处理。铜镍合金富集了高低镍锍中的贵金属，在一单独的电炉中进行硫化熔炼，并补充以低镍锍送专门转炉吹炼，产出二次高镍锍，再经缓冷、破碎、选矿分离，得到二次合金精矿，其贵金属含量约提高十倍，相当于原高镍锍贵金属含量的100倍，送贵金属生产车间处理。

4.2.2 氧化镍矿的火法冶金

处理氧化镍矿的火法冶金流程有几种，其中富镍氧化矿石可用鼓风炉还原硫化熔炼，再经吹炼和电炉还原，最后制取电镍的流程较为常见。也有采用电炉还原熔炼以产出镍铁，直接用于炼合金钢。

4.2.2.1 鼓风炉熔炼

氧化镍矿鼓风炉还原硫化熔炼的工艺流程如图4-6所示。

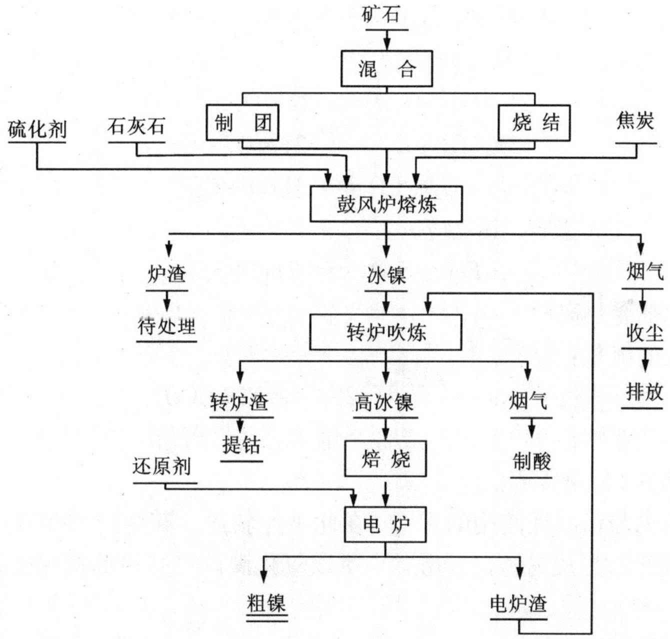

图4-6 氧化镍矿鼓风炉还原硫化熔炼的工艺流程

(1)鼓风炉熔炼前的炉料准备

氧化镍矿由于疏松易碎且水分含量很高，不宜直接装入鼓风炉中熔炼，需要预先做准备处理。现时主要的炼前准备有制团和烧结两种方法。不管采用哪种方法，事先都要经破碎、筛分、配料或干燥等几个工序。

在氧化镍矿制团之前，先在干燥窑里700~800℃的温度下，将矿石的水分降至10%~14%。干燥矿与硫化剂配料后，用对辊式制团机压成团矿。大部分氧化镍可不加黏结剂压成团。矿石中黏土成分越高，其团矿的强度越大。合格团矿的强度应能承受25~30 kg的荷重试验。干燥可提高团矿的强度，但在生产实际中使用干燥团矿的不多。

烧结法在生产中使用得最为普遍。这主要是由于烧结法比制团法具有下列优点：①烧结法不需要将矿石预先干燥；②烧结块多呈多孔状，透气性好，强度又高，可保证鼓风炉得到较高的生产率。

氧化镍矿的烧结属于还原烧结。烧结过程所需的热量主要靠外加焦粉供应。焦粉的消耗量为炉料的8%～11%。为了改善烧结料层的透气性，强化过程和提高烧结块质量，在配料室必需配入25%～30%的返粉。

烧结层温度达1150～1200℃。矿石主要部分的高价氧化铁还原成氧化亚铁，随后与二氧化硅形成半熔性的硅酸盐渣黏结成块。由于硫酸钙在烧结的温度下会有很大一部分离解，造成硫大量损失。因此当采用石膏作硫化剂时，通常不将石膏配入烧结炉料中，而直接装入鼓风炉内。若用不含铜的黄铁矿或磁硫铁矿作硫化剂，可配入烧结炉料中制得预硫化的烧结块。

烧结过程的化学反应可概括如下：

①复杂含水硅酸盐首先失去结晶水并离解成简单的硅酸盐，如：

$$3MgO\cdot 4SiO_2\cdot H_2O = 3MgSiO_3 + H_2O + SiO_2$$

②高价褐铁矿的离解和还原，其反应为：

$$2Fe_2O_3\cdot 3H_2O = 2Fe_2O_3 + 3H_2O$$

$$3Fe_2O_3 + CO = 2Fe_3O_4 + CO_2$$

$$Fe_3O_4 + CO = 3FeO + CO_2$$

③氧化亚铁形成硅酸盐渣，其反应为：

$$2FeO + SiO_2 = 2FeO\cdot SiO_2$$

④黄铁矿硫化剂受热离解。

⑤部分氧化镍的硫化：

$$NiO + CO + 1/2S_2 = NiS + CO_2$$

⑥硫化铁和氧化亚铁在940℃时形成合金熔体，也起到黏结烧结炉料的作用。

此外也会有部分FeS被氧化。

所采用的烧结机与铅冶炼使用的相似，在此不作叙述。其生产率按合格块计算为17～19 $t/(m^2\cdot d)$。由于烧结时形成易脆的硅酸盐，所以氧化镍矿烧结块的机械强度依然不高，在运输时也容易破碎。

(2)鼓风炉熔炼的原理

氧化镍矿鼓风炉熔炼的基本任务是将矿石中的镍、钴和部分铁还原出来并使之硫化，形成金属硫化物的共熔体，与炉渣分离。故又可称为还原硫化熔炼。

进炉炉料由团矿或烧结块、硫化剂(通常为石膏或黄铁矿，也有使用硫化镍精矿的)和熔剂组成。此外还加入20～30%焦炭。加料方法与铜、铅鼓风炉相同。

大量焦炭在风口区燃烧，使风口附近的炉温升到1700℃以上。结果使固体炉料熔化，成为镍锍和炉渣两种熔体流入本床。高温炉气自下而上流动，使炉料加热并进行脱水、离解、还原、硫化、熔化等过程，以下对离解、还原及硫化加以简略讨论。

①离解反应

除了石灰石在908℃离解外，黄铁矿超过600℃，就可沿下式离解：

$$FeS_2 \longleftarrow FeS + 1/2S_2 - 19600\ cal$$①

黄铁矿的离解是不希望的，因为这时在炉子上部，硫含量已有半数离解，没有参与硫化反应，便被烟气带走。此外黄铁矿的离解常常伴随着崩裂作用，形成大量碎块。这些碎块也易被烟气带走，造成硫化剂消耗量过高。因此在生产上采取增大黄铁矿粒度的措施，以降低其离解率。一般粒度应保持在 20 ~ 50 mm。过大也不好，因为过大粒度的硫化剂在炉内分布不均匀。

②氧化物在炉内靠含有大量 CO 的气体和固体焦炭还原，其总反应可表示为：

$$MeO + C(CO) \longleftarrow Me + CO(CO_2)$$

最易还原的氧化物是 NiO，在 700 ~ 800℃时就有相当快的反应速度，而 $NiSiO_3$ 按下式还原要难得多：

$$NiSiO_3 + C(CO) \longleftarrow Ni + CO(CO_2) + SiO_2$$

但是，在炉料中有 Fe 和 CaO 存在时，可以加速 $NiSiO_3$ 的还原反应：

$$NiSiO_3 + 2FeO + C(CO) \longleftarrow Ni + Fe_2SiO_4 + CO(CO_2)$$

$$NiSiO_3 + CaO + C(CO) \longleftarrow Ni + CaSiO_3 + CO(CO_2)$$

氧化铁可按下式还原：

$$Fe_3O_4 + CO \longleftarrow 3FeO + CO_2$$

$$Fe_3O_4 + CO + 3/2SiO_2 \longleftarrow 3/2Fe_2SiO_4 + CO_2$$

$$FeO + CO \longleftarrow Fe + CO_2$$

$$Fe_2SiO_4 + 2CO \longleftarrow 2Fe + SiO_2 + 2CO_2$$

一定量的氧化铁被还原为金属铁是希望的，因为金属铁可使硫化过程和造镍锍过程加速。但是炉内还原程度过高，会加多以镍铁形态存在的金属铁量。由于在鼓风炉熔炼的温度下，镍铁在镍锍中的溶解度有限，便有可能在本床内析出成为炉结，给生产带来麻烦。然而炉内还原程度过低也是不希望的，因为此时镍在镍锍中的回收率将降低。

渣中的镍和镍锍中的 FeS 之间的相互反应可用下式表示：

$$(Ni^{2+})_{渣} + [Fe]_{锍} = [Ni]_{锍} + (Fe^{2+})_{渣}$$

式中：$[Ni]_{锍}$、$[Fe]_{锍}$和$[Ni]_{锍}$、$(Fe^{2+})_{渣}$分别为镍、铁在镍锍和炉渣中的含量。此平衡式的分配常数为：

$$K = [Ni]_{锍}(Fe^{2+})_{渣}/[(Ni^{2+})_{渣}[Fe]_{锍}]$$

研究确定，在 1300 ~ 1380℃范围内，此分配常数为 100 ~ 160，当$(Fe^{2+})_{渣}:[Fe]_{锍} \approx 0.25$时，渣含镍与镍锍含镍之间存在下列关系：

$$(Ni^{2+})_{渣} = 0.25/K[Ni]_{锍} \approx 1/600[Ni]_{锍}$$

式中：K 为 150。

由上关系式可见，提高镍锍的镍品位不可避免地会引起渣含镍升高。实际上渣含镍比上述理论的含量还要高，$(Ni^{2+})_{渣} \approx 1/100[Ni]_{锍}$，这是因为还原反应和硫化反应进行得不彻底，以及渣中还有镍的机械损失的缘故。

③硫化反应

石膏在有炉渣存在的条件下受热时，按下式完全离解：

---

① 1 cal = 4.18 J。

$$CaSO_4 \cdot 2H_2O \xlongequal{} CaO + SO_3 + 2H_2O$$

随后所有的 CO 和 SO_3 的气体与氧化物相互反应而使后者硫化：

$$3NiO + 9CO + 2SO_3 \xlongequal{} Ni_3S_2 + 9CO_2$$

$$3NiSiO_3 + 9CO + 2SO_3 \xlongequal{} Ni_3S_2 + 3SO_2 + 9CO_2$$

$$FeO + 4CO + SO_3 \xlongequal{} FeS + 4CO_2$$

$$1/2Fe_2SiO_4 + 4CO + SO_3 \xlongequal{} FeS + 1/2SiO_2 + 4CO_2$$

研究指出，在有焦炭存在时，SO_3 可在 600℃将镍硫化。在焦点区附近还原硫化反应形成的硫化物和金属相与炉渣一起熔化，并流入本床。当这些熔体流经风口区时，有少部分被鼓风再氧化为氧化物。这下镍的氧化物在本床再与金属铁和 FeS 相互反应，最后完成镍的硫化过程：

$$3NiO + 2FeS + Fe \xlongequal{} Ni_3S_2 + 3FeO$$

$$3NiSiO_3 + 2FeS + Fe \xlongequal{} Ni_3S_2 + 1/2Fe_2SiO_4 + 1/2SiO_2$$

$$NiO + Fe \xlongequal{} Ni + FeO$$

$$2NiSiO_3 + 2Fe \xlongequal{} 2Ni + Fe_2SiO_4 + SiO_2$$

镍锍与铜锍不同，是一种溶解有金属的硫化物共熔体，也可称为金属化镍锍。现场镍锍成分通常如下(%)：Ni 15～18，Fe 60～63，S 16～20，其他 1～2 金属化的程度(游离金属含量与总金属含量之比)达 50%。

氧化镍矿还原硫化熔炼的特点是得到高硅、高镁的炉渣，并且渣量很大，渣率达到入炉含镍炉料的 100～110% 或更高。对高硅镍矿而言，比较适合的渣含 SiO_2 量将取决于渣含 Al_2O_3 量。渣含 Al_2O_3 越高，则渣含 SiO_2 应越低，以免炉渣过分难熔。据研究，当渣含 SiO_2 在 35%～40% 时，渣中 $w(SiO_2) + w(Al_2O_3) \approx 50\%$。近年有稍稍超过 50% 的趋势。现场常用的炉渣成分(%)如下：SiO_2 39～45，FeO 16～20，CaO 14～18，Al_2O_3 6～8，MgO 8～11，Cr_2O_3 1～1.5。

与冶炼一样，渣含镍有未被硫化而造渣的氧化镍、溶解的氧化镍及机械夹杂的镍锍小珠三种形态。为了使渣含镍进一步降低，现代工厂在炉外增设了一个前床，让镍锍与炉渣充分澄清分离。

在处理贫氧化镍矿时，镍与镍锍的回收率为 77%～83%，而在处理富矿时，则可提高到 88%，但此时渣含镍达 0.3%，比贫矿熔炼高出一倍左右。离开鼓风炉的烟气组成(%)一般为：CO_2 10～16，CO 8～16，O_2 0.5～1.0。

(3)镍锍的吹炼

镍锍的主要杂质是铁和硫。镍锍吹炼一般采用卧式转炉，镍锍吹炼的最终产物不是金属镍，而是 N_3S_2 与 Ni 的合金，生产上称为高镍锍。这是因为金属镍和氧化镍(1665℃)的熔点较高，在用空气吹炼时，放出的热量不足以维持炉温达到如此高的水平，另外根据许多研究者的意见：

$$Ni_3S_2 + 4NiO \xlongequal{} 7Ni + 2SO_2$$

此反应要在温度超过 1500℃时才能进行。因此在普通镍锍转炉吹炼中，得到的只是高镍锍，不是金属镍。

镍锍吹炼包括两个阶段，即吹炼和精炼。吹炼常常在几台转炉中进行，然后把富镍锍集中到一台转炉中完成精炼阶段。这样的作业可以提高整个吹炼车间的生产率，而且可以减少含镍和钴较高的渣率，从而提高镍、钴的回收率，并为综合回收钴创造更为有利的条件。

在吹炼阶段开始时，由于在鼓风炉产出的镍锍中含有较高的金属铁，炉温容易过度升高，因而需要控制。通常在装入第一批镍锍的同时就立即加入冷料，在风口吹炼15～20 min。当然吹炼时还需加入石英熔剂。放出第一批渣后，不再加镍锍，只加冷料进行所谓冷吹。再放渣后，随着炉内硫化物熔体中铁含量的减少，熔池面逐渐降低，为接纳下一批镍锍腾出空间。整个吹炼阶段由进镍锍与冷料、吹风、进熔剂、放渣等几个连续而又交替的作业所组成。

据报道，当镍锍含铁降到8%时，镍锍中的Ni和Ni_3S_2开始剧烈地氧化和造渣，而含铁量为10%～12%时钴就开始氧化。因此，在生产上为了使渣含镍、钴降低，每批镍锍只吹到含铁不低于20%，便放渣并接收新的一批镍锍。如此反复进行，直至炉内具有足够数量的富镍锍时，集中到一个转炉内进一步精炼。富镍锍含镍约为60%，含铁为15%～20%。

整个吹炼期处理的冷料量可达镍锍量的30%～100%，视镍锍成分而定。

镍锍精炼的目的是将残留的铁和钴氧化造渣，以便提高镍锍的镍品位和得到含钴高的炉渣，有利于钴的综合回收。钴的氧化造渣在很大程度上取决于温度，温度越高，除钴越完全。为此开始精炼时，往转炉倒入少量的鼓风炉镍锍以提高熔池的温度。有些工厂精炼作业在高镍锍含Fe降到0.8%～1.0%时结束。然后将高镍锍排入沉淀罐里进行炉外精炼反应。沉淀罐是一个带盖的内衬耐火砖的铸钢容器。高镍锍在1250～1300℃温度下，注入罐内，缓慢冷却至900℃，即比高镍锍的熔点高出100℃，历时1 h。在保温冷却的过程中，高镍锍熔体所含有的氧可将铁进一步氧化除去，此时铁含量可从0.8%～1.0%降至0.2%，随后从罐下部的放出孔将高镍锍排出，并铸成锭。

高镍锍的化学组成(%)一般如下：Ni 78～79.5，Co 0.3～0.5，Fe 0.2～0.3，Cu 0.8～2.5，S 17～19。物相分析指出，冷凝后的高镍锍是由镍的硫化物和金属镍两种组分构成。金属镍的含量约为20%。

氧化镍矿常常伴生有钴，为了综合回收钴，大多数工厂都力求将原矿中的钴富集到转炉渣中，使之成为提钴的原料。这样，镍锍中的钴有90%～95%进入转炉渣，此值相当于原料中含钴量的30%～40%。

转炉渣的化学成分(%)为：Ni 0.7～1.2，Co 0.2～0.4，Fe 49～53，SiO_2 27～30，Cu 0.7～2.3，CaO 0.9～1.5，MgO 1.5～3.0。渣含Fe_3O_4较低，为10%～19%，虽然渣含镍随吹炼的进程而提高，但提高的幅度是均衡的，然而当镍锍含铁降至10%～15%，渣含镍剧增。在吹炼阶段平均渣含钴为0.10%～0.15%，而在吹炼后期和精炼阶段的渣含钴可达0.6%～0.8%。钴在吹炼产物间的分配主要取决于镍锍中铁的含量。

(4)高镍锍的处理

高镍锍的铸锭先经粗碎和细碎，使之达到45目以下，然后送焙烧处理。焙烧的目的是尽可能将高镍锍中的硫化物除去，使含硫量降至0.22%，高镍锍含铜往往超过商品镍的标准，需要除去。为此高镍锍的焙烧分两步进行。先在流态化焙烧炉内进行氧化焙烧，随着高温焙砂与氯化剂一起，加到回转窑内进行氯化－硫酸化焙烧，使铜和硫转变成可溶性氯化物和硫酸盐，然后浸出除去之。

高镍锍流态化焙烧是一个自热过程，焙烧温度通常控制在970～1150℃。进一步提高温度，会引起炉料部分熔化而烧结。高镍锍在沸腾烧结炉内鼓风的作用下，首先金属组分氧化，接着硫化物组分再进行氧化。

氯化－硫酸化焙烧在一个特殊结构的回转窑内实现，窑头温度通常控制在600～750℃。为了最大限度地利用沸腾炉产出的焙砂的热量，大都将回转窑直接放置在沸腾炉卸料口的下面。这样，不用燃烧燃料，只靠焙砂本身的热量便可满足工艺要求。

生产上采用食盐和钾石盐作氯化剂，其加入量约为焙砂的8%～15%。在氯化－硫酸化焙烧时，金属形成氯化物和硫酸盐。与食盐在SO_3、SO_2、O_2、触媒（氧化铁和金属镍）的存在和作用下其反应如下：

$$2NaCl + SO_2 + O_2 = Na_2SO_4 + Cl_2$$

或

$$2NaCl + SO_3 + 1/2O_2 = Na_2SO_4 + Cl_2$$

及

$$Me + Cl_2 = MeCl_2$$

研究指出，为了使氯化－硫酸化焙烧顺利进行，焙砂残硫应不少于3.5%。并指出，在同一温度下，铜、镍、钴、铁的氧化物的氯化强度是不同的，如图4－7所示。由图可见，氧化铜形成氯化物的强度最大最稳定，而Fe_3O_4最小。

此外，在空气中各种氯化物的稳定性也不同，其中以铜的氯化物最稳定。因此，在氯化－硫酸化焙烧后的焙砂中，铜主要以易溶的硫酸盐、氯化物、氯酸盐等形态存在，而镍、钴、铁基本保留氧化物的形态。随后用酸性水溶液浸出，可以很容易地将铜分离出来。

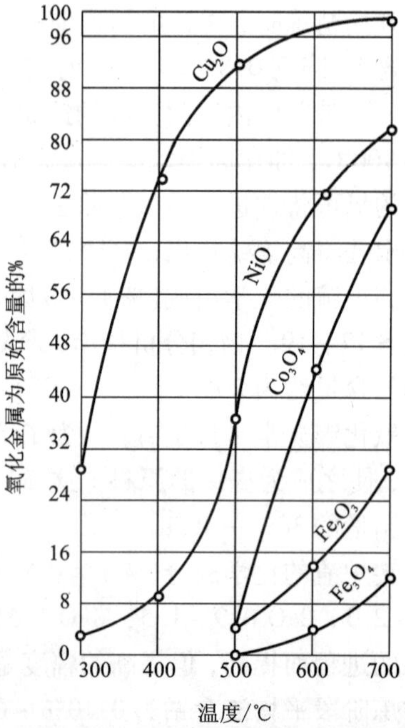

图4－7 铜、镍、钴、铁的氧化物的氯化强度与温度关系

上述焙烧工程产出的氧化亚镍，除铜和硫外，基本保存了高镍锍的全部性质，此外还增加了由焙烧炉砖衬带来的SiO_2和Al_2O_3等组分。氧化亚镍的还原熔炼大部都采用电弧炉，只有个别工厂采用反射炉，常用的还原剂有石油焦和沥青焦。熔炼产品视用途不同可有镍锭、镍粒、金属镍阳极等几种。

氧化亚镍（NiO）被CO和C还原的反应在900℃时，已经具有能够满足生产要求的速度了。在还原时还进行渗碳反应，形成Ni_3C溶于金属镍熔体中。金属渗碳后熔点降低，由于Ni_3C-Ni的共晶（2.2℃）温度只有1315℃，因此，为了加速熔化过程，往往在炉料中适当多配一些还原剂，使镍渗碳。熔化后再加入氧化亚镍，便可十分容易地使镍脱碳，其反应是：

$$Ni_3C + NiO = 4Ni + CO$$

为了进一步脱硫，可向熔池加入高纯度的石灰石。此时以Ni_3S_2形态存在的硫，可按下反应形式形成不溶于金属的CaS，随渣除去，其反应为：

$$Ni_3S_2 + 2CaO + 2C = 3Ni + 2CaS + 2CO$$

为了得到致密的粗镍阳极，还加入元素硅以脱氧。产出的粗镍和炉渣成分列于表4－6。

表4-6 电炉主要原料和粗镍、电炉渣的成分/%

	Ni	Co	C	Fe	Cu	SiO_2	CaO	MgO	Al_2O_3	S
氧化亚镍	79.75	0.516	—	0.38	0.26	0.30	0.07	0.54	0.21	0.015
	90.45		—	0.54	0.27	0.78	0.09	0.85	0.31	0.017
粗镍	98.11	0.64	0.01	0.56	0.34	微	—	—	—	0.014
	98.32			0.76	0.36		—	—	—	0.017
电炉渣	12.59	0.37	—	0	微	37.0	10.8	19.3	4.34	—
	13.98	0.43	—	3.5		40.2	12.1		7.36	—

4.2.2.2 电炉熔炼直接制取镍铁

由于硫化镍矿资源不断减少而对镍的需求量增大，使氧化镍矿在镍生产中的比例日渐提高。氧化镍矿含难除杂质和贵金属均较低，故可直接用于制取镍铁。镍铁经必要的精炼后，便能用于冶炼某些镍钢。近来趋向于使用电炉或高炉直接处理氧化镍矿生产镍铁。因为此法具有流程短而镍的回收率高的优点。当前采用此流程的不仅有硅镁镍矿，甚至有含镍1%左右的红土矿。

电炉由于具有温度高、适于处理含SiO_2和MgO高的难熔氧化镍细料、烟气量小、渣含镍低等优点，故在氧化镍矿直接制取镍铁中得到广泛的应用。生产流程通常包括：原料准备、还原熔炼和精炼三个工序。图4-8是国外采用的一个流程。

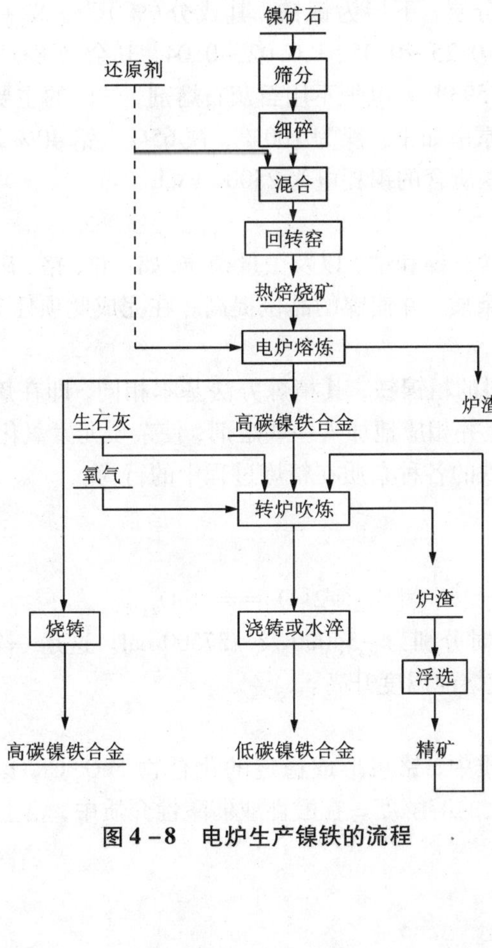

图4-8 电炉生产镍铁的流程

由于原矿含有大量附着水和结晶水，所以熔炼前的原料准备主要是脱水和干燥。有的工厂先在干燥窑内脱除附着水，然后配以适当的还原剂，在较长的回转窑内以较高的温度焙烧，进一步把结晶水排除，同时使炉料得到预热，以节约下一步电炉熔炼的电能消耗。当然，矿石加热到850℃时，金属氧化物也受到预先还原的作用。出窑炉料的温度为980～1000℃，直接进入电炉上面的料仓中。赤热的炉料连续流入电炉，进行还原熔炼以制取高碳镍铁。高碳镍铁虽然也含硫、碳、硅等杂质，但含磷较低，一部分可直接作为生产不锈钢的原料，一部分送去精炼。

(1)电炉还原熔炼

在镍铁生产中，使用得最多的是带有三根连续自焙电极的圆形电炉，也有使用大功率的(33000 kVA)带六根电极的电炉的。

在电炉中氧化物的还原次序如下：三价铁(Fe_2O_3)还原为二价铁(FeO)；氧化镍还原为金属镍；二价铁还原为金属铁。在电炉熔炼时，二氧化硅虽然比镍和铁的氧化物更难还原，但是由于在原料中的含量比较高，因而不可避免地有少量的硅被还原出来。一部分硅与铁、镍的氧化物作用，使它们还原成镍铁，另一部分则熔于镍铁合金中。因此，炉料中还原剂越多，被还原出来的铁和硅量也越多，得到的镍铁含镍也越低。但是，镍的回收率却提高了。

国外工厂在处理含(Ni + Co)3%(干量)的氧化镍矿时，还原剂的用量为干矿量的3.15%～5.0%。因此除镍铁外，还有一部分SiO_2被还原，使镍铁含硅量波动在2%～4%。镍铁含硅越高，其熔点越低。

炉渣与镍铁在电炉内分层，下层为镍铁，其成分(%)为：Ni + Co 20～23，Si 2～4，C 1.8～2.2，Cr 1.5～1.7，S 0.25～0.35，P 0.02～0.04，其余为Fe。放出温度为1510℃。炉渣在上层，其放出温度为1593℃。电炉不用石灰石熔剂，炉渣的主要成分为SiO_2和MgO。

矿石中各种金属的还原率如下：镍为100%，铁65%，铬40%，硅2%。镍的回收率为97%左右。每生产一吨镍铁所含的镍耗电为25000 kWh。

(2)粗镍铁的精炼

粗镍铁是以铁为主的含有镍和钴、以及微量杂质(如：硅、铬、碳、硫、磷)的合金。粗镍铁精炼的任务是除去上述杂质，并使镍的品位提高。在完成此项任务时，难免使大量铁氧化而进入渣相。

当前，不管用何法制得的粗镍铁，其精炼方法基本相同，即在炼钢用的立式转炉中，向粗镍铁熔体鼓入空气或氧，并相应地加入一些熔剂，使杂质元素氧化造渣而除去。

下面概要地讨论粗镍铁的各种杂质在精炼过程中的行为：

①硅

据研究，反应

$$[Si] + 2[O] = SiO_{2(固)}$$

$\Delta G^\ominus$在1600和1900K时分别为－54000及－37500 cal。这是一个较大的负值，故硅首先被氧化，并放出大量热，使熔池温度升高。

②铬

现时都认为在碱性介质中，铬可形成稳定的化合物$FeO \cdot Cr_2O_3$。此化合物在精炼温度下，在碱性炉渣中具有很大的溶解度。在酸性或弱酸性介质中，铬主要被氧化成CrO。

③碳

在温度达到1500℃左右时，碳剧烈氧化。

④硫

在鼓风氧化时，硫可转入炉渣中，也可进入烟气中而除去。在商品镍铁中，硫含量不应超过0.04%。实践指出，在鼓风精炼时，硫的氧化较为缓慢。因此，在生产上常常加入一些脱硫剂，使之与硫形成更稳定的硫化物，然后以单独的固相或液相与镍铁分离。常用的脱硫剂有石灰、CaC_2、碳酸钠、其他盐类或其混合物。其中以混合盐的效果最好。譬如有的使用 Na_2CO_3 和 CaC_2 的混合物，有的用 Na_2CO_3（或 NaCl）、NaOH、CaC_2（或 CaF_2）的混合物，其主要反应为：

$$[FeS]+2(Na_2CO_3)+[C]+[Si]=[Fe]+(Na_2SiO_3)+3CO+Na_2S$$

反应的结果，形成十分稳定的 Na_2S 进入渣相。

4.3 镍的湿法冶金

4.3.1 氧化镍矿的湿法冶金

目前在氧化镍矿的处理中，含镍较富的硅镁镍矿仍以火法处理较为普遍，而含镍较贫的红土矿，则以湿法流程处理更为有利。红土矿湿法冶金在国外得到工业使用的有两大流程，一个是还原焙烧－低压氨浸，另一个是矿石直接酸浸。这两个流程各有优缺点。直接酸浸流程的优点是镍、钴的浸出率较高，其缺点是酸浸不像氨浸，酸在浸出过程中不能再生回收，消耗较多；高压时酸性溶液对设备具有较强的腐蚀性，因而对设备的制造、使用和维修都有较高的要求；虽然酸浸时镍钴的浸出率较高，但选择性远不及氨浸。氨浸流程的优缺点恰与酸浸相反。目前在生产上低压氨浸流程得到广泛的采用。

在氨浸流程中又可分高压氨－硫酸铵和低压氨－碳酸铵法两种。通常倾向于采用高压氨－硫酸铵法处理硫化镍矿，而采用焙烧低压氨－碳酸铵法处理红土矿，其流程图可参看图4－9。

4.3.1.1 低压氨浸

(1)炉料的准备和选择性还原焙烧

在通常的浸出温度和压力下，使用氨浸法直接处理原矿时，其镍、钴的浸出率很低，一般只有10%左右。若预先将红土矿经选择性还原焙烧处理，也就是使矿石中的镍和钴的氧化物有限度地还原时，氨浸的镍钴浸出率将得到较大幅度的提高，如镍的浸出率可提高到80%以上，钴的浸出率也在50%左右。因此，在国内外的低压氨－碳酸铵浸出流程中，都把选择性还原焙烧作为氨浸前的一个必要的准备工序。

还原焙烧设备可用多膛焙烧炉或流态化焙烧炉，后者较为先进。不管选用哪种焙烧设备都要求炉料具有较低的水分和一定的粒度。如流态化焙烧炉的水分含量要求在4%～5%，合格粒度为－3 mm。目前，大都采用圆筒干燥机进行炉料的干燥。

氧化镍矿选择性还原焙烧的目的是将镍、钴的氧化物还原且易溶于 $NH_3-CO_2-H_2O$ 系。溶液中的金属镍、钴、或镍钴铁合金，同时使铁由高价氧化物大部分还原成 Fe_3O_4，少量还原为金属铁。氧化镍矿中各主要氧化物的还原反应如下：

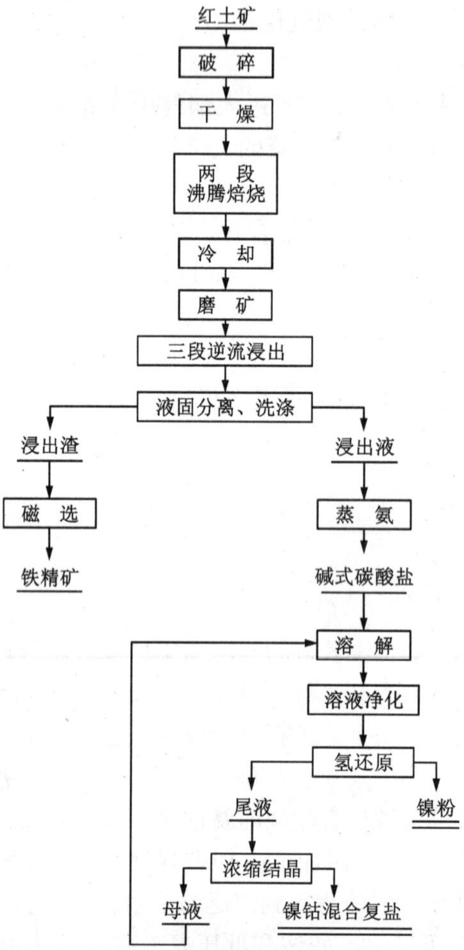

图 4－9 还原焙烧低压氨浸流程

$$NiO + H_2 = Ni + H_2O \quad (1)$$

$$NiO + CO = Ni + CO_2 \quad (2)$$

$$CoO + H_2 = Co + H_2O \quad (3)$$

$$CoO + CO = Co + CO_2 \quad (4)$$

$$3Fe_2O_3 + H_2 = 2Fe_3O_4 + H_2O \quad (5)$$

$$3Fe_2O_3 + CO = 2Fe_3O_4 + CO_2 \quad (6)$$

$$Fe_3O_4 + H_2 = 3FeO + H_2O \quad (7)$$

$$Fe_3O_4 + CO = 3FeO + CO_2 \quad (8)$$

$$FeO + H_2 = Fe + H_2O \quad (9)$$

$$FeO + CO = Fe + CO_2 \quad (10)$$

当然还有

$$H_2O + CO = H_2 + CO_2$$

及

$$2CO = CO_2 + C$$

已知氧化物的还原反应属于吸热反应，因此必须由外供给维持反应所需要的热量。选择性还原焙烧由预热和还原两个过程所组成，相应有预热炉和还原炉两个作用不同的冶金设备，其配置如图4－10所示。

在加热炉的侧墙上，位于沸腾层中部的地方安有两个高压油烧嘴，供给预热炉所需的热量。干燥后的炉料从螺旋加料器送入预热炉的沸腾层中。预热空气经分布板和风帽均匀鼓入炉内，在沸腾层中使油燃烧并使炉料保持流态化。炉料在流态化时直接受火焰加热，效率较高。加热到一定温度的炉料通过溢流管自动流入还原炉中，为加热到一定温度的水煤气所还原。焙砂经排料管和螺旋排料器送进有气氛保护的冷却圆筒中冷却，然后作为半成品送浸出处理。

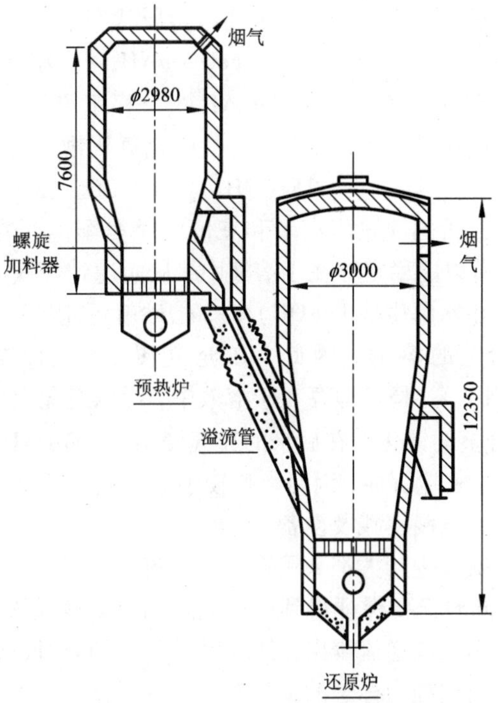

图4－10　预热炉及还原炉示意图

金属氧化物的还原反应大都属于吸热过程，所以提高温度有利于反应速度的加快，在生产上，如何从技术和经济两个方面确定一个合理的温度制度，以及对还原焙烧炉合理地供热便成为十分关键的问题。国内外经验表明，还原焙烧温度以控制在710～730℃为宜。假若红土矿的焙烧温度高于800℃，矿石将发生烧结作用，影响还原时气固反应的正常进行，使镍钴的还原率降低，导致镍钴浸出率下降。

为了合理地向还原炉供热，维持还原反应所需的温度制度，现场采用炉料和混合煤气分别预热的措施。即一方面把矿石在预热炉内预热到780～800℃；另一方面又把混合煤气通入热交换器，使之预热到780～800℃，然后将两者加入还原炉内起反应。

加热炉的烟气经一系列收尘设备和热交换器后，即可排空。而还原炉的烟气含有大量的CO和H_2，需经精细收尘，然后作为贫煤气送入气柜，再与新鲜煤气混合，返回还原系统中使用。

还原后焙砂的保护冷却对质量十分重要。若焙砂不采用气氛保护，将被空气再度氧化。研究指出，以氮气保护密闭冷却的效果最好，以CO_2保护冷却的效果次之。冷焙砂送去氨浸。

(2)氨浸

①基本原理

焙砂在$NH_3-CO_2-H_2O$系溶液中，在通入空气的前提条件下，镍、钴、铁分别按以下反应式形成氨配离子而溶解于溶液：

$$Ni+1/2O_2+nNH_3+CO_2 = Ni(NH_3)_n^{2+}+CO_3^{2-}$$

$$Co+1/2O_2+nNH_3+CO_2 = Co(NH_3)_n^{2+}+CO_3^{2-}$$

$$Fe+1/2O_2+nNH_3+CO_2 = Fe(NH_3)_n^{2+}+CO_3^{2-}$$

在较强的氧化条件下，钴可氧化成三价的钴氨配合物溶入溶液：

$$2Co+3/2O_2+nNH_3+3CO_2 \xlongequal{} 2Co(NH_3)_n^{2+}+3CO_3^{2-}$$

进入溶液中的铁除上述以金属状态溶解外，还有一部分直接来自 FeO 的溶解：

$$FeO+nNH_3+CO_2 \xlongequal{} Fe(NH_3)_n^{2+}+CO_3^{2-}$$

在有空气存在时，$Fe(NH_3)_n{}^{2+}$极不稳定，迅速地被氧化成三价铁，在浸出液 pH = 10 的高碱度条件下，立即以三价铁的氢氧化物形式水解沉淀：

$$2Fe(NH_3)_n^{2+}+3/2O_2+3H_2O \xlongequal{} 2Fe(OH)_3\downarrow+2NH_3$$

二价的镍氨配离子和三价的钴氨配离子在 $NH_3-CO_2-H_2O$ 系溶液中的不稳定常数较小，所以能稳定存在于溶液中，从而达到与铁矿物分离的目的。

在水解生成 $Fe(OH)_3$时，焙砂就可能被这种絮状沉淀物包裹，从而阻碍焙砂中 Ni－Co－Fe 合金的溶解。因此，在充气浸出之前，需要有一个不通空气的预浸过程，使铁呈 $Fe(NH_3)_4^{2+}$稳定地存在于溶液中，可以避免在颗粒表面上生成 $Fe(OH)_3$沉淀，引起 Ni－Co－Fe 合金的钝化。在后来的充气浸出时，$Fe(NH_3)_4^{2+}$ 从溶液中水解沉淀，不致于在表面上就地浸出、就地沉淀，因而影响较小。

②氨浸实践及设备

氨浸生产大都采用逆流浸出流程。对矿石的湿法浸出来说，既要使矿石中的金属浸出率高，同时又要保证得到尽可能浓的金属成品液，逆流浸出流程就能较好地满足这一要求。现场采用三段逆流浸出，其流程见图 4－11，段数的划分是以段间有一个浸出设备和一个液－固分离过程为标志的。

由沸腾炉产出的焙砂粒度为 －3 mm，这种粒度对浸出来说还嫌过大。因此在浸出前先应在球磨机中磨碎到 －0.075 mm 的占80%以上。在磨矿时配入成分为 NH_3 90 g/L、CO_2 60 g/L 的浸出液。在球磨机内应保持还原性气氛，防止 Fe^{2+} 在磨矿机中的氧化水解生成 $Fe(OH)_3$沉淀。在磨矿的过程中，由于矿石被破碎，不断露出新的表面，可促进焙砂中的 Fe、Co、Ni 迅速溶解，于是球磨机本身就起到预浸设备的作用。

合格粒度的焙砂经调节搅拌槽和沙泵，以一定液固比的矿浆送去三段逆流浸出。常用的浸出设备为机械搅拌的高压釜，其结构如图 4－12 所示。

釜内分为四个室，室间由隔墙分开。在隔墙上部中心位置开有溢流堰，保持各室的液面有一定的位差。矿浆先送入第一室，通过各溢流堰依次流过其余三个室，然后通过自动控制的气动薄膜调节阀减压后排出釜外。

在釜中各室的中央位置都设置一个搅拌器。浸出过程所需的空气通过鼓风分配支管送入各室。分配支管正好配置在搅拌器的下面。

段间液－固分离设备大都采用浓密机。浸出溶液的走向是一部分自后往前返回上一段浸出，另一部分自身循环，以维持各段浸出时的液固比在 4∶1 的水平。成品液自第一段浓密机溢流取出，送除铁、蒸氨处理。而浸出渣的走向是由前往后走，即第一段浓密机底流由隔膜泵送入第二段浆化槽，浆化后经砂泵送入第二浸出釜，进行第二段浸出，然后再进入第二段浓密机，其底流同样由隔膜泵送第三段浆化槽，浆化后的矿浆打入第三段浸出。浸出终了的矿浆经减压槽送入洗涤系统。洗涤过的渣送湿式磁选，以提高渣中铁的品位，作为炼铁原料。一般三段逆流浸出的工艺条件如下：压力 1.5 kg/cm^2，每段浸出的时间为 1.5 h，浸出液成分：NH_3 90 ±5 g/L，CO_2 60 ±5 g/L，温度在第一段浸出时为 60 ~70℃，第二、三段为 45 ~50℃。

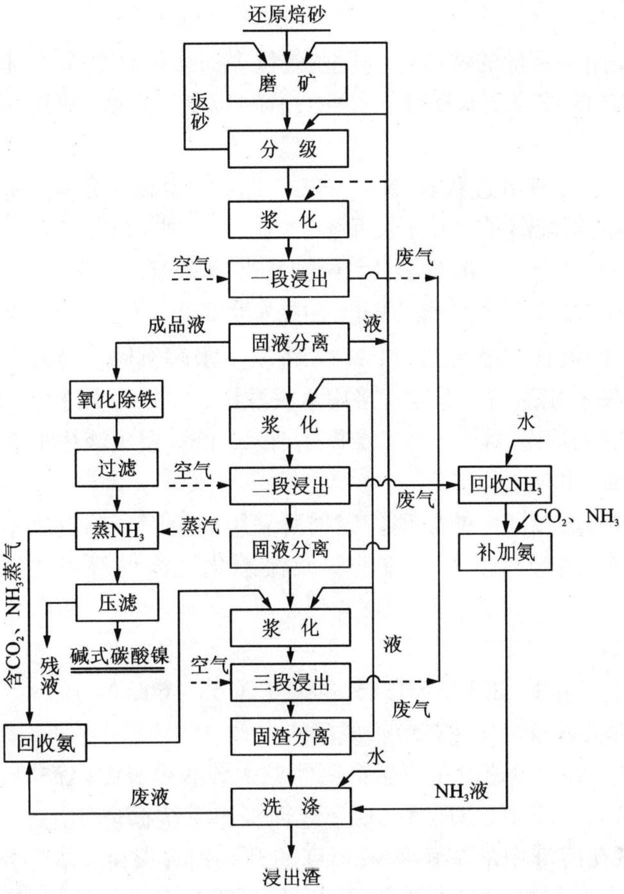

图 4－11　三段逆流浸出流程

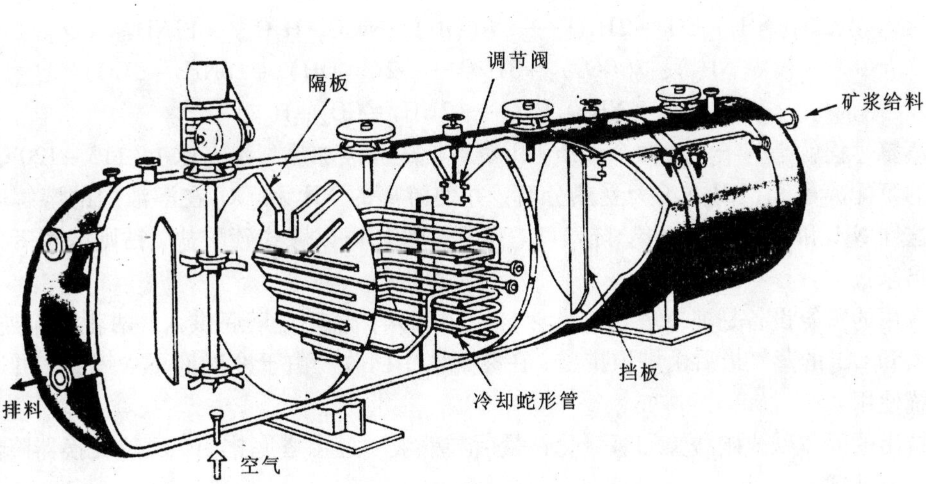

图 4－12　高压氧氨浸釜剖示图

(3)浸出渣的洗涤和成品液的蒸氨

①浸出渣的洗涤

浸出渣的洗涤是用一定量的洗液把包含在渣粒表面或颗粒孔洞内部的浸出溶液洗出来，以回收镍、钴、氨和碳酸铵等金属和试剂。此过程对提高镍、钴的回收率以及降低溶剂的消耗都起到重要作用。

洗涤过程的原理远比浸出过程简单，一般来说不发生化学反应，是一个单纯的传质过程。我们知道镍、钴的氨配离子存在下列平衡：

$$Me(NH_3)_n^{2+} \rightleftharpoons Me^{2+} + nNH_3$$

式中：Me 代表 Ni 或 Co。如果溶液中的 NH_3浓度降低，上述平衡将向右方移动，造成金属的氨配离子离解。溶液在碱度甚高时，Me^{2+}将发生水解沉降，使镍、钴随渣的损失增高。为此，在洗涤含镍、钴浸出渣时，不应直接用水去洗涤，应分两步进行，即第一步用含 CO_2和 NH_3的溶液洗去渣中的镍和钴离子，第二步再用清水，洗去浸出渣中的含 CO_2和 NH_3的溶液。生产上称为“氨水洗镍”和“清水洗氨”。

洗涤工艺大都采用逆流操作的原理。根据所采用的液固分离设备不同，洗涤的方法有：多级浓密机逆流洗涤、多级过滤机逆流洗涤及流态化洗涤柱等。洗涤液返回浸出系统中使用。

②成品液的蒸氨

某厂成品液的组成(g/L)如下：NH_3 85～90，CO_2 55～60，Ni 4.5～5.5，Co 0.15～0.18，Fe 0.02。NH_3以游离状态和结合状态溶于成品液中。

蒸氨有三个目的：ⓐ通过蒸氨可以生产固体碱式碳酸镍等中间产物，使成品液中的镍钴在这种产物中得到富集。ⓑ回收 NH_3和 CO_2，返回浸出系统循环使用。ⓒ维持整个系统溶液体积的平衡。游离氨在溶液中的溶解度随温度的升高而显著降低，当然 CO_2也有同样的性质，但是 CO_2在水中的溶解度比 NH_3要小得多。镍钴氨配合物的热稳定性都比较差，尤其是在 $NH_3-CO_2-H_2O$ 系中 $Ni(NH_3)_6CO_3$、$Co(NH_3)_6CO_3$、$(NH_4)_2CO_3$等稳定性更差。它们在加热时按下列反应式分解：

$$2Ni(NH_3)_6CO_3 + 2H_2O \longrightarrow Ni(OH)_2 \cdot NiCO_3 \cdot H_2O \downarrow + 12NH_3 + CO_2$$

$$[Co(NH_3)_6]_2(CO_3)_3 + 3H_2O \longrightarrow 2Co(OH)_2 + 12NH_3 + 3CO_2$$

$$(NH_4)_2CO_3 \longrightarrow 2NH_3 + CO_2 + H_2O$$

蒸氨过程就是基于上述两个性质，用蒸汽使成品液加热到沸点以上(113～120℃)，使溶液中的氨配离子和$(NH_4)_2CO_3$受热分解，并使游离的 NH_3和 CO_2在溶液中的溶解度大为降低。这样 NH_3和 CO_2进入气相，随蒸气、离开溶液。镍以碱式碳酸盐，钴则以氢氧化物形式沉淀出来。

常用的蒸氨设备是泡罩塔。成品液自塔顶加入，蒸气自塔底供入，两者对流逆向运动。含 NH_3和 CO_2的蒸气最后由塔顶排出，在冷凝器中回收。由于冷凝液不含镍钴，可返回洗涤渣系统使用。

析出的固体碱式碳酸镍和氢氧化钴最后与残液一道由塔底排出，经热交换器降温后，送过滤分离处理。

蒸氨塔内的压力对产出的碱式碳酸镍质量影响很大。通常压力愈低，塔内温度也愈低，此时析出的 $xNi(OH)_2 \cdot yNiCO_3 \cdot zH_2O$ 中，x 增大时 y 减少，这种碱式盐在下一步氨性硫酸铵溶解中的溶解性愈好。反之，则溶解性愈差。生产上塔顶压力多采用1.5 kg/cm^2，相应温度为：塔底110～120℃，塔顶90～100℃。镍钴的回收率在99.2%以上，NH_3和CO_2的回收率也在99.6%以上。

(4)碱式碳酸镍的溶解和溶液的净化

①碱式碳酸镍的处理方法

碱式碳酸镍的处理方法有下列三种：

a. 回转窑煅烧产出氧化镍　将碱式碳酸盐投入一台烧油的回转窑中，进行烘干和煅烧，使游离水、结合水和二氧化碳挥发除去并产出镍粉：

$$3Ni(OH)_2 \cdot 2NiCO_3 \longrightarrow 5NiO + 3H_2O + 2CO_2$$

镍粉含 Ni 约76.5%、Co 0.6%，可作为最终产品，也可进一步烧结成块，或经还原熔炼得粗镍阳极，送电解精炼。

b. 用硫酸溶解碱式碳酸镍盐，经净化后，送电解提取。

c. 碱式碳酸镍盐先溶于 $NH_3-(NH_4)_2CO_3-H_2O$ 或 $NH_3-(NH_4)_2SO_4-H_2O$ 系溶液中，经净化后，用高压氢还原，以制取镍粉。下面着重讨论此法。

②碱式碳酸镍溶解

蒸氨后液压滤得含水83%～87%的镍盐，干基含镍在50%以上，其余还含有(%)：C 1.0～3.0，Cu 0.2～0.5，Fe 0.2～0.3，S 0.7～0.8。

在溶解时使用 $NH_3-(NH_4)_2SO_4-H_2O$ 系溶剂而不用原来的 $NH_3-(NH_4)_2CO_3-H_2O$ 系溶剂的原因是：后一溶剂对有价金属的溶解效率比较低，生成大量钴渣和碱式碳酸镍盐的不溶渣，加重过滤和进一步处理渣的负担。采用前一种溶剂除可提高镍盐的浸出效率外，也可提高下一步净液除铜的效率，并降低镍随铜渣带走的损失。

$(NH_4)_2SO_4$是强酸和弱碱形成的盐，所以这种盐溶于水时发生电离：

$$(NH_4)_2SO_4 = 2NH_4^+ + SO_4^{2-}$$

电离出来的 NH_4^+ 再与碱式碳酸盐中各种成分起反应，形成各种金属的配离子，溶入溶液中，其反应如下：

$$Ni(OH)_2 + 2NH_4^+ = Ni(NH_3)_2^{2+} + 2H_2O$$

$$NiCO_3 + 2NH_4^+ = Ni(NH_3)_2^{2+} + H_2O + CO_2$$

$$2Co(OH)_3 + 6NH_4^+ = 2Co(NH_3)_2^{3+} + 6H_2O + 4NH_3$$

$$Co(OH)_2 + 2NH_4^+ = Co(NH_3)_2^{2+} + 2H_2O$$

所以镍盐的溶解过程实质上是在溶液中难溶盐类电离出来的金属离子与硫酸铵电离出来的 NH_4^+ 不断配合的过程。

镍盐的溶解分两步进行，第一步将调成浆状的镍盐注入到加热至100～105℃的硫酸铵溶液中，边加热边搅拌溶解一段时间后，降温并通入一定量的 NH_3，然后过滤。滤渣再经第二次浸出，此时用工业硫酸作溶剂，加温到沸点并搅拌溶解，过一段时间后通水间接冷却至60℃，再通氨，过滤。滤液成分(g/L)大约为：Ni 39～41，Co 1.4～1.9，Cu 0.03～0.17，Fe 0.023～0.025，NH_3 25，SO_4^{2-} 220～240。

③滤液的净化

铜的标准电位较氢为正，因此在氢还原时，铜将被优先还原成金属，进入镍粉中，降低镍粉的质量。所以在氢还原作业前必须将铜除去，保证镍粉的质量。

基于铜对硫的亲和力较大，可用硫化剂使溶液中的铜离子成 CuS 进入渣中，常用的硫化剂为$(NH_4)_2S$，其硫化反应如下：

$$Cu(NH_3)_2SO_4 + (NH_4)_2S = CuS\downarrow + (NH_4)_2SO_4 + 2NH_3$$

红土矿和燃料中常常含有少量的硫，这些硫在氨浸和蒸氨的过程中往往有一部分以 $S_2O_3^{2-}$、$S_3O_6^{2-}$、$S_4O_6^{2-}$ 及 $NH_4 \cdot SO_3 \cdot NH_2$ 等形态残留在溶液中。在镍的氢还原前，若不将这些不饱和硫氧酸根除去，势必使产出的镍粉含硫量高于标准。

不饱和硫氧酸根的除去方法，实质是设法使其转变成更为稳定的 SO_4^{2-} 或 CuS。这些方法有：

a. 镍盐碱洗法　其化学反应为：

$$MeS_2O_3 + Na_2CO_3 = MeCO_3 + Na_2S_2O_3$$

b. 镍粉密闭溶解法　此法基于镍粉自身的含铜或外加一定量的 Cu^{2+} 使下列反应得以发生：

$$S_2O_3^{2-} + Cu^{2+} + H_2O = SO_4^{2-} + CuS\downarrow + 2H^+$$

$$S_2O_6^{2-} + Cu^{2+} + 2H_2O = 2SO_4^{2-} + CuS\downarrow + 4H^+$$

c. 高温高压氧化法　此法借高温高压的作用，使下列反应进行：

$$(NH_4)_2S_2O_3 + (NH_4)_2S_3O_6 + 4O_2 + 3H_2O + 6NH_3 = 5(NH_4)_2SO_4$$

$$NH_4 \cdot SO_3 \cdot NH_2 + H_2O = (NH_4)_2SO_4$$

现实一般都采用此法。在机械搅拌高压釜中完成不饱和硫氧酸根的氧化过程。工艺条件为：温度≥200℃，氧分压为 3 kg/cm^2，时间 30 min。

(5)镍的氢还原

在一定条件下，用氢还原溶液中镍的配离子为金属镍的过程称为镍的氢还原。氢从金属盐溶液中还原出金属的通式如下：

$$Me^{n+} + n/2H_2 \longrightarrow Me + nH^+$$

标准电位比氢为正的金属，只要在溶液中有一定的离子浓度，便可用氢使之还原析出。然而对于标准电位比氢为负的金属，为使氢还原反应能够实现，必须创造条件才可进行。

因此，对镍这样具有负电位的金属来讲，要用氢还原提取，就得采用两个措施：①提高溶液的 pH 值和增大氢分压，以降低氢的电位。②增大溶液中金属离子的浓度，以提高金属的电位，在生产上比较容易实现的措施要算提高溶液的 pH 值了。然而溶液的 pH 值提高后，将引起金属离子水解生成 $Ni(OH)_2$沉淀，导致溶液中金属离子浓度的下降，影响氢还原的进行。为了解决这个矛盾，生产中常选择某种配合剂，使之与金属离子形成比较稳定的配合物。这些配合物即在较高的 pH 值，也不会水解沉淀，从而比较容易维持还原所必需的热力学条件。对 Ni^{2+}、Co^{2+}离子而言，较好的配合剂是 NH_3，因为它不仅可以防止金属离子的水解，而且还能按下式：

$$NH_3 + H^+ = NH_4^+$$

或

$$Ni(NH_3)_nSO_4 + H_2 = Ni + (NH_4)_2SO_4 + (n-2)NH_3$$

中和氢还原反应时析放出来的 H^+，使溶液的 pH 值不致降低，不然溶液 pH 值的降低将造成氢电位的升高，给反应带来不利。关于氢还原的详细论述请参阅有关专著。

镍氢还原是在高压釜中实现的。高压釜有立式和卧式两种，均用机械搅拌。现在多用卧式。其结构与浸出釜大致相似，不同的只是还原釜不分室，釜内设蛇形加热器或用夹套加热。

氢还原是一个周期性作业，每个周期包括晶种制备、镍粉长大和结疤浸出等三个步骤：

①晶种制备

在还原高压釜内，在高温下向含有催化剂的晶种料液通入氢，使溶液中金属离子还原成大量金属粉末。此粉末作为以后还原长大的晶核。还原结束，停止搅拌，让晶种沉淀下来，然后打开排料闸门，将上清还原尾液排出。

②镍粉长大

将净化后液压入存有晶种的还原釜中，边搅拌边通入氢气进行还原，使还原出来的镍不断沉积在晶种的表面上，晶粒逐渐长大。每一批料液还原到一定程度后便停止搅拌，使之澄清，随后将上清液排出，接着加入新的一批料液，如此反复进行40～50次。为了减轻机械搅拌的负荷，在长大到20～25次后，每隔几次排出部分镍粉。在长大作业完成后，在开动搅拌机的情况下将镍粉和尾液一起排出，经减压降温槽后送澄清分离。镍粉经洗涤后再送加工处理。

③结疤浸出

此作业是用含 Ni < 1 g/L 的硫酸铵溶液在加温和鼓入空气的条件下，把沉积到釜和搅拌器上的镍疤浸出。一般操作两个周期才进行一次浸釜。

氢还原产出的镍粉成分(%)大致如下：Ni + Co > 99.2，Co≤0.5，Cu≤0.15，Fe≤0.50，Pb≤0.005，P≤0.002，S≤0.002，C≤1.0。在隔热回转窑中，在氮或还原性气氛保护下烘干和冷却，然后加入黏合剂拌匀并压团。团块在氢焰下烧结成具有一定强度的镍块，作为产品出售。

尾液经浓缩后，加硫酸使镍和钴成 $NiSO_4 \cdot (NH_4)_2SO_4 \cdot 6H_2O$ 和 $CoSO_4 \cdot (NH_4)_2SO_4 \cdot 6H_2O$ 复盐析出，过滤送提钴，其母液返回，作碱式碳酸盐浸出之用。

4.3.1.2　高压酸浸

采用高压酸浸流程的工厂只有古巴的毛阿湾镍厂一家。因为该厂的原矿为褐铁矿型含镍钴的氧化矿，含氧化镁较低，即碱性脉石组成较低，因而浸出时脉石消耗较少，故可采用硫酸浸出流程。原矿的化学成分(干量%)为：Ni 1.35，Co 0.146，Cu 0.02，Zn 0.04，Fe 47.5，Mn 0.8，Cr_2O_3 2.9，SiO_2 33.7，MgO 1.7，Al_2O_3 8.3，H_2O 12.5。

工艺流程包括矿石的准备、浸出、中和及镍钴回收等步骤。

流程中关键性的一步就是从含铁矿石中选择性地浸出镍和钴。如果在常温下用硫酸直接浸出，将有大量的铁与镍和钴一道溶出，这样既增加酸耗，又给下一步液固分离带来困难。若浸出液的酸度不高而将浸出温度和釜压提高，则铁、钴、镍三种金属的溶解度都有减小的趋势；然而此时二价铁被氧化为难溶的三价铁，溶解度降低得更多。生产上采用的条件为：温度232～260℃，釜内用高压蒸汽维持压力于43 kg/cm^{2}①。用四台串联高压釜进行浸出。

从最后一台高压釜排出的浸出矿浆经冷却送去分离洗涤。该厂采用六级逆流倾析系统完成分离和洗涤作业。第一级浓密机流出的富液送中和工序，而从第六级排出的固体为含铁50%的尾矿，送提铁处理。

为了得到含镍钴较高的中间产物，先把富液中的游离酸中和，然后通入 H_2S，使镍钴成

① 1 kg/cm^2 = 98.07 kPa。

硫化物沉淀。该厂采用当地的珊瑚泥做中和剂，严格控制终点的 pH 值在 2.0 ~ 2.5。因为，若溶液中游离酸过高，难于使镍和钴沉淀完全，相反，若游离酸过低，就有铁或其他杂质硫化物沉淀的危险。

硫化反应也是在衬有耐酸砖的机械搅拌卧式高压釜中实现的。硫化温度为 118℃，通入纯的 H_2S，压力维持在 10 kg/cm^2。

在此条件下，溶液中 99% 的镍和 98% 的钴硫化沉淀。反应为：

$$Ni^{2+}(Co^{2+}) + SO_4^{2-} + H_2S = NiS(CoS) + H_2SO_4$$

硫化沉淀后的矿浆送冷却、分离和洗涤处理，便得硫化镍钴精料，成分(%)为：Ni 55.1，Co 5.9，Cu 1，Pb 0.003，Zn 1.7，Fe 0.3，S(MeS) 35.6。

4.3.2　硫化镍矿的湿法冶金

直到 20 世纪 40 年代，火法冶金仍是处理硫化镍矿的唯一方法，后来湿法冶金由于能处理品位较低的矿石和精矿，金属的回收率也较高，并可减轻对环境的污染，故在硫化镍矿的处理上得到应用，但在世界产镍量中所占的比例仍然较小。

4.3.2.1　加压氨浸

此法主要包括有：两段加压氨浸逆流倾析、浸出液的蒸氨除铜、高压氧化水解不饱和硫酸氧酸根、高压氢还原、镍粉压块等工序。这些工序在原理上和设备上与氧化镍的氨浸流程十分相似，下面仅就其差异方面加以讨论。

(1)浸出过程

在硫化镍矿中，镍呈硫镍铁矿的形态存在，伴生的铜、铁等以黄铜矿、磁硫铁矿和黄铁矿等形态存在。此流程使用的溶剂是溶解有氧的 $NH_3-(NH_4)_2SO_4$溶液。为了使精矿中的有价金属能溶于这种溶剂中，在操作上必须创造下列条件：①在溶液中应溶解有足够的氧，以便使硫化物氧化。②含有足够的游离氨以中和硫化物氧化时析出的酸，并保证铜、镍、钴都能形成具有高配位数的稳定配合物。③有足够高的温度。只有在加压下操作，才能达到上述要求。所以硫化镍精矿氨浸出时必须加压。

在高压氨浸出条件下，镍的硫化物将与氧和氨发生以下反应：

$$NiS + 2O_2 + 6NH_3 = Ni(NH_3)_6SO_4$$

同样，铜和钴也可按类似的反应形成氨配合物而溶解，但硫化铁将沿下式反应，形成 Fe_2O_3而沉淀。

$$4FeS + 9O_2 + 8NH_3 + 4H_2O = 2Fe_2O_3 + 4(NH_4)_2SO_4$$

浸出的结果，精矿中的铜、镍、钴等有价金属呈相应的氨配离子进入溶液，硫也呈硫酸根或其他硫氧酸根进入溶液，而一部分呈 $Fe_2O_3 \cdot H_2O$ 形态的铁以及其余未反应的黄铁矿残留在渣中。

研究指出，硫化物中的硫在氧化浸出的过程中，首先被氧化成硫代硫酸根离子，然后再进一步按下列二式氧化：

$$2(NH_4)_2S_2O_3 + 2O_2 \longrightarrow (NH_4)_2S_3O_6 + (NH_4)_2SO_4$$

$$(NH_4)_2S_3O_6 + 2O_2 + 4NH_3 + H_2O \longrightarrow NH_4 \cdot SO_3 \cdot NH_2 + 2(NH_4)_2SO_4$$

生成连多硫酸根和氨基磺酸根及硫酸根。如果浸出时间足够，大多数不饱和的硫氧酸根将进一步氧化。在生产实践中，希望在成品液中保留一定数量的硫代硫酸根和连多硫酸根，为下步净液煮沸沉降铜提供所需的硫离子。于是，浸出分两段进行，第一段浸出液送除铜工序，已部分浸出的矿浆再送第二段落浸出，浸出矿浆经浓密后，上清液返回第一段浸出。这样既可得到金属回收率较高的成品液，同时也可保证成品液中不饱和硫化物的含量。

第一段浸出的条件是：压力8.4 kg/cm^2，温度85℃，游离NH_3浓度100 g/L，液固比4∶1，浸出时间6～7 h，占浸出时间的三分之一，此时约有50%～60%镍被浸出。成品液的成分(g/L)为：Ni 40～50，Co 0.7～1.0，Cu 5～10，$(NH_4)_2SO_4$ 120～180，$(NH_4)_2S_2O_3$和$(NH_4)_2S_3O_6$ 5～10，游离NH_3 85～100。浓密机的底流用新鲜氨水溶液浆化，送第二段浸出。

第二段浸出的条件是：压力9 kg/cm^2，温度75℃，游离$NH_3$100 g/L，浸出时间13～14 h。第二段浸出后的矿浆经浓密机澄清，上清返回第一段浸出做调浆之用，残渣经“氨水洗镍”和“清水洗氨”送尾矿池处理。

(2)蒸氨与除铜

蒸氨与除铜过程在称为再煮锅和蒸馏罐的密封容器中进行。用蒸汽直接加温浸出过程的成品液，使温度提高到120℃。热稳定性较差的铜氨离子离解为配位数较低的配离子和铜离子，并析出氨。由于溶液中的游离氨不断被蒸发出去，其浓度降低，以致发生铜离了与不饱和硫氧化物离子之间的反应如：

$$Cu^{2+} + S_2O_3^{2-} + H_2O = CuS\downarrow + 2H^+ + SO_4^{2-}$$

$$Cu^{2+} + S_3O_6^{2-} + 2H_2O = CuS\downarrow + 4H^+ + 2SO_4^{2-}$$

$$2Cu^{2+} + S_3O_6^{2-} + 2H_2O = Cu_2S\downarrow + 4H^+ + 2SO_4^{2-}$$

反应的结果使成品液中的铜成为Cu_2S、CuS沉淀除去。含氨气体冷凝，得到含NH_3 15%的氨水返回使用。蒸煮可将成品液中铜的90%除去。过滤后液含铜降至0.1～0.5 g/L，滤渣送炼铜厂处理。为使成品液中含铜进一步降至0.005 g/L以下，在一个除铜高压釜中通入超过化学计量约5%的硫化氢，使溶液中残留的铜离子形成硫化物沉淀。也可用硫化镍精矿代替硫化氢作为硫化剂。这种沉淀物的含镍量比蒸氨除铜时得到的要高得多，用水浆化后返回第一段浸出处理，以回收这部分镍。

(3)氧化还原及氢还原

除铜后液还含有大量$S_2O_3^{2-}$、$S_3O_6^{2-}$及$NH_4SO_3\cdot NH_2$，若不把这些不饱和的硫氧酸根转变成稳定的SO_4^{2-}，在氢还原时会使镍粉产品受到污染。因此在氢还原之前也要经过氧化水解处理。

氢还原产出的镍粉成分(%)：Ni 99.9，Co 0.07，Fe 0.015，S 0.005，C 0.004，氨和Pb < 0.0005。镍粉经洗涤、干燥或制成块出售。

成品液中的钴只有4%左右与镍一道被还原，其余留在溶液中，还原后液中镍、钴含量大致相等，成分(g/L)：Ni 1.0，Co 0.9，Cu 0.001，S 136，NH_3 143。在常压下用硫化氢处理这种溶液，得镍、钴硫化物沉淀。过滤后液经蒸发产出硫酸铵，作为肥料出售。镍钴硫化物送钴系统处理回收。

4.3.2.2 硫酸化焙烧—浸出

这是20世纪70年代才在生产上使用的湿法冶金过程。加拿大鹰桥镍矿公司采用此流程处理含镍磁黄铁矿精矿，以产出含镍较高的中间产物。精矿成分(%)为：Ni 1.1，Co 0.3，Cu 0.1，S 36，Fe 57，SiO_2 1.8。

流程的第一个工序是精矿的硫酸化焙烧。其目的在于使精矿中的有色金属转变成可溶性的硫酸盐。因此，要求焙烧过程在含氧较高的气氛中和温度较低的条件下进行。如果焙烧温度选择得适当，就可以使镍、钴和铜形成水溶性的硫酸盐，并可防止大部分的 Fe_2O_3 硫酸化。现场先将精矿磨碎至 -0.075 mm 至少占 95%，并且在炉料中配入适量的硫酸钠。硫酸钠在促进精矿中镍粉成分的选择性硫酸化上，起着重要的作用。硫酸钠的用量为精矿的 4%。

该厂采用带有冷却后室的流态化焙烧炉进行精矿的硫酸化焙烧。精矿用浸出、沉淀工序返回的贫液浆化，同时配入硫酸钠。含固体 60% 的矿浆通过设于炉顶的喷枪送入炉内。精矿在 680℃焙烧，通过设于炉身上部的贫液喷嘴，将贫液用高压空气雾化，喷入沸腾层的上部，来控制炉内的温度。

焙烧产物经溢流管流入长方形的冷却室内强制冷却，从 670℃降到 200℃。焙砂的主要组成是镍、钴、铜、钠的硫酸盐和氧化铁等。

浸出作业是在五台逆流倾析浓密机中完成的。沸腾炉冷却室排出的焙砂流入一个不锈钢制的旋转桶内，用富液骤冷，此时可溶性硫酸盐开始溶出。所得含固体 17% 的矿浆被打入旋流器中分级，含 45% 固体的底流直接送磨机，使 -0.075 mm 粒级提高到 80%，磨机用 38 ~ 76 mm 的鼓风炉渣作研磨介质。因为这种炉渣坚韧密度较大，并能抵抗富液的腐蚀。磨机的排料与旋流器的溢流汇合，送入第一级浓密机中浸出，水和贫液加到第五级浓密机中，溶液与底流成逆向流动。

第一级浸出浓密机的上清液为富液。为了减少下一步沉淀过程的铁屑消耗，富液先经所谓还原处理，目的在于使溶液中的 Fe^{3+} 还原为 Fe^{2+}。还原过程在一组四个串联的还原槽中进行。在槽中用蒸汽将富液加热至 82℃，随后加入细磨的磁黄铁矿作为还原剂。

从最后一个还原槽放出的矿浆与铁屑一道连续加入一组四个串联的沉淀槽中，以沉淀镍、钴和铜。在此过程中溶液中有价金属的 98% 左右可与磁黄铁矿共同沉淀，使精矿的镍品位提高到 11% 左右。矿浆经浓密、过滤、石灰中和后，所得成分如下(%)：Ni 10.9，Co 0.7，Cu 1.6，Fe 30，S 26 的镍精矿，送炼镍厂处理。当处理含 Ni 1.1% 左右的原矿时，镍的浸出率约为 87.5%。最后一段浸出得到的残渣，经洗涤、过滤、干燥后为铁精矿，送炼铁厂。其成分(%)为：Fe 66，Ni 0.13，Co 0.003，Cu 0.01。

4.4 镍的精炼

镍的用途不同，对其杂质的要求也有所不同。按化学成分镍品号的规定如表 4-7 所示。

硫化镍矿火法冶金产出的硫化镍和粗镍，由于所含的杂质远远超过上述规定，故需精炼处理，才能使用。此外在精炼过程中，可将伴生的铂族元素富集，利于综合回收。氧化镍矿由于所含的有害杂质相对较少，故火法炼得的镍铁合金或湿法得到的金属镍粉或镍块可直接用于炼钢。但是为了满足更高的需要，还有一部分来自氧化矿的粗镍经过精炼提高质量之后再使用。

目前，镍的精炼有电解法、羰基法和高镍锍浸出精炼法等几种。后一方法已在前面讨论过了。下面仅就前面两种方法加以论述。

表4-7 按化学成分镍品号的规定

品号	代号	化学成分/%							
		Ni、Co不小于	Co不大于	杂质不大于					
				C	Si	P	S	Fe	Cu
特号镍	Ni-01	99.99	0.005	0.005	0.001	0.001	0.001	0.002	0.001
一号镍	Ni-1	99.9	0.10	0.10	0.002	0.001	0.001	0.03	0.02
二号镍	Ni-2	99.5	0.15	0.02	-	0.003	0.003	0.20	0.04
三号镍	Ni-3	99.2	0.5	0.10	-	0.02	0.02	0.50	0.15

品号	代号	化学成分/%							
		杂质不大于							
		Zn	As	Cd	Sn	Sb	Pb	Bi	Mn、Al、Mg各
特号镍	Ni-01	0.001	0.0008	0.0003	0.003	0.003	0.0003	0.0003	0.001
一号镍	Ni-1	0.0015	0.001	0.001	0.001	0.001	0.001	0.001	
二号镍	Ni-2	0.005	—	—	—	—	0.002		
三号镍	Ni-3	—	—	—	—	—	0.005		

4.4.1 电解精炼

镍电解的阳极可分别由硫化镍、粗镍和镍基合金废料铸成。始极片与铜电解精炼相似，是以光滑的钛板或不锈钢板作为种板电解制得。通常种板周期8~24 h。取出种板、剥下镍片，经过切边、穿耳、平板等工序，做成始极片。先在酸性溶液中(pH值为2左右)浸泡几个小时，取出，用水冲净后置入电解槽中做阴极。

电解液多用硫酸镍和氯化镍混合的弱酸性溶液，还含有适量的Na^+，以提高电解液的电导率。为了保证阴极的析出质量，在电解时使用所谓隔膜电解法，即将阴极放入隔膜布袋中，使阴极和阳极分开。经净化后的纯净电解液从高位槽经分液管流入隔膜袋内，并保持袋内纯净液的液面高于袋外阳极区液面，一般此液面差维持在50~100 mm。这样阴极室的电解液只能渗出到阳极室内，而阳极液却不能渗进阴极室内，从而保证了阴极室内电解液的纯度。阳极液不断流出电解槽，送去净化处理，有时还须补充Ni^{2+}，现将国内外几个工厂的阴极液组成介绍于表4-8。始极片连续电解四到五天后，便可取出，获得致密平整的纯度较高的产品电镍。电镍用热水洗去表面附着的电解液后，剪切、包装为最终产品。阳极周期为10~15天，残极返回阳极炉重熔或选出较完整的造液用。阳极泥送有关车间处理。镍电解的原则流程可参看图4-13。

表 4－8 阴极液成分

阴极液成分/($g\cdot L^{-1}$)	国内一厂	国内二厂	国内三厂	汤普森厂	前苏联某厂
Ni	55～60	58～70	65～65	60	77
SO_4^{2-}		65～70	5	90	134
Na^+	<45	45～70	<60	35	25
Cl^-	>50	100～142	160～170	60	32
H_3BO_3	>5	7～10	5～7	16	5
pH	2.3～2.6	4.6～5.0	4.6～4.8		2.4

注：国内一厂及汤普森厂为硫化镍阳极电解；国内二厂为粗镍电解；国内三厂及苏联某厂为镍基合金阳极电解。

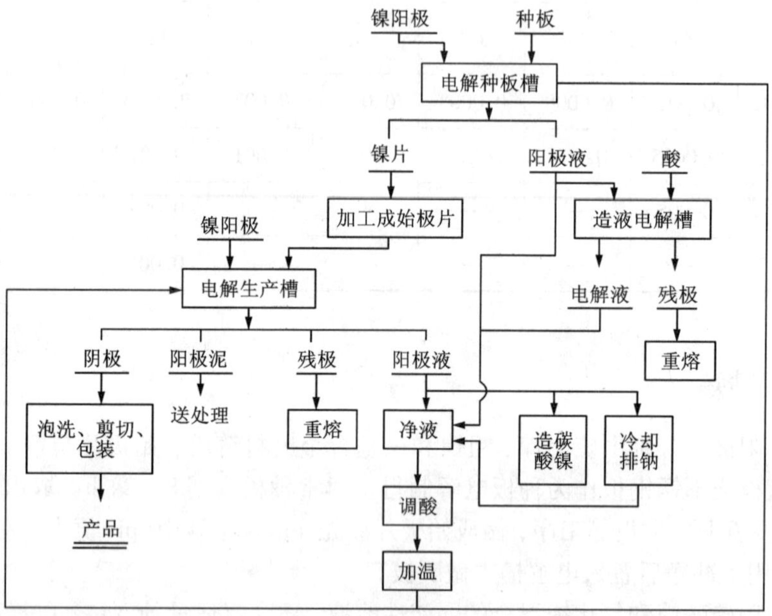

图 4－13 镍电解原则流程图

由上述可见，与铜、铅等电解精炼相比，镍电解具有下列主要特点：①需要深度净液。②要采用隔膜电解。③电解液的酸度低。下面主要针对这些特点来论述镍电解的理论基础。

(1)阴极过程

$$Ni^{2+} + 2e \longrightarrow Ni$$

电化学指出，各种阳离子在阴极上放电的顺序由其析出电位决定，即析出电位较正的阳离子先在阴极上接受电子而析出。阳离子的析出不仅决定于平衡电位，而且还与极化作用有密切关系。我们利用此理论来分析镍电解的阴极过程。

① 镍在阴极上析出的条件

镍的标准电位是 －0.24 V，在阴极上接受电子析出的反应速度较慢，因而在阴极上产生较大的极化。在硫酸盐或硫酸盐和氯化盐混合溶液中，镍析出时的阴极极化与温度有很大关系，并随着温度的提高而降低。

氯离子的存在对阴极极化也有影响，因为阴极沉积物对氯离子的吸附能力较高，而镍离子在吸附着氯离子的阴极表面上接受电子析出的反应较易进行，可使镍的阴极极化减小。但是，随着电解液温度的升高，阴极对氯离子的吸附作用降低，从而使氯离子对阴极极化的影响趋于停止。

由于氢离子在镍阴极上的析出极化较镍离子为小，同时氢在酸性溶液中的平衡电位也比镍的平衡电位要正得多，结果氢离子在镍阴极上析出的可能性比镍离子大。所以，为了保证镍离子能在阴极上优先析出，就得创造条件使氢离子析出困难，而使镍离子的析出变易。为了达到这一目的，应该降低阴极液中氢离子浓度。理论研究指出，当电解液的 pH 值每增加一个单位时，氢的平衡电位将向负电性方向移动 0.06 V，同时提高 pH 值还可使氢的极化增大。

在实际操作中存在一个电解液的临界 pH 值，此值约为 5.5，当电解液的 pH 值超过此临界值时，便开始有镍的氢氧化物和碱式盐胶体颗粒出现。这些颗粒易为阴极所吸附，阻碍了阴极沉积物的结晶长大，并造成结晶结构的细化，使其机械性能变坏。因此，镍电解只能在比较狭窄的 pH 范围内进行。通常控制在 pH 值大于 2.0，但小于 5.5。电解液的合适 pH 值取决于电解液的组成及电解过程所采用的技术条件。在生产条件下，氢的析出电流一般占总电流消耗的 0.5% ~1.0%。

在阴极上有氢析出时，将引起阴极液的碱度增高，其增高的程度取决于电解条件、电解液组成和电解液流入阴极室的速度。研究指出，当进入阴极室的电解液 pH 值较低时，电解液的碱化程度可达 1 ~1.5 个 pH 单位，但在 pH 值较高时，几乎不发生碱化。有人认为紧靠阴极表面的阴极液容易由于析出氢而发生碱化，并出现氢氧化镍的胶体。在生产实际中，只要电解液温度保持在60℃左右并保持足够的循环速度，则靠近阴极表面的电解液受碱化作用的程度是很小的。因为此时溶液中各组分的扩散速度较快，不致引起局部的 OH^- 浓度增高。

在生产上，为了克服阴极液碱化的有害影响，常常在电解液中加入少量硼酸 H_3BO_3。当阴极液的 pH 值升高时，硼酸与水解出来的氢氧化物作用，产生 $2H_3BO_3 \cdot Ni(OH)_2$ 的胶体粒子，这种粒子带负电性，不易被阴极所吸附，从而可以消除对阴极沉积物晶体长大的有害影响。

在其他电解条件相同的情况下，氯离子的存在可以提高镍的电流效率，因为氯离子在阴极上的吸附可使两价的镍离子接受电子比一价的氢离子容易。

试验指出，随着温度的提高，镍在阴极析出的阴极极化很大程度上得到降低。所以镍电解要在比较高的温度下进行，通常为 60 ~70℃。

提高电解液中镍离子浓度可以提高电流效率。实践经验指出，降低电解液中镍离子浓度不仅使电流效率降低，而且还可使阴极沉积物的质量变坏。工业试验报导，为保证得到致密平整的阴极，阴极液中镍离子浓度在不同电流密度下，应不低于表 4 -9 所列的数值。

表 4 -9　不同电流密度的 Ni^{2+} 浓度最低值

阴极电流密度/($A \cdot m^{-2}$)	180 ~220	221 ~260	261 ~300	301 ~330
Ni^{2+} 应大于/($g \cdot L^{-1}$)	45	48	50	53

②镍离子与杂质离子的共同放电

由于镍的平衡电位比较负，因而存在于阴极液中的大部分阳离子将与镍共同析出。所以镍电解对阴极液的杂质含量的要求比较严。阳极液必须通过精细的净化处理后，才能作为新液流入阴极室。

虽然杂质在阴极液中的含量很低，但大部分可在极限电流密度下进行阴极反应。我们知道，在极限电流密度下，杂质离子的析出速度与其本性无关，仅取决于电解液中的杂质含量。因为这样的条件下，杂质离子是靠对流和扩散跑到阴极上接受电子而析出的。因此，随着电流密度的提高，单位时间内在阴极上析出的镍的量也相应提高，然而电解析出的杂质量不变，即可使阴极的杂质含量相对降低。反之，降低电流密度，阴极的杂质含量将增加。在极限电流密度下，不仅较正电性的杂质离子可以接受电子析出，甚至某些较负电性的杂质离子如 Zn^{2+} 由于在析出时能与镍形成固溶体，起到去极化作用，也会在阴极上析出。

除上述阳离子外，在阴极上也可以发现硫。硫的存在形态有电解液包含的 SO_4^{2-}，也有元素硫。看来元素硫的形成是由于在阴极上析出活性很强的初生态氢离子，将 SO_4^{2-} 还原的结果，其含硫量不会超过 0.001%。

③阴极室和阳极室必须分开

为了获得纯度高的电镍，必须使阴极液中的 Cu、Co、Fe 的含量不超过几毫克每升。在阳极溶解时，大部分杂质金属进入电解液中，使电解液的杂质含量远远高出上述要求。因此，要获得纯净的电镍唯一的可能就是采用隔膜电解法，使阴极区和阳极区分开。

然而简单地把静止的电解液分开的隔膜只能防止隔膜两侧的溶液相混，而不能消除渗透、扩散和电泳的作用，杂质离子仍会进入阴极室，使溶液弄脏。因此，必须采用一种称为流动式的隔膜电解。在这种电解中，阴极室的液面比阳极室的液面高，因而可使电解液不断从阴极室流入阳极室。此时，由于电泳和扩散作用，本来会通过隔膜袋的毛细管进入阴极室的杂质离子被流速大的反向液流所带出。这样，在理想的条件下，在隔膜袋的毛细管内只有单向的阴离子导电。总之，隔膜袋的正常操作应能满足以下两个要求：其一在电解槽内的任何高度下，阴极室内的流体静压力应比同水平阳极室的大；其二在毛细管内液体的流速应大于杂质离子在电泳和扩散作用下所产生的迁移速度。

在毛细管内电解液的流速越大，从阳极室进入阴极室的杂质越少。但不等于说，在毛细管内电解液的流速越大，阴极电积物越纯。

应选择质量比较适宜的材料做隔膜袋，以便维持适宜的液面差，此液面差通常为 50 mm 左右。

(2)阳极过程

根据生产工艺的不同，阳极有金属阳极和硫化镍阳极两种。

①金属阳极的电化过程

在阳极上主要发生金属镍的放电溶解反应

$$Ni - 2e = Ni^{2+}$$

在电解时，与阴极一样，也要发生极化作用，结果使镍的溶解电位变得更正了。阳极的电流密度越大，阳极电位也变得越正。在硫酸盐溶液中电解时，当阳极电位提高，电流密度也随之提高。如图 4-14 中的 AB 线所示，此曲线相当于镍的阳极极化曲线。当电位提高到某一限度后，电流密度不但不随电位的提高而增大，反而降低了，并且趋于零。此时阳极发生钝化。当电位继续升高，达到氧的析出电位时(相当于曲线上的C点)，氧开始析出。此时，电流密度又随电位的提高而增大，不过CD线实际上是氧的极化曲线。

阳极钝化后，镍是不能电化溶解的。但在电解液中添加少量Cl^-(约3 g/L)，就能在较大程度上降低镍的钝化现象，甚至在很高的电流密度下电解也不会发生困难。这是由于Cl^-能穿过氧化膜使之变为多孔结构，并可使镍的阳极极化降低的结果。所以采用氯化盐溶液或硫酸盐和氯化盐混合液作电解液时，可以降低槽电压。

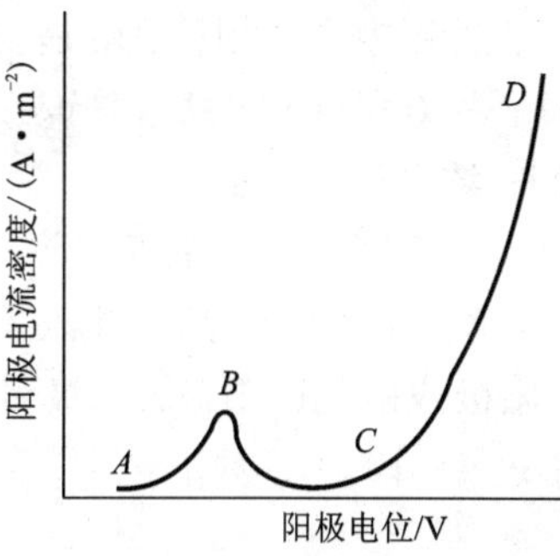

图4－14　镍的阳极极化曲线

在实际的电流密度下(约200 A/m^2)，阳极电位为0.3～0.5 V，这时不仅有镍及负电性金属(如Zn、Cr、Fe等)放电溶解，而且正电性的杂质(如铜)也会溶解。但是铂族元素和金、银等由于电位更加正，不能电化溶解，而与一些非金属杂质(碳化物、硅化物等)成为阳极泥而落入槽底。溶液中的Cu^{2+}可与阳极泥中金属镍发生置换反应，生成海绵铜。

②硫化镍阳极的电化过程

在硫化镍阳极中，绝大部分金属以硫化物的形态存在，例如Ni_3S_2、Cu_2S、CoS、PbS、ZnS及FeS等，往往还含有少量的金属镍。

硫在阳极的电化过程中起到十分重要的作用。当阳极含硫较低时，硫以共晶体存在于金属晶体间的界面上。硫化物要在较正的电位下才能放电，实际上不参与电极反应，保留硫化物的形态直接进入阳极泥中。若阳极含硫增加到百分之几，但又不能满足全部金属形成硫化物时，由于金属成分优先放电溶解，在阳极表面留下一层硫化物薄膜，从而提高了阳极的实际电流密度，使阳极电位变得更加正，促使下列反应进行：

$$Ni_3S_2 + 8H_2O - 18e \longrightarrow 3Ni^{2+} + 2SO_4^{2-} + 16H^+$$

这是一个十分有害的反应，因为在电化过程中将有大量电流消耗在硫的氧化上，并形成酸而使电液的pH值降低。如果我们把这个反应与正常电解反应相比就可以看出，为得到同量的Ni^{2+}，其电能消耗要增加2倍。也就是说，上述反应使阳极的电流效率大为降低，从而造成了电解液中镍离子的贫化。若阳极含硫提高到20%以上，能够满足全部金属形成相应的硫化物时，可在较正的阳极电位下，发生下列反应：

$$NiS_2 - 6e \longrightarrow 3Ni^{2+} + 2S$$

此时，硫以单质的形态脱落到槽底，或附着在阳极的表面上。因此，在采用硫化镍阳极电解时，阳极含硫应控制高一些，使之不致有游离的金属镍存在为宜。

目前国内外处理硫化镍矿的工厂大都采用硫化镍阳极电解流程。因为此流程可省去金属阳极电解流程中的破碎、氧化焙烧和还原熔炼等工序，能简化流程，节约冶炼费用和提高金属的回收率。但也存在下列缺点：阳极含硫高，因而在相同条件下阳极发生钝化的程度较金属阳极电解大，结果使电解液的Ni^{2+}和pH值降低得更快，所以需要设置庞大的造液工序和提高净液时碳酸镍的消耗。

(3)造液过程

如上所述，氢离子在镍阴极上接受电子析出的极化比镍离子要低，并且氢的平衡电位又比镍正，所以在正常电解时需要创造条件使氢离子难于析出，反之使镍离子易于接受电子。然而在造液过程中恰巧相反，就是要充分利用氢离子的上述电化学特性，创造条件促进氢离子在阴极上的电化反应，结果是镍在阴极的电流效率远远低于阳极的电流效率，从而使电解液中的 Ni^{2+} 浓度得到提高。

在生产上常用的办法是将一部分阳极液引出，用盐酸、硫酸或混合酸将其酸度调高到每升电解液含酸 50 ~ 55 g，然后注入不带隔膜的电解槽中电解。阳极可用选出的较为完整的残极、合金阳极或硫化镍阳极，阴极可用镍残极、铜板或石墨。现将国内两个电镍车间的生产指标列于表 4 – 10。

表 4 – 10 国内两个电镍车间的生产指标

指标 工厂	电流密度 /($A \cdot m^{-2}$)	电流效率 /%	槽电压 /V	电能消耗 (直流)/kWh	残极率 /%	隔膜袋内电解液循环速度/($L \cdot h^{-1}$)
一厂 (混合电解液)	150 ~ 190	>95	2.3 ~ 4	3500	<25	20 ~ 25
二厂 (氯化物电解液)	180 ~ 250	>98	1.2 ~ 2.3	1647 ~ 1896	17 ~ 22	20 ~ 26

(4) 阳极液的净化

图 4 – 15 所示是阳极液的净化原则流程，简要叙述如下。

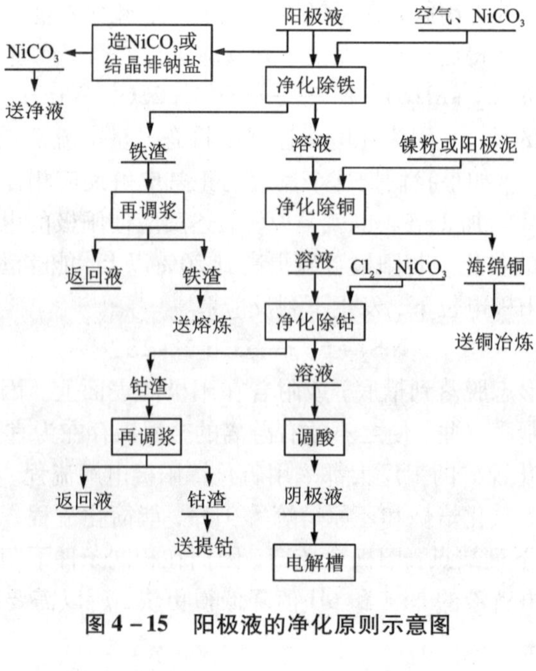

图 4 – 15 阳极液的净化原则示意图

①电解液的体积平衡和镍、钠含量的平衡

在镍电解精炼过程中，电解液是循环使用的。因此，要使生产正常而稳定地进行，除严格控制电解液的杂质含量和酸度外，还必须维持电解液在体积上和在镍、钠含量上的平衡。

a. 电解液体积平衡　在生产时必须保持整个系统的电解液总体积大体不变，否则将出现电解液体积膨胀或不足的故障。通常引起体积膨胀的原因是各种洗涤返液和出装槽冲洗液的返回。电解液的蒸发损失、制碳酸镍和跑漏液等也会导致电解液的不足。

在生产上采用制造碳酸镍的办法来减缩电解液的体积，而用造液来补充电解液体积的不足。

b. 镍、钠含量的平衡　在电解过程中对电解液的 Ni^{2+} 和 Na^{+} 浓度都有一定要求。关于镍离子的影响在上节已讨论过了。在镍电解液中含有适量的 Na^{+}，可使电解液的电导率提高，并可降低电解时的电能消耗。然而钠盐浓度过高，例如 $[Na^{+}]$ 超过 80 g/L，并且 $[SO_4^{2-}]$ 也比较高时，在阳极表面会形成一层钠盐膜，此时阳极的电化溶解只能在盐膜孔隙中进行，势必造成局部电流密度增大，阳极电位上升，以致出现阳极钝化现象。此外含钠盐过高的电解液在输送管道内也可结晶析出使管道堵塞，影响生产的顺利进行。然而在净液时常常使用 Na_2CO_3 来调整 pH 值，又会使 Na^{+} 在电解液中不断地积累。

总之，在电解和净液过程中，电解液中的 $[Ni^{2+}]$ 是逐渐减少的，其减少的幅度与阳极组成有着密切关系，而 $[Na^{+}]$ 却不断提高。为了保持电解液中的 Na^{+} 和 Ni^{2+} 的平衡，一般采用造液和排钠两个方法。

目前排钠有两种方法，一种是抽出部分电解液，用以制造 $NiCO_3$，然后用 $NiCO_3$ 代替作净液的中和剂，所抽出的电解液用造液或 $NiCO_3$ 溶液来补充；另一种办法是抽出部分电解液实行自然或强制冷却结晶，以排除 Na_2SO_4 盐，此法只适用于硫酸盐或混合电解系统，对氯化盐电解液无效。

②化学法净液

a. 除铁　将阳极液加温到 70～80℃，鼓入空气，把 Fe^{2+} 氧化成 Fe^{3+} 并加入中和剂，将溶液的 pH 值调至 3.5～4.2，于是 Fe^{3+} 水解成难溶的 $Fe(OH)_3$ 沉淀。实践指出，在溶液中有铜离子存在时，可以加速 Fe^{2+} 的氧化反应，这是因为 Cu^{+} 更容易为空气所氧化，随后在溶液中从 Fe^{2+} 获得电子的缘故。所以在有铜离子存在时，阳极液的净化常常是先进行氧化除铁，然后再除铜。

除铁时使用的中和剂为脏碳酸镍。它是用阳极液或地面废水在加热到70℃时，以碳酸钠水溶液将 pH 调至 8～8.5 水解沉淀得到的。

我国冶金工作者已成功地将锌冶金中的黄钾铁矾法和针铁矿法应用于镍电解液净化除铁。

b. 除铜　在硫化镍阳极电解中，使用硫化镍粉净液除铜是成功的。工厂实践指出，单独使用 Ni_3S_2 除铜效果较差，脱铜率只有 50%，当硫化镍粉中适当加入一些硫磺粉后(工厂应用硫化镍电解的阳极泥)脱铜率大大提高，可达 90% 以上。硫化镍粉除铜的化学反应可以近似地认为是：

$$Ni_3S_2 + 3Cu^{2+} + S = 3CuS + 3Ni^{2+}$$

由上式可见，反应是在液固两相间进行的，速度较慢。生产上采用沸腾除铜槽或机械搅拌使固液两相充分接触，并将溶液的温度提高到 60 ～70℃，以加快反应速度。此外还需维持溶液的 pH 值在 2～2.5 范围内。必须指出，使用此法时除铜限度只有 0.002 g/L，仍需二次净化才能满足生产特号镍的要求。

c. 除钴 不论是氯化盐电解液，还是硫酸盐和氯化盐混合电解液，通常都采用通氯氧化，并用碳酸镍调 pH 值的方法除钴。当氯通入阳极时，随即与水按下式反应：

$$Cl_2 + H_2O = HClO + HCl$$

形成的不稳定化合物 HClO 是一种强氧化剂，可将 Co^{2+} 迅速氧化成 Co^{3+}，式中生成的 HCl 再用碳酸镍中和，结果 Co^{3+} 使按下式总反应式水解沉淀：

$$2CoSO_4 + 1/2Cl_2 + 3NiCO_3 + 3H_2O = 2Co(OH)_3 + 2NiSO_4 + NiCl + 3CO_2$$

由于阳极液中，镍离子浓度比钴离子浓度大得多，所以镍离子也可按上式氧化水解。但是镍的水解 pH 值比钴高。据研究，阳极液中钴按上式开始水解的 pH 值为 2.2，而镍则要 3.2。有时为了使含钴较低的阳极液能彻底除钴，不得不将溶液的 pH 值提高到 4 左右。例如工厂常常使溶液的 pH 值提高到 4.8～5.0，然后通氯，而在出口处保持在 3.8～1.2。这时将有一部分镍与钴同时水解沉淀，使钴渣含镍甚高，达 Ni∶Co≈2∶1，即钴渣含 Ni 9%～12%，Co 5%～6%。

为了回收钴渣中的镍，将一部分钴渣用酸性水溶液调浆，通入 SO_2 使镍和钴的氢氧化物重溶，反应如下：

$$2Ni(OH)_3 + SO_2 + H_2SO_4 = 2NiSO_4 + 4H_2O$$

$$2Co(OH)_3 + SO_2 + H_2SO_4 = 2CoSO_4 + 4H_2O$$

当溶液的含钴量达到 30 g/L 时，将另一部分钴渣加入搅拌槽中。渣中的 $Ni(OH)_3$ 与溶液中的 $CoSO_4$ 反应，使 $Co(OH)_3$ 重新沉淀。经过重溶处理得到的钴渣镍∶钴降至 0.7∶1，即渣含 Co 16.5%～17%，Ni 1.16%～1.4%。钴渣送提取钴工序。

d. 除微量铅、锌 通常在硫化镍矿中铅的含量不高，本来无须特殊净液也可符合特号镍对铅的要求。但将烟尘返回阳极炉处理时，可使阳极含铅提高，尤其是使用氯化盐电解液电解时，若与铅材料接触，也可使阴极液的含铅增大。为了使电解液的铅锌除去，有时在除钴之后，将溶液的 pH 值提高到 5.5～5.8，通风搅拌，使锌和铜形成氢氧化物沉淀。在 pH 这样高的条件下，不可避免地将有大量 Ni^{2+} 被氧化水解。形成的 $Ni(OH)_3$ 可吸附 Pb^{2+} 形成共同沉淀而带出。铅与铜锌不同，它在净液水解时，呈 $PbSO_4$ 和 PbO_2 微粒存在。

有的工厂，在溶液的 pH 值提高到 6 时，将少量碳酸钡加到硫酸盐电解液中，利用硫酸钡和硫酸铅具有共同晶体结构的特点，而促使铅完全沉淀。此法的缺点是产出含 $Ni(OH)_3$ 高的过滤渣，增加渣处理的负担。

③ 溶剂萃取净液法

化学法净液存在以下缺点，如化学试剂消耗量高、产出大量残渣、金属回收率低、工艺过程比较复杂、劳动条件差。近年来纷纷研究溶剂萃取净液法，以代替化学法净液。此法的优点是基本上消灭了残渣，改善了劳动条件，便于机械化和自动化，金属回收率高，产品质量也高，而且萃取剂可以再生和循环使用。

用萃取法从阳极液中分离杂质可以混合地进行，也可以优先选择地进行。常用萃取剂 N－235、仲胺（Amberite LA－1）、三异辛胺等。

④ 离子交换净液法

离子交换净液法的实质是带有不同离子的阳极液流过离子交换树脂时，溶液中的杂质离子转移到树脂上，而树脂所含的相应离子则转移到溶液中去，即通过带同性电荷离子间的交换过程，使杂质分离出来。

现实中离子净液法大都应用于化学法净液后，对电解液进行深度净液，而不像溶剂萃取净液法那样，可以彻底取代传统的化学法。这是因为离子交换净液法仍然存在一些难于克服的缺点，例如交换容量小，速度慢，生产效率低等。

工厂实践指出，717 型交换树脂对于除锌和镉的效果很好，但除铅的效果不及 701 型弱碱性阴离子交换树脂。

我国冶金工作者成功地应用经过氮化处理的活性炭，对镍电解液进行深度净化。活性炭的氮化方法有液氨氮化法和三聚氰胺浸渍法两种。前法在加热至700～800℃，通氨处理7 h。后法是将活性炭放入加热到90～100℃的4%三聚氰胺水溶液中浸渍1 h，分离出水分后，在120℃烘干至含水15%，然后在外热式加热炉中加热到850℃，保持5 min。

氮化处理后的活性炭用5%稀盐酸洗涤至 pH =5 时，即可装柱使用。操作时应维持交换柱内温度在30℃，pH =4～5。

氮化活性炭对微量铅的交换效果较好，而对铜也有一定交换吸附作用。再生溶液为pH =1的稀盐酸溶液。

4.4.2 羰基法生产镍粉

4.4.2.1 羰基法的基本原理

在常压下40～100℃的温度范围内，4 个一氧化碳分子可与一个金属镍原子反应，生成一种无色的气体产物——羰基镍。反应是可逆的，当加热到150～300℃，羰基镍又可分解为镍和一氧化碳。其反应如下：

$$Ni + 4CO \Longrightarrow Ni(CO)_4 + 163.6\ kJ$$

有些金属也可与一氧化碳形成羰基化合物，例如在镍原料中常见的铁、钴、铬、硒、碲、金、银、铜及铂族元素等，不过形成的难易和沸点的高低是有差别的，如在标准状态下(25℃，1×10^5 Pa)SeCO 和 TeCO 以气态存在，$Ni(CO)_4$、$Fe(CO)_4$、$Ru(CO)_5$、$Os(CO)_5$液态，而$[Co(CO)_4]_2$却为固态。

基于各种羰基化合物热物理性的差异，在进行羰基合成反应时，粗镍中的杂质大部分不能进入气相，而残留于渣中，得到的粗羰基化合物又可按沸点的不同进行蒸馏分离，然后再加热分解就可以得到高纯度的金属镍，例如，镍和铁的羰基化合物由于沸点相差很大，可用简单的蒸馏方法分离。至于羰基钴可用无水液态氨形成羰基钴铵配合物$[Co(NH_3)_6][Co(CO)_4]_2$，从粗液态羰基化合物沉淀析出。生产高纯镍，羰基法是一个具有高选择性的方法，产品质量高，特别是含钴较低，这种镍丸产品广泛地用于航空工业和电子工业中。

由羰基合成反应可见，羰基化合物的形成和分解都伴随有体系容积的变化，并有大量热放出和吸收。如羰基镍形成时，体系的容积减小，并放出热量，因此，提高体系的压力将有助于羰基镍的形成。提高温度虽然可使羰基镍形成反应加快，但是同时又可促进羰基镍的热分解。

据研究，羰基镍在 CO 一个大气压下达到35℃时已具有可以觉察的分解速度，而在180℃时完全分解。

在标准状态下，羰基镍是具有明显臭味的无色液体。在常压下其沸点为42.5～43.2℃，有剧毒。工作场地羰基镍的最大允许浓度为 0.1×10^{-6}，故应用此法生产时，必须特别注意车间的劳动保护。

4.4.2.2　羰基法的生产实践

20世纪70年代在加拿大建成一座新的镍厂，该厂第一次在有色冶金工厂中采用氧气顶吹旋转炉直接将硫化镍吹成金属镍，水淬成小颗粒，然后按高压羰基法进一步精炼。

高压羰基法精炼包括合成、分馏和分解等工序，现分述如下：

(1)羰基化合物的合成

合成釜由碳素钢板焊成，两端呈半球形，壁厚127 mm，直径3700 mm，长13400 mm。转炉产出的粗镍粒分批装入釜内，随后通入加热到180℃的CO，保持釜内压力于70 kg/cm^2，此时镍和少量铁与一氧化碳发生反应，生成相应的羰基化合物 $Ni(CO)_4$，而铜、钴及贵金属在此条件下不起反应，残留在渣中。我们知道，羰基镍的合成是一个放热反应。为了保持釜内所需的温度范围，在合成釜内安装有冷却盘管以吸收多余的热量。经过大约42 h，镍的提取率可达95%。图4－16为羰基镍高压合成设备连接图。

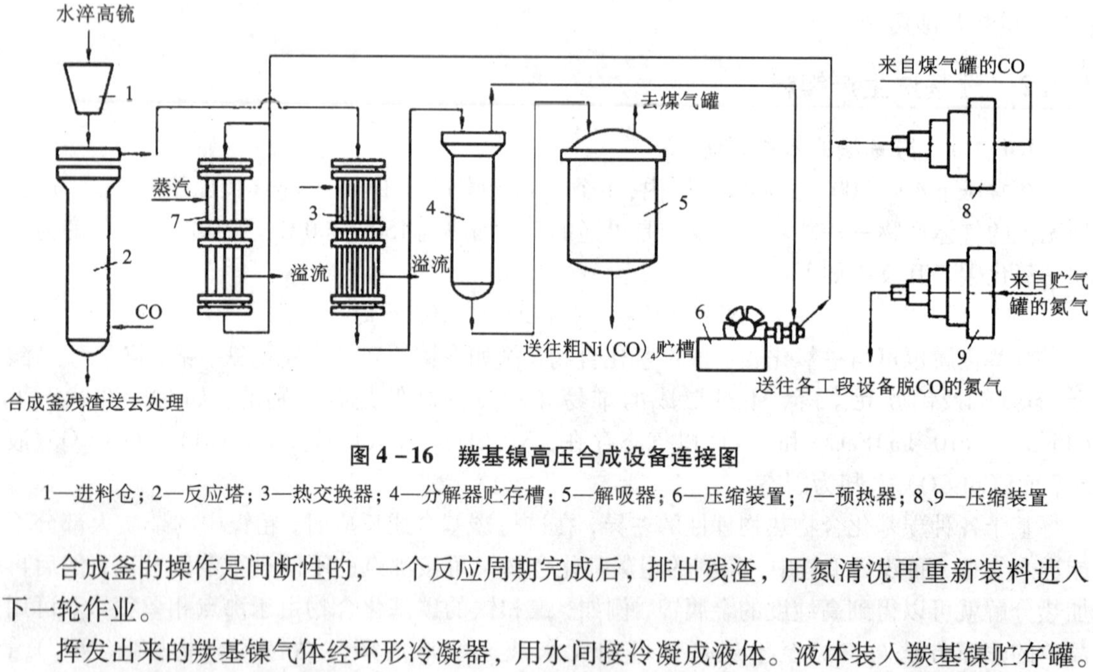

图4－16　羰基镍高压合成设备连接图

1—进料仓；2—反应塔；3—热交换器；4—分解器贮存槽；5—解吸器；6—压缩装置；7—预热器；8、9—压缩装置

合成釜的操作是间断性的，一个反应周期完成后，排出残渣，用氮清洗再重新装料进入下一轮作业。

挥发出来的羰基镍气体经环形冷凝器，用水间接冷凝成液体。液体装入羰基镍贮存罐。残渣送球磨机湿磨，矿浆送浸出处理，以回收铜、钴及贵金属。

(2)粗羰基镍的分馏

分馏作业在一个直径610 mm，高3050 mm的筛板分馏塔内实现。粗羰基镍液体从贮罐流入分馏塔内，利用各种羰基化合物的挥发性不同，严格控制塔内温度，便可使羰基镍与其他杂质的羰基化合物分离。纯羰基镍气体从塔的上部分馏出来，而羰基镍和羰基铁的混合物则残留在塔的下部。纯羰基镍的纯度达到99.998%。

(3)羰基镍的分离

纯羰基镍气体经过冷凝器后分为两路。约占总量80%的一路进入镍丸分解器，分解器的一种结构可见图4－17。纯羰基镍气体在进入镍丸分解器之前，先用一氧化碳稀释，然后送

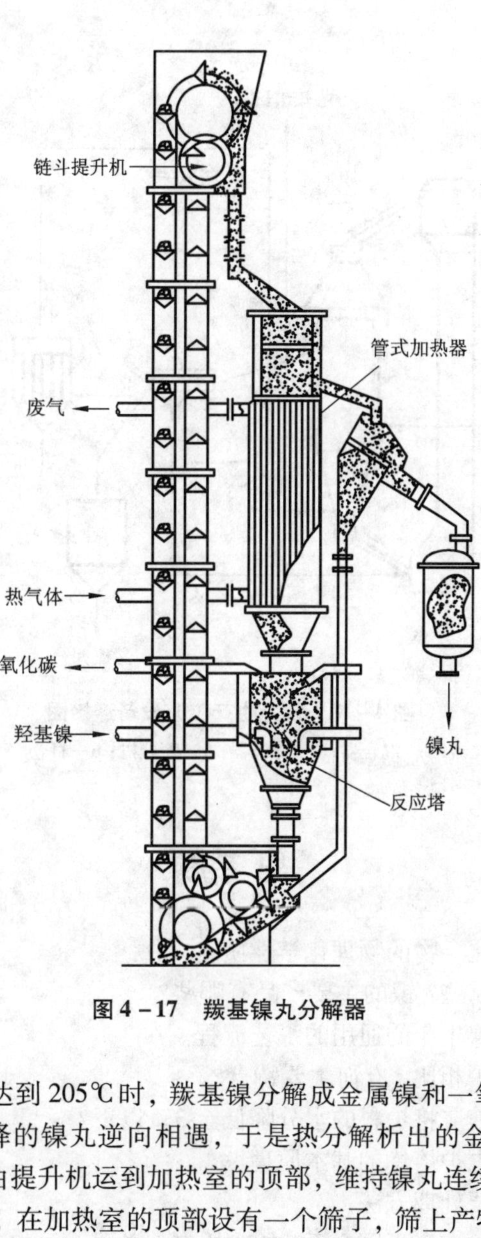

图4-17　羰基镍丸分解器

入分解器。在电热分解器达到205℃时，羰基镍分解成金属镍和一氧化碳。在分解器内，羰基镍气体与填满并缓慢下降的镍丸逆向相遇，于是热分解析出的金属镍就沉积在镍丸的表面。镍丸在分解器内不断由提升机运到加热室的顶部，维持镍丸连续不断地循环。镍丸长大到6.35 mm约需一个多月。在加热室的顶部设有一个筛子，筛上产物为成品镍丸，筛下产物则返回分解器。

占总量20%的其余羰基镍液体经蒸发器转变成气体，导入电热镍粉分解器，以生产镍粉。

分解器析出的一氧化碳返回合成工序使用，同时还需补充一部分新鲜的一氧化碳气体。一氧化碳可用天然气燃烧制备，经净化后，纯度可达99.9%。图4-18为镍丸生产工艺设备连接图。

为了防止羰基物的危害，整个厂房的空气实行强制流通，每小时排气10次。

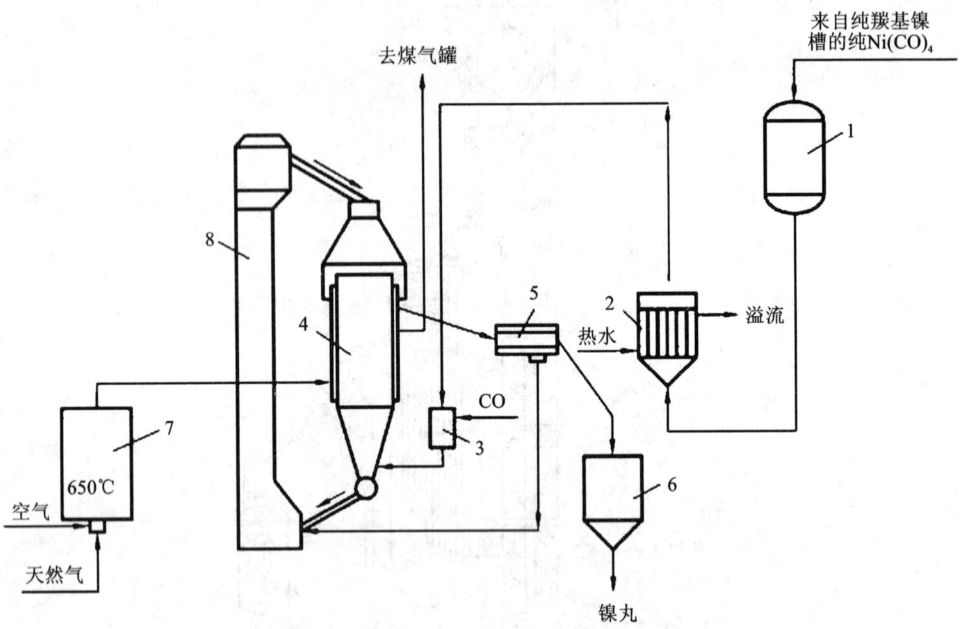

图 4－18　镍丸生产工艺设备连接图

1—高位槽；2—蒸发器；3—混合器；4—分解器；5—筛分机；6—料仓；7—燃烧室；8—提升机

思考题

1. 简述镍及其主要化合物的物理化学性质。
2. 镍的主要矿物有哪些？镍的主要产品有哪些？
3. 用方框图表示出镍生产的通用的工艺流程。
4. 矿热电炉与其他炉相比，有何主要特点？
5. 为什么电炉熔炼前应将炉料的水分降低至3%以下？
6. 论述硫化镍矿的电炉熔炼的基本原理。
7. 简述高镍锍的主要处理方法。
8. 镍锍与铜锍的成分有何不同？两者的吹炼有何差异？
9. 简述粗镍铁中各种杂质在精炼过程中的行为。
10. 氨浸前，炉料还原焙烧温度控制在多少度？为什么？生产过程中如何合理供热？
11. 论述红土矿湿法冶金中低压氨浸的基本原理。
12. 简述红土矿氨浸浸出渣洗涤过程中采用“氨水洗镍”和“清水洗氨”的意义。
13. 镍的氢还原过程中为什么要添加配合剂？
14. 与铜、铅等电解精炼相比，镍电解精炼具有哪些主要特点？并简述其原因。
15. 论述羰基法生产镍粉的基本原理。

第5章　锡冶金

5.1　锡冶金一般知识

5.1.1　锡及其主要化合物的性质和用途

5.1.1.1　金属锡

(1)物理性质

锡的元素符号Sn，是元素周期表中第四族的元素，银白色(但锡锭表面由于生成氧化物膜呈金黄色)，原子序数50，相对原子质量为118.7。熔点为231.96℃，沸点为2270℃，锡的密度20℃时为7.3 g/cm^3，液体锡的密度随温度升高而变小。

迅速冷却的锡，生成粗大的树枝状结晶。锡条弯曲时，由于晶体间的摩擦，发出响声，称为"锡鸣"。

锡有三种同素异形体，即灰锡(α－锡)、白锡(β－锡)和脆锡(γ－锡)，其转变的温度如下：

	灰锡(α－锡)	13.2℃ ⟷	白锡(β－锡)	161℃ ⟷	脆锡(γ－锡)	232℃ ⟷	液体锡
晶体结构	等轴晶系		正方晶系		斜方晶系		
密度/(g·cm^{-3})	5.35		7.30		6.55		6.99
特征	粉状		块状有展性		块状易碎		

人们常见到的是白锡，在13.2～161℃之间稳定，低于13.2℃，白锡开始转变成灰锡，但转变速度很慢，要过冷到－30℃才达到最大的转变速度。灰锡的出现先是成分散的小斑点，破裂成粉状，逐渐布满整个表面，而粉末的接触作用又加速这种转变，最后全部成为粉末，这种现象称为"锡疫"。

锡的莫氏硬度为3.75，具有很好的展性，可以制成0.04 mm厚的锡箔，其展性随温度而变化，在100℃附近达到最大，但到200℃就失去展性而变脆。锡的延性很差，不能拉成锡丝。

(2)化学性质

锡在元素周期表中位于铅锗之间，许多性质与铅相似。锡的化合价为二价和四价。二价化合物不稳定，易于失去两个电子变成稳定的四价化合物。因此二价化合物可作为还原剂使用。

常温时，锡在空气中稳定，因为锡表面生成了一层致密的氧化物薄膜，阻止锡的进一步氧化，故工业上用镀锡来保护钢铁。在高于150℃时，锡开始慢慢地氧化生成 SnO 和 SnO_2。

水、水蒸气和碳酸气在常温均不与锡作用，但卤族元素，特别是氟和氯，在常温即与锡作用生成卤化物，硫化氢和二氧化硫与锡在加热时生成硫化物。

锡的标准电极电位为 -0.136 V，但由于氢在锡金属上的超电压相当大，因此在酸性水溶液中，锡与稀的无机酸作用缓慢，在许多有机酸、水果汁和醋酸中实际上不起作用。热的浓酸和碱与锡作用生成锡的盐类，但浓硝酸除外，它与锡作用生成偏锡酸（H_2SnO_3），同时放出 NH_3、NO 和 NO_2等气体。

5.1.1.2 锡的主要化合物及其性质

(1)氧化物

锡与氧生成两个重要的氧化物，即氧化锡（SnO_2）和氧化亚锡（SnO）。

氧化锡在自然界呈锡石存在，是锡的主要矿物。锡石密度为 6.8 ~ 7.1 g/cm³，莫氏硬度为6 ~ 7，接近于低碳钢。氧化锡的密度为7.0096 g/cm³，熔点约为2000℃。在熔炼时挥发性很小，但当有液体锡一起存在时，则显著挥发。

$$SnO_{2(固)} + Sn_{(液)} = 2SnO_{(气)}$$

氧化锡的分解压力也很小，是高温稳定的化合物，实际上不溶于酸和碱的水溶液中。在高温下，氧化锡呈酸性，能与碱性氧化物作用生成锡酸盐，常见的是 Na_2SnO_3、K_2SnO_3、$CaSnO_3$等。

氧化亚锡的密度为6.446 g/cm³，熔点为1040℃，沸点为1425℃。实验测定的氧化亚锡的蒸气压如下

温度/℃	670	820	955	1132	1425
p(mmHg)	0.07	0.8	8.5	78	760

为方便起见，通常采用以下的蒸气压力计算式：

$$\lg p = -13160/T + 10.775$$

根据质谱分析，氧化亚锡的蒸气中存在多分子聚合物$(SnO)_x$，$x = 1 \sim 4$。氧化亚锡的挥发性，是造成锡挥发进入烟尘的一个原因。

许多研究指出，氧化亚锡只是在高温（>1040℃）和低温（<400℃）时稳定的化合物，在400 ~ 1040℃之间氧化亚锡发生歧化反应。

$$2SnO = Sn + SnO_2$$

氧化亚锡与氧化锡不同，还容易溶解于许多酸、碱和盐类的水溶液中。在高温下，氧化亚锡呈碱性，能与酸性氧化物如 SiO_2等生成硅酸盐类。

(2)氯化物

锡和氯生成两种化合物，即四氯化锡（$SnCl_4$）和氯化亚锡（$SnCl_2$）。

四氯化锡密度为2.23 g/cm³，熔点为 -33℃，常温下为无色液体；沸点为114.1℃，在常温下容易挥发，其蒸气压测定值如下：

温度/℃	0	20	40	60	80	100	120
p(mmHg)	5.53	18.58	50.82	122.2	256.7	496.0	895.4

也可用下式计算：

$$\lg p = -1925/T + 7.865$$

四氯化锡易溶于水，也容易被其他更负电性的金属从溶液中置换出来。如果从溶液中结晶，则得到含水的四氯化锡结晶。含水的四氯化锡在常温下为无色透明固体。

氯化亚锡为白色针状结晶，在空气中会逐渐氧化或风化而失去水分，加热高于100℃则获得无水氯化亚锡，它是白色半透明物质，但在有氧时加热，则变成SnO_2和$SnCl_4$。

$$2SnCl_2 + O_2 = SnCl_4 + SnO_2$$

如同时有水蒸气存在，则全部变成SnO_2。

$$SnCl_4 + 2H_2O = SnO_2 + 4HCl$$

氯化亚锡晶体密度为3.95 g/cm³，熔点246.8℃，熔融氯化亚锡密度为3.394 g/cm³，其沸点为652℃，

蒸气压力和温度的关系式为：

$$\lg p = -6350/T - 5.03\lg T + 24.68$$

此式适用于熔点到沸点的温度范围。

氯化亚锡也易溶于水，溶解度随温度升高而增加。少量盐酸的存在，会减少氯化亚锡的溶解度，相反，高的盐酸含量，由于生成$H_2(SnCl_4)$和$H(SnCl_2)$，会增加氯化亚锡的溶解度。在水溶液中，锡容易被更负电性的金属如铝、锌、铁等置换。如果水溶液暴露在空气中，则氧化产生$SnOCl_2$沉淀；如果使水溶液稀释而不与氧接触，则产生$Sn(OH)Cl$沉淀。

(3)硫化物

锡和硫能生成三种硫化物，即硫化亚锡(SnS)、二硫化锡(SnS_2)和三硫化二锡(Sn_2S_3)。在锡冶金中最重要的是硫化亚锡，SnS_2和Sn_2S_3只在低温下稳定。硫化亚锡的熔点为880℃，沸点1230℃。硫化亚锡不易分解，是高温稳定的化合物。在冶炼高温下，SnS和FeS在785℃生成共晶。

在空气中加热，硫化亚锡就氧化变成SnO_2。

$$SnS + 2O_2 = SnO_2 + SO_2$$

硫化亚锡不溶于稀的无机酸，但在浓盐酸中溶解生成$SnCl_2$并放出H_2S：

$$SnS + 2HCl = SnCl_2 + H_2S$$

硫化亚锡还溶于碱金属多硫化物中，生成硫代锡酸盐。这种盐类易溶于水，电解硫代锡酸盐溶液可在阴极上析出锡，故可用于锡的电解精炼或探索新的炼锡方法。

5.1.1.3　锡的用途和产量

锡是无毒金属，具有良好的抗蚀性，即使受到腐蚀，产生的化合物也无毒性，因此有80%的锡用于镀锡(主要是马口铁)及压展成0.04 mm以下的锡箔，用于食品和电气工业。

锡熔合金大都含有锡，锡也是青铜和耐磨合金的重要组分。锡合金也用于原子能反应堆代替锆作为包裹材料，纯锡广泛用于半导体工业和超导材料。

氧化锡是优良的白色粉料，用以制造珐琅、宝石和玻璃等。

现代全世界年产锡通常在30万t上下。主要产锡国家为马来西亚、泰国、印度尼西亚、玻利维亚。锡也丰产于我国。

5.1.2　炼锡原料

迄今发现的锡矿物已达20种，其中最有工业价值的为锡石(SnO_2)，其次为黝锡矿(Cu_2S

$\cdot FeS\cdot SnS_2$)，还有一些只能作为稀有金属矿开采，如锡砷硫钒铜矿[Cu_3(As、Sn、V、Fe、Ta)S_4]、钽锡石($Ta_2O_5\cdot SnO_2$)和钙铌钽矿(铟铁锰钙的锡钽酸盐和铌酸盐)等。

锡的矿床根据成因不同，分为两类，即脉锡矿床和砂锡矿床。

锡矿石照例必须经过选矿，以获得适合熔炼要求的锡精矿。

锡精矿的成分是决定冶炼流程的重要依据之一，对生产技术经济指标也有重要影响。通常锡精矿品位越高，则冶炼成本越低，反之亦然。因此，在可能条件下，总是希望获得高品位锡精矿。

国内外各炼锡厂进厂的锡精矿平均成分如表5－1所示。

从表5－1可见，供给炼锡厂的精矿是很不相同的。国外炼锡厂根据生产实际，将锡精矿分为三种类型：①高品位精矿，含锡50%以上，常常超过70%；②中等品位精矿，含锡30%～50%；③低品位精矿，含锡小于30%。

我国各炼锡厂锡精矿含锡波动在40%～60%之间，根据含杂质种类和数量的不同分为：①高铁或高铁、铅的精矿；②高硫、砷精矿；③低铁精矿。对于不同类型的精矿应采用不同的冶炼流程。

除锡精矿外，我国一些锡厂在处理的矿石中锡石粒度细、含铁高、单体锡石少、铁锡连生体多的情况下，产出多种锡产品，即在保持、甚至提高最终锡精矿品位的同时，产出部分富中矿(5%～10% Sn)和难选中矿(1%～2% Sn)，使锡的选矿收率提高约10%，增加了锡的产量。富中矿用烟化炉挥发富集后提取锡，难选中矿采用氯化挥发法回收锡和其他伴生金属，这样锡的选冶综合回收可以达到70%或更高。

表5－1　国内外各炼锡厂锡精矿的平均成分/%

厂　名	Sn	Pb	S	As	Sb	Cu	Bi	Fe	WO_3	CaO	SiO_2
国内一厂	41.34	10.30	0.44	0.59	0.013	0.09		19.47		0.24	0.99
国内二厂	50.07	1.63	4.62	1.65	0.49	0.01		10.24		1.50	3.40
国内三厂	60.72	0.2～0.8	0.2～1	0.5			0.1～0.3	3～7	<2.0	0.5～1	1.5～4.2
东方冶炼公司(马来西亚)	75.52	0.024	0.06	0.02		0.006	0.004	0.52	TiO_2 0.31		
文托炼锡厂(玻利维亚)	41.3	0.097	5.5	0.48	0.024	0.16	0.058	12.3			1～15
德克萨斯炼锡厂(美)	28.43	2.69	4.05	0.58	0.89	0.19	0.10	23.5	0.05～0.8		

据报道，国内外锡矿资源按金属计约为1000万t。总储量的90%以上集中在东南亚、南美和非洲几个国家。就开采矿床类型而言，现在世界上约70%的锡是由砂锡矿得到的。有的国家，例如马来西亚、印尼、泰国和尼日利亚约95%的锡是采自砂锡矿，而玻利维亚约95%采自脉锡矿，苏联70%为脉锡矿，30%为砂锡矿。据估计，东南亚各国的海底砂锡是有前途的。

我国锡的资源很丰富，主要的锡矿产地集中在云南南部和广西的西北部及东北部，其次是广东、湖南和江西。现有的锡储量中，脉锡矿约占65%，最重要的是锡石－硫化物矿床。当前的总采选量中，砂锡矿约占75%。

5.1.3　锡的生产方法

锡是史前金属之一，锡的生产具有悠久的历史。我国是世界上最早生产锡的国家之一。古代，人类利用锡的氧化物容易还原的性质，创造了从锡矿石或精矿中提取锡的还原熔炼法。现代，锡的生产仍然是用这个方法。但是，随着科学和技术的发展，锡的生产不断地得到改进，能够处理成分复杂的矿石，并达到较高的技术经济指标，因此，锡的还原熔炼流程变得更加充实而日臻完善。图5－1所示是我国炼锡厂生产锡的原则流程。

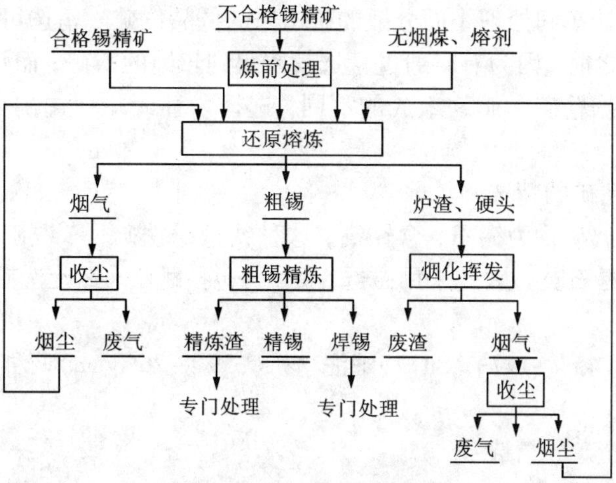

图5－1　我国炼锡厂生产锡的原则流程

总的来说，现代锡的生产一般包括四个主要过程：炼前处理、还原熔炼、炼渣和粗锡精炼。

炼前处理是为了除去对冶炼有害的硫、砷、锑、铅、铋、铁、钨、钽、铌等杂质，同时达到综合回收各种有价金属的目的。炼前处理的方法包括精选、焙烧和浸出等作业，根据所含杂质的种类不同，可采用一个或几个作业组成的联合流程。但是，根据我国某厂的实践，对于单纯含铅、铋、铁高的锡精矿，也可不经过炼前处理。当采用结晶分离法精炼除铅、铋或烟化挥发法处理高铁质炉渣和硬头等中间产品时，同样能得到任何牌号的精锡，技术经济指标也不错。

还原熔炼也称一次熔炼，主要是使锡的氧化物还原成比较纯的粗锡，同时将铁的氧化物还原成FeO并与脉石成分造渣。因此，控制较弱的还原气氛和适当的温度是还原熔炼的关键。但是，为避免铁的氧化物还原成金属铁而采取的这种技术控制，必然会限制着锡氧化物的完全还原，因此炉渣含锡较高（称为富渣），这种富渣必须进一步处理。

炼渣也称二次熔炼，将富渣加CaO后在强还原条件下再熔炼，产出贫渣和硬头（铁锡合金），贫渣抛弃，硬头再返回一次熔炼，这就是长期以来所用的两段熔炼法。现在我国炼锡厂已不用这种炼渣法，而代以烟化炉挥发法了。这样产出的废渣含锡低，金属回收率高，同时大量减少了铁的循环。

粗锡精炼主要是除去粗锡中常见的铁、铜、砷、锑、铅、铋和银等杂质，满足工业上对锡质量的要求，同时综合回收有价值的金属。一般分为火法精炼和电解精炼，现在普遍采用火法精炼。

5.2 锡精矿的炼前处理

5.2.1 锡精矿的精选

锡精矿的精选是用选矿方法提高精矿品位，同时除去对冶炼有害的杂质，并加以综合利用。冶炼厂附设有精选车间处理小而分散的矿山来的低品位矿。精选可以除去多种杂质，一般在焙烧、浸出作业之前，因为有时通过精选就能得到较纯的精矿，而且作业成本低廉。

精选过程可以根据精矿中矿物组成的不同，选择一种或几种选矿方法，如重选、浮选、磁选和静电选等。

(1)锡铁矿物粗精矿的精选

锡铁矿物主要金属矿物为锡石，含铁高，这种铁呈褐铁矿、赤铁矿、磁铁矿与锡石致密连生，脉石矿物主要是石英。因此采用磁选－重选(包括跳汰、螺旋选矿机和摇床)的联合精选流程。

精选产出锡精矿(45%～47% Sn)和细泥精矿(25%～26% Sn)两种产品，回收率92%～95%。

(2)锡石－黑钨精矿的精选

锡石－黑钨精矿的主要矿物为锡石和黑钨矿，此外还含方铅矿、砷黄铁矿等硫化物。黑钨矿是弱磁性矿物，锡石及大多数硫化矿是非磁性的，因此首先采用磁选法精选。

磁性产品含锡高，必须再磁选精选才能获得锡精矿和钨精矿，同时产出用于制造人工白钨的钨中矿。非磁性部分因含硫高，含钨也达2.5%～3% WO_3，主要是白钨，还须按粒级分别用台浮和浮选，产出合格锡精矿，同时得到硫化矿和白钨矿。

(3)锡石－白钨精矿的精选

锡石和白钨的密度、磁导率相近，但导电性和可浮性则有一定差别，故可用静电选或浮选分离。

(4)锡石－钽铌钨粗精矿的精选

锡石－钽铌钨粗精矿的矿物组成为锡石、黑钨矿、钽铌铁矿、钛铌铁矿、磁铁矿等，还有黝锡矿、毒砂等硫化物，脉石主要为石英。主要采用重－磁－浮选的精选流程。

(5)锡石－硫化物精矿的精选

锡石－硫化物精矿中硫化物以砷黄铁矿和黄铁矿存在，可浮性好，按粒度不同，采用台浮和浮选的流程。

(6)锡石－高铅铋精矿的精选

锡石－高铅铋精矿的伴生矿物以方铅矿、辉铋矿为主，也是采用台浮和浮选的流程。

5.2.2 锡精矿的焙烧

锡精矿焙烧的主要目的是除硫、砷、锑，因硫在冶炼时使锡呈 SnS 挥发，而砷、锑则进入粗锡使精炼困难，通常采用氧化焙烧或氧化还原焙烧法除去。对于焙烧后硫和砷的极限含量，各厂很不一致。我国的实践指出，当硫、砷分别小于1%时，不经焙烧就可直接冶炼，在冶炼时砷富集于中间产品回收，技术经济效果较好，个别含砷高于1%以上的，还是应先焙烧除砷。

硫、砷、锑在锡精矿中存在的形态主要为黄铁矿（FeS_2）、磁黄铁矿（Fe_nS_{n+1}）、砷黄铁矿（FeAsS）、砷铁矿（$FeAs_2$）、辉锑矿（Sb_2S_3）、方铅矿（PbS）、脆硫铅锑矿（Pb_2Sb_2）、闪锌矿（ZnS）和黝锡矿（Cu_2FeSnS_4）等。

焙烧过程是在氧化气氛中加热精矿，使之发生热分解和氧化作用的过程。首先分解的是高价硫化物，如黄铁矿的分解：

$$FeS_2 = FeS + 1/2S_2$$

砷黄铁矿的分解在220℃就开始：

$$4FeAsS = 4FeS + As_4$$

在400℃时，砷的蒸气压力为4.57 mmHg，而在600℃时已经达到575 mmHg；其他的高价硫化物的分解在600～700℃都能激烈进行。因此热分解能使锡精矿中的硫、砷除去一部分。

此外，部分的硫、砷、锑也能直接挥发，如 As_2S_3、As_2S_2 和 Sb_2S_3，其相应的沸点为717℃、565℃和1080℃，但是，在焙烧时，由于 Sb_2S_3 的分解压力和蒸气压力都比较小，故挥发除锑的比例不大。

氧化除硫、砷、锑在焙烧时起着主要作用，其反应式为：

$$2FeS_2 + 11/2O_2 = Fe_2O_3 + 4SO_2$$

$$2FeS + 7/2O_2 = Fe_2O_3 + 2SO_2$$

$$4FeAsS + 10O_2 = 2Fe_2O_3 + As_4O_6 + 4SO_2$$

$$4FeAs_2 + 9O_2 = 2Fe_2O_3 + 2As_4O_6$$

$$2Sb_2S_3 + 9O_2 = 2Sb_2O_3 + 6SO_2$$

As_4O_6、Sb_2O_3 的挥发性很大。

由于锡精矿中的硫很少，因此焙烧时常常需要从外面补充热量。

硫、砷和锑主要以低价氧化物除去，而在焙烧过程中，这些低价氧化物还可能进一步氧化生成 SO_3、As_2O_5、Sb_2O_5 和 Sb_2O_4 等，从而导致生成不挥发的 $MeSO_4$ 和 $nMeO \cdot As_2O_5$ 等，阻碍除硫和除砷。

提高焙烧温度或者降低炉气中的氧含量，能够避免 $MeSO_4$、$nMeO \cdot As_2O_5$ 和 Sb_2O_5 等的生成，但升高温度受到炉料熔化的限制，因此常采用降低氧含量的方法，即在精矿中加入少量还原剂粉，使部分氧燃烧以减弱氧化性。煤粉还有另一个作用，使已生成的硫酸盐和砷酸盐还原：

$$2(MeO \cdot SO_3) + 2CO = 2MeO + 2SO_2 + 2CO_2$$

$$nMeO \cdot As_2O_5 + 2CO = nMeO + 1/2As_4O_6 + 2CO_2$$

而 Sb_2O_5、Sb_2O_4 也能部分地还原成 Sb_2O_3 挥发，这就是所谓氧化还原焙烧。

综上所述，可见锡精矿焙烧只在适当的氧化气氛中进行，而焙烧温度不宜过高，一般不超过900℃。一般而论，对于含硫高而砷、锑少的精矿，宜采用氧化焙烧，而对含砷、锑高的精矿，则宜采用氧化还原焙烧。

在个别情况下，依靠加入还原剂的多少，控制高价铁氧化物还原变成低价氧化物是还原焙烧的另一个目的。

$$3Fe_2O_3 + CO = 2Fe_3O_4 + CO_2$$

$$Fe_2O_3 + CO = 2FeO + CO_2$$

磁性氧化铁和氧化亚铁的生成便于下一步磁选和用酸浸出除铁，但应精确控制不使SnO_2还原生成 SnO 和金属锡。

也有的工厂在焙烧时加入 NaCl 或其他氯化剂，使精矿中的铅、铋等氯化挥发除去。还有的加入苏打，与精矿中的氧化钨作用，进行烧结焙烧，接着用水浸出生成钨酸钠。我国工厂用这种方法处理含锡难选钨中矿，制造人造白钨，同时回收锡。

锡精矿的焙烧通常采用多膛炉和回转窑，也有采用流态化焙烧炉。

5.2.3 锡精矿的浸出

锡精矿中的某些杂质，例如铁、铅、铋、银和锑等，无论用精选或者焙烧，都难以甚至不能完全除去，当这些杂质含量多，考虑到冶炼的困难时，可采用浸出的方法。

浸出过程通常在焙烧之后进行，因低价铁的浸出耗酸较少，同时可以免除生成有毒的硫化氢气体。虽然浸出过程比较昂贵，但在试剂供应方便的条件下，仍值得采用。

盐酸是浸出常用的试剂，虽然也有用硫酸与食盐的混合试剂的，但效果较差。浓盐酸在高温(105℃)时能很好地溶解铁的氧化物和许多杂质，而与锡石不起作用。铁的氧化物溶解按以下反应进行：

$$Fe_2O_3 + 6HCl = 2FeCl_3 + 3H_2O$$

$$Fe_3O_4 + 8HCl = 2FeCl_3 + FeCl_2 + 4H_2O$$

$$FeO + 2HCl = FeCl_2 + H_2O$$

其中二价铁的浸出迅速而完全，而且耗酸少。高价铁的溶解则视矿物结构不同而异，以褐铁矿溶解较好，磁铁矿次之，赤铁矿较差。

虽然氯化铅仅微溶于冷水中(约1%)，但其溶解度随盐酸和氯化物浓度升高和加热而增加。氯化银也是这样，它在冷的浓盐酸中溶解可达 5 g/L，而在浓盐溶液中则更多。铅和银的溶解是生成了配合物。锑的低价氧化物(Sb_2O_3)易溶，但高价氧化物(Sb_2O_4 和 Sb_2O_5)难溶，二价铁盐的存在，可使高价锑氧化物还原成为易溶的Sb_2O_3。砷的行为也相似，其溶解度随盐酸浓度升高和加热而增加，有关的浸出反应如下：

$$PbO \cdot SiO_2 + 2HCl + nH_2O = PbCl_2 + SiO_2 + (n+1)H_2O$$

$$Bi_2O_3 + 6HCl = 2BiCl_3 + 3H_2O$$

$$Ag_2O + 2HCl = 2AgCl + H_2O$$

$$Sb_2O_4 + 8HCl = SbCl_5 + SbCl_3 + 4H_2O$$

$$FeO \cdot As_2O_5 + 2HCl + 2H_2O = FeCl_2 + 2H_3AsO_4$$

$$FeO \cdot Sb_2O_5 + 12HCl = FeCl_2 + 2SbCl_5 + 6H_2O$$

$$CuO + 2HCl = CuCl_2 + H_2O$$

锡精矿中的钨也能按下列反应溶解：

$$(Fe、Mn)WO_4 + 2HCl = (Fe、Mn)Cl_2 + H_2WO_4$$

$$CaWO_4 + 2HCl = CaCl_2 + H_2WO_4$$

以上反应生成的氯化物均能溶解于浓的盐酸或氯化物溶液中，而胶体硅酸和钨酸造成过滤的困难。

我国某冶炼厂曾试验过盐酸用量、浓度和浸出温度等因素对浸出除铅、铁、锑的影响。结果发现，在酸的用量按铁量计算为1.1倍以上，浓度25%和温度110℃以上时，铅和锑的浸出率均为90%~96%。由于精矿未焙烧，铁的浸出效果较差，只有50%~60%。表5-2为国外某厂锡焙砂浸出效果。

表5-2 锡焙砂的浸出效果

名　称	Sn/%	Fe/%	Pb/%	Bi/%	Cu/%	As/%	Sb/%	Ag/(g·t^{-1})
焙烧砂	29.41	24.30	2.78	0.107	0.205	0.419	0.888	915
浸出渣和浸出泥	47.8	4.8	0.55	0.011	0.074	0.075	0.496	38
除杂质效率/%		88	87.7	93.5	77.8	89	66.4	97.5

5.3 锡精矿的还原熔炼

5.3.1 还原熔炼的基本原理

5.3.1.1 氧化锡(SnO_2)的还原

工业上一般采用固体炭作还原剂，因此锡的还原反应可写为：

$$SnO_2 + C = Sn + CO_2$$

但是，由于固相之间的反应缓慢，SnO_2与固体炭的作用很微弱。因此，SnO_2被固体炭还原需借助一种氧载体——CO_2，它与碳作用生成CO，CO为活性比固体炭大的还原剂，所以上述反应实际应为：

$$C + CO_2 = 2CO \quad (1)$$

$$SnO_2 + 2CO = Sn + 2CO_2 \quad \Delta G^{\ominus} = 1310 - 1.19T \quad (2)$$

以上两个都是可逆反应，在任一特定温度条件下，都有一定的平衡CO/CO_2比例。这个比例可以通过已有的热力学数据来计算，或者直接用实验来求出。文献中常把这种CO/CO_2比例作成还原平衡曲线如图5-2，由这个图可以分析比较各种氧化物被固体炭还原时的特性。

反应(1)为吸热反应，其平衡CO浓度随温度升高而增加，1000℃以上时，几乎接近100%。反应(2)也是吸热反应，但是其平衡CO浓度随温度升高而减少。两条曲线有一个交点A，相当于两个反应的平衡点，这个平衡点的温度(约600℃)，就是SnO_2开始被碳还原的温度。低于这个温度，SnO_2不能被碳还原，只能是锡被氧化，因为反应(1)的平衡CO浓度小

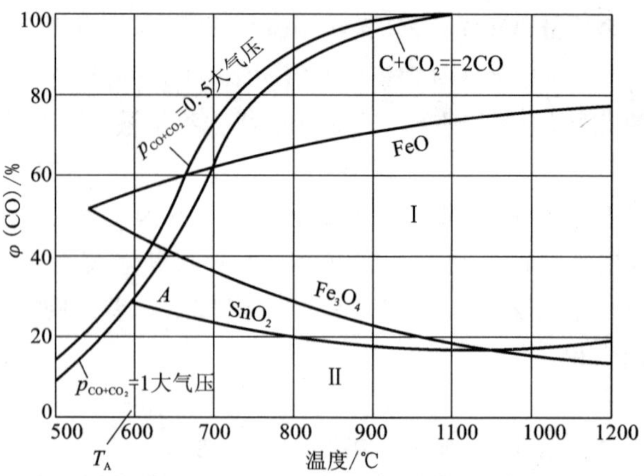

图 5-2 锡和铁的氧化物用碳还原的平衡曲线

于反应(2)的 CO 浓度。高于600℃，SnO_2能被还原，而且温度愈高，还原愈容易，因为反应(2)所需的 CO 浓度愈来愈小了。

从还原气氛看，图 5-2 中Ⅰ所示锡还原曲线以上的区域为 Sn 稳定存在的区域，在这里，CO 浓度比反应(2)平衡需要的大些，故 SnO_2被还原；Ⅱ所示锡还原曲线以下的区域为 SnO_2稳定存在的区域，在这里金属锡被氧化。

根据分阶段还原理论，SnO_2的还原是分两阶段进行的，即按下列次序：$SnO_2 \longrightarrow SnO \longrightarrow Sn$，反应为：

$$SnO_2 + CO \Longrightarrow SnO + CO_2 \quad \Delta G^{\ominus} = 1310 - 1.19T$$

$$SnO + CO \Longrightarrow Sn_{(液)} + CO_2 \quad \Delta G^{\ominus} = 2190 - 6.31T$$

菲克等首先计算了 SnO_2和 SnO 的还原平衡曲线如图 5-3 所示，可见选择还原 SnO_2到 SnO 是可能的，但由于 CO 差别很小，其实现比较困难。

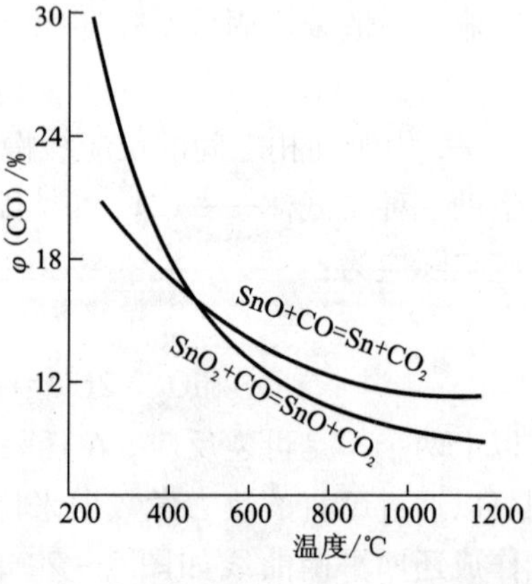

图 5-3 SnO_2 和 SnO 的还原平衡曲线

固体氧化锡的还原机理，现在多认为是 CO 通过气膜(附面层)扩散到达氧化锡表面被吸附，随后发生 SnO_2还原反应并产出 CO_2，于是在颗粒表面形成 CO 和 CO_2混合物。还原反应的继续进行有赖于两方面的条件，其一是热力学方面的条件，即在恒温下，当气体混合物达到该温度平衡的 CO 和 CO_2气体的成分时，除非 CO_2从颗粒表面经气膜扩散出去，CO 不断从主体气氛中通过气膜扩散进来，以破坏热力学的平衡，否则进一步的反应不会发生。其二是动力学方面的条件，氧化锡表面应能与 CO 相接触，即不被脉石、其他矿物、炉渣及金属锡所覆盖。根据这个理论，可以看到下面几个条件与还原速度有关：① 还原速度与颗粒大小有关，即颗粒愈小，还原速度愈快，因其反应表面愈大。② 升高温度，气体扩散速度加快，能较快地通过气膜。③ 还原剂的量对 SnO_2 还原过程也有很大影响。如果固体还原剂只是按反应(1)、(2)理论量计算配入，则在还原过程后期，固体还原剂将不足以维持反应(1)中平衡的需要，而在料层内部将只是反应(2)的平衡 CO/CO_2 气氛，不可能使 SnO_2 完全还原。因此，过量的还原剂对于 SnO_2 的还原反应仍是必不可少的。

5.3.1.2 锡及其伴生金属氧化物的还原

研究锡及其伴生金属氧化物的还原，对于了解各种伴生金属在熔炼时的行为是很重要的，通常根据氧化物的标准生成自由能来判断。这样，锡精矿中的伴生金属大致可分为三类。

第一类是比锡容易还原的氧化物，这些氧化物在还原熔炼温度范围(1000～1300℃)内的标准生成自由焓比 SnO_2(或 SnO)的大，它们甚至在 SnO_2 还原之前就大量还原，然后进入粗锡，这些金属包括铜、铅、铋、砷、锑和银等。但是部分的铅、砷、锑、铟能以金属或氧化物的形态挥发进入烟尘。

第二类是比锡难还原的氧化物，其标准生成自由焓比 SnO_2(或 SnO)的小，它们在还原熔炼的高温下不会被还原成金属，而以氧化物形态进入炉渣，通称为造渣成分，包括 SiO_2、CaO、MgO 和 Al_2O_3 等，有的工厂原料中含钨、钽、铌、钪和锌等的氧化物也同样进入炉渣，但部分的 SnO 能被还原挥发进入烟尘。

第三类是金属铁，铁的低价氧化物 FeO 的标准生成自由焓与 SnO_2 的很接近，它们的硅酸盐标准生成自由焓也很接近，因此，当还原熔炼力求更多地还原出锡时，铁也被还原出来；当使 FeO 造渣时，SnO 也有一些随之造渣。这样就使锡和铁的分离比较困难，锡冶金通常采用两段还原熔炼法就是这个缘故。

5.3.1.3 锡精矿中铁和锡的还原

锡精矿中常常伴生大量铁(氧化物)，许多炼锡厂在配料中还加入硬头、浮渣等含铁物料，因此在还原熔炼时铁的行为是很重要的。

铁的高价氧化物是容易还原的，其低价氧化物较难还原。高于570℃，还原按以下顺序进行：$Fe_2O_3 \longrightarrow Fe_3O_4 \longrightarrow FeO \longrightarrow Fe$。由图5－2可见，就纯的氧化物的还原来说，在任何温度下，FeO 的还原远比 SnO_2 的还原所需的 CO 浓度大得多，因此 SnO_2 已还原成金属时，铁仍以 Fe_2O_3 或 FeO 存在，这就是金属铁可以使 SnO_2(或 SnO)还原成金属锡的原因。

但是，由于还原出来的锡与铁互熔生成合金，而锡和铁的氧化物(SnO 和 FeO)又都可以造渣，成为炉渣组成成分，这时还原反应就与金属和氧化物的活度有关。

以铁的氧化物还原来说，

$$(FeO)_{渣} + CO = [Fe]_{粗锡} + CO_2$$

$$K_{Fe} = p_{CO2}/p_{CO} \times a_{FeO}/a_{Fe}$$

可见，还原气相成分与炉渣中 a_{FeO} 和粗锡中 a_{Fe} 有关，故当粗锡中含铁愈少，a_{Fe} 愈小，还原 FeO 所需的 CO 浓度降低了，也就是 FeO 变得愈容易还原了，因此铁的还原是不可避免的。

另一方面，锡的还原由于炉渣中 SnO 的活度逐渐降低而变困难了，当炉渣中 SnO 愈少，a_{SnO} 愈小，还原 SnO 所需的 CO 浓度增加，也就是 SnO 变得愈难还原了。这样，当力求降低渣含锡(SnO)时，也导致了铁的还原增加。

综上所述，可得出结论，在锡的还原熔炼中，铁的还原是不可避免的；在一定还原条件下，还原出的铁(或加入的含铁物料)可以作为锡的还原剂，因此加入硬头和浮渣等含铁物料是合理的，但这个还原作用受到粗锡允许含铁量的限制；粗锡含铁愈高，炉渣含锡(SnO)愈低，反之则高，从锡和铁在粗锡和炉渣之间的平衡可以看得更清楚。

5.3.1.4 锡和铁在粗锡和炉渣之间的平衡

粗锡和炉渣之间的平衡可用下列方程式表示：

$$(SnO)_{(炉渣)} + [Fe]_{(粗锡)} \longleftrightarrow [Sn]_{(粗锡)} + (FeO)_{(炉渣)}$$

由上面渣中 FeO 和 SnO 还原的关系，在一定温度和还原气氛下，可以得到：

$$K_{Sn}/K_{Fe} = a_{Sn}/a_{Fe} \cdot a_{FeO}/a_{SnO}$$

此式即为粗锡和炉渣之间平衡反应的平衡常数，用它可以判断在一定温度条件下锡和铁在熔炼产品(粗锡和炉渣)之间的分配。根据 Fe - Sn 二元系活度数据，得到粗锡含铁与渣中 w(FeO) 和 w(SnO) 的平衡关系如图 5 -4 所示。

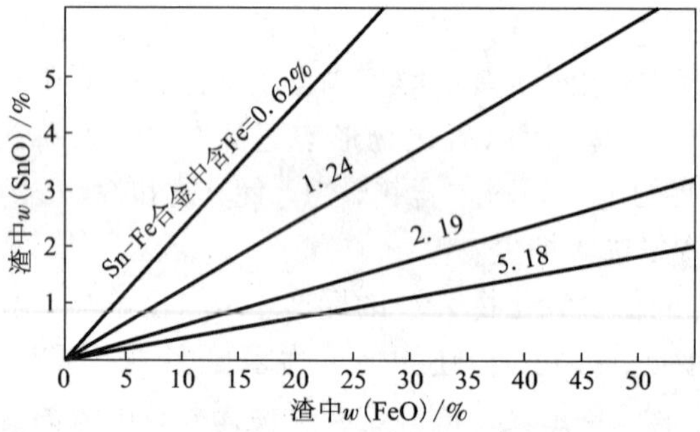

图 5 -4 粗锡含铁与渣中 w(FeO) 和 w(SnO) 的关系

图 5 -4 是 1200℃时粗锡和炉渣的平衡，它提供了定量的数据，说明：①在一定的还原条件下，特别当粗锡中含铁较少时，炉渣含 SnO 和 FeO 成正比例；②在高铁质炉渣中，要使炉渣含 SnO 降低，例如 <1%，就一定会得到含铁高(>20%)的粗锡；相反，要得到比较纯的粗锡(<0.62% Fe)，则炉渣中含 SnO 剧烈增加，因此锡还原熔炼采用两段法是合理的。

5.3.1.5 铁、锡循环量和还原度

上面讨论了两段还原熔炼流程的合理性，但是就这种流程本身而言，由于将中间产品如硬头、浮渣等返回精矿熔炼工序，必然使得一部分铁和锡在流程中不断循环，因而增加生产费用和金属损失，这就要求确定适当的循环量。

铁和锡在还原熔炼流程中的循环量和精矿成分等因素有关，精矿中铁锡比高时，则循环量就大，否则就小。在生产计算和操作时，为了保持生产调度的平衡，力求使精矿中带入的铁量等于废渣带走的铁量，稳定中间产品的数量，产出后即返回循环。

近年来，国内外炼锡厂用烟化炉挥发代替富渣的再熔炼，用烟尘返回熔炼代替硬头循环，大大地减少了铁的循环量，但锡的循环仍不可避免。

由于每个工厂的原料性质和生产流程的不同，关于铁、锡循环量和还原度的合理数据，应根据具体条件选择和控制。

5.3.1.6 铁在锡中的溶解和硬头的形成

铁在锡中的溶解和生成合金对于锡冶炼过程有重要影响。根据 Fe - Sn 二元系相图(图 5 -5)，铁在锡中的溶解度随温度升高而增加。从熔点到 1130℃的温度范围内，根据不

同研究者的数据，铁的溶解度如表5－3所示。

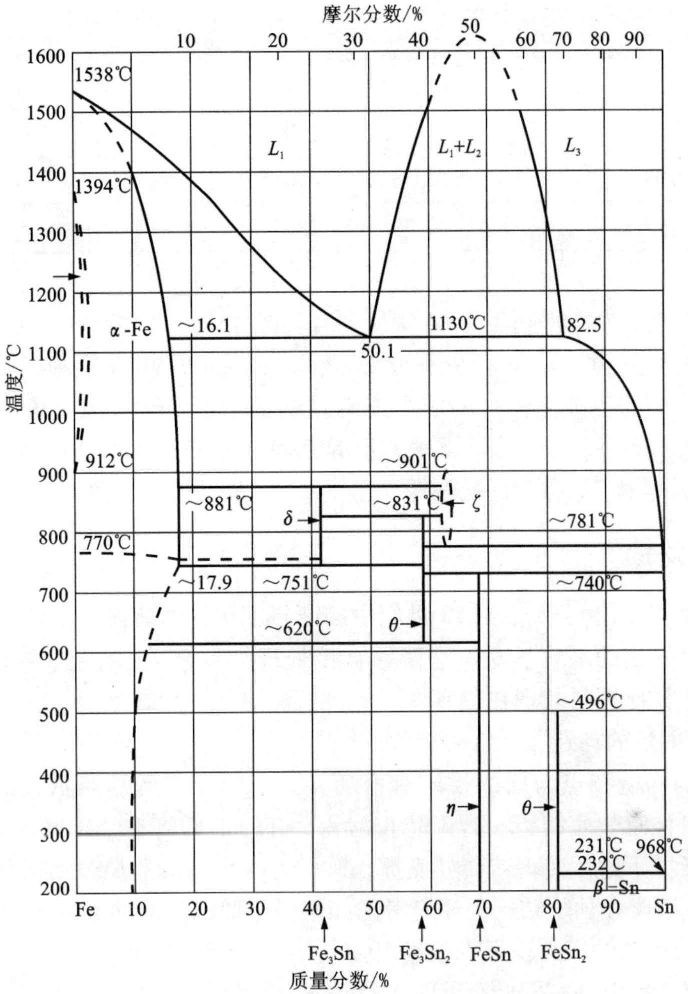

图5－5　Fe－Sn二元系相图

表5－3　铁在锡中的溶解度

温度/℃	232	300	400	500	600	700	800	900	1000	1100	1130
w_{Fe}/%	0.001	0.0046	0.024	0.082	0.22	0.8	1.6	2.8	5.0	8.0	17.5

在1130℃以上，当铁的溶解度超过17.5%时，出现二液相分层区，分层区的范围随温度升高而缩小。在1200℃时，二液相的底层约含52% Sn和48% Fe，上层约含82% Sn和18% Fe。

当含铁的液体锡冷却时，则铁的溶解度降低，析出过饱和的部分。由图5－5看出，根据温度不同，析出的晶体也不同，如表5－4所示。

表 5-4 铁锡合金结晶组成和温度的关系

液态铁锡合金含 Fe/%	冷却结晶温度/℃	结晶组成和含 Fe/%
17.5 ~ 2.8	1130 ~ 901	α - Fe 82 ~ 84
2.8 ~ 1.3	901 ~ 781	ξ - Fe 37
1.3 ~ 1.1	781 ~ 740	Fe_3Sn_2 42
1.1 ~ 0.08	740 ~ 496	FeSn 32
<0.08	496 ~ 232	$FeSn_2$ 18

工厂粗锡冷却时，也能得到表 5-4 中所列各种晶体。一般在 900℃以上得到的块状晶体称为硬头，其中大部分为 α - Fe 和少部分 ξ - Fe。如果工厂粗锡冷却很快或含铁不高(< 3%)时，则冷却得到的各种晶体在锡液中成悬浮的 Fe_3Sn_2、FeSn 及其和砷、锑的化合物颗粒，其中含大量机械夹杂的锡，冷却下来就形成乙锡。另外，形成的 FeSn 和 $FeSn_2$ 晶体有时因密度大于锡而沉落锅底，称为锅底浓锡。

5.3.2 反射炉炼锡

反射炉炼锡始于 18 世纪初，到 19 世纪中期渐趋完善，逐渐被各国特别是东南亚国家所采用，并且认为是炼锡的最好炉型。它能够直接处理细粒精矿，并且，还原过程容易调整，烟尘量少，可以用任何燃料。现在仍有许多炼锡厂沿用反射炉熔炼。

5.3.2.1 反射炉的构造

炼锡反射炉的构造特点与锡的性质有密切关系。由于锡的熔点低，流动性好，极易渗漏，因此应该特别注意炉底结构。为了防止漏锡，有的工厂将整个炉底和炉墙置于铁壳中，铁壳放在钢梁上面，下边用砖墙或砖柱支撑，平行的砖墙构成通风道，靠空气冷却。即使这样，仍不免漏锡，因此在炉子结构上还应考虑如何便于取出渗漏的锡。

当前炼锡反射炉的炉床面积很少超过 50 m^2，长宽比为(2 ~ 4):1，由于炉子长度不大，因此炉底距炉顶也不高。图 5-6 所示为 50 m^2锡熔炼反射炉。

5.3.2.2 反射炉熔炼的操作

反射炉熔炼的操作包括备料、加料、还原熔炼、放锡和放渣等，分述如下：

(1)备料和加料

备料包括配料和混料。配料是反射炉熔炼操作的第一步，主要是将各种原料(精矿和其他含锡物料)按其造渣成分的酸碱性搭配，配入熔剂和还原剂。为便于造渣，熔剂粒度必须小于 3 mm，还原剂(无烟煤或烟煤)粒度为 5 mm。

还原剂的加入，按下列反应计算：

$$2SnO_2 + 3C \Longrightarrow 2Sn + 2CO + CO_2$$

$$Fe_2O_3 + C \Longrightarrow 2FeO + CO$$

考虑到其他氧化物的还原和燃烧损失，按理论计算过量 10% ~ 20%。熔剂的加入，按选定的炉渣成分和硅酸度(1 ~ 1.2)计算，尽可能做到少加或不加。

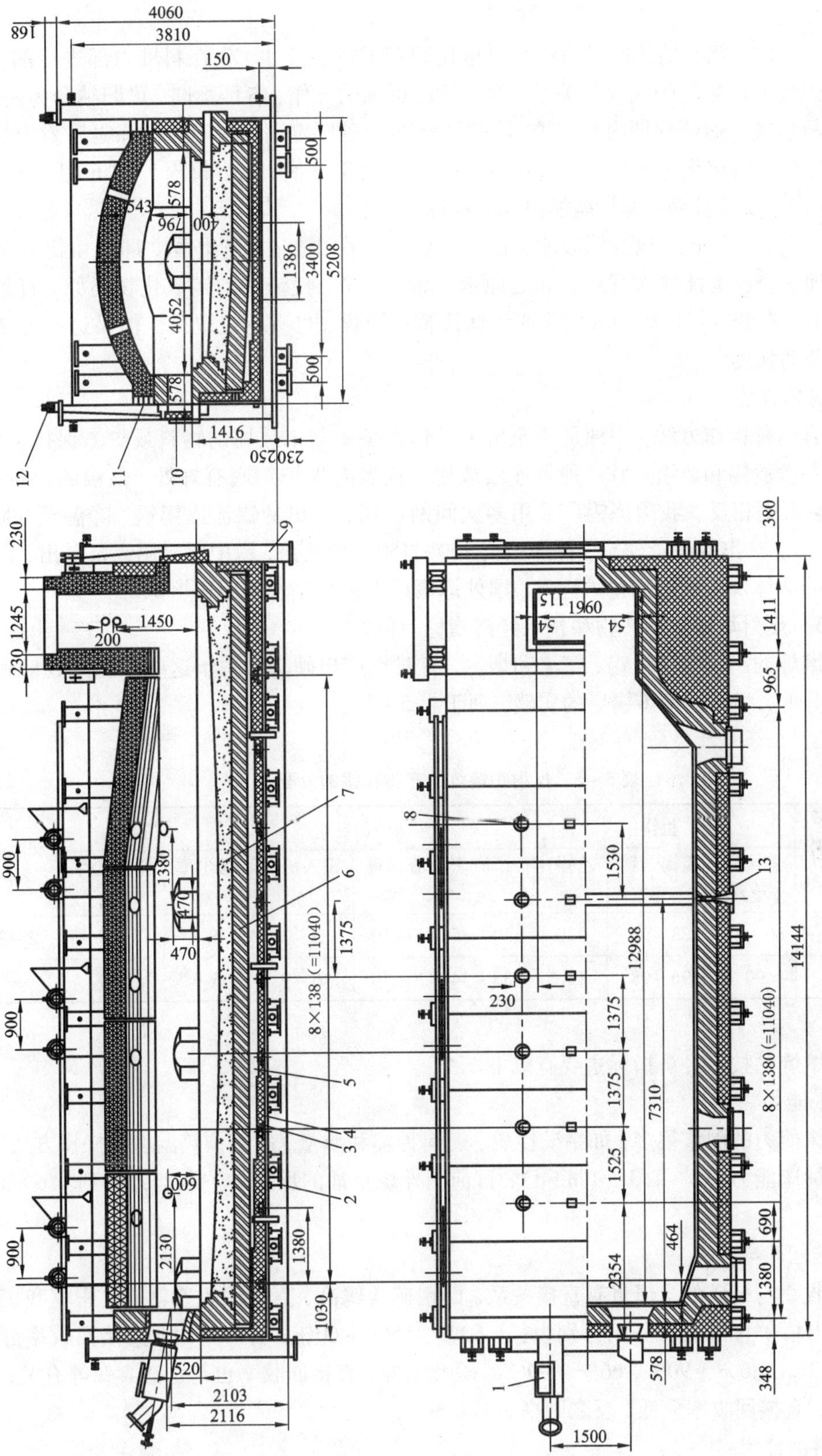

图5-6　50 m³锡熔炼反射炉

1—粉煤燃烧器；2—炉底工字钢；3—炉底钢板；4—粘土砖层；5—填料层；6—镁铝砖层；7—烧结层；8—加料口；9—立柱；10—操作门；11—拱脚梁；12—炉门提升机构；13—放锡口

(2)还原熔炼

反射炉熔炼时，锡石的还原是通过炉料里还原剂的燃烧产生 CO 在料堆内部进行的，它与炉子空间燃烧所产生的炉气成分关系不大，还原熔炼的操作，各厂不同，可归纳分为两种，一种是在加料后整个熔炼周期内封闭炉门不翻料，另一种则定期翻料。我国炼锡厂采用翻料操作，但是只在炉料熔化三分之二或进料后 3 ~ 4 h 后翻第一次，以后每隔 1 ~ 2 h 翻一次，每炉翻料 2 ~ 3 次。实践证明，翻料能加快还原熔炼。

有少数工厂，为了提高锡的回收率，在熔炼后期，采用渣还原操作法，即将粗锡放完之后，接着处理富渣。为此加入石灰石和还原剂，翻动炉渣，使渣中的锡氧化物还原，直到渣含锡小于2%。有的炼锡厂则加入硬头或生铁代替还原煤，也有一定效果。但是这些方法作业时间长，劳动强度大。

(3)放锡和放渣

原则上有两种操作方法，一种是还原出来的锡在炉中与未还原的物料或炉渣保持接触，熔炼结束后一次放锡和放渣；另一种是连续放锡。前者对保护炉底有好处，但锡的质量差、回收率低；后者则相反。我国炼锡厂采用多次间断放锡，放出的锡流入锡锅，降温至 800 ~ 900℃，取去可能产出的少量硬头，再降温至 400 ~ 450℃捞乙锡，锅中甲锡用锡泵泵出，送去精炼。放出的液体炉渣则送烟化炉挥发，国外炼锡厂大多数是水淬后再熔炼。

5.3.2.3 反射炉熔炼的产物和技术经济指标

反射炉熔炼的产物包括粗锡、富渣和烟尘，有时也产出硬头。关于这些产物的数量和锡在产物中的分配，根据我国炼锡厂的实践，列于表 5 – 5。

表 5 – 5 反射炉熔炼的产物和锡的分配

序号	精矿品位/%	粗锡			炉渣			烟尘		硬头率/%
		直接回收率/%	粗锡含锡/%	乙锡比/%	产渣率/%	渣含锡/%	锡入渣率/%	烟尘率/%	锡入尘率/%	
1	54	86 ~ 88	88 ~ 90	30	20 ~ 35	8 ~ 10	5 ~ 7	6.4	5.7	2 ~ 3
2	62	90	96 ~ 98	13.5	33 ~ 34	8 ~ 10	6 ~ 9	5.5	—	—

反射炉熔炼的技术经济指标主要有以下三个：

(1)炉床能力

影响炉床能力的因素很多，如精矿性质、燃料种类和质量、空气预热温度和操作方法等。我国炼锡厂炉床能力为 1 ~ 1.3 t/(m^2·d)，目前国外烧重油的反射炉炉床能力达到 1.6 ~ 1.8 t/(m^2·d)。

(2)直接回收率

直接回收率与精矿的含锡量有直接关系，即精矿含锡高，直接回收率就高。根据我国工厂的实践，当精矿含锡的百分比分别为：>60%，55% ~60%，<40%时，直接回收率分别为：90% ~93%，86% ~90%，66% ~80%。除此之外，直接回收率也与炉渣含锡等有关，炉渣含锡愈高，直接回收率愈低，反之则高。

(3)燃料消耗

反射炉的燃料消耗，以煤来说(不包括还原用煤)，一般占炉料40%～60%。烧油时，耗油量为15%～23%。

5.3.3　电炉炼锡

电炉炼锡于1934年在扎伊尔马诺炼锡厂首先采用，其后逐渐在许多国家推广。我国于1956年开始用电炉炼锡。电炉熔炼的优点是：①可以达到很高的温度(>1500℃)；②炉气数量少；③熔炼速度快，达到4～4.5 t/(m²·d)以上。电炉熔炼的缺点为：①由于高温和强还原，对于含铁高的精矿不利；②电炉、变压器、导电材料等的费用比同样产量的反射炉高约10倍；③耗电量大，每吨精矿耗电950～1200 kWh，因此受到地区供电的限制，这是电炉采用不广泛的原因。

5.3.3.1　电炉的构造

现今炼锡用的电炉均为三相交流电弧电阻炉，大都是圆形，功率小，由400～1400 kVA。炉子外围是用钢板做的外壳，外壳置于用水泥作基础的工字梁架上，这样可保证空气冷却，也便于收集炉底漏出的锡。炉底结构是电炉寿命的关键，我国炼锡厂用大炭砖(1800 mm×400 mm×400 mm)砌成平底或倒拱形，灰缝小于2 mm。炭砖底下预先用黏土砖和填料层做成向放锡口倾斜的形状，炉底使用期达一年以上。图5-7所示为1250 kVA锡熔炼电炉。

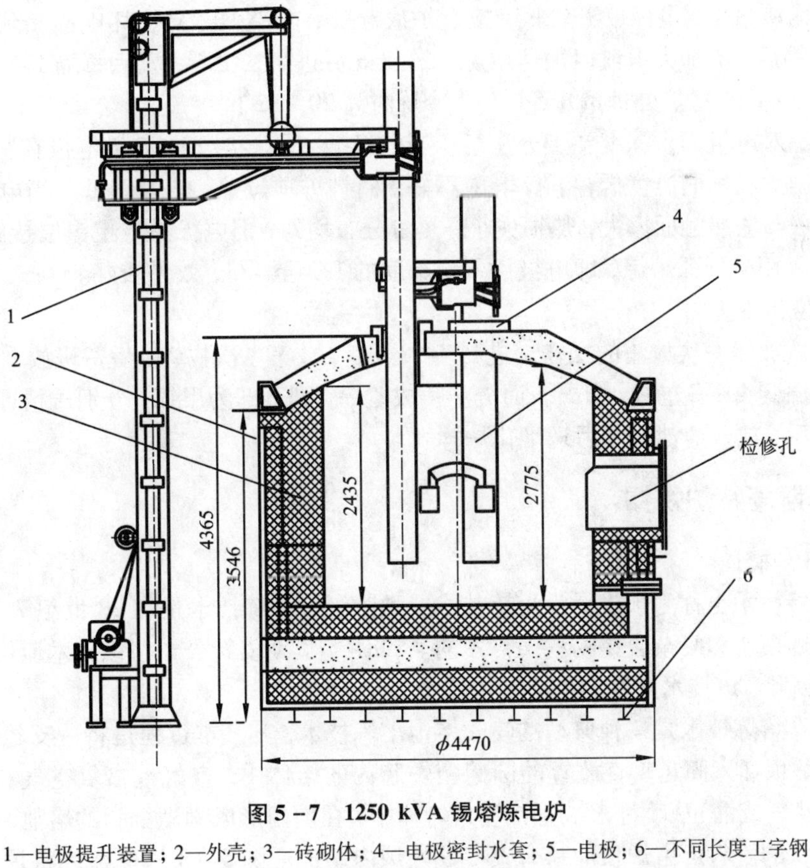

图5-7　1250 kVA锡熔炼电炉

1—电极提升装置；2—外壳；3—砖砌体；4—电极密封水套；5—电极；6—不同长度工字钢

5.3.3.2 电炉熔炼的操作

我国某厂电炉熔炼的锡精矿，大部分先经过炼前处理，含铁小于7%，平均含锡60% ~ 70%。电炉变压器为三相油浸式，一次电压10000 V，电流23 A；二次电压和电流分三级：

二次电压/V	80	100	120
二次电流/A	2889	2310	1935

电极电流密度3 ~ 5 A/cm^2，炉底单位面积负荷134 kVA/m^2。生产操作如下

(1)配料

包括配还原剂和熔剂，还原剂是无烟煤，其加入量按下列反应计算：

$$2SnO_2 + 3C \xlongequal{} 2Sn + 2CO + CO_2$$

计算出的还原剂量，根据精矿含铁和电炉操作的不同，曾采用过量系数2% ~4%，现在则按理论计算量减少1% ~2%(考虑电极和炭素材料消耗)。

由于电炉熔炼的锡精矿含铁低，因此造渣基本成分为$SiO_2 - CaO - Al_2O_3$三元系。当精矿含铁<3%时，为尽量降低渣含锡而加入石灰石作熔剂。近年来，由于精矿含铁增加(7%)，同时炉渣用烟化炉处理，只加入少量石灰石作熔剂，产出高铁中钙渣。而在精矿含铁特别高(5% ~10%)和SiO_2很少时，则加入石英作熔剂。

(2)加料和熔炼

采用多次进料，第一次进料量为全部炉料的三分之一。进料时电流控制较低，因上一炉放渣后，炉内渣量少，电极放下较低，接近炉底起弧，电流大时易损坏电极。到产生一定数量的炉渣和锡后，再加大电流以加速熔炼。2 ~3 h后进第二批料，以后每隔1.5 ~2 h进一批料，每批0.8 ~1 t，每炉处理量8.5 ~9 t，冷炼时间20 ~22 h。

熔炼时，对电极插入深度要十分注意。当电极插入很浅时，电流经电极在料面起弧，熔池表面温度高，料里面温度低，不仅熔炼不好，而且炉顶过热，热效率低。当电极插入太深时，虽然电极与渣接触面增大，热损失小，热量分布均匀，但电极易与粗锡层接触发生短路。因此生产中采用半埋弧熔炼，即电极插入渣深度的1/2至1/3，效果较好。

(3)放锡和放渣

采用多次放锡一次放渣的操作。进料7 ~8 h后，放第一次锡，以后每班放1 ~2次锡，放出的粗锡降温到400℃左右，捞出表面渣浇铸成乙锡，剩下即为甲锡，分别送精炼处理。炉渣经前床澄清后，放入渣池冷却后送烟化炉挥发。

5.3.4 奥斯麦特炉炼锡

5.3.4.1 概述

奥斯麦特技术也称为顶吹浸没熔炼技术。顶吹浸没熔炼技术是在20世纪70年代初，为处理低品位锡精矿和复杂含锡物料而开发的。1981年奥斯麦特公司将该技术应用于铜、铅和锡的冶炼，因此，该技术又称为奥斯麦特技术。

顶吹浸没熔炼技术是一种典型的喷吹熔池熔炼技术，其基本过程是将一支经过特殊设计的喷枪，由炉顶插入固定垂直放置的圆筒型炉膛内的熔体中，空气或富氧空气和燃料(可以是粉煤、天然气或油)从喷枪末端直接喷入熔体中，在炉内形成剧烈翻腾的熔池，经过加水混捏成团或块状的炉料可由炉顶加料口直接投入炉内熔池。图5 -8为奥斯麦特炉结构及喷枪各操作位置简图。

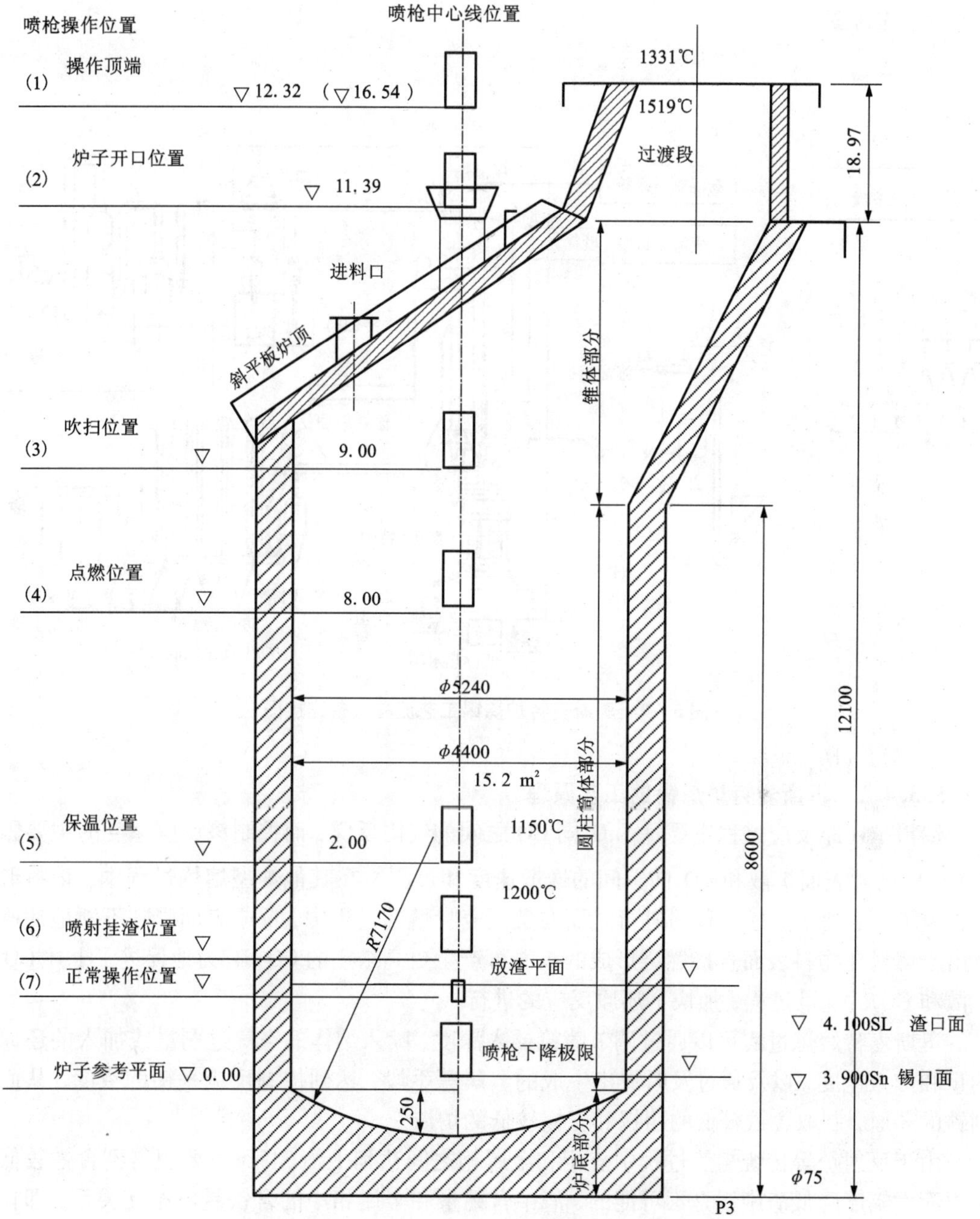

图 5－8　奥斯麦特炉结构及喷枪各操作位置简图

奥斯麦特技术与传统炼锡炉相比，最大的特点是通过喷枪形成一个剧烈翻腾的熔池，极大改善了整个反应过程的传热和传质过程，大大提高了反应速度，有效地提高了反应炉的炉床能力[炉床指数可达 18～24 t/(m²·d)]，在奥斯麦特炉熔炼过程中，燃料随空气通过喷枪直接喷入炉体内部，燃料直接在物料的表面燃烧，高温火焰可以直接接触传热。并且由于熔体不断直接搅动，强化了对流传热，从根本上改变了其他炉型熔炼主要靠辐射传热的状况，从而大幅度提高了热利用效率，并大幅度降低燃料的消耗。图 5－9 为奥斯麦特炉炼锡工艺流程设备连接图。

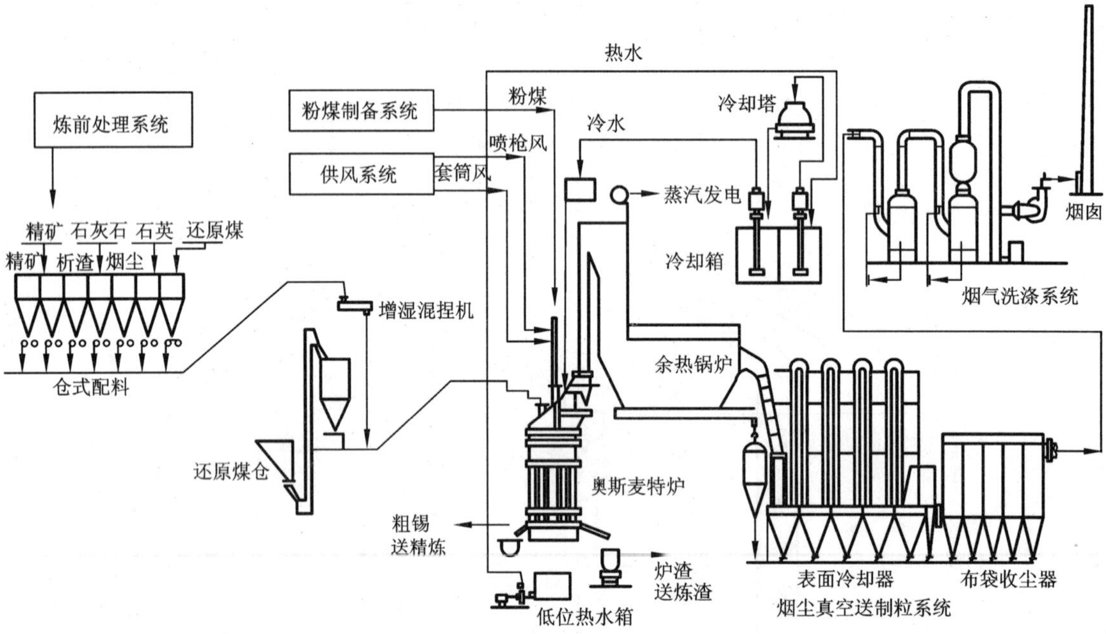

图 5－9　奥斯麦特炉炼锡工艺流程设备连接图

5.3.4.2　奥斯麦特炉炼锡的工艺原理

锡精矿还原反应过程主要是 SnO_2 同 CO 之间的气固反应，而控制该反应速度的主要因素是 CO 向精矿表面扩散和 CO_2 向空间的逸散速度和过程。在其他炉型熔炼过程中，物料形成静止料堆，不利于上述过程的进行。而在奥斯麦特熔炼过程中，反应表面受到不断地冲刷以及由于燃料在物料表面直接燃烧形成的高温可产生更高浓度的 CO，有力地促进了上述 CO 的扩散和 CO_2 的逸散过程，加快了还原反应的进行。

奥斯麦特熔炼过程可以通过调节喷枪插入深度、喷入熔体的空气过剩量或加入的还原剂的量和加入速度，以及通过及时放出生成的金属等手段，达到控制反应平衡的目的，从而控制铁的还原，制取含铁较低的粗锡和含锡较低的炉渣。

由于反射炉等传统熔炼过程中渣相和金属相之间达到平衡，因此，要想得到含铁较低的粗锡而大幅度降低渣中锡是不可能的，渣中含锡量和金属相中的含铁量成相互关系，即在平衡情况下，炉渣中的含锡量低于 2% 时，粗锡中的含铁量将急剧上升。

在奥斯麦特熔炼过程中，由于喷枪仅引起渣的搅动，可以形成相对平静的底部金属相，因此可以在熔炼过程中连续或间断地放出金属锡，破坏渣锡之间的反应平衡，迫使

$$SnO_{渣} + Fe_{(金属)} \longrightarrow FeO_{渣} + Sn_{(金属)}$$

反应向右进行，从而可以降低渣中的含锡量。对渣还原过程热力学模型分析结果表明，在熔池中渣锡之间达到完全平衡和不形成平衡的情况下，锡的还原程度和渣中含锡量出现明显区别。奥斯麦特法试验工厂取得的试验数据已经处于平衡曲线以下，即在相同条件下，可以取

得更低的渣含锡指标。

5.3.4.3　奥斯麦特技术的先进性和技术经济指标

奥斯麦特技术是典型的浸没熔炼技术，它的先进性主要表现在以下几个方面：

(1)熔炼效率高、熔炼强度大

奥斯麦特技术的核心，是利用一根经特殊设计的喷枪插入熔池，空气和燃料从喷枪的末端直接喷入熔体中，在炉内形成一个剧烈翻腾的熔池，极大地改善了反应的传热和传质过程，加快了反应速度和提高热利用率，有极高的熔炼强度。奥斯麦特单位熔炼面积的处理量(炉床指数)是反射炉的10～24倍。

(2)处理物料的适应性强

由于奥斯麦特技术的核心是有一个翻腾的熔池，因此，只需控制好适当的渣型，选好熔点和酸碱度，对处理的物料就有较强的适应性。

(3)热利用率高

由于喷入熔池的燃料直接同熔体接触，直接在熔体表面或内部燃烧，从根本上改变了反射炉主要依靠辐射传热、热量损失大的弊病。以云锡冶炼分公司情况为例，经初步市场计算，与反射炉熔炼相比，每年可减少燃料煤11000 t以上。此外，由于用一座奥斯麦特炉取代目前的10座反射炉及电炉等粗炼设备，炉内烟气经一个出口排出，烟气余热能量得到充分利用，与用反射炉生产相比每年可多发电2500×10^4 kWh，将使每吨锡的综合能耗大幅度下降。

(4)环保条件好

由于集中于一个炉子，烟气集中排出，与反射炉相比烟气总量小，容易解决烟气处理问题。因奥斯麦特炉开口少，整个作业过程处于微负压状态，基本无烟气泄露，无组织排放大幅度减少；此外，由于烟气集中，可以有效地进行SO_2脱除处理，从根本上解决其对环境的污染。

(5)自动化程度高

基本实现了过程计算机控制，操作机械化程度高，可大幅度减少操作人员数量，提高劳动生产率。

(6)可以减少中间返回品占用资金

奥斯麦特熔炼过程可以通过调节喷枪插入深度、喷入熔体的空气过剩量或加入还原剂的量及加入速度等手段，控制反应平衡，从而控制铁的还原，制取含铁较低的粗锡。这将大大减少返回品数量。

(7)占地面积小、投资省

由于生产效率高，一座奥斯麦特炉就可以完成多座其他炉子的熔炼任务；而且，主体设备简单，投资省。

综上所述，奥斯麦特技术是目前世界上最先进的锡强化熔炼技术，是取代反射炉等传统炼锡设备较理想的技术设备。

表5－6为奥斯麦特技术在冯苏冶炼厂(秘鲁)和云锡股份公司的主要指标。

表 5-6 奥斯麦特技术的主要指标/%

名　称	冯苏冶炼厂	云锡股份公司
锡直接回收率	52~65	65~76
粗锡品位	90~93	89~94
产渣率	40~48	28~39
渣含锡	1.0~1.5	4~6
烟尘率	30~35	18~24
熔剂率	15~17	0.1~1
还原剂率	18~24	17~23
金属平衡率	96~99	98~99.8

5.4 锡炉渣的处理

锡炉渣的处理简称炼渣，是两段炼锡法的组成部分。如前所述，精矿还原熔炼已将大部分锡与铁分离，而将铁和少部分锡留在富渣中。炼渣就是处理炉渣以回收这少部分锡。炼渣的方法有：加石灰石(或石灰)再熔炼法、加硅铁(或硅)再熔炼法、加铅或铁再熔炼法、硫化挥发法、熔炼与选矿联合法、湿法冶金等，但只有加石灰石和加硅铁(或硅)再熔炼法最普遍。现在，烟化炉硫化挥发法处理炉渣取得了很大成就，有逐渐取代再熔炼法的趋势。

5.4.1 石灰石(石灰)再熔炼法

再熔炼法的实质是在比一次熔炼更高的温度下强还原熔炼，使锡从炉渣中以金属或合金的形态提取出来。而加入石灰石时，发生以下反应：

$$n\mathrm{SnO} + \mathrm{SiO_2} + \mathrm{CaO} = \mathrm{CaO \cdot SiO_2} + n\mathrm{SnO_2}$$

从而加大了炉渣中 SnO 的活度。根据炉渣的分子理论，硅酸钙的标准生成自由焓($\Delta G = -358.2$ kcal)比硅酸亚锡的($\Delta G = -11.84$ kcal)小，而 CaO 的碱性比 SnO 要强得多，根据炉渣的离子理论，由于离子间的相互作用的能量，随离子半径减小而越强，加入 CaO 使炉渣中的 Ca^{2+} 增多，而 Ca^{2+} 离子半径比 Sn^{2+} 大，所以 SnO 活度增大。但是，当增加 SnO 的活度的同时，FeO 的活度也增加了，因为 CaO 不仅能置换 SnO，而且也能置换 FeO。

$$\mathrm{2FeO \cdot SiO_2} + \mathrm{CaO} = \mathrm{CaO \cdot SiO_2} + \mathrm{2FeO}$$

实践证实加入 CaO 对于还原锡是有利的，但同时增加了铁的还原，得到含铁高的硬头。

当炉渣中 CaO 量很高时，铁及锡的接近于完全还原也是可能的。但 CaO 量过高时，炉渣熔点高，甚至得到 $SiO_2-CaO-Al_2O_3$三元系的炉渣。这种炉渣仅在电炉熔炼中才比较适合。因此，除非采用电炉，要用此法更低地降低渣含锡是困难的。

加石灰石(或石灰)的再熔炼现在主要在反射炉和电炉中进行，其操作与还原熔炼基本相同。个别工厂也有采用鼓风炉的，反射炉加石灰石再熔炼可使渣含锡降到1%左右，电炉渣含锡可以低一些(<1%)，而鼓风炉炼渣只得到含锡较高的贫渣(2%~5% Sn)。

5.4.2　硅铁(硅)再熔炼法

硅可以作为炉渣中锡的还原剂：

$$2SnO + Si = 2Sn + SiO_2$$

但由于硅价格高，消耗量大，同时用加石灰石和还原剂能达到比较完全的还原，因此当前加硅铁熔炼是为了分离铁锡。其原理是根据锡在硅铁合金中不混熔的性质，由 Fe - Si - Sn 三元相图可以说明，从图 5 - 10 可见，在上述的三元系中有很大的分区层，底层为锡，含铁硅很少；上层为硅铁，锡也很少，特别是在含硅 23% ~30% 靠近生成稳定化合物 FeSi 的部分含锡最低，只有 2% ~4%。

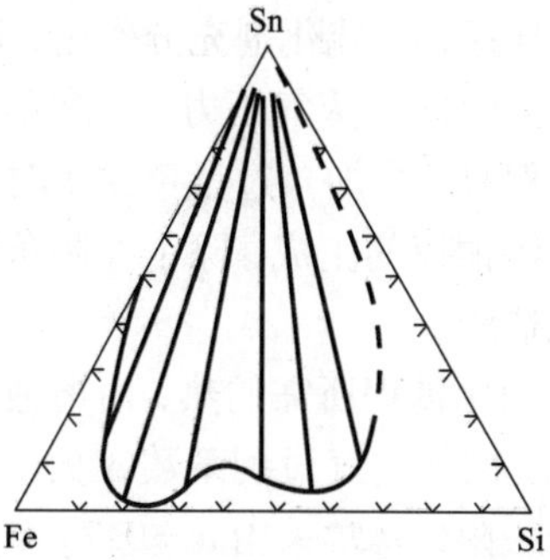

图 5 - 10　Fe - Si - Sn 三元相图

加硅铁分离铁锡法由于熔炼时加入大量石灰石和还原剂，最终也将得到 SiO_2 - CaO - AlO_3 三元系的炉渣，因此，最适于在电炉高温(1300 ~1500℃)下进行。同时由于硅铁(或硅)容易氧化，除了保持炉内还原气氛外，电炉应采取埋弧熔炼。

电炉生产率为 4 ~4.2 t/(m^2·d)，其他各项消耗指标为：石灰 120 kg/t，电极 9 ~ 10 kg/t，电耗 1100 kWh/t。

加硅铁法再熔炼比加石灰石再熔炼可以使废渣含锡更低，但同时产出贫硅铁含锡 2% ~3%，需要处理。

5.4.3　烟化炉硫化挥发法

烟化炉硫化挥发法在 20 世纪 50 年代初在锡冶金中开始采用，逐渐得到推广。我国是最早用烟化炉挥发法处理废渣的国家，采用烟化炉挥发的优点为：①可以得到含锡更低的废渣(<0.1%)，因而提高冶炼回收率；②避免了铁在冶炼流程中的循环，锡冶金可以处理含铁高的锡精矿而不致引起锡的很大损失；③生产能力和机械化程度高，可以利用富渣余热；④可以处理各种成分的锡中矿和含锡物料，扩大了资源的利用范围；⑤烟尘含锡品位高，含铁低。这些对于传统的两段熔炼法是一个很大的改进。

5.4.3.1　烟化炉挥发的理论基础

硫化亚锡具有很大的蒸气压力(1200℃为 747 mmHg)，在液态炉渣吹入粉煤空气混合物和硫化剂并强烈搅拌发生化学作用，锡便成硫化亚锡挥发，部分锡成氧化亚锡挥发，最后都以 SnO_2 烟尘收集，返回一次熔炼。

在高温下，氧化亚锡的蒸气压力也很大，部分的锡成氧化亚锡挥发也是完全可能的。但由于 SnO 与炉渣成分相吻合，其挥发速度越来越小而不彻底，效果远不如加硫化剂的挥发法。

工业上常常加入黄铁矿作硫化剂，在高温下黄铁矿分解变成 FeS 和 S_2，FeS 和 S_2 都可作为硫化剂参加反应。原则上炉渣中的 Sn、SnO 和 SnO_2 都可能被硫化，但 SnO_2 的硫化须在还原条件下才能进行。

根据热力学计算，下列硫化反应在高温下都能够自发进行，其 $\Delta G^{\ominus}$ 与温度的关系为：

$$SnO + FeS = FeO + SnS \quad \Delta G^{\ominus} = 50910 - 35.05T \tag{1}$$

$$2SnO + 3/2S_2 \xlongequal{\quad} 2SnS + SO_2 \quad \Delta G^{\ominus} = 67630 - 57.81T \tag{2}$$

$$Sn + 1/2S_2 \xlongequal{\quad} SnS \quad \Delta G^{\ominus} = 7800 + 11.54T \tag{3}$$

炉渣是各种氧化物的复杂的硅酸盐熔体，关于锡的硫化反应的机理，现在研究得还不够。烟化炉挥发时，硫化剂或者和粉煤空气混合物一起送入，或者分别投入液体炉渣中，在鼓风形成的大量空气泡中，发生煤粉燃烧和黄铁矿的分解作用，因此气泡中充满着 $CO-CO_2$ 和硫蒸气。此外，一些黄铁矿和粉煤颗粒浮于炉渣中，在每一颗粒的周围形成气体层，在粉煤粒的周围，此气体由 CO 和 CO_2 组成，不含 N_2；在黄铁矿粒的周围，此气体由硫蒸气组成；而分解后的 FeS 则可以少量溶解在炉渣中。

这样，在炉渣中就产生了大量的含还原剂和硫化剂的气泡，其表面积非常大，可以使炉渣和还原剂、硫化剂充分作用，同时，溶解的 FeS 在渣中也被搅动，加速硫化反应。生成的硫化亚锡由于蒸气压力大，又不断被搅动，因而锡的挥发被强化了。

但是，当加入过量黄铁矿时，因为 FeS 和 SnS 形成锡铜锍，降低 SnS 的蒸气压力。为了避免锡铜锍的生成，除了控制黄铁矿过量外，生产中常常采用氧化气氛，使过量的硫化亚铁氧化造渣。

烟化过程所需的热，由熔池中粉煤的燃烧来维持。这样，当炉渣需要加热或采用氧化气氛时，燃烧空气过剩系数 α 大于1；当进行还原和硫化反应时，则 α 小于1，但以不出现金属铁为极限，常常采用 $\alpha = 0.7 \sim 0.9$。

5.4.3.2 烟化炉硫化挥发的工艺实践

(1)烟化炉的结构

我国采用的烟化炉，结构类似于铅炉渣烟化炉，为全水套结构，整个炉子安装在钢筋水泥基础上，炉身为矩形，由许多块冷却水套装配而成。如图 5－11 所示。

(2)烟化炉的操作

某厂处理的炉料除反射炉富渣外，还包括锡中矿和硬头等含锡物料，每炉处理富渣 7～8 t，保持熔池深度 0.6～0.8 m。虽然增加深度可提高粉煤利用率，但金属挥发速度降低，延长吹炼时间，因为每吨料单位时间内通过的粉煤量减少了。

烟化炉系间断作业，每炉操作时间根据进料炉渣和废渣含锡而定，也与供煤强度和炉渣温度等条件有关，波动在 120～160 min。

为了保证炉温 1150～1250℃和还原硫化的条件，操作过程中要随时注意调节空气消耗系数 α，在氧化期为 1～1.1，在还原期为 0.6～0.9。

烟化过程其他操作技术条件如下：一次风压 0.06～0.07 kg/cm^2，二次风压 0.07～0.1 kg/cm^2。一次风量 15～25 m^3/min，二次风量 35～45 m^3/min。水箱水温 <70℃，每炉加黄铁矿 600～800 kg，分四批加完。粉煤粒度 －0.106 mm 占 70%，全部 －0.150 mm，水分 <3%。

(3)烟化炉的技术经济指标

最主要的指标如下：

①床能力。烟化炉的床能力与许多因素有关，如原料含锡和其性质，加冷料数量，燃料质量和操作技术等。我国烟化炉的床能力为 16～32 $t/(m^2 \cdot d)$。

②废渣含锡和挥发效率。正常吹炼时，废渣含锡 0.1%～0.3%，超过 1% 要回炉。在这种情况下，锡的挥发率为 90%～99%。

③各项消耗指标。按处理 1 t 炉渣或产出 1 t 烟尘纯锡计算的数据列于表 5－7。

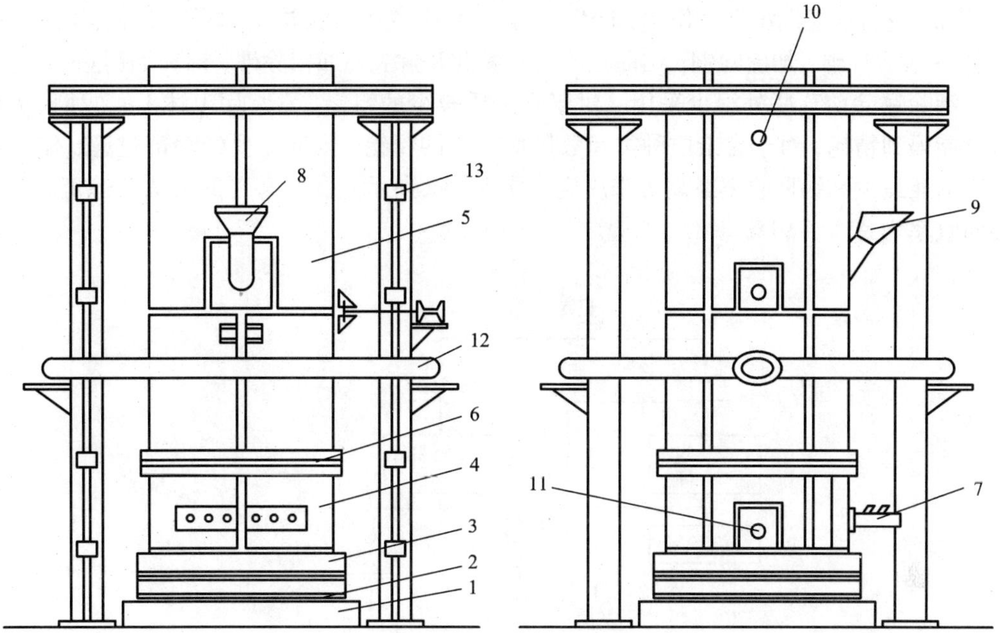

图5-11　烟化炉结构简图

1—炉子基础；2—底盘框架（或千斤顶）；3—炉底水箱；4—风口水箱；5—炉体水箱；6—紧身箍；7—风口；8—冷料口；9—热料进口；10—三次风口；11—废渣放出口；12—风管；13—炉体支架

表5-7　烟化炉挥发的各项消耗指标

名称	按1 t渣计	按1 t锡计	名称	按1 t渣计	按1 t锡计
粉煤/t	0.245	4.15	电/kWh	195	3295
黄铁矿/t	0.0925	1.575	水/t	20	697
石灰石/t	0.115	1.95	空气/m^3	995	16837

5.5　粗锡的精炼

从反射炉、电炉熔炼得到的粗锡，常常含各种杂质，大多数杂质对锡的机械性质均有不良影响，这些杂质的含量，根据入炉熔炼的精矿纯度而不同。熔炼含杂质少的高品位精矿，得到的粗锡含锡99.5%~99.7%，只需简单精炼就能得到精锡。但是当熔炼含杂质多的精矿时，则粗锡含锡甚至只有70%~80%，精炼过程比较复杂。

5.5.1　粗锡的火法精炼

现在国内外炼锡厂大都是采用火法精炼，火法精炼的优点是：①生产率高，设备简单，厂房面积小；②锡的周转快；③杂质分别富集在各种精炼渣中，便于回收。其缺点是：①作业多；②直接回收率低；③各作业产出的精炼渣数量大，有些精炼渣对人体有危害，如加铝除砷、锑时渣与水或潮湿空气作用，产生剧毒的 AsH_3 气体。火法全部过程包括：熔析法（或凝析法）；除铁、砷；加硫除铜；结晶法除铅或氯化法除铅；加铝除砷、锑和加钙除铋等作业，其中加钙除铋除前苏联外很少采用。对于含杂质较少的粗锡，常常用上述 1～2 种火法精炼作业就能得到精锡，对于含杂质种类和数量均较多的粗锡，则往往要经全部过程，作业顺序依试剂消耗最少和锡回收率最高等来决定。图 5－12 所示是我国某厂的火法精炼流程，锡的直接回收率为 80%～91%。

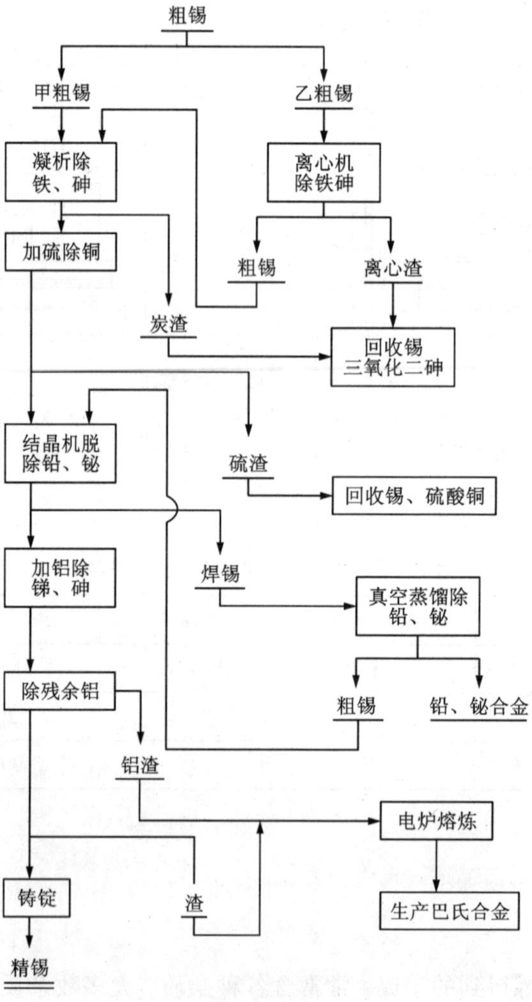

图 5－12 火法精炼原则流程

5.5.1.1 熔析法及凝析法除铁、砷

（1）熔析法除铁、砷

熔析法除铁、砷只是粗除，即将含铁高的锡料预先除去大部分铁、砷，以便下一步精除。其原理是在高于锡熔点以上的温度加热锡料，使其中的金属锡成液体流出。在熔点附近，流出的锡很纯，含铁仅 0.001%，大部分铁以高熔点物质留在炉膛上，这个高熔点物质是

$FeSn_2$。如果温度升高到500℃，$FeSn_2$转变为FeSn，流出的液体锡含铁0.082%；再将温度升到760℃，则FeSn转变为Fe_3Sn_2，流出的液体锡含铁1.3%。熔析除铁时也能除砷，因为不仅锡与砷生成两种化合物(Sn_3As_2和SnAs)，而且铁与砷生成高温稳定的化合物FeAs(熔点1031℃)和Fe_2As(熔点931℃)，铁和砷的亲和力大，因此铁的存在对除砷还特别有利。

锡中的其他杂质，凡能生成各种金属互化物的，都能或多或少地顺利除去，如铜、锑和硫等。

熔析除铁一般用倾斜炉底的反射炉，也有的工厂用电热熔析炉。反射炉最重要的是控制烧火温度，要求长火焰，用烟煤；天然气和煤气都可以，炉内气氛接近中性。

(2)凝析除铁、砷

凝析除铁、砷是将熔析炉和反射炉、电炉熔炼得到的含铁<1%粗锡进一步精除，减少其中的含铁量。凝析法的原理是将液体粗锡降温，铁因溶解度减少，而成固体析出，恰好是熔析的逆过程。凝析精炼在靠近锡的熔点温度进行，这时锡中含铁量可降到0.003%以下，能满足任何品号精锡的要求。

由锡中凝析出来的铁成$FeSn_2$细粒晶体，其密度介于锡(7.29)和铁(7.86)之间，而且略近于锡，因此不能从锡液中浮起，沉降速度又很慢，为了解决这种固相和锡液的分离，生产实践中采用了各种方法，如插树法、吹气法(空气或水蒸气)、加粉煤或锯木屑法、过滤法和离心分离法等。

凝析法也可以除砷，析出的砷成Sn_3As_2状态的细晶体，铁的存在有利于除砷，$w(As)/w(Fe)$比愈小，除砷效果愈好。但是在相同温度下，由于锡能溶解的砷量比铁多，在232℃时砷的溶解度为0.14%～0.18%，因此凝析法除砷不能达到精锡的要求。

凝析除铁、砷所用的设备由精炼锅和搅拌机两部分组成。当前，旧式的半球形锅逐渐被圆柱形锅所代替，因后者具有渣面小而加热或冷却表面大的优点。

5.5.1.2 加硫除铜

加硫除铜的原理是硫和铜的亲和力大于锡，生成稳定的高熔点(1135℃)硫化亚铜(Cu_2S)，实际上不溶于液体锡中，比锡轻，浮于表面而成铜渣。

加入的硫首先与锡作用，生成SnS。由于SnS在锡中的溶解度很小，600℃时为0.05%，故除铜的反应为：

$$2[Cu] + 1/2S_2 = Cu_2S$$

$$2[Cu] + SnS = Cu_2S + [Sn]$$

加硫除铜也能除铁，而且在低于500℃时，硫对铁的亲和力比铜大，除铁反应还能优先进行。因此，加硫除铜一般应在凝析铁之后进行，否则大量铁的硫化作用消耗硫，并使铜渣的处理困难。另一方面，凝析除铁不一定要达到精锡标准，让一部分在除铜时顺便除去。

加硫除铜在凝析除铁的同一设备中进行，在除铁之后，升温至250℃，在搅拌的旋涡中加入元素硫，硫的数量根据粗锡含铜量按反应

$$2Cu + S = Cu_2S$$

计算，考虑到其他杂质消耗和燃烧损失，过量10%～20%。加硫除铜效率很高，可达到任何品号精锡要求。

5.5.1.3 结晶分离法除铅、铋

结晶分离法是使含铅、铋的粗锡在连续的温度梯度加热和冷却的过程中，产出晶体和液

体，二者逆流运动，铅、铋在晶体中的含量逐渐减少，在液体中的含量逐渐增加，最后使铅、铋集中到液体焊锡中，晶体锡得到提纯。由 Sn－Pb 系相图(图5－13)富锡部分可以看出，在183～232℃温度范围内，任意成分(0～38% Pb)的铅锡合金，当温度下降到液相线 BC 以下，就会析出一部分晶体(β－固溶体)，其含铅比原来降低，而液体 L 含铅比原来增加。

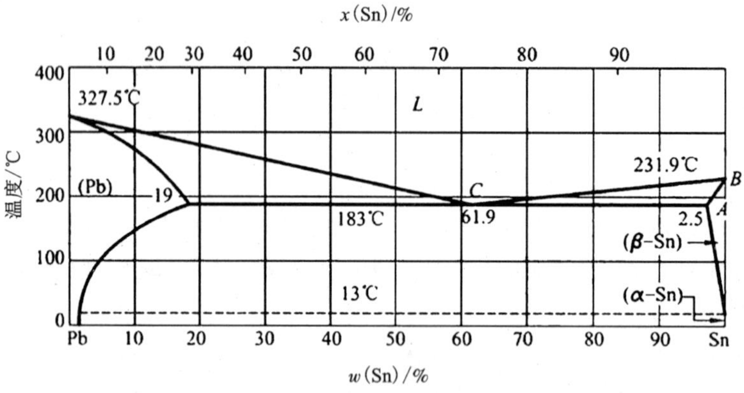

图5－13 Sn－Pb 相图

如果创造一种条件，使粗锡在温度变化时产生的晶体和液体能随时分离，并分别将晶体升温和液体降温，则晶体中铅愈少，因此，有可能使晶体锡中含铅量降低到任何品号精锡要求。液体的含铅量逐渐增加，得到含铅接近38.1%的液体焊锡(Pb－Sn 二元共晶体)。

结晶分离法也能除铋、铟和银，其原理和除铅相似。但在粗锡含铋超过铅时，需按含铋量加入6～10倍的精铅，再用结晶法处理才能除铋。

结晶分离法除铅、铋一般采用的设备为结晶分离机，结晶分离机除铅效率很高，而且原料粗锡含铅多少不影响产品质量，仅使精锡和焊锡的产量比例不同。

5.5.1.4 加铝除砷、锑

加铝除砷、锑的原理是铝和砷、锑分别生成高熔点的化合物，其密度小于锡，很易从锡中除去。根据 As－Al 和 Al－Sb 系相图(图5－14 和5－15)可知，铝和砷、锑生成两种化合物 AlAs 和 AlSb，其熔点分别>1600℃和1050℃。

铝不与锡生成化合物，并在锡中有足够的溶解度，在400℃时溶解度为2.5%，500℃时为7%，因此铝可以加速除砷、锑的反应。加铝对于除铁、铜也有作用，因铝和铁、铜生成高熔点化合物 Al_3Fe(1160℃)、Al_2Fe(1170℃)和 Cu_3Al(1016℃)。为了减少铝的消耗，加铝除砷、锑应在除铁、铜之后进行。

加铝除砷、锑产生容积大的浮渣，同时夹带大量液体锡珠。同时可加入 NH_4Cl、煤粉或 $SnCl_2$，因其分解产出的气体使浮渣疏松成粉状，并破坏锡珠表面的氧化物膜，有利于锡珠的汇合。

加铝数量按化学量计算[$n(Sb):n(Al)=1:0.22$，$n(As):n(Al)=1:0.36$]，并需足够地过量，根据我国工厂实际，除1 kg 锑需要1 kg 铝，而除1 kg 砷则只需加0.36 kg 铝；如需同时除砷、锑，则加铝量可按 $n(Sb+As):n(Al)=(1\sim1.5):1$ 计算。

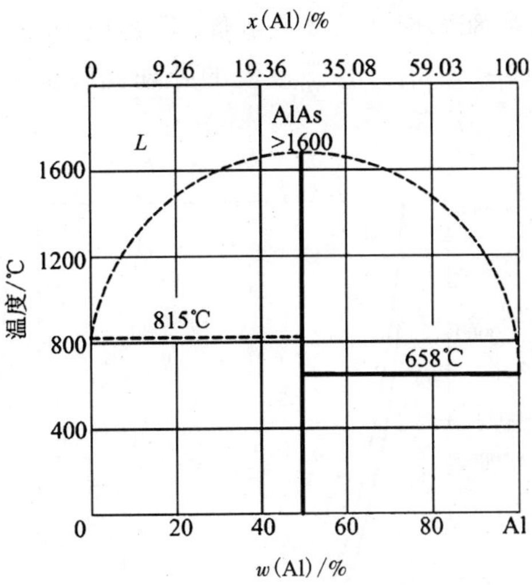

图5-14 As-Al系相图

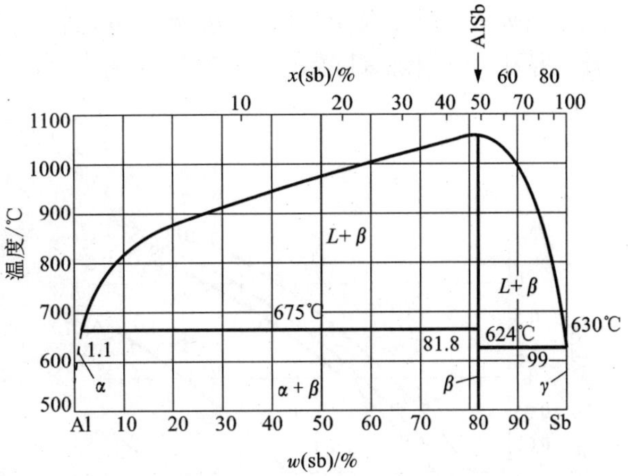

图5-15 Al-Sb系相图

加铝除砷、锑也是在精炼锅中进行的，但除锑和除砷的操作在温度、加铝量和造渣方面略有不同，除锑操作对除砷有同样效果，但除砷操作对除锑没有明显作用。

加铝除砷、锑所产铝渣遇水、水蒸气或潮湿空气，容易产生剧毒的AsH_3气体：

$$AlAs + 3H_2O \xlongequal{} Al(OH)_3 + AsH_3$$

由于AsH_3无色、无味，往往不易察觉，因此对于扒渣、冷却、搬运和储存等均应严格按操作规程进行。在操作场所，应经常检查AsH_3浓度，防止发生事故。

5.5.1.5 真空蒸馏

现行火法精炼还远不是理想的，砷、锑是造成困难的杂质，其次是除铅、铋时，不仅消耗高昂试剂，而且作用缓慢而效率不高，国内炼锡厂用结晶法除铅、铋具有优越性，但同时产出大量焊锡需要处理。

真空蒸馏法是一个比较有前途的方法。根据杂质金属沸点比锡低、蒸气压力比锡大的性质，在高温条件下，此法能从锡中分离砷、锑、铅、铋等杂质。从图5-16可见，在相同温度下，铋、锑、铅的蒸气压力至少比锡大100倍，而银的蒸气压力也大10倍以上。由计算杂质和锡的分离系数($p_{杂质}/p_{锡}$)与温度的关系(图5-17)可知，在低温时分离系数大，高于1200℃则显著变小，据此可以合理地选择加温的范围。

降低压力，会扩大液相和气相组成的差别，并降低合金的沸点，因此采用真空蒸馏是合理的，真空蒸馏除铅、铋是有效的。由于砷、锑在锡中形成化合物，蒸馏效果较差。

5.5.2 粗锡的电解精炼

粗锡采用电解精炼不如火法精炼普遍。但对于含铅、铋、砷、锑和银高的粗锡，电解精炼是很有效的。锡的电解精炼分酸性电解液精炼和碱性电解液精炼两种，前者采用得较多。电解精炼的优点有：①在一次作业中除去全部杂质，流程简单。②锡的直接回收率高，火法锡入浮渣率为13%，电解入阳极泥只6%。③劳动条件好，精炼过程可以机械化。其缺点有：

①大量锡积压在生产过程中，周转慢。②由于技术上的原因，酸性电解液容易生成针状结晶，对此必须使用昂贵的添加剂；碱性电解液则必须在80℃以上的高温电解，以避免Sn^{2+}的形成；故锡的电解液费用比一般硫酸电解液超过20～30倍。③阳极泥的处理比较复杂。④还需要火法精炼来除铁。

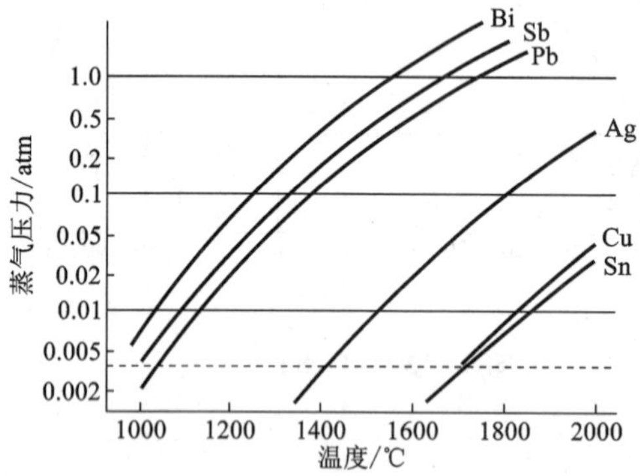

图5－16 锡和杂质金属的蒸气压力

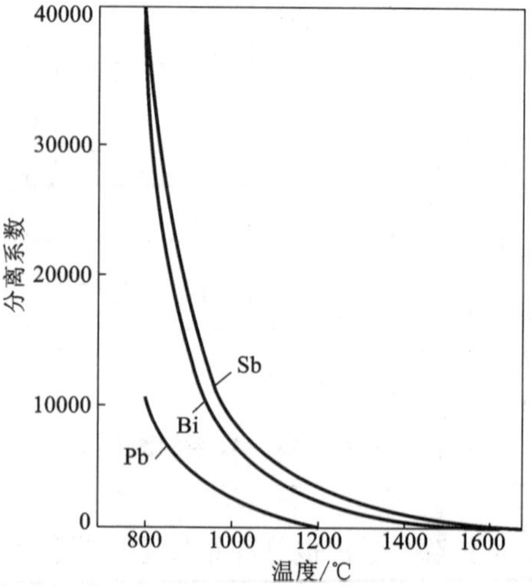

图5－17 锡和杂质金属的分离系数与温度的关系

5.5.2.1 硫酸亚锡－硫酸－甲酚磺酸电解液

我国某厂采用这种电解液精炼含铋高铅低的粗锡，预先用火法精炼除铁并部分除砷、铜，电解液组成(g/L)为$Sn_{总}$ 20～28，Sn^{4+} <4，总酸90～93，游离酸60～70；添加剂为甲酚磺酸16～22，Cl^- 4.5～5.5，Cr^{6+}2.5～2.8，乳胶0.5～1，β－萘酚0.04～0.06和牛胶等。电解液对杂质含量(g/L)要求：Pb<0.1，Bi<0.005，Cu<0.02，Fe<0.4，As<0.005，Sb<0.1。

电解液经过长期使用未发现有杂质积累，也不需要净化。但由于阴阳极电流效率不同，Sn^{2+}会逐渐贫化，需要不断补充。为此要专门的隔膜槽造液，除补充硫酸和Sn^{2+}外，同时还要补充各种添加剂。

添加剂的作用是各不相同的，Cl^-(NaCl)和Cr^{6+}($K_2Cr_2O_7$)可以减少阳极钝化；而甲酚磺酸能与Sn^{2+}形成配合物，防止氧化成Sn^{4+}，有稳定Sn^{2+}的作用；β－萘酚、乳胶和牛胶为表面活性物质，可以使阴极结晶致密平整。

该厂电解精炼的技术条件为：电解液循环量5～7 L/min，温度35～37℃。同名极距100 mm，槽电压0.2～0.3 V，超过0.4 V时要立即清洗阳极，电流密度100～110 A/m^2。

电解精炼的技术经济指标如下：锡总回收率99.5%，残极率35%～40%，阳极泥率2%～3%，直接回收率50%～55%，电流效率70%～80%，直流电耗140～180 kWh/t，硫酸15～20 kg/t，胶0.5～1 kg/t，甲苯酚4～8 kg/t，β—萘酚0.2～0.4 kg/t，NaCl 1.5～3 kg/t，$K_2Cr_2O_7$ 0.8～2 kg/t。

5.5.2.2 硫酸亚锡－硫酸－苯酚磺酸电解液

美国和玻利维亚等的炼锡厂采用此法。美国得克萨斯炼锡厂一次熔炼产出的粗锡，经过除铁后浇铸成阳极电解，电解液成分(g/L)为：H_2SO_4 60.6，$Sn_{总}$ 25.0，Sn^{2+} 24.8，Sn^{4+} 0.2，苯酚磺酸47.8，甲酚2.4，芦荟素0.012，HCl 0.05，控制杂质成分为：Fe 0.90，Sb 0.03，As 0.07，Pb 0.02，Bi <0.01，Cu <0.01，Zn 0.2，pH值1.05。此电解液使用6年未发现有杂质积累，主要是控制阳极尽量少含铁和铅，加入少量盐酸对产出致密结晶的阴极是有好处的。

保持电解液成分的稳定需每天加入硫酸、苯酚磺酸、甲酚和蒸馏水等。硫酸含量应超过60 g/L，可使阳极容易溶解，而铅易于沉淀。苯酚磺酸超过45 g/L可使电解液含锡增高，而有机添加剂甲酚、芦荟素和动物胶保证阴极致密。电解液温度40℃，采用蒸气加热，每槽电解液流量38 L/min。

电解精炼各项消耗指标如下：硫酸21.9 kg/t，甲酚磺酸22 kg/t，芦荟素及动物胶2～9 kg/t，电能213 kWh/t。

上述两种电解液的优点是成分稳定，价格较低，阴极结晶致密，除杂效果好。缺点是阳极生成碱式硫酸盐，容易钝化，因此要经常清洗。

5.5.2.3　硫酸亚锡－硫酸－硅氟酸电解液

日本直岛冶炼厂采用此液。电解液成分(g/L)为：Sn^{2+} 24～25，Sn^{4+} 1～5，Fe5～10，Zn 4～6，In 18～22，总 H_2SiF_6 35～65，游离 H_2SO_4 30～60。硫酸除使铅变为不溶性阳极泥和增加导电性外，还可减少硅氟酸分解，以免生成 SiO_2 附着在阳极上，使阳极钝化。加入硅氟酸量以达到阻碍锡的水解为度。为了避免电解液中 Sn^{2+} 浓度降低，以致影响电流效率和电锡纯度，采用隔膜电解槽造液补充 Sn^{2+}。

电解精炼的经济指标为：电流效率90%～94%，电能消耗180～220 kWh/t，硅氟酸消耗7 kg/t，残极率30%左右。电解阳极泥产出率为5%～7%。

电解液中逐渐富集的铟达18～22 g/L，可作为回收铟的原料。

这种电解液的优点是阴极结晶致密，质量高。缺点是锡在电解液中浓度不高，电流密度小，硅氟酸成本高，容易分解。

5.5.3　焊锡的电解

焊锡是火法精炼结晶分离除铅、铋的副产物，其成分(%)为锡65～67，铅32～34，以及少量铜、铁、砷、锑、铋、铟等。焊锡电解精炼的目的是产出杂质少、锡和铅含量99%以上的精焊锡，并综合回收铟、铋、银等。与粗锡的电解精炼不同，焊锡电解精炼不仅不除铅，还要使锡和铅共同在阴极析出。其流程如图5－18所示。

焊锡电解的电解液原来采用 $SnCl_2$－HCl组成，现在大多采用硅氟酸系列($SnSiF_6$、$PbSiF_6$、H_2SiF_6)电解液，在电解过程中锡和铅在阳极溶解，阴极析出，大部分杂质As、Sb、Bi、Ag等进入阳极泥，其中铁、铟及部分杂质一起进入溶液，影响阴极锡的质量和指标。

在电解过程中由于铅的溶解和阳极钝化的结果，电解液中 Sn^{2+} 和 Pb^{2+} 会不断贫化，可通过电解液循环来调整，阴极锡可通过火法精炼等进一步处理，最后质量可达到精锡标准。

电解电流密度80～120 A/m^2，槽电压0.12～0.5 V，电解液循环量10～20 L/min，温度27～37℃。

电解技术经济指标：电流效率80%～90%，电能消耗300～350 kWh/t，锡、铅的直接回收率95%～97%。

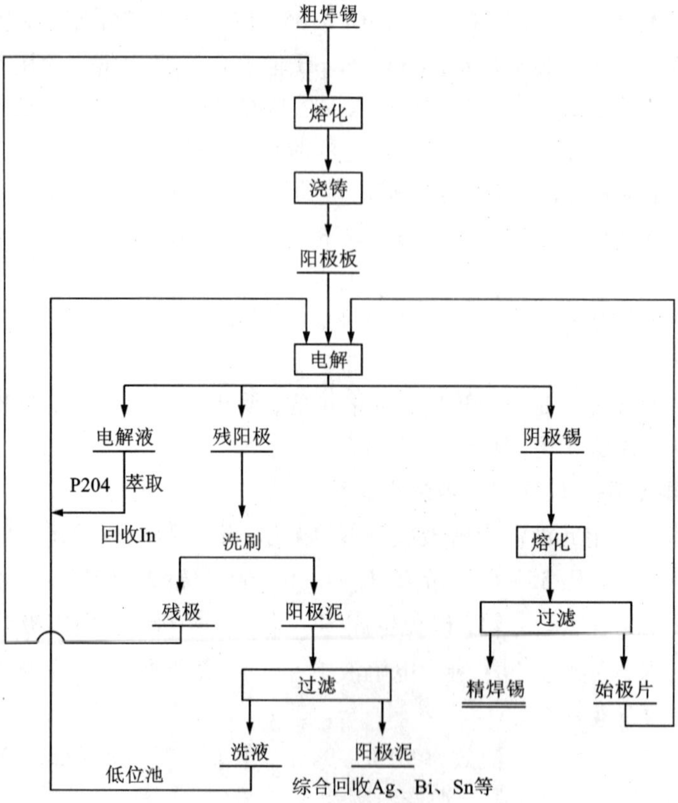

图 5－18　焊锡硅氟酸电解生产流程

思考题

1. 简述锡及其主要化合物的物理化学性质。
2. 用方框图表示出我国炼锡厂生产锡的原则工艺流程
3. 论述锡精矿的还原熔炼的基本原理。
4. 由锡精矿中铁和锡的还原以及锡和铁在粗锡和炉渣之间的平衡，论述锡还原熔炼采用两段法的合理性。
5. 何谓奥斯麦特技术？
6. 论述奥斯麦特炉炼锡的工艺原理。
7. 为什么说奥斯麦特技术是目前世界上最先进的锡强化熔炼技术？
8. 简述烟化炉挥发法处理锡渣的基本原理。
9. 粗锡的火法精炼主要包括哪些过程？其优缺点是什么？
10. 粗锡的电解精炼的电解液有哪几种？它们优缺点是什么？